뇌 안으로의 철학 여행

∞

뇌, 이성의 엔진 영혼의 자리

Paul M. Churchland

The Engine of Reason, the Seat of the Soul

뇌 안으로의 철학 여행

∞

뇌, 이성의 엔진 영혼의 자리

폴 처칠랜드 지음

박제윤 · 이동훈 옮김

철학과현실사

번역서의 기호들

- ( )의 사용 : 독해를 돕기 위해 수식어 구를 괄호로 묶었다.
- [ ]의 사용 : 이해를 돕기 위해 역자가 저자의 문장을 풀어서 해설하는 경우에 사용하였다.
- 이러한 기호들의 사용이 독서에 다소 방해가 될 수 있으며, 오히려 역자의 의견이 첨부된다는 염려가 있었지만, 문장의 애매성을 줄이고 명확한 이해가 더욱 중요하다는 고려가 우선하였다.
- [역주] : 이해를 돕기 위해 필요한 곳에 역자 주석을 달았다.

팻(Pat)에게,
오래전 누운 채
함께 경이로움을 느끼며 물었다.
뇌가 어떻게 작동할까?

추천사

정재승

KAIST 뇌인지과학과 교수

이 책은 우리 시대 가장 탁월한 신경철학자 중 하나인 폴 처칠랜드가 철학자의 관점에서 인지과학을 서술한 책이다. 뇌가 어떻게 정보를 처리하고 세상을 받아들이며, 인지적 사고를 하는지 명료하게 설명하고 있다. 그간 처칠랜드 부부의 책들은 전문적인 내용들이 많아 일반인들이 읽어내기 버거웠는데, 이 책은 누구나 이해할 수 있는 언어로 서술하고 있어 눈 밝은 독자들이 두루 찾을 책이다. 신경생물학에서 인공지능, 뇌질환 연구까지 뇌인지과학 전 분야를 두루 다루고 있다는 점에서 뇌인지과학의 지형도를 그리고 싶은 독자들에게 유익한 책이다. 뇌과학을 철학의 눈으로 바라보고자 하는 분들께 두루 추천드린다.

추천사

김영보

가천대학교 의과대학 신경외과학 교수

신경과학과 인지과학에 능통한 폴 처칠랜드는 이 책에서 벡터 코딩과 인공신경망에 대한 자세한 설명을 하고 있다. 인공지능과 의식에 관심 있는 사람이라면 일독을 권한다.

차 례

역자 서문

박제윤

2011년 1월 어느 날 처칠랜드 부부를 UCSD에서 만나, 패트리샤의 번역서, 『뇌과학과 철학(*Neurophilosophy*)』에 대해 이야기를 나누고 있었다. 그때 폴은 나에게 자신의 책도 한 권 번역해주면 고맙겠다고 공손히 두 손 모아 부탁했다. 나는 폴의 책이 너무 어려워 전문 철학자조차 읽고 이해하기 어려울 것을 염려한다고 대답했다. 그래서 번역이 망설여진다고. (내가 염두에 두었던 폴의 책은 *A Neurocomputational Perspective*(신경계산적 전망)이었다. 이 책은 아직 번역되지 않았다.)

그때 옆에서 패트리샤가 폴의 이 책, *The Engine of Reason, the Seat of the Soul*이 대중적일 것이며, 번역하면 좋겠다고 제안해주었다. 이 책은, 전문 연구자만이 아니라, 신경철학을 공부하고 싶어 하는 초보자와 비전문가를 독자로 염두에 두고 썼던 것 같다. 이 책에 저자의 각주가 없다는 점, 그리고 모든 참고자료를 뒤에 엄밀하게 소개하지 않은 점으로도 그것을 알 수 있다. 그리고 수 일 후 폴은 내게 자신이 새롭게 작업 중인 원고를 보내주었다. 나는 그것을 보고 대단히 매료되었다. 그 책이 바로 *Plato's Camera*이었다. 이렇게 그들 부부 철학자는 계속 새로운 책을 출판하였고, 나는 그것들을 몇 권 번역하느라, 이 책은 순서에서 밀렸다.

이 책을 이제라도 번역하기로 결정하게 된 것은 한국에서도 최근 한국과학기술연구원(Kist)에서 '뇌인지과학' 학과가 만들어진 것과 관련이 있다. 인지과학을 공부하려는 학생들을 위해 철학자로서 '인지과학 철학'을 소개하고 싶었기 때문이다. 미국에서는 인지과학 학과가 이미 30여 년 전에 만들어져 연구하고 있는데, 한국은 이제야 한 대학에서 만들어졌다. 늦었지만, 그래도 시작되었다는 것은 다행스러운 일이다. 이 책의 저자가 연구했던 대학, UCSD에서는 1990년 무렵 처음 대학원에 인지과학 학과가 만들어졌고, 현재 그 대학은 뇌과학 대학이 되었다고 할 만큼 모든 학문을 뇌과학 기반에서 공부하고 연구한다. 그런 노력은 현재 인공지능 연구의 기초가 되었고, 오늘날 화려한 꽃을 피우는 중이다. 그렇지만 이 책의 저자 이야기를 들어보면, 앞으로 갈 길이 아주 많이 남아 있다.

읽어보기만 하던 것과 번역하며 읽는 것은 적지 않게 다른 이해와 느낌을 준다. 번역하며 읽어보니, 사실 한국의 형편상 이 책이 이제 딱 필요한 시점일 것이라는 확신이 든다. 그리고 혹시 누군가는 이 책이 오래전 출판되었으므로, 지금 번역 출판하는 것이 무슨 소용이 있느냐고 의문할 수도 있다. 만약 그렇게 이 책의 현재 가치를 낮춰보려 한다면, 그 판단을 뒤로 미루고 일단 읽어보라고 말하고 싶다. 철학자로서 저자는 이 책에서 인지과학을 넓게 보고, 멀리 전망한다. 그러므로 이 책의 내용은 현재의 인지과학 연구자들이 꼭 알아야 할 과거의 이야기를 담았으면서도, 미래의 연구 방향도 제시해준다.

이 책은 아마도 '인지과학 철학' 책으로는 아직까지도 가장 탁월한 책일 것이다. 물론 저자는 이후에 *Plato's Camera*(2012)를 저술했고, 그것을 2016년 내가 『뇌 중심 인식론, 플라톤의 카메라』로 번역했다. 그렇지만 그 책은 전문 연구자를 위한 책이다. 그러므로 조금 다른 의미에서 아직 이만한 책이 있을까 싶다. 한국에서 인지과학을 연구하려는 또는 이미 연구 중인 연구자들이 자신들의 좁은 분야에 매달리더라도, 자신들이 하는 일이 인지과학의 큰 그림에서 어느 방향을 향해 연구하고 있는지, 그리고 자신의 연구가 어떤 철학적 의미를 갖는지 등을 알려면 이 책을 읽는 것이 적지 않게 도움이 될 것이다.

이 책은 철학자가 이해하고 전망하는 인지과학의 이야기이다. 그러므로 이 책은 철학서이면서도 동시에 과학 연구서로서의 성격도 갖는다. 그런 만큼 각 분야에서 연구하는 모두에게 도움이 될 책이다. 그런데 어쩌면 그런 이유에서 한국의 철학자도 과학자도 읽기 쉽지 않을 수도 있다. 만약 그렇다면, 그것은 한국의 학자들이 그만큼 공부의 폭이 넓지 않고 깊지 않기 때문일 것이다. 그 도움을 위해 이 번역서에 역자 주석을 달아보기는 했지만, 그래도 어려움이 있는 철학의 초보자라면, 아마도 나의 책, 『철학하는 과학, 과학하는 철학』이 도움이 될 것 같다. 그리고 이 책에 만족하지 못하는 과학철학 전문가라면 폴의 책, 『뇌 중심 인식론, 플라톤의 카메라』가 도움이 될 것이다.

이 책의 저자 폴 처칠랜드는 부인인 패트리샤 처칠랜드와 함께 '신경철학(Neurophilosophy)'이라는 분야를 창시한 철학자이다. 신경철학이란 최근의 뇌과학 연구에 근거하여 전통 철학의 문제를 새롭게 대답하고 해명하는 연구이다. 그들이 이렇게 연구하게 된 것은, 철학자 콰인(W. V. O. Quine)이 '자연주의 철학'을 하자고 제안한 논문, 「자연화된 인식론(Epistemology Naturalized)」에서 시작되었다. 콰인은 앞으로 철학이 과학에 근거해서 연구할 필요가 있으며, 특히 신경과학에 근거해서 인식론을 연구하면 좋겠다고 제안했다. 예를 들어, 우리의 망막에서 2차원 정보가 뇌로 들어가는데, 우리가 3차원을 이해하는 것이 어떻게 가능한지를 설명할 필요가 있다. 저자는 그 문제를 이 책의 4장에서 다룬다. 물론 이것이 전통 철학의 중심 문제는 아니다.

처칠랜드 부부는 전통 철학의 중심 문제, 특히 인식론의 중심 문제를 다음과 같이 본다. 플라톤은 우리가 기하학을 공부하고 가르치면서, 그런 기하학적 지식, 즉 추상적 개념을 어떻게 가질 수 있는지 궁금해했고, 이후로 많은 철학자들이 대답하려 했지만, 지금까지 실패한 의문이었다. 그것이 무엇인지를 처칠랜드 부부는 여러 책에서 반복해서 설명해주고 있다. 이 책에서는 그것을 1장, 2장, 3장에서 설명해준다. 세계에 대한 지각을 신경망의 벡터로 설명할 수 있고, 추상적 개념 역시 신경망 활성 패턴으로 설명한다. 그들이 보기에 우리 지식의 기반은 결코 문장 같은 무엇이 아니라, 신경망의 활성 수준으로 파악되기 때문이다.

다음으로 인식론 그리고 과학철학의 중심 문제는 과학의 추론 및 방법론에 관한 물음이다. 아리스토텔레스는 과학적 발견이 어떻게 가능한지를 설명하고 싶었고, 그것을 귀납추론과 연역추론으로 설명하려하였다. 이후로 최근까지 철학자들은 그의 틀 내에서 탐구했다. 특히 최근에는 귀납추론이 어떻게 정당화될 수 있는지가 과학철학의 중심 쟁점이었기도 했다. 폴 처칠랜드는 역시 앞선 여러 책에서 밝혔지만, 이 책에서도 추론을 신경망 활성 패턴이 일으키는 벡터-대-벡터 변환으로 설명한다. 그러므로 폴의 입장에서, 귀납추론과 연역추론의 구분은 의미를 상실한다.

그렇다면 과학철학자라면 자연스럽게 묻지 않을 수 없게 된다. 그러면 귀납추론을 통해 얻는 일반화는 도대체 무엇인가? 일반화 역시 신경망의 활성 패턴이라고 말할 수 있다. 우리를 포함하여 동물 일반이 가지는 예측 능력은 신경망 활성 패턴에서 나온다. 신경망, 특히 저자가 이 책에서 강조하는 재귀적 신경망은 그러한 문제를 넘어, 우리의 공간 및 시간에 대한 인지적 능력은 물론, 정서 및 정신 질환의 문제까지 새롭게 이해할 수 있게 해주고 있다. 그런 설명 자원을 통해, 처칠랜드는 토머스 쿤이 말하는 과학혁명의 '패러다임 전환'이 어떻게 가능한지도 설명해주고 있다. 나아가서 의식에 대해서도 이제 새롭게 접근할 가능성을 저자는 열어놓는다.

끝으로, 이 책의 번역에 철학 전공인 동훈이가 기꺼이 함께해주어 반갑고 고마웠다. 이 책의 출판을 도와준 철학과현실사 사장님과 편집인에게도 감사한다.

역자 서문

이동훈

 2023년, 많은 이들의 미디어 플랫폼 알고리즘을 점령한 키워드 중 하나가 바로 뇌과학이다. 유명 대학 뇌과학 교수들이 출연하여, 여러 환경적 요인을 변화시킴으로써 가미되는 신경적 조작을 통해 삶의 질을 향상시킬 수 있다고 설파하는 내용이 주를 이룬다.

 또한 Chat GPT를 위시하는 생성형 인공지능 분야도 사회 각계각층에서 큰 관심을 받고 있다. 지금에서야 많은 이들이 인공지능 기술을 주목하고 있지만, 당장 알파고와 이세돌의 대국이 이루어지던 2016년만 해도 인공지능 기술에 대해 회의를 나타내는 사람은 수없이 많았다.

 따라서 처칠랜드가 지금으로부터 약 30년 전인 1996년에 이 책을 통해, 뇌에 대한 연구와 지식들이 학계를 넘어 대중에게 영감을 줄 것이고, 인간의 뇌를 닮은 인공신경망이 인간 못지않은 일들을 해낼 수 있을 것이라 예견한 것은 실로 놀라운 일이다. 그리고 이를 예견한 인물이 과학자나 공학자가 아닌 철학자라는 점에서도 이 책을 검토해볼 만한 가치는 충분하다고 생각한다.

 처칠랜드의 이론은 이것이 지닌 '파격성' 때문에 필연적으로 많은 비판을 받아왔다. 특히 전통적인 철학의 여러 이론들과 대치되는 주장들이 많았던 탓에 같은 동료 철학자들로부터 가장 많은 비판을 받아야만 했다. 역자 또한 철학의 전통과 역사를 존중하고 사랑하는 사람이기에, 처칠랜드의 '급진적인' 주장에 의구심을 품은 적이 없다고 한다면 이는 거짓일 것이다.

그럼에도 불구하고 이 책을 번역하면서, 역자는 처칠랜드의 연구에 드리워져 있던 수많은 비판들을 걷어내고 있는 그대로를 들여다볼 수 있었다. 그리고 그 과정에서, 처칠랜드의 생각에 동조하든 혹은 동조하지 않든, 이 이론이 많은 이들의 철학 연구에 풍성함을 더해줄 것이란 생각을 지울 수 없게 되었다.

이 책에서 저자 폴 처칠랜드는 토머스 쿤의 '과학혁명의 구조'를 언급한다. 그의 사상적 스승인 쿤이 당시 과학철학계로부터 받은 무수한 비판들을 거론하면서도, 몇 개의 단어와 문장들로만 이루어진 논리 체계는 방대한 과학 현상과 그것이 담고 있는 진리를 모두 포착하기에 협소하다는 쿤의 주장을 동시에 언급함으로써, 여러 철학자들에게 경종을 울릴 만한 자신의 뜻을 우회적으로 관철하고 있다.

또한 폴은 뇌과학이 철학자에게 제공해줄 수 있는 여러 통찰력들에 관한 이야기를 상세한 근거들과 일화들을 통해 설명해주고 있다. 그의 주장을 무조건적으로 수용할 필요는 없지만, 많은 이들은 이들의 철학 연구가 이를 통해 다채롭게 거듭날 수 있을 것이라 기대한다.

끝으로, 이런 기회를 주신 박제윤 선생님께 진심어린 감사를 표하고 싶다. 스스로에 대한 의구심이 스멀스멀 피어오를 때마다 용기와 희망을 주신 박제윤 선생님이 계시지 않았더라면, 지금의 역자 서문도 없었을 것이다. 또한 마지막으로, 진심어린 사랑과 배려로 역자의 삶을 든든히 지탱해주시는 아버지, 가족과 친지, 그리고 언제나 힘이 되어주는 아내에게 감사의 말씀을 전한다. 하늘의 별이 되어 나를 지켜주는 어머니께도 사랑을 전하고 싶다.

서 문

뇌가 어떻게 **작동**하는가? 뇌의 어떤 작용이 우리로 하여금 자신을
생각하고, 느끼며, 꿈꾸게 하는가? 그리고 뇌가 우리를 어떻게 자기-의
식적 **사람**이도록 하는가? 이런 여러 질문에 대해, 우리는 신경과학
(neuroscience)과 최근 인공신경망(artificial neural network) 연구로부
터 통일된 대답을 얻을 수 있다. 비록 대략적으로 옳다고 하더라도, 그
러한 대답은 우리가 순수 이론 영역을 넘어 훨씬 먼 곳으로 나아가게
해준다. 따라서 이 책의 목표는 다음 두 가지이다. 첫째, 그러한 과학
발달을 일반인 수준에서 선명히 그려지도록 이해하는 것이다. 둘째, 이
런 이해에서 우리 모두 궁금해하는 철학적, 사회적, 개인적 결말이 무
엇일지 탐색해보려는 것이다.

나는 무엇보다도, 현재 떠오르는 새로운 그림에, 그리고 아주 오랫동
안 신비로 남아 있던 의문들을 이제 해소시켜주는 새로운 설명에, 흥
분을 억누르지 못하여 이 책을 쓰기 시작했다. 이러한 흥분을 오직 나
만 느끼는 것은 아니다. 이것은 여러 분야를 관통하는 많은 연구자들
이 공통으로 갖는 느낌이기도 하다. 희망컨대 나는 이런 주제를 일반
독자들에게 잘 전달하고 싶다.

또한 나는 이 책의 내용을 일반인도 알아야 할 정보라는 생각에서

쓰게 되었다. 이 책은 대중이 요구하는 이론적 전망을 다룬다. 그리고 대중이 확실히 충격을 받을 만한 다양한 과학기술을 소개한다. 빠른 만큼이나 좋은 그 과학기술을 우리는 모두의 공통 소유로 만들 필요가 있다.

30년에 걸친 나의 철학 연구는 많은 분들로부터 격려를 받아 이루어 졌으며, 그분들이 누구인지, 앞선 여러 저서에서 소개하긴 했지만, 여기에서 다시 소개할 필요가 있다. 이 책과 관련하여, 누구보다도 네 사람의 도움이 특별했다. 나는 그분들에게서 받은 격려에 감사하고, 그분들 각자에게 존경과 사랑을 전하고 싶다. 첫째, 프란시스 크릭(Francis Crick)은 나는 물론, 내 아내이며 동료인 패트리샤에게도, '자연철학자(natural philosopher)'가 되도록 지적으로 그리고 개인적으로 모범을 보여주었다. 나는 그의 훌륭한 모범을 온전히 따르지는 않았지만, 그의 도움이 없었다면 내 생각은 많이 빈곤했을 것이며, 내 여정은 더욱 어두웠을 것이다. 둘째, 신경과학자 안토니오와 한나 다마지오 부부(Antonio and Hanna Damasio)는 우리에게 신경학 개인교사였으며, 우리의 철학 제사였고, 공동 연구자였으며, 무엇보다도, 우리의 커피숍 4인방 정규 모임에서부터 책 몇 권을 저술하는 동안, 친구이기도 했다. 그들의 헌신은 이루 말할 수 없을 정도이다. 끝으로, 내 아내이며 지적 동반자인 패트리샤 처칠랜드(Patricia Churchland)의 끊임없는 격려에도 감사한다. 서로 영향 받고 협력하는 25년이 지난 후, 이제 나는 종종 우리가 하나의 뇌에서 좌반구와 우반구가 되었다는 것을 느낀다. 그녀의 행복한 영향은 나의 모든 것에 스며들었다.

1994년 4월, 캘리포니아 주 라호야(La Jolla, California)

I 부

작은 컴퓨터라 말할, 생물학적 뇌

1. 서론

이 책은 당신에 관한 이야기이며, 나에 관한 이야기이다. 그리고 의식의 거울에 자신을 비추어보았던 다른 모든 생명체에 관한 이야기이다. 좀 더 확대하자면, 지구 표면에서 헤엄치거나 걷거나 날아다니는 모든 생명체에 관한 이야기이다. 왜냐하면 그것들 역시 인지 시스템(cognitive systems)을 지니며, 그것들 대부분은 인간이 등장하기 훨씬 전부터 이미 지각하고 생각했기 때문이다. 분명히 우리는 그들에 대해서도 이해할 필요가 있다. 그러한 진화적 이웃들의 다양한 인지 수준이 어떻게 등장하였는지를 이해하지 않은 채, 우리가 우리의 인지를 이해하기란 어렵다.

새롭게 투명해진 뇌

다행스럽게도, 동물과 인공 모델 모두의 신경망(neural networks)에 대한 최근 연구는, 생물학적 뇌가 어떻게 작동하는지, 즉 당신은 물론 당신과 같은 모든 동물이 어떻게 작동하는지에 관한 진정한 이해를 알려주기 시작했다. 이러한 생각에서, 당신은 마치 자신의 가장 은밀한 비밀이 벗겨지고 공개될 것처럼 두려워할 수도 있다. 그러나 한 가지 근본적인 측면에서 당신은 안심해도 좋다. 5장에서 설명하겠지만, 당신의 물리적 뇌는 너무도 복잡하고 변화무쌍하여, 뇌 활동의 가장 넓은 개략적 윤곽 또는 아주 짧은 미래 외에는 거의 예측이 어렵기 때문이다. 뇌가 작동하는 비범한 동역학적(dynamical) 특징으로 인하여, 이 우주에서 앞으로 만들어질 어떤 장치로도, 당신의 행동 또는 생각에 대해 단지 통계적 수준 이상을 결단코 예측하지 못할 것이다.

따라서 당신은 자신이 삐걱거리는 로봇 혹은 깡통 기계로 전락하지는 않을지 두려워할 필요가 없다. 오히려 반대로, 우리는 이제 자신의 생생한 감각 경험이 어떻게 뇌의 감각피질(sensory cortex)에서 발생하는지, 즉 빵 굽는 냄새, 오보에(oboe) 소리, 복숭아 맛, 그리고 일출의 [화려한] 색깔 등이 어떻게 신경 활동의 방대한 합창으로 구현되는지를 설명할 수 있는 위치에 와 있다. 이제 우리는 운동피질(motor cortex), 소뇌(cerebellum), 척수(spinal cord) 등이 어떻게 치타의 질주와 매의 돌진을 일으키고, 발레리나의 '죽어가는 백조(dying swan)'를 연기하도록, 여러 근육의 관현악을 지휘하는지 설명할 자원을 가지게 되었다. 핵심적으로, 우리는 이제 유아의 뇌가 어떻게 세계를 이해할 [개념] 체계(frameworks)를 천천히 발달시키는지 이해할 수 있다. 그리고 우리는, 성숙한 두뇌가 어떻게 그런 체계를 거의 순간적으로 적용하는지, 즉 유사성을 재인하고(recognize),[1] 유사 사례(analogies)를 포착해내고, 가깝고 먼 미래를 예측하는지 등등을 이해할 수 있다.

---

1) [역주] 이미 알고 있는 무엇을 다시 알아보는 것을 'recognition'이라고 말하며, 이것을 위해서 인지 시스템은 (그것을 지각하고 알아볼) 개념 또는 이론을 선험적으로(*a priori*), 즉 지각적 경험에 앞서 가지고 있어야 한다. 이런 점에서 이 단어를 학술적으로 '재인'이라 번역한다.

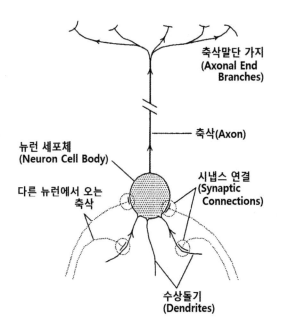

그림 1.1 전형적 뉴런(neuron)의 모습. 뉴런은 세포체(cell body)와 그곳에서 뻗어 나온 수상돌기(dendrites)로 많은 시냅스 연결(synaptic connection)을 이루며, 다른 뉴런으로부터 흥분성(excitatory) 및 억제성(inhibitory) 신호를 받아들인다. 뉴런은 들어오는 다양한 신호를 합산한 후, 축삭을 통해 적절한 신호를 방출함으로써, 더 많은 다른 뉴런들과 접촉한다.

그런 개념 발달의 문제와 관련하여 특별히 놀라워할 만한 이유가 있다. 왜냐하면 인간의 뇌는 대략 1쿼트(quart, 약 1.14리터)의 부피이지만, 적어도 한 가지 측면에서 천문학적 우주 전체보다 더 큰 개념적 및 인지적 가능성 공간을 포괄하기 때문이다. 그것은 1천억 개 뉴런과 100조 개 시냅스 연결 조합을 이용하기 때문에 이런 놀라운 특징을 지닐 수 있다(그림 1.1). 세포 각각의 연결은 강할 수도, 약할 수도, 또는 그 사이 어디쯤일 수도 있다. 이러한 100조 시냅스 연결의 전체 조성

(configurations, 조합)2)은 그것을 가진 개인에게 매우 중요한데, 그 독특한 집단적 연결 강도(strengths)는 뇌가 받아들이는 감각 정보에 대해 어떻게 반응해야 할지, 마주치는 감정 상태에 대해 어떻게 반응해야 할지, 그리고 미래 행동을 어떻게 도모해야 할지 등등을 결정해주기 때문이다. 우리는 이미 52장의 표준 카드 한 벌(deck)로 얼마나 많고 다양한 브리지 패(Bridge hands, 카드 조합)가 만들어지는지를 잘 이해한다. 아마도 그 패의 조합은 가장 최적의 4인 참여자가 여러 생애 주기 동안에도 다 받아보지 못할 정도이다. 100조 개의 (수정 가능한) 시냅스 연결로 이루어진 뇌의 훨씬 더 큰 '선택지'로부터 얼마나 더 많은 '패'가 만들어질 수 있을지 상상해보라. 그 답은 이렇게 계산된다. 만약 우리가 각각의 시냅스 연결이 서로 다른 10개의 강도 중 하나를 갖는다고 보수적으로 가정해보더라도, 뇌가 선택하게 될 (구별 가능한) 시냅스 강도의 총 조합 수는, 대략, 10의 100조 승 또는 $10^{100,000,000,000,000}$에 이른다. 이 숫자를 (표준적으로 추정되는) 천문 우주 전체의 부피인 10^{87}입방미터와 비교해보라.

각 개별 인간 [뇌]는 이렇게 거대한 가능 선택지들 중에서 받게 될 고유한 패인 셈이다. 이러한 거의 무한한 연결 가능성 공간 내의 어느 지점에, 각 개별 인간의 개성이 위치하며, 종교적, 도덕적, 과학적 신념의 각기 다른 조합이 위치하고, 각기 독특한 문화적 성향이 위치한다. 아이가 성장하고 학습함에 따라 무수한 시냅스 연결이 지속적으로 조정되고, 지역사회의 정상 구성원으로 행동할 수 있는 [뉴런 연결] 조합에 이르며, 나아가서 세계에 대한 정상적 개념을 지닌다고, 즉 일반 신

2) [역주] 신경세포 사이의 시냅스는 가소성(plasticity)을 가지며, 어느 신경망의 많은 시냅스들 집단 사이의 연결 상태, 즉 강도(strength) 또는 가중치(weight) 조합은 입력 정보를 저장하고, 동시에 변조하는 능력을 지닌다. 그런 신경망의 전체 시냅스 연결의 조합 또는 조성(configuration)은 개념 및 이론의 기초 단위를 내재화한다고 말할 수 있다.

체적, 사회적, 도덕적 구조 등에 관한 개념을 지닌다고 주변에서 인정하는 아이로 만들어주는 [뉴런 연결] 조합에 이른다.

뇌가 세계의 '일반적 특징'을 어떻게 표상하는지

앞서 말했듯이, 뇌는 무수한 시냅스 연결 강도의 지속적인 조성(lasting configuration)을 통해 세계의 여러 일반적 또는 다소 영구적 특징(general or lasting features)을 표상한다. 세심하게 조정된 연결 조성은 뇌가 세계에 대해 어떻게 반응할지를 결정해준다. 각각의 생명체들은 매일 비슷한 유형의 환경과 마주친다. 예를 들어, 먹기에 적당한 딸기, 쫓아내야 할 침입자, 양육해야 할 어린이, 돌아가야 할 장애물, 피해야 할 위험, 청소해야 할 은신처, 대답해야 할 전화 등등과 마주친다. 그러한 표준적 환경은 다소 표준적인 인과적 특성을 지니며, 표준적인 (그렇지만 적당히 가변적인) 이해와 행동 반응 등의 방식을 요구한다.

[세계에 대한] 재인 및 반응 능력을 지닌다는 것은, 곧 세계의 일반적인 인과적 구조(causal structure), 또는 적어도 자신의 실천적 관심사와 관련된 작은 부분의 일반 인과적 구조를 학습할 수 있음을 의미한다. 그러한 지식은 10^{14}개의 개별 시냅스 연결의 독특한 조성에 담긴다. 유년기에 학습하고 성장하는 동안, 그러한 연결 강도 또는 '가중치(weights)'는 점차 더욱 유용한 여러 가치에 맞춰진다. 이러한 조정은 부분적으로 자신의 유전적 유산(자신의 본성)을 반영하는 요인들에 의해 수정되지만, 개별 아이들이 마주하는 독특한 경험(자신의 양육)에 의해 가장 극적으로 수정된다. 학습 중 누적되는 그 연결의 변화는 엄청나다. 정상의 유아가 겪는 시냅스 조정은, 아인슈타인의 뇌에서조차, 성인의 삶에서 결코 동일했던 적이 없는, 일련의 개념적 혁명을 보여준다.

확신하건대, 시냅스 변화는 성숙한 뇌에도 여전히 일어난다. 즉, 성인도 학습할 수 있다. 그러나 그 시냅스 변화 비율은 나이가 들면서 꾸준히 감소한다. 우리가 서른 살이 되면, 우리의 기본 성격, 기술(skill, 재주), 세계관 등이 상당히 확고하게 자리 잡는다. 개념적 변화는 여전히 일어날 수 있지만, "늙은 개에게 새로운 기술을 가르치지 말라"는 명백한 통계와 친숙한 교훈은 중요한 변화가 일어날 가능성을 배제한다. 이것이 왜 그런지, 그리고 그러한 개념적 관성이 때때로 어떻게 극복될 수 있는지는 우리가 다음 장에서 탐구할 주제이다. 다시 말해서, 40세 이상인 우리에게도 아직 희망이 상당히 남아 있으며, 적어도 한 가지 중요한 측면에서 늙은 뇌가 젊은 뇌보다 더 가변적일 수도 있다.

뇌가 세계의 '일시적 특징'을 어떻게 표상하는지

다시 말하자면, 외부 세계의 일반적이고 다소 영구적인 특징은 시냅스 연결의 (비교적 지속적인) 조성에 의해 뇌에 표상된다. 그렇지만 뇌의 직접적인 감각 상황에서 일어나는 특정한 일시적 특징은 어떠할까? 지금 진행 중인 경험은 어떠한가? 즉, 우리가 지금 이 순간 나타났다가 사라지는 경험은 어떠한가? 이렇게 매우 순간적인 사실들은, 망막(retina)과 시각피질(visual cortex) 등의, 뇌의 많은 뉴런 활성 수준(neuronal activation level)의 일시적 조성으로 표상된다. 앞서 보았듯이, 뉴런들은 자체의 상호 시냅스 연결을 매우 빠르게 바꾸지 못한다. 마치 TV 안의 배선처럼, 뉴런들 사이의 연결은 상대적으로 안정적이다. 그렇지만 뉴런은 자체의 내부 활성 수준을 순식간에 바꿀 수 있으며, 실제로 그러하다. TV 화면의 픽셀(pixels)처럼, 각 뉴런의 활성 수준은 (궁극적으로 외부 세계에서 들어오는) 자극이나 억제에 의해 지속적으로 업데이트된다. 어느 순간 일어나는 뉴런 활성 수준의 전체 패턴으로 뇌는 지금의 국소적 상황(local situation)에 대한 초상화

(portrait)를 그려낸다. 그리고 역시 TV 화면처럼, 시간적 연쇄과정 (temporal sequence)의 변화무쌍한 패턴은 뇌로 하여금 변화무쌍한 세계에 대해 현재 진행형의 초상화를 그리도록 만든다.

뇌와 TV 화면의 비교

우리는 정상 인간 뇌의 세계 표상 능력을 경이롭게 바라볼 이유가 있는데, 그런 뇌의 능력은 TV 화면을 부끄럽게 만들기 때문이다. 표준 TV 화면은 대략 525 × 360픽셀의 해상도를 자랑한다. 만약 여러분이 화면을 아주 가까이 들여다본다면, 그런 작은 점 같은 요소들을 쉽게 알아볼 수 있다. 이러한 작은 격자(grid)는 총 약 20만 픽셀을 생성하며, 각 픽셀은 전 범위의 밝기 값을 가질 수 있다. [즉, 모든 밝기 정도를 표현할 수 있다.] 이것은 TV 화면의 표상(representation, 표현) 능력이다. 그러나 인간 뇌는 대략 1천억 개 뉴런을 지니며, 각각의 뉴런은 또한 전 범위의 활성 수준 또는 '밝기 값'을 가질 수 있다. 각각의 뉴런을 픽셀로 계산하여, TV 화면의 (20만 개) 용량으로 뇌의 (1천억 개) 용량을 나누면, 우리 뇌의 표상 용량은 TV 화면의 약 50만 배로 계산된다.

이렇게 큰 이점을 시각적으로 생생하게 알아보기 위해, 아래와 같은 방식으로 생각해보자. 한 인간 두뇌의 표상 역량과 경쟁할 만큼 큰 TV 스크린을 만들려면, 뉴욕 시에 있는 쌍둥이 세계무역센터 빌딩(World Trade Towers) 중 하나의 외부 표면 전체인 50만 평방피트(square feet)에 150만 개의 17인치 TV 스크린으로 연이어 타일처럼 붙여야 한다. 이런 배치는 건물 전체를 거의 연속적인 작은 픽셀 표면으로 덮을 경우, 모든 1평방피트마다 약 20만 픽셀의 정상 TV로 덮는 밀도이다. 그렇게 하여 총 1천억 픽셀에 이른다(그림 1.2). 그런 기념비적 규모의 하나로 통합된 그림을 올려다본다고 상상해보라. 그런 웅장한 차원과

그림 1.2 50만 개의 TV 화면의 타일로 붙인 세계무역센터(World Trade Center) 타워 원(Tower One) (이미 알겠지만, 2001년 9·11 테러에 의해 붕괴되었고, 지금은 새로운 건물이 세워졌다.)

엄청난 해상도로 빌딩을 감싼 스크린은 어느 장면이라도 정교하고 장관인 디테일로 묘사할 수 있다. 그것이 바로 당신과 내가 이미 가지는 표상 능력이다. 그리고 그런 복합 무역센터 빌딩 TV 화면과 달리, 뇌는 순수한 시각 표상을 구성하는 데에만 제한되지 않는다. 우리가 아래에서 알아보겠지만, 뇌는 많은 다른 감각 차원으로 실재(reality)를 묘사하며, 다양한 사회적, 도덕적, 감정적 차원도 묘사한다.

인간 뇌는 작은 크기에도 불구하고, 두 가지 이유에서 초고층 빌딩에 맞먹는 규모로 세계를 표상할 수 있다. 첫째, 당신의 뇌 픽셀들, 즉 당신의 개별 뉴런들은 (약 10미크론으로) TV 픽셀들보다 훨씬 더 작다. 둘째, 당신의 뇌에는 1천억 개 픽셀이, 2차원 평면이 아니라, 3차원 입체 내에 채워져 있다. 여기서 그 마천루의 픽셀에 대해 얇은 알루미

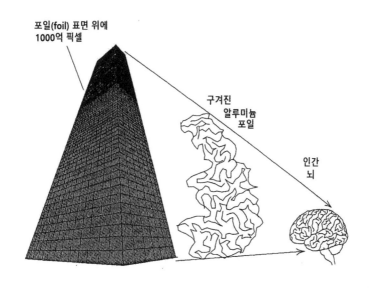

그림 1.3 세계무역센터 타워 원의 픽셀로 표현한 외부 표면을 사람 뇌 크기 체적으로 압축한 그림

늄 포일 시트가 건물 전체를 둘러싸고 있다고 상상해보는 것이 도움 되겠다. 그리고 이제 그 넓은 포일을 구겨서 공 모양으로 뭉쳐보는 상상을 해보라. 그 고층 건물의 픽셀 표면은 구겨져, 빽빽이 층을 이루고 촘촘히 주름진 입체로 구겨지고, 대략 큰 자몽 크기 정도가 된다(그림 1.3). 그렇지만 그러한 1천억 개의 춤추는 픽셀들은 세계를 바르게 표상한다. 심지어 그것들이 보이지 않는 뇌 속에 구겨져 있더라도 말이다.

뇌의 계산: 패턴 변환

그러나 그러한 경우에, 누가 그러한 유별난 쇼를 지켜볼 수 있는가? 솔직히 말해서, 그런 사람은 없다. 거기에는 뇌 전체를 초월하는 어떤 명석한 '자아(self)'도 없다.3) 반면 뇌의 거의 모든 부분은 뇌의 다른 부분들에 의해, 종종 동시에 여러 다른 부분들에 의해 '감시받고' 있다. 예를 들어, 눈에 집적된 망막 뉴런들 전체의 활성 패턴(activation patterns)은, 뇌의 중앙에 있는 포도 크기의 클러스터(cluster)[즉, 시상(thalamus)] 내의 외측무릎핵(lateral geniculate nucleus, LGN)이라 불리는 독특한 뉴런 층에 의해 모니터링된다(그림 1.4). 망막 뉴런은 축삭(axon)이라 불리는 초미세 섬유 케이블을 따라 외부 세계의 집단적 초상화를 안쪽으로 투사한다. 유아 성장 시기에, 이 철사 같은 축삭들 각각은 LGN의 (대기하는) 뉴런들과 많은 시냅스 연결을 이루기 위해 먼 끝으로 가지를 뻗는다. 그러한 축삭 케이블이 바로 우리 모두가 잘 아는 시신경(optic nerve)이며, 그것은 망막 뉴런 전체의 활성 패턴에 관한 상세한 정보를 LGN으로 전달한다.

그런 다음 LGN 뉴런은 시각피질이라 불리는 뇌 뒤쪽 표면의 넓은 뉴런 패치(patch)로 축삭을 뻗는다. 그러므로 이 피질 뉴런들은 LGN 뉴런 전체의 활성 패턴에 관한 정보를 받는다. 따라서 이번에는 LGN 이 시각피질에 의해 모니터링된다. 여기서 LGN이라는 정거장에서 뻗어 나온 축삭은 시각피질 뉴런으로 연결되며, 이전 연결과 마찬가지로 한 곳에서 다른 곳으로 정보 전달은 중간 시냅스 연결의 복잡한 조합에 의해 중재된다. 이러한 시냅스 연결을 통해 뇌는 지극히 중요한 일을 수행하는데, 그 이유는 일반적으로 그런 연결이 정보를 받아서 다음 (연결된) 뉴런 집단에 연쇄적으로 전달하는 과정에서, 그 정보 패턴을 전형적으로 변환(transform)시키기 때문이다. 그런 연쇄적 시냅스 연결은 [전달받는] 그 정보를 수정하고, 그 정보 중에 선별하고, 그 정

---

3) [역주] 데카르트는 자신을 스스로 알 수 있다는 점에서 '자아' 의식은 '명석하다(distinct)'고 말했다. 그리고 자신의 상태를 살펴보는 '자아'가 실체로서 존재한다고 믿었다. 그런 점에서 그의 입장은 '실체 이원론(substance dualism)'으로 불린다.

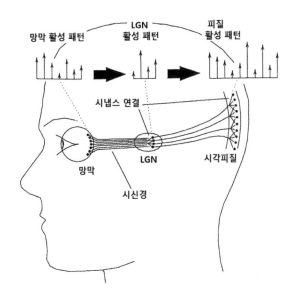

그림 1.4 [망막의] 신경 활성 패턴이 많은 시냅스 연결 매트릭스(matrix)를 통과하면서 발생되는 신경 활성 패턴의 연속적 변환

보 내로 억제하며, 일반적으로, 그런 연결은 2장에서 밝힐 가장 교묘한 기술(technique)로 그 정보를 해석한다.

뇌의 표상적 표면의 패치들 사이의 이러한 체계적 연결은 초고층 TV 화면의 유추에서처럼 주요한 단점을 드러낸다. 예를 들어, 103층의 가장 오른쪽 창의 1평방야드 픽셀 패치는 57층의 가장 왼쪽 창의 큰 픽셀 패치와 대화하거나, 그 동작에 영향을 미칠 방법이 없다. 이런 시스템 내의 부분들 사이에, 어떻게든, 전혀 어떤 인과적 상호작용도 없다.

이러한 [위치의 패치들 사이에] 인과적 상호작용을 도입하려면, 예를 들어, 103층 픽셀 패치에서 나오는 거대한 광섬유 케이블을, 57층 픽셀 패치와 적절히 접속시키려면, 건물 표면을 가로질러 뻗어 내려오는 케이블을 추가 설치해야 한다. 더 좋게는, 케이블 길이를 최소화하기 위해 그러한 모든 케이블을 건물 내부에 넣을 수도 있겠다. 그보다도 더 좋게는, TV 타일을 붙인 건물 외부 표면, 즉 1천억 픽셀을 포함하는 표면을 극히 얇게 만들고, 앞서 살펴보았듯이, 그 표면 전체를 자몽 크기의 은박 포일 공 모양으로 일그러뜨려보자. 그러면 이제 케이블 길이를 최소화할 수 있다. 실질적으로 모든 픽셀 패치는 다른 여러 픽셀 패치들과 대면하도록 압착될 수 있고, 그 공 내부를 가로지르는 가장 긴 직선 케이블은 이제 겨우 6인치이다. 이렇게 건물 표면의 배치를 변화시키면, 마침내 우리는 그 물리적 조직을 뇌의 물리적 조직과 유사하게 만들 수 있다.

그렇지만 뇌가 기능적 활동을 할 수 있기 위해서는 묘수가 하나 더 적용되어야 한다. 수신하는(receiving) 픽셀의 표적(target) 패치가, 원래 활성 패턴을 전송 픽셀의 패치를 가로지르면서 단순히 반복하거나 재현하는(re-present) 것 이상의 무엇을 해야만 한다면, 수신하는 패치로 들어가는 케이블의 많은 연결은 도착하는 패턴(arriving pattern)을 어떤 식으로든 수정하여, 새로운 패턴이 목적지에 도달하도록 하는 것이 좋다. 뇌에서 정확히 이런 일이 일어난다.

그러하다는 것은, 내가 모니터링 또는 '감시'라고 대략적으로 규정한 과정, 즉 엄밀히 말해서, 이전 뉴런 집단의 활성 패턴을 재현하는 과정은 전혀 수동적 과정이 아님을 의미한다. 그것은 극적으로 활동적이다. 많은 망막 뉴런에 걸쳐 있는 원래의 모자이크 패턴(pixilated pattern)이 하나의 전문화된(specialized) 신경 집단에서 다음 신경 집단으로, 그리고 다음 신경 집단과 그 다음 신경 집단으로, 내부로 전달됨에 따라서, 원래의 패턴은 시냅스 연결의 중간 조성에 의해 각 단계마다 점진적으로 변형된다. 이것이 대부분 뇌 계산(computation)이 일어나는 곳이다. 이것은 과거의 학습이 스스로를 보여주는 곳이고, 성격과 통찰력이 발생하는 곳이며, 궁극적으로 지능이 기반하는 곳이다. 그림 1.4에서 그 작동 과정을 볼 수 있다. 여기에서 뉴런의 연속적 패치들마다 각기 새롭고 다른 활성 패턴을 보여준다. 물론 이 도식적 그림은 만화이다. 즉, 망막, LGN, 시각피질 등은 각각 수백만 개의 뉴런을 가진다. 그렇지만 [그 모든 연결이] 계산적임은 분명하다.

이성의 교활함: 병렬분산처리

이러한 계산 방식, 즉 큰 조합의 시냅스 연결을 통해 한 패턴을 다른 패턴으로 변환하는 방식은 병렬분산처리(parallel distributed processing) 또는 줄여서 PDP라고 불린다. 그런 계산 방식은 동물 왕국 전반에 걸쳐 표준적이며, 좋은 이유에서 그러하다. 이런 계산 방식은, 기존의 데스크톱(desktop) 또는 대형 컴퓨터(mainframe computing machines)에서 구현되는 친숙하지만 다른 계산 방식, 즉 순차처리(serial processing)라 불리는 계산 방식에 비해서 훨씬 많은 측면에서 절대적 유리함이 있다. 앞으로 이어지는 여러 장에서 이러한 장점을 자세히 말하겠지만, 우선 두 가지 장점만은 지금 이야기해둘 필요가 있다.

속도와 능력

무엇보다도, PDP 컴퓨터는 순차처리 컴퓨터에 비해 아주 빠르게 처리하며, 적어도 살아 있는 동물이 전형적으로 마주치는 광범위한 문제들을 처리함에 있어서 그렇다. 그런 계산 방식이 더 빠른 것은, 수억 개의 개별 계산을, 수고스럽게 순차로 처리하기보다 동시에 처리하기 때문이다. 이미 당신이 이해한 사례로 설명하자면, LGN에서 시각피질로 연결하는 축삭 경로를 다시 들어보자. LGN의 집단 활성 패턴이 시각피질에 도착하면, 그 패턴은, 전체적으로 그리고 동시에, 거의 1천억(100,000,000,000) 개의 작은 시냅스 연결을 통해 여과된다. 각 피질 시냅스는 'LGN의 활성 패턴'을 '시각피질의 활성 패턴'으로 전체적으로 변환하는 (작은) 일을 수행한다.

만약 LGN을 출발선으로 가정할 경우, 시각피질로 달려가는 경주는, 축삭의 극파(impulses) 모두가 대뇌피질 결승선을 함께 통과하기까지, 약 10밀리초(msec) 만에 끝난다. 이런 시간 척도, 즉 10밀리초는 뇌 내부의 단일 층판-대-층판 변환(layer-to-layer transformation)에서 전형적이다. 이러한 변환의 전형적 결과는 시각피질의 뉴런 전체의 새로운 활성 패턴이며, 예를 들어, 시각 세계의 3차원(three-dimensional) 구조를 이제 명시적으로(explicitly) 묘사하는 패턴이다. 그 3D 정보는 감각 말단(sensory periphery)인 두 망막 활성 패턴에는 단지 암묵적(implicit)이었다. 즉 3차원 정보는 두 망막 활성 패턴들 사이의 미묘한 그림 불일치로 묻혀 있었다. 그러나 시각피질에서 단지 두세 번의 변환이 된 후 묻혔던 정보는 명시적으로 만들어진다. (인간 시각 시스템 (visual system)의 계산 중 일부는 입체적(stereo) 또는 3D 영상을 담당한다. 다음 장에서 그것이 어떻게 작동하는지 살펴보겠다.)

단발로 1천억 요소 계산(elementary computations)이란 적정한 기술이다. 일반 데스크톱 컴퓨터는 12MHz로 작동하며, 1천억 요소 계산을 수행하는 데 약 15분 걸린다. 그러나 인간 시각 시스템의 단일 단계는 단지 10밀리초(msec), 즉 100분의 1초 만에 이 모든 것을 수행하는데, 이것은 독립적인 많은 계산을 일시에 수행하기 때문이다. 주방에 전승된 지혜가 시간 절약을 위한 겸손한 유사 요령을 보여준다. 현명한 요리사는, 커다란 봉투 안에 든 모든 녹두 줄기를 냄비에 넣기 전에 모든 줄기의 끝을 하나하나 잘라야 하는 문제에 직면해서, 그것들을 모두 나란히 놓고, 줄기 끝을 모은 다음, 단 한 번의 칼질로 그 끝단 모두를 잘라낸다.

상대적으로 작은 시각피질을 넘어 전체 뇌를 들여다보면서, 뇌는 동시적으로 100조 요소 계산을 수행할 수 있다는 것에 주목해야 한다. 그 숫자는 당신이 가지는 시냅스 전체의 수이며, 그 각각의 시냅스는 독립적으로 각자의 작은 계산을 수행한다. 밤낮으로 실행되는 데스크톱 컴퓨터는 그러한 일에 일주일 이상의 시간을 소비해야 한다. 진화가 병렬분산처리를 우연히 발견한 승자를 선택했음이 분명하다.

기능 지속성

병렬분산처리가 [순차처리 방식보다] 더 잘 기능할 수 있다. PDP 컴퓨터는 많은 시냅스 연결에서의 오작동(malfunction), 비활성화(inactivation) 또는 많은 시냅스 연결의 소멸을 겪을 수 있지만, [그렇더라도] 그 성능의 저하는 미미할 수 있다. 만약 우리가 성난 람보를 뉴런 크기로 축소하고, 그에게 작은 기관총을 들려서 당신의 시각피질 내에 들어가도록 하여, 그가 무작위로 당신의 피질뉴런과 만나는 시냅스 연결의 10퍼센트(약 100억 개)를 날려버릴 수 있다고 하더라도, 당신은 그것을 거의 눈치 채지 못할 것이다. 당신의 기초 시각 역량은, 몇 가지 신중한 테스트에서 알 수 있듯이, 아마도 약간 감소할 수 있지만, 그 정도가 전부이다.

그 이유는 간단하다. 각각의 시냅스는, 그것들이 참여하는 전체 패턴-대-패턴 변환에 아주 적게 기여할 뿐이므로, 각각의 연결에서 10분의 1만큼씩 무작위로 손실된다고 하더라도, 그 시스템은 손상되지 않은 상태의 수행과 거의 동일한 변환을 수행할 수 있다. 그 시냅스 전체 연결 집단의 큰 부분 집합은, 당신이 임의로 선택하더라도, 어느 다른 큰 부분 집합과 거의 동일한 변환 성격을 지닌다. 그렇다는 것은, 어느 임의의 순간, 누군가의 시냅스들 중 상당 비율이 비활성화되거나, 과활성화되거나, 그저 죽은 상태일 수 있음을 의미하지만, 남은 대부분 시냅스들이, 그 사람을 기능적 인간이 되도록 만드는, 동일한 입출력 행동을 집단적으로 보여줄 것이다.

이런 극히 다행스러운 특징은 기능 지속성(functional persistence) 또는 결함 허용성(fault tolerance)이라 하며, 이 점에서 PDP 컴퓨터는 순차처리 컴퓨터와 아주 다르다. 데스크톱 컴퓨터의 중앙처리장치(central processor) 내부에 하나의 연결만 손실되더라도 심각한 오작동 문제를 발생시킬 것이 거의 확실하다. 무수히 많은 소소한 사건들을 견뎌내야 한다는 점을 고려해보면, 인간과 다른 동물들은 그렇게 위험한 장비를 허용할 수 없다. 우리는 심지어 정상의 노화만으로도 일상생활 중 매일 약 1만 개 뉴런을, 새 뉴런으로 교체하지 않은 채, 상실한다. (이 비율은 보기만큼 그렇게 끔찍하지는 않다. 우리는 1천억 개 뉴런으로 삶을 시작하기 때문에, 이 정도의 손실률로 평생 초기 자본의 1퍼센트 미만을 잃어버릴 뿐이다.)

생물학적 뇌는 매우 신뢰할 수 없는 요소들로 구성되므로, 진화는 병렬분산처리를 탐색함에 있어 선택의 여지가 없었으며, PDP가 자동으로 제공하는 결함 허용성과 기능 지속성을 개척하지 않을 수 없었다. 현대 순차처리 방식의 디지털 컴퓨터에서 잘 작동하는 전자 요소들과 달리, 생물학적 뉴런들과 그들의 상호 시냅스 연결은 모두 다소 시끄럽고 신뢰할 수 없는 시민들인 셈이다. 이것은 실제 뉴런으로 만들어진 모든 순차처리 기계에 문제를 제기한다. 순차처리 기계는 결함 허용성을 **갖지 못하는**데, 그것은 체인 같은 연속적 계산이 가장 약한 연결고리(link)에서조차 강력할 수 있기 때문이다. 따라서 생물학적 요소만으로 성공적인 순차처리 컴퓨터를 만드는 것은 단호히 불가능하다. 그런 장치라면 아마도 평균 일주일에 2-3초 정도만 제대로 작동할 것인데, 그렇게 희박하고 일순간의 경우에만 그 모든 구성 요소가 정확히 같은 시간에 제대로 작동할 것이다.

이러하다는 것이 단지 이론가의 농담은 아니다. 컴퓨터 공학은 이런 종류의 문제에 대해 실제로 좌절하는 경험을 겪어왔다. 신뢰 빈약성 (unreliability)은 초기 순차처리 컴퓨터에서 잠재적으로 치명적 기능이 었으며, 그 이유는 (초기 라디오에서처럼) 많은 고속 스위치 대신 수천 개의 진공관을 이용했기 때문이다. 진공관은 많은 면에서 평범한 전구 와 비슷하여, 예측할 수 없는 순간 꺼지는 경향이 있어 가장 성가시게 만든다. 지속적인 작동을 위해 수천 개의 진공관이 필요하며, 그 모든 진공관이 순차처리 컴퓨터의 기능에 중요하므로, 그런 것들로 만들어 진 기계는 어쩔 수 없이 다운되는 일이 끝없이 반복되었다. 그리고 물 론 컴퓨터가 더 강력해지고 그러한 요소들 수가 증가함에 따라서, 문 제는 기하급수적으로 악화되었다.

다행스럽게도 순차처리 계산의 미래를 위해 벨 연구소(Bell Labs)는, 잘 꺼지지 않는 고속 전자 스위칭 장치인 트랜지스터를 발명했다. 그 것은 물론, 임의로 작게 만들 수도 있었다. 이런 매우 신뢰할 수 있는 전자 밸브의 출현이 없었다면, 컴퓨터 기술은 여전히 암흑기에 있었을 것이다.

물론 모든 생물의 신경계 내부에서 행복하게 흥얼거리는 놀라운 대 체 기술은 전혀 그렇지 않다. 이 기술은 수백만 년 동안 고도로 발달해 왔으며, 구성 요소의 완벽성에 의존하지 않는다. 이 기술은 정보처리의 대규모 병렬처리의 본성에서 계산처리 속도를 얻는다. 또한 정보 코딩 및 저장의 대규모 분산적 본성으로 인해, 그 기능 지속성을 확보할 수 있다. 따라서 피할 수 없는 산발적인 실패는 주변의 강력한 성공의 바 다에 휩쓸려 사라진다. 이 두 가지 특징 덕분에 생물학적 뇌는 개별적 으로 보면 느리고 신뢰할 수 없는 구성 요소로 구성되었음에도 불구하 고, 광범위한 문제에서 현존하는 어떤 슈퍼컴퓨터보다 뛰어난 성능을 발휘할 수 있다. 더듬거리는 거북이 군대는 교묘한 전략으로 토끼를 앞지른다.

더욱 생생한 인지 능력을 향하여

눈부신 속도와 기능 지속성도 중요하지만, 그런 장점은 PDP 컴퓨터가 보여주는 놀라운 인지 속성들 목록에서 단지 시작에 불과하다. 그 목록에는 다음과 같이 생명체에서 나타나는 모든 독특한 인지적 특성들이 포함된다.

- 잡음과 왜곡으로 방해받거나, 일부 정보만 주어지더라도, 특징과 패턴을 재인하는 능력
- 복잡한 유사 사례를 알아보는 능력
- 새로운 상황에 처했을 때, 관련 정보를 즉각 회상해내는 능력
- 자신의 감각 입력의 다양한 특징들에 주의집중하는 능력
- 문제의 상황에 대해 일련의 다양한 인지적 '개입'을 시도하는 능력
- 자녀의 목소리나 솔잎 냄새와 같이 미묘하고 정의할 수 없는 감각적 특성을 재인하는 능력
- 물리적 환경을 통해 일관성 있고 우아하게 몸을 움직이는 능력
- 사회적, 도덕적 상황에서 목적과 책임을 가지고 자신의 사회적 자아를 탐색하는 능력

이러한 능력과 이와 비슷한 다른 능력들은 오랫동안 어떤 물질적 계산 시스템도 뛰어넘을 수 없는 능력이라고 주장되어왔다. 이런 주장은 심각한 잘못이다. 아직 논란의 여지가 있긴 하지만, 그러한 능력들은 실시간으로 작동하는 범용 시리얼 컴퓨터의 성능을 넘어설 수 있다. 그러나 그런 능력들이 PDP 컴퓨터의 성능을 넘어서는 것은 결코 아니다. 오히려 생물학적으로 두드러지는 이러한 능력들은 제대로 작동하는 PDP 시스템의 특징적 징후라고 아래에서 주장해볼 것이다. 그런 능력들은 우리가 병렬분산계산을 다루고 있다는 가장 확실한 행동 신

호이다. 밀른(A. A. Milne)의 만화에 등장하는 늘 의욕이 넘치는 티거 (Tigger)의 대사를 모방해서 말하자면, "노이즈와 혼란을 통해 관련성 과 유사성을 알아보는 것이 바로 PDP 컴퓨터가 가장 잘하는 일이 지!"4)

PDP 컴퓨터가 어떻게 그러할 수 있을까? 다음 두 장에 걸쳐서 어떻 게 그럴 수 있는지 살펴볼 것이다. 그러나 그런 이야기는 아직 서문에 불과하며, 나는 이 책이, 인공이든 생물학적이든 컴퓨터 기술에 관한 책이 아니라는 점을 독자들에게 먼저 밝힐 필요가 있다. 이 책은 무엇 보다도 인간과 인간 활동에 관한 책이다. 나는, 지각적 지식(perceptual knowledge), 실천적 기술(practical skill), 과학적 이해, 사회적 지각, 자 기-의식, 도덕적 지식, 종교적 확신, 정치적 지혜, 심지어 수학적 및 미 학적 지식에 이르기까지, 우리에게 친숙한 모든 차원에서 인간 인지의 특성을 탐구하려 한다.

이러한 인지 영역의 대부분을, 적어도 최근까지, 인공지능이나 신경 과학 등의 연구자들은 거의 논의하지 않았다. 보통 그런 인지 영역은 컴퓨터와 뇌에 대해 무지한 철학자들이 열심히 논의하도록 방치되었 다. AI 또는 신경과학 분야의 연구자들은, 기계가 체스를 높은 수준으 로 잘 두도록 어떻게 만들 수 있을지, 배고픈 개구리의 뇌가 움직이는 파리를 어떻게 탐지하는지 등등, 더 좁고 쉬운 문제를 해결하려는 경 향이 있었다. 그러나 지난 10년 동안, 특히 최근 5년 동안 이론적 상황 과 실험적 상황 모두가 극적으로 달라졌다. 새로운 이론과 새로운 실 험 기술을 이용하여, 이제 동물과 인간의 모든 인지 영역을 다룰 수 있 게 되었다. 이제 시험 가능한 인공 모델과 상세한 신경생물학 정보를

---

4) [역주] 만화 『곰돌이 푸』에 등장하는 늘 의욕이 넘치는 티거는 이렇게 말한 다. "어린이의 눈을 통해 관련성과 유사성을 알아보는 것은 어른에게 주어진 가장 위대한 선물 중 하나이지."

통해, 우리는 순수한 철학적 질문으로만 여겨왔던 문제를 다룰 수 있게 되었다.

이론과 실험: 역사적 유사 사례

할 수 있는 기회가 찾아왔을 때, 그것을 반드시 잡아야 한다. 코페르니쿠스(Nicholas Copernicus)의 거친 태양계 이론에 갈릴레오 갈릴레이(Galileo Galilei)의 조잡한 망원경이 결합되자, 아리스토텔레스, 톨레미, 르네상스 로마 교회 등의 오랜 지구 중심 우주 이론은 근시안적이며 영적으로 억압된 이론으로 몰락하고 말았다. 이런 극적인 사건은 우리로 하여금 지금도 계속되는 우주 발견의 여정을 시작하라고 조언한다. 마찬가지로 17세기 후크(Robert Hooke)가 새로 발명된 현미경을 통해 미생물을 관찰한 결과, 질병은 신의 형벌 또는 악마의 고문이라는 잔인한 신학적 신념을 뒤집었고, 질병의 기원에 관한 새로운 이론이 빠르게 정립되었다. "식수를 끓이면 그 안에 있는 질병 박테리아가 죽는다"와 같은 단순한 발견으로, 우리는 현대 의학 및 공중 보건 정책에서 많은 안락함을 얻기 시작했다. 더 최근에는 종(species)의 기원에 관한 찰스 다윈(Charles Darwin)의 설명, 새롭게 밝혀진 화석 및 지질학적 기록, 현대 단백질 및 DNA 분석 등등을 통해서, 우리는 지구의 나이와 인류의 특권적 지위에 대한 기이한 신화에서 벗어날 수 있게 되었다.

그 모든 사례에서, 실험 가능한 이론과 체계적인 실험은 이전에는 순전히 철학적 또는 신학적 문제였던 것에 새롭고 유망한 확신의 빛을 비춰주었다. 그리고 그 모든 사례에서 우리는, 불행히도 터무니없는 또는 황당한, 이전에는 그럴 듯해 보였던 엉터리 이야기에서 벗어날 수 있었다. 반대로, 그것은 종종 광범위하고 의심할 여지없는 신념이었고, 매우 합리적인 사람들에게조차, 그러한 새로운 발전이 있기 전까지, 결함이 없어 보이는 신념이었다. 그러나 그렇게 우리를 해방시켜주는 발견이 있을 때마다 우리는 새로운 개념 체계(conceptual framework)를 천천히 소화하였고, 그 개념 체계에 의한 인지적 미덕이 실제로 펼쳐지는 것을 보았다. 그러면서 우리가 사는 세계는, 사회적 및 도덕적 세계를 포함하여, 영원히 바뀌고 말았다.

우주의 구조, 질병의 의미, 지구의 나이, 인간의 기원 등등에 대해 우리가 그토록 명백히 아주 틀릴 수 있다면, 우리는 겸손하게, 인간의 '인지(cognition)'와 '의식(consciousness)'의 본질에 대해서도 [지금] 깊은 오해나 혼란을 겪고 있을 가능성을 고려할 수 있어야 한다. 우리가 깊은 혼란에 빠지는 (잠재적) 사례를 멀리서 찾을 필요도 없다. 세계적으로 여전히 넓게 받아들여지는 가설은, 인간의 인지가 영혼(soul) 또는 마음(mind)과 같은 비물질적 실체(immaterial substance)에 존재한다는 생각이다. 그 생각에 따르면, 그 제안된 비물리적 실체(nonphysical substance)가 유일하게 의식과 합리적 및 도덕적 판단을 한다. 그리고 일반적으로 육체가 죽은 후에도 살아남아 지상에서의 행동에 대한 어떤 보상이나 처벌을 받는다. 이 책의 나머지 부분에서, 이런 친숙한 가설이 새로운 인지과정이론 및 여러 신경과학의 실험 결과와 일치하기 어렵다는 것이 분명히 드러난다. 비물질적 영혼에 대한 교설은, 솔직히 말해서, 또 다른 신화처럼 보이며, 그 교설은 온통 거짓으로 보인다.

그런 가설은 불행하게도 매우 다양한 문화권에서 수십억 명의 사람들의 사회적 및 도덕적 의식에 어느 정도 깊이 내재한다. 만약 그 가설이 거짓이라면, 조만간 사람들은, 개별 인간의 삶의 본성을 어떻게 가장 잘 파악해야 하는지, 그리고 우리를 하나로 묶어주던 도덕적 관계의 기반을 어떻게 가장 잘 이해해야 하는지 등의 문제에 고심하게 될 것이다. 과거의 관점에서 보면, 그러한 조정은 종종 고통스러울 수 있다. 좋은 측면은 이러한 조정이 종종 우리를 자유롭게 해주고, 더 높은 수준의 도덕적 통찰력과 상호 배려를 달성하도록 해준다는 점이다. 인지신경생물학(cognitive neurobiology)에서 나오는 교훈을 탐구함으로써, 나는 항상 이러한 희망적인 가정에서 이야기를 진행하려 한다.

우리 자아 개념의 거울을 재구성하기

그러나 원시 종교적 믿음을 지적하는 것만으로, 이론적 갈등과 잠재적 개념의 변화가 일어날 가장 흥미로운 지점을 찾지 못한다. 심-신 이원론(mind-body dualism)이라는 종교적 가설은, 한 세기가 넘는 동안, 진화생물학은 물론 다른 여러 과학과도 깊은 갈등을 빚어왔다. 그 가설은, 인공지능이나 신경과학을 특별히 끌어들이지 않더라도, 과학적으로 믿을 수 없는 가설로 만들어버릴 수 있다. 내가 이런 이야기를 꺼낸 이유는, 현대 정보로 지지되는 현재 대중적인 중요 믿음이 명확한 사례이기 때문이다. 그리고 그런 사례가 반복될 수 있기 때문이다. 사실, 현재의 개념적 변화가 일어날 훨씬 더 흥미로운 영역, 특히 새롭게 떠오르는 인지 이론(cognitive theory)으로부터 영향 받을 가능성이 아주 높은 영역이 있다. 그 영역은 심-신 이원론보다 훨씬 더 가까운 곳에 있으며, 훨씬 더 널리 퍼져 있다. 그것은 바로 우리의 자아 개념, 즉 믿음, 욕망, 감정, 이성의 힘 등을 가진 자아-의식적 존재로서 우리가 공유하는 자신에 관한 초상화이다.

이런 개념 체계는, 출생부터 늑대에게서 길러지지 않은, 모든 정상 인간이 의심할 여지없이 가지는 [믿음 체계]이다. 이것은 어렸을 때 정상적 사회화가 형성되는 틀(template)이며, 성인이 되어서는 사회적 및 심리적 교재의 주요 수단이며, 현재의 도덕적 및 법적 논쟁의 배경 기반을 형성한다. 철학자들은 이를 조롱의 용어가 아니라, 우리 모두가 현재 동료 인간과 우리 자신의 행동과 정신생활을 이해하는 기본적 서술 및 설명의 개념 체계로 받아들이는 것으로, 흔히 '통속 심리학(folk psychology)'이라 부른다.

갑자기 우리는 거울 속을 들여다보는 중이다. [비춰 보려는 것이] 먼 하늘 위가 아니며, 진화의 회관도 아니고, 복잡한 미시 세계도 아니고, 바로 우리 자신을 똑바로 바라보는 중이다. 인간 인지와 행위에 대한 우리의 기초 개념은, 아마도 과거에는 어느 정도 유용했을지 모르지만, 온통 잘못된 또 다른 신화는 아닐까? 뇌 기능에 대한 올바른 이론이라면, 인간 본성에 대해 상당히 다르거나 양립할 수 없는 초상화를 제시해줄까? 그 어느 때보다 우리에게 밀접하게 다가올 또 다른 개념적 혁명에 대해 우리는 감정적으로 대비해야 할까?

이 책의 목표

앞으로 드러나겠지만, 나는 위의 모든 질문에 대해 긍정적인 답변에 기울며, 과학적 및 도덕적 미래의 전망에 대해 낙관적인 평가에 기울어져 있다. 그러나 나는 여기서 내 입장을 확신하지 않겠으며, 이 책의 우선적 목적은 특정한 철학적 교선을 주장하거나 확립하려는 것에 있지 않다. 이 책의 주된 목적은, 발전하는 이론의 특성과 잠재적 중요성, 그리고 최근의 실험 결과 등을 생생하고 이해하기 쉽게, 분별력 있는 대중에게 제공하려는 것이다. 나는 당신이 적어도 자신의 정신적 삶의 일부를 명시적 신경계산 용어로 재구성할 수 있을 만큼, 충분히 풍부하고 완전한 개념 체계를 여기에서 제공하려 한다. 그러면 당신은 우리가 마주치는 잠재적 갈등과 혼란을 스스로 판단할 수 있을 것이다. 또한, 의료, 정신의학, 법, 도덕적 책임, 교정 시스템, 교육, 개인의 도덕성, 자유의 본성 등등에 관한 적절한 공공 정책에 관한 (피할 수 없는) 논쟁에 더 잘 참여할 수 있을 것이다. 그러한 것들은 매우 중요한 문제들이다. 민주 사회에서 이러한 문제들은 우리 모두에게 온갖 지혜를 요구한다. 따라서 관련 정보를 널리 공개하는 것이 중요하다.

컴퓨터가 할 수 없는 일에 대해 많은 글이 쓰였다. 17세기 데카르트(Descartes)와 라이프니츠(Leibniz)에서부터, 20세기 말 나의 동료인 드레퓌스(Dreyfus)와 설(Searle), 펜로즈(Penrose)에 이르기까지, 계산은 인간 인지의 모든 범위를 설명하기에 부적절하다는 평가를 반복적으로 받아왔다. 위의 저작들 모두 쓸모없는 글은 아니다. 왜냐하면 컴퓨터가 '할 수 없는' 유형, 부류, 양식 등이 실제로 있기 때문이다. 그러나 이 책은 그런 컴퓨터들에 관한 책이 아니다. 이 책은 '할 수 있는' 컴퓨터에 관한 책이다. 끝으로, 이제 컴퓨터가 어떻게 할 수 있다는 것인지의 물음에 관심을 돌려보자.

2. 감각 표상: 벡터 코딩의 놀라운 역량

인간은 맛, 향기, 느낌 등 감각을 묘사하는 데 서툴다고 잘 알려져 있지만, 감각을 구별하고 즐기고 고통스러워하는 데는 능숙한 것으로 잘 알려져 있다. 실제로 감각이란 거대한 공간에 익숙해지는 것은 삶을 가치 있게 만드는 요소 중 하나이다. 반면에, 우리 모두 풍부한 감각적 삶을 살아가고 있지만, 감각의 아주 거친 특징이 아니라면, 그 모든 감각적 삶을 다른 사람들과 소통하기는 어렵다. 그것은 우리의 언어적 묘사 능력이 우리의 감각적 변별력에 훨씬 못 미치기 때문이다.

이러한 불일치는 언어에서 사용되는 코딩(coding, 부호화) 전략과 신경계에서 사용되는 코딩 전략의 근본적인 차이에서 비롯된다. 언어에서는 불연속적인 이름들의 집합을 사용하며, 그 수는 확실히 한정되어 있어서, 감각 상황의 미묘함이 표준 이름을 능가할 경우, 언어는 불충분한 은유에 의존하게 된다. 이와는 대조적으로, 신경 시스템(nervous system)은 조합적 표상 시스템(combinatorial system of representation)을 사용하며, 이 시스템은 각각의 (마주치는) 감각적 미묘함을 세밀히 분석할 수 있도록 해준다. 그런 표상 시스템을 가져서, 우리는 전형적으로 말로 표현할 수 있는 것보다 훨씬 더 많은 것을 구별하고 재인할 수 있다.

맛 코딩

비록 그 표상 시스템이 강력하지만, 그것이 작동하는 방식에서 특별한 비책이 있는 것은 아니다. 우리는 맛감각(sense of taste)에서 그 시스템이 작동하는 것을 볼 수 있다. 맛은 복잡하고 다양하지만, 그 맛을 코딩하는 시스템은 단순하다. 우리는 혀에 단맛, 신맛, 짠맛, 쓴맛 수용체(receptors)라는 정확히 네 유형의 맛 센서(taste sensors)를 가진다(그림 2.1). (최근 다섯째 유형에 대한 몇 가지 힌트가 있지만, 그 가능성은 여기서 언급하지 않겠다.) 그런 맛의 이름들은, 곧 살펴볼 것이지만, 완전히 적절하지는 않다. 그러나 어느 정도 일리는 있다. 만약 어느 주어진 맛이 열거된 네 이름 중 하나라고 우리가 정직히 대답할 수 있으려면, 그렇게 불린 맛 수용체에서 그 맛이 상당히 높은 수준의 활성화를 일으켜야만 한다.

예를 들어 익은 복숭아를 깨물어 맛보는 친숙한 사례를 생각해보자. 과즙이 혀의 수용체에 닿으면서 그 수용체의 흥분 수준, 즉 활성 수준에 영향을 미치지만, 그 과즙이 네 유형의 수용체 각각에 동일한 영향을 미치지는 않는다. 예를 들어, A형 세포는, 복숭아가 제시될 경우, 거의 최대로 강하게 반응한다. B형은 거의 반응하지 않는다. C 유형은 A만큼은 아니지만 강력하게 반응한다. 그리고 D 유형 세포는 적당히 반응하지만, 그다지 심하지는 않다.

복숭아를 재인하는 데 있어 중요한 것은 단일 수용체 유형의 반응 수준이 아니라, 네 수용체 유형 모두의 총체적 패턴이다(혀 위의 막대 그래프 높이 참조). 비슷하게 익은 단계의 모든 복숭아는 거의 동일한

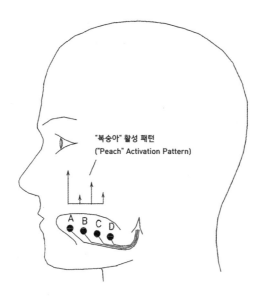

그림 2.1 사람의 혀에 있는 네 유형의 맛 수용체(taste receptors)에 관한 개략적 그림

활성 패턴을 보여줄 것이다. 그런 패턴은, 특별히 복숭아에 고유한, 일종의 서명 또는 지문이다. 흔히 생각하듯이, 네 가지 '기본' 맛이 '섞여 있는' 것이 아니다. 그보다, 어느 맛이라도, 심지어 소위 기본 맛들 중 하나라도, 네 세포 유형 모두에서 활성화되는 독특한 패턴이다. 단맛은 A형 세포의 활성 수준이 높아야 하지만, B형, C형, D형 세포의 활성 수준도 낮아야 한다.

이러한 패턴 또는 서명은 또 다른 측면에서 특별하다. '복숭아'라는 단어는 '살구'라는 단어와 전혀 유사하지 않지만, 복숭아에 해당하는 4차원 신경 활성 패턴이 살구에서 생성되는 패턴과 매우 유사하다. 이것이 바로 그 두 과일의 맛이 매우 유사한 이유이다. 주관적인 맛은 혀의 네 유형의 수용체 전체의 활성 패턴이 미각 피질에서 하류로 재표상된 것일 뿐이며, 복숭아 맛 패턴과 살구 맛 패턴은 각각 4차원 활성 패턴에서 단지 몇 퍼센트만 다르다.

이런 방식으로, 다양한 맛에 대한 뇌의 표상은 유사점과 차이점의 체계적인 [위상] '공간' 내에 배열된다. 복숭아와 살구처럼 매우 유사한 맛은, 가능한 코딩 공간 내에 서로 매우 가까운 위치로 코딩된다. 예를 들어, 복숭아와 블랙 올리브의 맛처럼, 아주 다른 맛은 가능한 코딩 공간 내에 아주 멀리 떨어진 위치로 코딩된다. 복숭아에 대한 서명에 비해서, 블랙 올리브는, 겨자 한 숟갈이나 소금에 절인 양배추 한 점과 마찬가지로, 네 유형의 수용체에서 매우 다른 패턴의 활성화를 생성한다.

우리에게 익숙한 맛을 혀의 네 가지 세포 유형으로 표현되는 고유 차원의 '맛 공간(taste space)' 내에 그림으로 표현하면, 그것들이 어떻게 군집을 이루거나 분리되는지를 확인할 수 있다(그림 2.2). (나는 여기서 4개의 축 중 하나를 생략했는데, 2차원 지면에 4차원 공간을 그릴 수 없기 때문이다. 그렇지만 그 시각적 핵심은 여전히 전달될 수 있다.) 단맛은 맨 위 뒤쪽에, 쓴맛은 원점 근처에(쓴맛 축은 삭제되었으며), 짠맛은 오른쪽 아래, 신맛은 오른쪽 뒤쪽에 모여 있다. 예상할 수 있듯이, 소위 단순한 맛이라고 불리는 네 가지 맛은 각각 극단적인 주변부에 위치한다. 그러나 인간의 감각 시스템에서 모든 가능한 맛은 이 네 세포 유형의 전체 활성 패턴의 공간 내 어느 지점에 위치한다.

이러한 단순한 시스템은 의외의 강점을 감추고 있다. 예를 들어, 4개의 축을 따라 각각 10개의 서로 다른 활성 수준만을 유용하게 구별할 수 있더라도, 우리가 구별할 수 있는 네 요소 패턴의 총 수는 $10 \times 10 \times 10 \times 10 = 10,000$개나 된다. 다시 말해서, 혀에 있는 네 유형의 화학 수용체를 가지고 우리는 10,000가지 맛을 구별할 수 있다. 이처럼 아주 적은 자원으로 방대한 표상의 힘을 얻을 수 있다. 그렇다는 것은

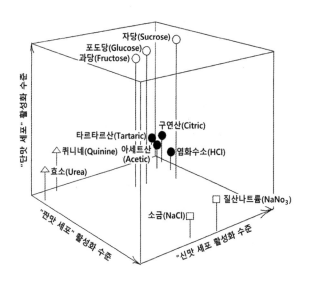

그림 2.2 맛 공간(taste space): 몇 가지 익숙한 맛의 위치 (Jean Bartoshuk의 그림을 수정)

뉴런 집단 전체의 활성 수준 패턴으로 감각 입력을 코딩함으로써, 얻을 수 있는 첫째 주요 효과이다. 위치의 조합론(combinatorics of the situation)은, 고전적인 AI 접근법에서 흔히 볼 수 있는 것처럼, 뇌에 상반되기보다 뇌를 위해 작동한다.

색상 코딩

맛 코딩에 사용된 기법은 너무 유용하여 반복 설명이 필요치 않을 정도이며, 다른 사례를 쉽게 찾아볼 수 있다. 시각 시스템도 동일 기법을 사용하여 색을 코딩하는 것으로 보인다. 망막에는 세 종류의 원뿔 모양의 감광성 원추세포(cone cells)가 있으며, 각각의 원추세포는 세 가지 다른 파장의 빛 중 하나에 맞춰져 있다. 이러한 감광성 원추세포들은 각각의 자극 수준을 다른 뉴런 집단의 세 가지 세포 유형으로 집

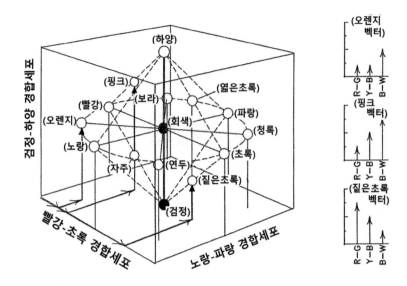

그림 2.3 인간의 색상 공간(color space)

단적으로 투사(전달)한다. 이러한 하류 세포(downstream cells, 다음 세포)는 세 가지 세포 유형 각각에 대해 하나씩 3차원 공간인 우리의 실제 색 공간을 구현한다. 뇌의 색 공간의 한 축은 망막에 있는 두 가지 원추세포 유형 사이의 줄다리기를 한 결과를 나타내며, 이것은 빨강-대-초록 축으로 불린다. 둘째 축은 다른 원추형 줄다리기의 결과를 나타내며, 노랑-대-파랑 축이라 불린다. 셋째 축은 세 가지 망막 원뿔 유형 모두에 걸친 국소 상대적 밝기 수준을 나타낸다. 따라서 사람이 지각 가능한 모든 색은 이 세 가지 유형의 하류 경합 계산처리(downstream opponent process) 뉴런에 걸친 활성화의 독특한 패턴이다.

그림 2.3에서 이러한 코딩 전략은 중앙 세로축을 중심으로 모든 익숙한 색깔(colors) 또는 색상(hues)을 연속된 원 안에 배치하는 것을 볼 수 있다. 모든 색깔의 선명도(vividness)는 중심축으로부터 수평 거리

로 표상되며, 이 축에 가까워질수록 색상은 무채색의 회색으로 희미해진다. 이 공간 내에서 어느 지점에서든 위로 올라갈수록 그 지점의 색상은 더 밝거나 파스텔 톤이 된다. 아래쪽으로 이동하면 점점 더 어두워져 검은색이 된다.

우리는 색깔 코딩을 통해 조합의 이득을 얻을 수 있으며, 그것은 맛 코딩에서 보여주는 것과 유사하다. 예를 들어, 만약 뇌가 3개의 경합-계산처리 축을 따라 각각 10개의 서로 다른 위치를 구별할 수 있다면, 뇌가 구별할 수 있는 고유 패턴 수는 $10 \times 10 \times 10 = 1,000$개의 고유 색깔이 될 것이다. (실제로 우리는 최소 10,000개의 고유 색상을 구분할 수 있으며, 따라서 각 축에 대해 10,000의 세제곱근을 구하는 것이 더 좋은데, 이는 세 축 각각에서 구분 가능한 위치가 대략 20개 정도라는 것이다.) 다시 말해서, 소수의 고유한 수용체 유형이 집합적으로 배치됨으로써, 감각 가능한 속성의 범위가 넓어진다.

이런 사례에서 분명하게 드러나는 또 다른 특징을 주목해보자. 각각의 색깔을 고유한 삼중 뉴런 활성 수준으로 코딩하면, 맛의 경우에서 보았듯이, 현상학적 유사성뿐 아니라, 다른 현상학적 관계도 파악할 수 있다. 직관적으로, 오렌지색은 노랑과 빨강 사이에 있고, 분홍색은 하양과 빨강 사이에 있다. 그리고 이것이 바로 색깔들이 설명된 코딩 공간 내에 위치되는 방식이다(그림 2.3을 다시 보라). 이러한 관계와 다른 많은 친숙한 관계는, 뇌가 채용하는 단순한 코딩 도식(coding scheme)의 직접적인 결과이다.

냄새 코딩

맛과 함께 냄새(후각)는 아마도 모든 감각 중에 가장 원초적이며, 그렇다는 것은 후각이 가장 먼 기억까지도 꺼내는 대단한 능력을 지닌다는 사실에 비추어보더라도 알 수 있다. 바다에서 여러 해를 보낸 성숙한 연어는 어린 시절의 강 냄새를 맡고, 같은 후각을 사용하여 적절한 지류를 따라 자신이 태어난 바로 그 장소, 즉 미네랄 성분과 생화학적 향기가 독특한 조용한 웅덩이로 향한다. 그러한 후각 항해는 호모 사피엔스를 훨씬 능가하여, [인간이 갖지 못하는 능력이긴] 하지만, 심지어 인간도 초등학교 1학년 교실이나 할머니의 부엌, 어린 시절 계곡 등의 향내를 맡으면서 친근함의 카타르시스를 느낄 수 있다.

이러한 미묘한 분별 능력은 역시 벡터 코딩(vector coding)의 조합 기술에서 나온다. 인간은 최소 여섯 가지 유형의 후각 수용체를 지니며, 특정 냄새는 여섯 가지 유형 모두에 걸친 활성 수준의 패턴으로 코딩된다. 이 여섯 가지 축을 따라 각각 10개의 위치만 분별할 능력을 우리가 가진다면, 전체적으로 10^6가지, 즉 1백만 가지의 향기를 구별할 능력을 가질 수 있다.

여기서 흥미로운 점은, 코딩 벡터의 차원 수(그리고 각 차원의 민감도)만큼 우리의 전체 분별 역량이 지수 폭발(exponential explosion)로 증가한다는 것이다. 아마도 이것이, 생쥐나 블러드하운드(bloodhound, 개의 한 품종)와 같은 동물이 뛰어난 후각을 가지는 이유를 설명하는 주요한 부분일 것이다. 이러한 동물들의 실제 수치는 알려지지 않았지만, 인간에게 6개의 수용체 세포가 있는 반면에, 개는 7개의 수용체 세포를 가지며, 그 세포들이 7개의 후각 축을 따라 인간보다 3배만 많더라도, 30^7개 또는 200억 개의 다른 냄새를 구별할 수 있을 것이다. 그렇다면 블러드하운드가 냄새만으로 지구상의 모든 사람을 분별할 수 있다는 것이 놀랄 일은 아니다.

그림 2.4는 인간과 블러드하운드 후각 공간(smell space)의 크기(후각 능력) 차이를 묘사하려는 시도이다. 활성 수준의 가능한 조합의 수가 양자 사이의 차이를 나타내는 중요한 척도이므로, 적절한 대비는 샘플 냄새 벡터 아래의 두 후각 공간의 크기로 묘사되었다. 만약 개의

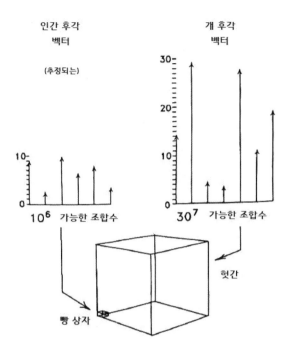

그림 2.4 인간과 개의 후각 공간(smell space)의 상대적 체적 비교

후각 공간이 큰 헛간 크기의 정육면체라면, 상대적으로 인간의 후각 공간은 작은 빵 상자 크기의 정육면체라고 할 수 있다. 개에게 인간은 후각 영역에서 거의 '맹인'에 가깝고, 결과적으로 어리숙한 바보처럼 보일 것이다. 우리는 개의 선한 본성에 대해 다시 고마워해야 한다. 개들이 우리에게 얼마나 많은 인내심을 발휘하는지, 그리고 우리의 어리석은 행동이 얼마나 무지하다고 비쳐질지 누가 알겠는가?

얼굴 코딩

개가 냄새를 구분하는 것에 특별히 능숙하다면, 인간은 얼굴과 변화하는 감정 표현을 분별하는 것에서 탁월하다. 사람 얼굴은 복잡하지만,

우리는 익숙한 얼굴을 거의 모든 각도에서 250밀리초 이내에 재인할 수 있다. 맛, 색상, 냄새 등과 달리, 우리는 얼굴에 대해 일반적으로 코의 길이, 입술의 도톰함, 눈 사이의 거리, 눈썹의 두께 등등의 구성 요소로 최소한의 묘사를 할 수는 있다. 그러나 앞서 살펴본 더 단순한 감각적 특성처럼, 우리의 언어 묘사 능력 또한 직접적인 감각 분석 능력에 훨씬 못 미친다. 은행 강도의 얼굴에 대해 진술하는 은행원은 단호하나, 어쩔 수 없이 모호하게 묘사할 수밖에 없으며, 그 얼굴을 수십만 명의 다른 얼굴과 어떻게 다른지 설명하지 못할 가능성이 높지만, 그럼에도 만약 그 은행원이 강도와 대면하는 경우 그 얼굴을 정확히 재인하고 분별할 수 있다.

이런 얼굴 분별 능력은 분명히 벡터 코딩의 또 다른 사례이기도 하다. 뇌는 시각 시스템에서 다소 멀리 떨어진 특별한 피질 영역(후-측두(occipito-temporal) 영역)에서의 활성 패턴으로 얼굴을 표상하는 것으로 보이며, 이 패턴의 여러 요소들은 관찰된 얼굴의 다양한 정규적 특징들 또는 추상적 '차원들'에 대응한다. 그러한 차원들이 정확히 무엇인지, 심지어 모든 사람에게서 동일한지 등은 정확히 알려지지 않았다. 그러나 눈과 그 주변부의 다양한 특징들이 얼굴 식별에 매우 중요하며, 그다음으로는 입의 여러 특징들과 얼굴의 전체 모양이 그 뒤를 잇는 것으로 알려져 있다. 코는 적어도 정면 시선에서 그다지 중요하지 않은 것 같다.

그러한 보기로, 그림 2.5는 눈의 간격, 코의 넓이, 입의 크기 등의 세 가지 변화의 차원만 있는 얼굴 코딩 공간을 보여준다. 이것은 매우 비실제적이지만(얼굴 코딩 공간은 아마도 최소한 20개 차원을 가질 것이다), 광범위한 다양한 얼굴들이 단지 몇 가지 차원만으로도 식별되는 코드화가 가능하다는 것을 보여준다. 심지어 이 그림 속에서, 익숙한 몇 명의 얼굴 인상이 이미 코딩되어 있다. 그런 얼굴들은 얼굴 공간 내

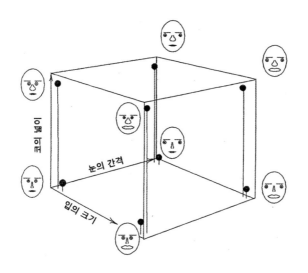

그림 2.5 3차원의 미흡한 얼굴 공간(face space)

의 위치 옆에 그려져 있다. 예를 들어, 육면체 맨 아래 뒤쪽에는, 내 생각에, 영국 모델 트위기(Twiggy), 또는 여배우 미셸 파이퍼(Michelle Pfeiffer) 등을 볼 수 있다. 가장 가까운 위쪽에는 복싱 선수 마이크 타이슨(Mike Tyson)의 친숙한 얼굴을 찾을 수 있다. 조지 부시(George Bush)는 왼쪽 하단에 있다. 아마도 당신은 거기에서 당신의 친구들 중 누군가를 찾을 수도 있다.

얼굴의 벡터 코딩은 다른 영역에서 나타나는 것과 동일한 조합의 장점을 제공한다. 만약 인간이 얼굴을 10차원 벡터로 표상하고, 각 10차원을 5단계씩만 구분한다면, 5^{10}개, 즉 대략 1천만 개의 서로 다른 얼굴을 식별할 수 있게 된다. 실제로도 우리는 그렇게 할 수 있는 것 같다.

벡터 코딩의 다른 장점 또한 여기에서 나온다. 같은 가족 구성원들은 얼굴 공간의 동일한 일반 영역에 코딩되는 경향을 보여주며, 그런 영역은 그들의 얼굴 유사성의 결과, 또는 그보다, 유사성의 근거이다. 마찬가지로, 자녀들은 흔히 부모의 두 코딩 지점 사이의 어느 지점으로 코딩되는데, 이것은 서로 다른 부모의 기여도 사이의 '차이를 분할한' 결과이다. [즉, 두 부모 얼굴의 서로 다른 부분의 어느 지점이다.]

사람 얼굴이라는 친숙한 사례를 통해, 우리는 추가로 벡터 코딩의 두 가지 장점, 즉 평균 또는 원형의(prototypical) 표상과 과장된(hyperbolic) 표상을 설명할 수도 있다. 이런 두 가지 생각 모두를 이미 소개한 다차원 얼굴 공간 내에 자연스럽고 분명하게 표현할 수 있다. 지금 당장 설명해보자.

인간 가족들은 놀랍도록 다양한 얼굴을 갖지만, 각각의 얼굴은 표준, 평균, 또는 원형의 인간 얼굴이라 할 수 있는 것과 다른 자체의 특이한 방향으로 치우친다. 남성과 여성, 백인, 흑인, 동양인, 큰 사람과 작은 사람, 젊은 사람과 나이 든 사람 등등의 다양한 무작위 샘플을 사진 찍어, 그것들을 평균을 내보면, 이런 원형의 얼굴을 복원할 수도 있다.

원형의 얼굴을 컴퓨터로 구현하는 일은 간단하다. 예를 들어, 100개의 얼굴 각각을 20차원 벡터로 코딩하면, 그 벡터는 해당 얼굴의 코 너비, 눈썹 위치, 눈 간격 등등에 대한 적절한 값으로 나열된다. 이러한 각각의 명확한 차원들에 대해, 100개의 사례를 모두 더한 다음, 다시 100으로 나누어, 평균 코, 평균 눈썹 등등을 얻을 수 있다. 이러한 평균 요소를 적절한 순서로 연결하면, 샘플 얼굴의 전체 평균을 코딩하는 벡터를 얻을 수 있다. 일단 이런 벡터가 주어지면, 이 벡터 처방과 일치하는 얼굴을 간단히 그릴 수 있다.

그림 2.6은 그러한 과정을 통해 구성된 얼굴이다. 신기하게도 성별, 인종, 연령이 모호한 것에 주목하라. 이것은 중성적이고, 다인종이고, 무표정하며, 수수한 인간 얼굴이다. 심지어 나쁘게 보이지도 않는다.

남성 얼굴만 또는 여성 얼굴만 똑같이 그렇게 원형의 얼굴을 구현할

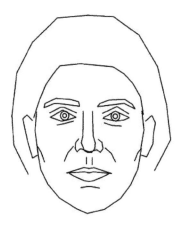

그림 2.6 벡터 평균 또는 원형의(prototypical) 인간 얼굴 (Susan Brennan의 그림에서)

수도 있다. 그렇게 하면 전형적인 남성 얼굴 또는 전형적인 여성 얼굴을 복원할 수 있다. 남성과 여성의 두 원형 벡터의 본질적인 차이란 단지 두 원형 벡터에 대응하는 요소들 사이의 차이이다. 분명히 가장 중요한 차이로, 남성이 더 낮고 두터운 눈썹, 더 커다란 턱, 코 아래쪽과 윗입술 사이의 더 큰 상대적 거리 등이 있다.

정량화 가능한 원형의 얼굴이 있다는 것은 또한 약간의 재미있는 시도, 즉 악의적인 캐리커처(caricature)를 가능하게 해준다. 그림 2.7의 (부분적) 얼굴 공간을 고려해보면, 원형의 인간 얼굴 벡터의 코딩 지점이 흰색 원으로 표시되어 있다. (이 그림은, 이제 익숙해진 여러 이유로, 얼굴 재인과 관련된 세 가지 차원을 제외한 모든 차원을 표시하지 않았다.) 당신의 얼굴은 이 공간 내에 어디쯤 있을까? 당신은 원형의 얼굴과 똑같이 생기지 않았기 때문에, 원형의 지점에 코딩되어 있지 않다. 그럼 다른 곳, 아마도, 예를 들어, 당신의 코딩 지점은 두 번째 검은 원일 수 있다.

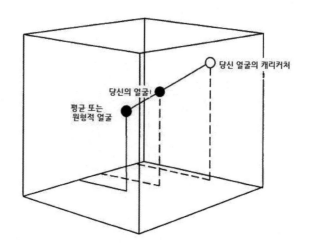

그림 2.7 얼굴 벡터 공간(face vector space): 원형 얼굴로부터의 멀어지는 정도로 표시된다.

그림 2.8 레이건의 사진에 충실한 그림 (Brennan의 그림에서)

그림 2.9 레이건의 캐리커처 (Brennan의 그림에서)

이제 원형의 얼굴 지점에서 당신의 얼굴 지점까지 직선을 긋고, 그 지점 너머로 직선을 연장하는 경우를 고려해보자. 그 연장된 선의 모든 지점들은 무엇을 표상할까? 물론 얼굴이다. 이 공간의 모든 지점들은 그것에 대응하는 얼굴을 표상한다. 그러나 그 직선의 단편은 어떤 종류의 얼굴로 규정되겠는가? 대답은 명확하다. 그 얼굴들은, 당신의 얼굴이 원형의 인간 얼굴과 다른 것처럼, 같은 방식으로 다르지만, 단지 더 많이 다른 얼굴이다. 그 얼굴들은 모두 내 얼굴의 캐리커처이다. 만약 당신이 불행히도 정치 만화가들의 표적이 된다면, 그들이 풍자만화로 그리고 싶어 하는 그런 얼굴이다.

이런 이야기의 핵심을 실제 사례로 설명해보자. (나는 이 시점에서 수잔 브레넌에게 감사한다. Susan Brennan, *Scientific American*, 1985) 그림 2.8은 로널드 레이건(Ronald Reagan)의 익숙한 얼굴을, (지금 이야기하는) 다차원 공간 내에 코딩한 것이다. 돌아보자면, 그림 2.6은 같은 공간 내에 원형의 인간 얼굴을 코딩한 것이다. 브레넌의 간단한 컴퓨터 프로그램인 페이스 벤더(Face Bender)는 그 원형 지점에서 로

그림 2.10　레이건 캐리커처 (Brennan의 그림에서)

널드 레이건의 코딩 지점을 지나, 그 지점을 약간 넘어선 셋째 지점까지 직선을 계산하였다. 그런 다음 그 프로그램에 "그 셋째 지점에 해당하는 얼굴을 그려보라"고 명령하였다. 그 프로그램은 셋째 코딩 벡터로 제시되는 정보를 사용하여, 그림 2.9의 얼굴을 화면에 보여주었다.

이런 고마운 캐리커처는, 그림 2.8의 본래의, 과장되지 않은, 매우 충실한 묘사보다도, 우리가 레이건의 얼굴임을 더 쉽게 또는 더 빨리 알아볼 수 있는 그림이다. 이것은 레이건의 캐리커처가 레이건 자신의 얼굴보다 '덜 애매'한데, 레이건의 얼굴 공간 내에 어떤 다른 실제 얼굴보다 훨씬 더 멀리 떨어져 있기 때문이다. 이런 캐리커처는 "레이건 외에는 다른 사람이 될 수가 없다."

또한 과장된 그림 2.9에는 우리 모두가 좋은 캐리커처에서 보고 싶어 하는 약간 잔인한 측면도 있다. 그런 측면에서 과장된 직선에서 조금 더 멀리 있는 더 나쁜 지점을 찾아보도록 컴퓨터를 즉시 실행시켰다. 이런 더 극단적인 코딩 벡터를 입력하면, 컴퓨터 프로그램은 그림 2.10의 왜곡된 얼굴을 보여준다.

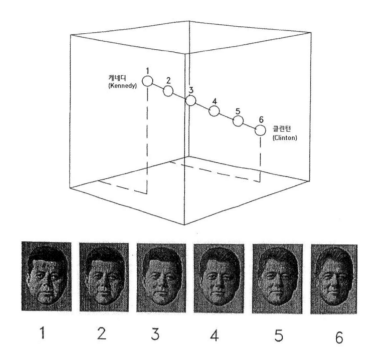

그림 2.11 (위) 직선을 따라 6개의 얼굴을 코딩하는 얼굴 상태 공간(facial state space). (아래) 그 공간 내의 지점들이 표상하는 6개의 얼굴. 왼쪽의 케네디는 오른쪽의 클린턴으로 조금씩 변환되며, 그 반대도 마찬가지다. (James Beale과 Frank Keil에게 감사)

나는 벡터 코딩을 외면하기 어려웠다. 나는 갑자기 브레넌의 기법을 시험해보기 위해, 내 아내의 과장된 캐리커처를 만들어보았다. 그녀는 그것을 아무에게도 보여주지 못하게 했다.

끝으로, 이 사례는 '유사성(similarity)' 및 '질적 정도 차이(qualitative betweenness)'라는 관념을 설명해준다. 어떤 얼굴 벡터 공간 내에 잭 케네디(Jack Kennedy)의 얼굴과 빌 클린턴(Bill Clinton)의 얼굴의 각 위치를 설정해보자(그림 2.11). 그리고 그 공간 내에 두 코딩 지점을 연결하는 직선을 그려보자. 그 직선에 4개의 추가 지점을 고려하고, 그 길이를 5등분으로 나눈 후, 그 4개의 중간 지점에 대응한다고 생각되는 얼굴을 찾아보자. 그런 얼굴들은 초상화 1-6으로 제시되어 있다. 그림에서 볼 수 있듯이, 그 초상화들은 가까운 2개를 비교하면 거의 구별이 어려운 연속적인 얼굴로 설정되며, 그 얼굴들은 친숙한 두 끝 지점 사이의 얼굴 특징 공간으로 펼쳐진다. 비록 연속적인 6개 얼굴에 걸친 위치의 변화를 언어로 말하기 어렵거나 불가능하지만, 얼굴을 고차원 벡터로 표상하는 기법은, 우리가 다른 방법으로는 파악할 수 없는, 특징을 포착할 수 있게 해준다.

케네디와 클린턴 사이의 네 얼굴은 지금 논의 중인 유형의 벡터 코딩 시스템에 의해 실제로 생성되었다. 이 기법은 '모핑(morphing, 이미지 모방)'이라 불리며, 우리는 관련 비법을 아래와 같이 쉽게 이해할 수 있다. 먼저 모핑할 두 대상을 벡터 코딩하는 것으로 시작한다. 그런 다음 벡터 공간 내의 두 지점 사이의 직선을 그린다. 그림 2.11에서 보여주듯이, 그 선을 따라 여러 연속 지점들을 그것에 대응하는 연속적 얼굴들로 변환하는 것으로 끝낸다. 그래픽 예술가에게, 그런 벡터 코딩 기법은 새롭고, 흥미로운 가능성으로 가득할 것이다. 그렇지만 생물학적 뇌에게, 이 기법은 공룡보다 훨씬 오랜 역사를 지닌다. 그럼에도 다음 장에서 살펴보겠지만, 벡터 코딩은 여전히 무한한 가능성의 원천(font)이다.

3. 벡터 처리: 어떻게 작동하며, 왜 필수적인지

인간의 얼굴 재인(face recognition)에 관한 벡터 코딩 설명은 그 자체로 매력적이지만, 심각한 반론을 넘어서야만 한다. 인간은 (어느 지각된 얼굴의 특정 측면에 각각 민감한) 20여 가지 아주 독특한 유형의 감각 세포를 소유하지 않는다. 인간은 네 가지 유형의 미각 수용체 그리고 여섯 가지 유형의 후각 수용체 등과 유사한 감각을 결코 소유하지 않는다. 우리는 단지 감각 말단에 얼굴을 코딩하는 눈을 가지며, 망막 세포는 색과 밝기, 그리고 밝기와 변화에 민감하지만, 얼굴에 대해서는 전혀 관여하지 않는다. 그런데도 우리는 어떻게 얼굴을 표상하고 재인할 수 있는가?

얼굴은 어디에 그리고 어떻게 코딩되는가?

아래의 개략적인 설명은 입증되었다기보다 아직 추측에 불과하다. 그렇지만 인간이 얼굴을 재인하는 방식에 관한 그럴듯한 설명이며, (여기 우리의 목적을 위해 마찬가지로 중요한데) 벡터 처리가 어떻게 작동하는지에 대한 매우 접근 가능한 사례이다. 그 추측된 설명의 첫째 부분은 이렇다. 비록 어떤 망막 세포도 얼굴 재인과 관련된 얼굴의 다양한 측면들 중 하나에 특별히 반응하지 않지만, 집단적으로 망막 세포들은 지각된 얼굴에 관한 정보를 그 전체 세포 활성 패턴이란 암묵적 정보로 담아낸다. 더구나 망막 세포들은 그런 암묵적 정보를 그것에서 정보를 받는 뉴런 집단, 즉 LGN 세포, 시각피질, 그리고 최종으로 얼굴 재인에 중요한 측두엽의 특정 영역으로 전달한다. 얼굴을 명시적으로 코딩하는 세포들은, 맛과 냄새의 경우에서처럼, 신체의 감각 말단이 아니라, 세포 집단의 연속적 연결을 따라 더 멀리 떨어진 곳에서 발견되는 일이 가능한가?

그런 발견 가능성만이 아니라, 실제로 그러하다. 종양이나 뇌졸중으로 인해, 뇌 측두엽의 특정 영역에 (단절되는) 물리적 손상이 발생된 환자는 안면인지불능(facial agnosia)이란 기이한 증상을 보여준다. 병원 병동에서 근무하는 신경과 전문의에게는 친숙한 이 희귀 질환을 앓는 환자들은, 이전에 잘 알고 있던 얼굴을 재인하는 정상 능력만을 아주 특정하게 상실하는 병적 증상을 보인다. 또한 그런 환자는 어느 새로운 얼굴도 재인하는 법을 배우지 못한다. 놀랍게도 그런 환자의 눈에는 아무런 문제가 없으며, 얼굴이 아닌 대부분의 물체들을 주저하거나 어려워하지 않고 시각적으로 재인할 수 있다. 그러나 자신의 형제나 아내의 얼굴, 심지어 거울에 비친 자신의 얼굴조차 전혀 알아보지 못한다. 그 환자는 그들의 목소리, 옷차림 또는 다른 단서를 통해, 이러한 사람들을 쉽게 식별할 수는 있다. 그렇지만 그들의 얼굴 특징과 다른 모든 사람 얼굴의 특징은 그 이후로 영원히 그의 시각적 재인 능력을 넘어서게 된다.

따라서 망막에서 시냅스 5-6단계 하류로 내려가면, 얼굴 코딩에 특성화된 뉴런 집단이 뚜렷하게 존재하는 것처럼 보인다.

그 추측된 설명의 둘째 부분은 이렇다. 망막 세포들과 측두엽의 멀리 떨어진 '얼굴 세포들(facial cells)' 사이의 많은 시냅스 연결은, '얼굴' 세포들이 전체 망막-활성 패턴에 암묵적으로 코드화되는 얼굴 구조의 중요 차원에만 오로지 반응하는 방식으로, 들어오는 정보를 여과하여 변환시킨다. 물론 망막 세포는 나무와 벤치, 신호등과 문 등등 수많은 정보를 총체적으로 포함한다. 그러나 위에서 설명했듯이, 안구로부터 얼굴 영역으로 단계적으로 이어지는 특별한 연결 경로는, 다른 모든 정보와 함께 망막에 표상되는 얼굴 특징을 제외하고는, 이러한 모든 정보를 억제하거나 무시한다. 바로 그 얼굴 특징에 대해 (비록 망막의 표상이 확산적이며 암묵적이기는 하지만) 그 하류의 뉴런 집단은 강하게 반응한다.

단순한 패턴 재인

그런 선택적 마법이 어떻게 가능할까? 이런 질문에 단지 몇 문장으로 완전히 일반적인 대답을 하기는 어렵겠지만, 정답에 아주 가깝게 대답하기는 어렵지 않다. 정말로 우리는 그것을 시각적으로 보여줄 수 있다. 얼굴보다 조금 더 간단한 사례를 들어 설명해보자. 정확히 9개의 (빛에 민감한) 세포 또는 픽셀로 구성된 작은 화면에, 우리가 문자 'T'가 가끔씩 등록되는 것을 분별하고 싶은 경우를 가정해보자. (그림 3.1 참조. 시각적 이해를 돕기 위해, 검은색 영역이 조명을 받는 영역이라고 가정해보자.)

이러한 작은 망막 세포의 출력 축삭 9개를 하나의 큰 표적 세포 (target cell)로 모아, 크기 또는 '가중치'는 같지만 여러 극성이 다른 9개 시냅스 연결을 만들면, 그 목표를 달성할 수 있다. 이런 작업은 A1, A2, A3, B2, C2 세포의 연결을 모두 양극(positive) 또는 흥분성 연결로 만들고, B1, C1, B3, C3 세포의 연결을 모두 음극(negative) 또는

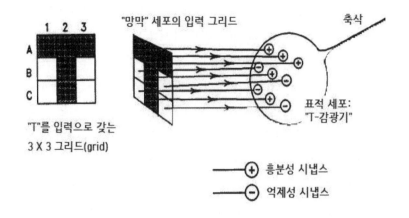

그림 3.1 패턴 재인을 위한 간단한 배열. 오른쪽 세포는 왼쪽의 '망막' 세포 격자에 T가 투영될 때, 오직 그럴 때만(필요충분조건으로) 최대로 활성화된다.

억제성 연결로 만들면 완성된다. 따라서 표적 세포를 활성화할 수 있는 유일한 방법은 첫째 세포 집단인 T-요소 세포(T-element cells) 중하나 이상을 활성화하는 것이다. 이 다섯 세포들 중 각각이 조명에 의해 활성화되면, 표적 세포에 대한 흥분 효과가 증가한다. 그 최대 활성화는, 비-T 세포들(non-T cells) 중 하나 이상의 세포에 조명을 비추지 않는 한, 모든 T-요소 세포에 조명을 비출 때 일어난다. 이것이 표적 세포를 적절한 정도로 억제하고, 그 활성 수준을 낮추는 등의 효과를 가진다.

여기서 우리가 보고 있는 것은, T-요소 세포의 흥분성 효과와 비-T 세포의 억제성 효과 사이의 단순한 줄다리기이다. 표적 세포에 충돌하는 메시지가 전달되는 한, 그 세포의 활성 수준은 최대 수준보다 낮을 것이다. 억제성 메시지는 항상, 그에 상응하는 수의 흥분성 메시지가 있을 경우, 그 흥분성 메시지를 상쇄시킬 것이다. 전체 망막 격자에서 만장일치로, 즉 T-요소 세포가 모두 켜지고 비-T 세포가 모두 꺼진 상태일 때만 오직, 표적 세포가 최대 활성 수준에 도달한다.

따라서 이제 표적 세포는 T-감지 세포가 된다. 비록 개별 망막 세포들 중 어느 것도 자체 집단에서 T가 투사되는 것을 알거나 관심 갖지 않더라도, 표적 세포는 관심 갖는다. 그 표적 세포는, 모든 면에서 완벽하고 '시야(visual field)'의 다른 곳에서 추가 조명으로 인해 손상되지 않은, 완벽한 T를 가장 중요하게 관심 갖는다. 세포가 가장 선호하는 입력 패턴에 대한 전문 용어가 있는데, 그 패턴은 해당 세포의 선호 자극(preferred stimulus)이라고 불린다. 이 용어는 개별 세포의 차별적 초점에 대해 우리가 편리하게 이야기할 수 있게 해준다. 우리는 단지 그 선호 자극을 지정하기만 하면 된다.

여기서 한 가지 중요한 것으로, 정교하게 조정된 표적 세포는 완벽한 T에 매우 가까운 조명 패턴, 예를 들어 한 픽셀이 누락된 T에 대해서, 또는 완벽한 패턴에서 벗어난 일부 픽셀의 조명으로 인해 완벽한 T가 손상된 경우에 대해서 상당히 강하게 반응한다. 그 표적 세포의 반응은 차선책이 될 수 있지만, 여전히 상당한 수준이다. 따라서 그 표적 세포는 가끔 있는 최상의 발생을 가리킬 수 있을 뿐만 아니라, 완벽한 T에 아주 유사한 어느 것의 발생을 등급별로 나타낼 수 있다.

더 주목할 것으로, 우리는 표적 세포를 U-자형 패턴, L-자형 패턴, O-자형 패턴 등등의 감지기로 쉽게 만들 수도 있다. 망막 격자에서 표적 세포로 뻗는 흥분성 및 억제성 시냅스 연결 패턴을 단순히 배열함으로써(그림 3.1 다시 참조), 9-요소 망막 격자에서 가능한 2^9가지 패턴 중 하나를 감지하도록 만들 수 있다.

더욱 중요하게, 하류 표적 세포의 완전한 집단을 배치할 경우, 그 각 세포는 망막 축삭으로부터 투사하는 축삭 말단-가지의 전체 집합을 받는, 흥분성 및 억제성 시냅스 연결의 조합에 의해, 가능한 패턴 중 하나를 정확히 감지할 수 있다. 따라서 이러한 표적 세포의 하류 집단이 정보를 잘 아는 위원회를 구성하며, 각 위원은 특정 패턴을 감지하는 역할을 맡을 수 있다. 그리고 개별 망막 세포에서 손실된 복잡한 패턴은 하류 집단의 세포에 의해 예리하게 집중된 관심으로 등록될 것이다. 이러한 방식으로, 입력 수준에서 분산된 특징이 후속 뉴런 수준에서 오류 없이 '선택받을' 수 있는 것은, 교묘하게 배열된 시냅스 연결 집합의 필터링 활동 덕분이다. 이것이, 감각 말단의 코딩 벡터가 시냅스 연결 매트릭스를 통과함으로써 처리되고 변환되어야 하는 여러 이유들 중 가장 중요한 이유이다.

얼굴 재인

우리는 지금 얼굴 재인에 관해 이야기하는 중이다. 이제 본론으로 돌아가보자. 패턴 재인에 관해 방금 학습한 교훈은 얼굴 재인에서도 동일하게 적용된다. 그림 3.2에서 보여주는 약간 더 복잡한 패턴을 살펴보자. 여기에서도 T 패턴이 있으며, 이번에는 한 쌍의 눈이 나란히 있고, 그 아래 밑줄로 입이 보인다. 따라서 T는 코로 양분된 눈썹처럼 보인다. 이러한 얼굴 유사 패턴은 앞 사례에서 문자 T가 그랬던 것처럼, 일부 하류 표적 세포에 의해 쉽게 감지될 수 있다. 망막 격자는 이제 3 × 3이 아니라, 9 × 7 세포로 구성되지만, 하류의 감지 원리는 동일하다. 이 감각 세포 63개 모두로부터 적절한 표적 세포로 축삭돌기가 투사된다. 그림 3.2에서 어둡게 표시된 망막 세포는 표적 세포로 흥분성 투사를 이루어야 하며, 어둡게 표시되지 않은 세포는 억제성 투사가 이루어져야 한다. 이렇게 연결된 표적 세포는 소박한 얼굴 탐지기 역할을 깔끔하게 수행할 것이다. 그 선호 자극, 즉 최대 수준의 활성화를 생성하는 특정 입력 패턴이 바로 그림 3.2의 얼굴이다. 끝으로, 이 시스템이 해당 얼굴 또는 이와 유사한 얼굴의 발생을 등록할 것이며, 그 시간은 그 정보가 축삭돌기와 관련된 시냅스 연결을 통과하는 데

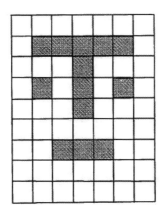

그림 3.2 9 × 7 격자의 조잡한 얼굴 패턴

걸리는 시간(이 경우 약 100분의 1초)에 불과하다는 점에 주목하라.

물론 이것 역시 여전히 아주 빈약한 수준이다. 그림 3.2의 얼굴은 극단적으로 조잡한 수준이며, 하류 표적 세포는 얼굴의 존재 여부를 알려주는 수준에 불과하다. 그것이 실제 얼굴을 재인할 것을 기대할 수는 없으며, 형제와 여동생을 구별하는 것은 훨씬 더 어렵다. 그런 구별을 위해 더 많은 것이 필요하다. 가장 분명하게, 우리는 수천 개 픽셀의 세포가 있는 입력 격자를 고려해야 하며, '켜짐(on)'과 '꺼짐(off)'이 아닌 다양한 밝기 수준을 매끄럽게 표현할 픽셀이 필요하다. 대략적으로 말해서, 우리는 더 큰 망막 캔버스 내에 다양하고 뚜렷한 얼굴 특징을 탐지할 대규모 하류 세포 위원회가 필요하다. 이것은 일련의 고유한 차원, 즉 이전 장에서 살펴본 일반적 종류의 '얼굴 공간' 내에 다양한 얼굴을 코딩할 수 있다(그림 2.5). 그 그림에서는 얼굴 전체의 변형이 단지 3차원으로만 이루어지고, 우리는 단지 만화 얼굴 수준만 코딩할 수 있었다. 실제 얼굴을 표상하고 구별하는 데 적합한 시스템을 만들려면 훨씬 더 많은 것이 필요하다.

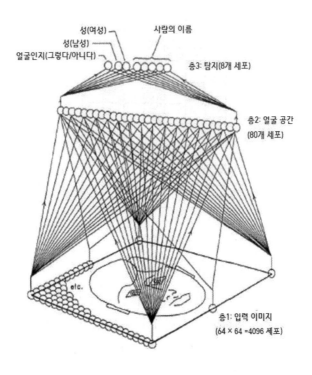

성(여성) ┐
성(남성) ┐   사람의 이름
얼굴인지(그렇다/아니다) ┐

층3: 탐지(8개 세포)

층2: 얼굴 공간
(80개 세포)

etc.

층1: 입력 이미지
(64 × 64 =4096 세포)

그림 3.3   실제 얼굴의 재인을 위한 인공신경망

이것이 바로 일부 신경망 연구자들이 최근 모델링에 성공한 것이다. (캘리포니아 대학교 샌디에이고의 개리슨 코트렐(Garrison Cottrell) 연구팀의 연구에 감사한다.) 그들의 3단계 인공신경망은 그림 3.3에 개략적으로 묘사되었다. 그 입력 층 또는 '망막'은 64 × 64 픽셀 격자로 구성되며, 각 구성 요소는 256개의 서로 다른 활성 수준 또는 '밝기'를 받아들인다. 공간과 밝기 모두에서, 이 그물망은 높은 해상도로 실제 얼굴의 재인 가능한 표상을 코딩할 수 있다. 그림 3.4는 그 그물망이 실제로 훈련된 여러 입력 사진 중 일부를 보여준다. 이 훈련 세트에는 11개의 서로 다른 얼굴 사진 64장과 얼굴이 아닌 장면의 사진 13장이

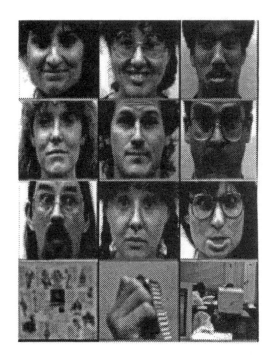

그림 3.4　얼굴-재인 그물망 학습을 위해 선택된 입력 이미지 (Gary Cottrell에게 감사)

포함되었다. 코트렐 자신은 왼쪽 하단의 안경을 쓴 얼굴이다.

각 입력 세포는 둘째 층의 80개 세포 각각에 방사형 집단의 축삭 말단 가지를 투사하며, 이 층은 입력 얼굴이 명시적으로 코딩된 80개 차원(3개가 아닌)의 추상적 공간을 표상한다. 이 둘째 층은 최종적으로 단지 8개 세포의 출력 층으로 투사한다. 이러한 출력 세포들은 첫째, 얼굴과 얼굴이 아닌 것, 둘째, 남성과 여성의 얼굴, 셋째, 그 그물망이 훈련 기간 동안 '알게 된' 얼굴의 재현(re-presentation, 표상)에 대해 그 사람의 '이름'(임의로 할당된 숫자 코드)으로 반응하도록 시냅스 연결을 세심하게 조정했다.

그림 3.1의 간단한 T-패턴 재인 시스템에서처럼, 코트렐의 얼굴-재인 그물망에서 실제로 작동하는 것은 시냅스 연결의 전체 조성, 즉 긍정과 부정, 약함과 강함 등이다. 초기 64 × 64-요소 패턴 또는 벡터를 두 번째 벡터와 마지막 세 번째 벡터로 점진적으로 변환하는 것은 바로 입력된 사진의 얼굴, 성별, 이름 등을 정확히 표상하는 것뿐이다. 그러나 단순한 2층 T-패턴 재인 장치(recognizer)의 9개 시냅스 연결을 조성하는 방법은 분명하지만, 이 훨씬 더 큰 그물망에서 연결을 조성하는 방법은 전혀 명확하지 않다. 결국, 그 조성은 (64 × 64) + 80 + 8 = 4,184개의 세포와 총 328,320개의 시냅스 연결을 포함한다!

그물망 학습: 반복적 시냅스 조정

사실 코트렐 연구팀은 시냅스 연결을 어떻게 조성해야 할지 전혀 알지 못했다. 그것은 그들이 해결해야 할 문제였다. 다행히도, 변환 문제(transformational problems)에 대한 시냅스 솔루션을 찾는 일반적인 기법, 즉 신경 모델 개발자들(neuromodelers)이 널리 사용하는 기술이 있다. 이 기술은 경험에 반응하여 그물망의 시냅스를 지속적으로 조정한다는 점에서, 생물학적으로 실제적이다. 안타깝게도, 다른 모든 측면에서는 생물학적으로 비실제적이다. 그러나 궁색한 자는 선택의 여지가 없다. 뇌의 실제 학습 절차를 알아내기 전까지, 우리는 가능한 방법이라면 어느 것이든 사용해야 한다. 이런 임시 기술을 '연속적 오류 역전파(successive backpropagation of errors)에 의한 시냅스 조정' 또는 줄여서 역전파라고 부른다. 이 기술에는 두 가지 뛰어난 장점이 있다. 적어도 소규모 그물망의 경우, 이 기술은 아주 잘 작동한다. 그리고 이 절차는 기존의 순차처리 컴퓨터(serial computer)로 관리될 수 있으므로, 신경 모델 개발자의 수고를 덜어준다. 그 절차는 대략 다음과 같이 작동한다.

그물망이 무엇을 해야 하는가? 넓은 범위의 가능한 입력 벡터를 그 입력에 적합한 (학습 중인 특정 기술에 따라) 출력 벡터로 변환하는 것이다. 그리고 그런 변환을 어떻게 할 수 있는가? 시냅스 연결 가중치를 설정하여, 총체적으로 그 가중치가 (요구되는) 변환을 수행하도록 한다. 그리고 만약 이 목적을 달성하기 위해 어떤 가중치를 부여해야 할지 모른다면 어떻게 해야 하는가? 모든 시냅스 가중치를 양수(흥분성)와 음수(억제성) 모두 0에서 너무 멀지 않은 임의 값으로 설정한다. 이것은 (요구되는) 가중치 조성에 대해 어둠 속에서 완전히 맹목적으로 찔러보는 것과 같다. 이 방법 자체만으로 아무것도 얻을 수 없지만, 잠시만 믿음을 가지고 다음을 읽어보라.

이런 찔러보기가 허용하는 것은, 적어도 그것이 생성하기 쉬운 출력 벡터에서, 얼마나 잘못되었는지를 발견하는 것이다. 따라서 관련 입력 벡터 중 하나를 입력 층에 제시한 다음, 출력 층에서 변환된 결과를 관찰해보자. 그 가중치가 무작위로 설정되었다는 점을 감안할 때, 거의 확실히 해당 특정 출력은 그물망이 그 입력에 대해 생성하기를 원하는 것과는 전혀 다른 횡설수설일 가능성이 높다. 그러나 적어도 우리는 적절한 출력이 무엇이어야 했는지를 알 수 있다. 만약 입력 얼굴이 자넷(Janet)의 얼굴이고, 자넷의 이름 코드가 '.5, 1, .5, 0, 0'일 경우, 출력 벡터는 {1; 0, 1; .5, 1, .5, 0, 0}가 되어야 하는 것이 이상적이다. 첫째 '1'은 입력이 실제로 얼굴임을 코드화하고, 다음 '0, 1'은 남성에 대해 '아니요(No)', 그리고 여성에 대해 '예(Yes)'로 코드화하며, 나머지는 해당 얼굴이 자넷의 얼굴인지를 식별한다.

불행히도, 그것은 우리가 얻은 결과가 아니다. 예를 들어, 우리가 얻은 결과는 {.23; .8, .39; .2, .03, .19, .66, .96}이다. 그러나 원하는 결과와 실제 결과를 비교해보자. 구체적으로, 실제 벡터의 각 요소를 요구되는 벡터의 대응 요소에서 빼기해보자(그림 3.5). 이렇게 하면, 이

$$\langle\; 1,\;\; 0,\;\; 1,\;\; .5,\;\; 1,\;\; .5,\;\; 0,\;\; 0\; \rangle \quad \text{요구되는 출력 벡터}$$
$$-\langle\; .23,\;\; .8,\;\; .39,\;\; .2,\;\; .03,\;\; .19,\;\; .66,\;\; .96\; \rangle \quad \text{실제 출력 벡터}$$

$$=\langle\; .77,\;\; -.8,\;\; .61,\;\; .3,\;\; .97,\;\; .31,\; -.66,\; -.96\; \rangle \quad \text{오류 벡터}$$
$$\langle\; .59,\;\; .64,\;\; .37,\;\; .09,\;\; .94,\;\; .09,\;\; .44,\;\; .94\; \rangle \quad \text{제곱-오류 벡터}$$

$$.5125 \longleftarrow \text{제곱 오류의 평균}$$

그림 3.5 출력 층에서 평균제곱오류 계산

경우에 그물망이 입력에 대해 일으킨 오류를 정확히 표현하는 세 번째 벡터가 생긴다. 이제 이런 8개의 오류 측정값을 각각 단순히 제곱해보자. 이 작업의 핵심은 작은 오류보다 큰 오류의 상대적 중요성을 다소 과장하는 데에 있다. (작은 오류는 용인할 수 있지만, 큰 오류는 즉각적인 주의가 필요하다.) 이런 8개의 제곱 오류의 평균은 **평균제곱오류** (mean squared error)라고 불린다. 우리가 줄이기로 결정한 것이 바로 이 수치이다.

그리고 우리는 그 오류를 줄일 수 있다. 우리는 일련의 작은, 점진적 감소에 목표를 두어야 하는데, 그것을 이루는 방법은 다음과 같다. 그 그물망의 시냅스 가중치 중 하나를 제외한 모든 가중치를 초기 (무작위로 설정된) 값으로 일정하게 유지하고서, 이 단일 고립된 연결 가중치가 평균제곱오류에 미치는 기여를 검사해보자. 그 그물망의 변환 활동은 전적으로 그 연결 조성에 의해 결정되므로, 이 작은 질문에 우리는 결정적으로 대답할 수 있다. 특히, 우리는 고립된 연결 가중치를 조금만 높이거나 낮추면, 요구되는 출력 벡터에 **약간** 더 가까운 출력 벡터를 얻을 수 있는지 여부를 판단할 수 있다. 즉, 우리는 그 가중치를 조금만 변경해도 출력에서 평균제곱오류를 줄일 수 있는지 여부를 결정할 수 있다. 만약 그것에 감지할 수 있는 차이가 없다면, 우리는 그 가중치를 그대로 둔다. 위쪽(또는 아래쪽)의 작은 변화가 상황을 약간 개선한다면, 우리는 그 변화를 일으킨다. 그 아주 작은 크기의 변화는 약속된 개선 정도에 비례한다.

물론 그 그물망의 전체 성능에 미치는 변화는 미미하다. 그러나 하나의 가중치를 이로운 혹은 오류-감소 방향으로 조금 밀친 후, 우리는 바로 옆 연결 가중치로 주의를 옮겨, 방금 설명한 전체 과정을 반복한다. 이제 우리는 성공적으로 두 개의 가중치를 오류-감소 값으로 약간 밀쳐 옮겼다. 그 그물망의 모든 연결에서 이러한 방식으로 단계적으로 진행하면, 처음에 시작한 그물망과는 약간 다른 연결 조성을 갖고, 출력 벡터의 성능이 약간 더 향상된 '새로운' 그물망이 생성된다. 이제 우리는 두 번째 입력-출력 쌍, 세 번째, 네 번째 쌍으로 등으로 이 긴 과정을 반복한다.

이것은 지루한 작업처럼 들리며, 만약 우리가 그것을 직접 수행해야 한다면 실제로 그럴 것이다. 다행스럽게도, 우리는 벡터 표상, 오류 계산, 반복적 가중치 조정 등의 전체 작업을 기존의 순차처리 컴퓨터에 맡기고, 뒤로 물러나서, 그 과정이 자동으로 진행되는 것을 지켜볼 수 있다. 훈련 세트의 모든 입력 벡터는 고유한 출력 벡터와 쌍을 이루어 컴퓨터의 메모리에 저장되며, 컴퓨터는 방금 설명한 원칙에 따라 각 벡터를 학생 신경망에 제시하고, 각 출력에 관련된 오류를 계산하고 가중치를 조정하도록 프로그램된다. 각 입력-출력 쌍이 제시될 때마다 컴퓨터는 그 그물망의 모든 가중치를 약간 더 만족스러운 조성으로 약간 밀친다.

우리는 이 절차를 계속 반복하도록 컴퓨터에게 지시하여, 훈련 세트의 모든 입력-출력 쌍에 대해 학생 그물망의 출력 성능의 평균제곱오류가 가능한 한 작아질 때까지, 즉 학습 집합의 성능이 '정점에 도달'하도록 유도한다. 그 그물망의 복잡성에 따라서, 이 작업은 최고 성능의 컴퓨터에서 수 시간, 또는 며칠, 심지어 몇 주 동안의 엄청난 연산이 필요할 수 있다. 그러나 이 과정을 통해 문제의 기술이나 전환 역량을 진정으로 학습한 그물망이 정기적으로 생성된다.

일단 이런 목표가 달성되면 학습이 종료되고, 그물망의 가중치는 최종 값으로 고정된다. 그렇게 하여 우리는 한 그물망을 얻었고, 우리는 그것의 인지 능력과 내적 코딩 전략에 대해 탐색을 시작해볼 수 있다.

학습된 그물망의 성능

코트렐의 얼굴-재인 그물망은 인상적인 수준의 성능을 보여주었다. 이 그물망은 이미지 훈련 세트에서 얼굴, 성별, 제시된 얼굴의 신원 등에 대해 100퍼센트의 정확성에 도달했다. 이것은 그 자체로 반드시 인상적이지 않은데, 그 그물망이 얼굴을 표상하는 방법에 대해 진정한 일반적 이해를 습득했다기보다, 훈련 중 제시된 유한한 입력-출력 쌍을 '기억'한 것에 불과할 수 있기 때문이다. 우리는 더 엄격하고 더 적절한 시험을 해볼 수 있는데, 우리가 그 그물망에 그것이 이전에 한 번도 본 적이 없는 사진을 제시할 경우, 즉 훈련 세트 외부에서 가져온 동일한 사람의 다양한 사진을 제시해보는 경우이다. 이런 시험에도 다시 그 그물망은 통과했다. 그 그물망은 훈련 세트에 포함된 사람의 새로운 사진을 98퍼센트 정확히 식별했으며, 단 한 명의 여성 피험자의 이름과 성별을 놓쳤을 뿐이다.

두 번째 그 그물망의 일반화 능력에 대한 훨씬 엄격한 시험으로, 완전히 새로운 장면과 사람 얼굴과 성별을 판별하는 요청을 포함시켰다. 이 테스트에서는 그 그물망이 제시된 사진이 사람 얼굴인지 아닌지를 100퍼센트 정확히 맞혔고, 제시된 새로운 얼굴의 성별에 대한 판단에서 약 81퍼센트 정확히 맞혔다. (그 그물망이 남성 얼굴은 대부분 정확히 맞혔지만, 일부 여성 얼굴을 남성으로 잘못 분류하는 경향을 보였다.)

그림 3.6 (a) 가림막대에 의해 5분의 1이 가려진 얼굴의 입력 이미지 (b) 코트렐 압축 그물망 중간층의 표상이 가려진 입력 영역을 어떻게 일관되게 관련된 얼굴 특징들로 채우는지 보여준다. (Gary Cottrell에게 감사)

세 번째로 매우 흥미로운 실험에서는, 입력 이미지 전체에 대해 가림막대로 사람 얼굴의 5분의 1이 가려졌을 경우, 그 그물망이 '친숙한' 사람을 재인하고 식별하는 능력을 시험했다(그림 3.6a). 놀랍게도, 그 그물망의 수행은 전혀 저하되지 않았다. 각 피험자의 이마를 가리기 위해 가림막대가 놓인 한 세트의 실험을 제외하면, 그런 장애물에도 불구하고 그 그물망은 피험자를 정확히 식별해냈다.

이러한 입력에 대해 정답률이 71퍼센트까지 떨어졌는데, 이것은, 이마 위의 머리카락 위치의 특징적 변화가, 그 그물망이 학습한 개인들에 대한 분류를 형성하는 데 비교적 큰 영향을 미치긴 했으나, 전적으로 영향을 미친 것은 아니라는 것을 보여준다.

네 번째 마지막 실험에서는 매우 유사한 그물망이 동일한 피험자 집단의 얼굴 표정을 가장하여 여러 전형적인 감정 상태를 식별할 수 있도록 훈련시켰다. 그러나 이러한 후천적 사회-심리학적 기술에 대한 논의는 사회적 지각과 행동에 대한 장(6장)까지 미루겠다.

내적 코딩 및 분산된 표상

훈련된 그물망이 도대체 이 모든 것들을 어떻게 할 수 있는가? 이 놀라운 기술을 가능하게 하는 내부에 어떤 일이 일어나고 있는가? 수백만 개의 시냅스 가중치가 '적절히 조성'되었다는 말은 매우 좋게 들리지만, 훈련 중 그 그물망에 어떤 일이 일어났는지에 대한 더 유익하거나 밝혀줄 만한 설명이 있는가?

그렇다, 있다. 우선 그 그물망의 둘째 층에 있는 80개 세포에 주목해 보자(그림 3.4를 다시 보라).

만화 예시에서와 같이, 이 층의 세포는 80차원 얼굴 공간을 구성하며, 이 공간에서 식별 가능한 각 얼굴은 고유한 위치, 즉 해당 세포 집단 전체의 활성 수준의 고유 패턴 또는 벡터에 의해 지정된 위치를 차지할 것이라고 우리는 의심할지도 모른다. 그리고 그런 의심은 전적으로 옳다. 곧 살펴보게 되겠지만, 다른 많은 사례에서 사용된 표상 기법은, 이론에서뿐만 아니라, 실제로도 여기에서 아주 잘 작동한다.

이제 우리가 알고 싶은 것은, 이런 수준의 그물망에서 세포가 정확히 어떤 얼굴 특징을 코딩하고 있는가 하는 점이다. 끊임없는 훈련 기간 동안 그 그물망이 발견한 것은 어떤 효과적 코딩 전략일까? 같은 질문을 세 번째이자 마지막 형태로 바꾸어 말하자면, 입력 층의 많은 세포들 각각의 선호 자극은 무엇인가?

살아 있는 뇌가 아닌, 인공그물망을 사용하여 우리는 문제가 되는 80개 세포 각각에 대해 이 질문에 대한 절대적으로 확실한 답을 얻을 수 있다. 이것은, 그 그물망의 학습을 수행한 순차처리 컴퓨터가 전체 그물망에서 두 세포 사이의 시냅스 연결의 정확한 값을 알기 때문이다. 특히 그 컴퓨터는 80개 얼굴 차원 세포 각각에 대한 연결 가중치 패턴을 안다. 그림 3.1의 단순한 T-감지 세포에 대한 연결 패턴과 마찬가지로, 이러한 연결 가중치 패턴은, 주어진 얼굴 세포가 최대 반응을 보이

그림 3.7 많은 홀론(holons) 중 6개: 그림 3.3의 얼굴-재인 그물망의 둘째 층에 있는 일부 세포의 선호 자극. 각 선호 패턴은 전체 입력 공간에 걸쳐 있다. (Gary Cottrell에게 감사)

는, 망막 입력 패턴을 고유하게 결정한다. 그런 세포에 대한 그물망의 최종 가중치 조성에 대한, 훈련 컴퓨터의 메모리를 읽어내면, 우리는 그 세포가 선호하는 자극을 구성하는 망막 입력 패턴을 재구성할 수 있다. 실제로 우리는 그것을 직접 볼 수 있는 이미지의 형태로 재구성할 수 있다.

80개 세포 각각에 대해 이 모든 작업을 수행한 결과는 약간 놀랍다. 우리는 각 세포가 코의 길이, 입의 너비, 눈의 간격 등과 같은 국소적 얼굴 특징에 초점을 맞출 것으로 예상했을 수 있다. 그러나 80개 얼굴 세포가 실제로 선호하는 자극을 재구성한 결과, 그 그물망이 그 기대와 전혀 다른 코딩 전략을 채택하고 있음을 알 수 있었다.

그림 3.7은 코트렐 그물망의 둘째 층에서 얻은 6개의 전형적인 얼굴 세포의 선호 자극을 재구성한 것이다. 누구라도 즉시 알아볼 수 있듯이, 각 세포는 입력 층의 전체 겉모습(entire surface)을 이해하며, 어떤 종류의 고립된 얼굴 특징이 아니라, 전체 얼굴-비슷한 구조를 표상한

다. 이러한 선호 자극은 원래 훈련 세트의 개별 얼굴과도 일치하지 않는다. (80개 세포가 있지만, 훈련 세트에는 11개의 개별 얼굴만 있다.) 오히려, 이 얼굴들은 일반 언어로는 적절한 어휘가 없는 다양한 매우 전체적(holistic) 특징 또는 얼굴 차원을 구현하는 것처럼 보인다. 그렇지만 입력 층에 제시된 임의의 얼굴은 이러한 80개 전체적 특징 각각을 다양하게 활성화하여, 둘째 층에서 활성 벡터, 즉 그 얼굴에 고유한 벡터를 생성한다. 그리고 입력 층에 제시된 동일 인물의 다른 사진들은 둘째 층의 세포들 전체에서 본질적으로 동일한 활성 벡터를 생성하므로, 셋째 층의 출력 세포들이 그런 개인을 정확히 식별할 수 있다.

이것과 다른 그물망에 대한 코트렐의 공동 연구자인 자넷 멧칼프(Janet Metcalfe)는, 이러한 분산적인, 입력 전체에 걸친 종류의 선호 자극 또는 특징에 대해 홀론(holon)이라는 용어를 만들었다. 앞으로 살펴보겠지만, 홀론은 그물망이 훈련 중 매우 정기적으로 발견하는 코딩 전략이다. 이것은 아마도 그 전략이 올바른 입력-출력 변환을 찾는 문제를 해결하는 데 필요한 정보를 코딩하는 효율적이고 효과적인 방법이기 때문일 것이다. 그러나 이 코딩 전략은 효율성 외에도 매우 중요한 장점을 가진다. 그 전략이 훈련된 그물망이 흩어진 세포 손상과 시냅스 오작동에 대해 기능적으로 지속성을 갖도록 도움이 되기 때문이다. 입력 이미지의 각 픽셀 단편은 둘째 층의 모든 세포에 작은 영향을 미치며, 즉 그 정보가 전체에 분산되며(distributed), 둘째 층의 모든 세포가 전체 입력 층에 대한 중요한 정보를 적어도 포함하므로, 그 그물망 전체에 걸친 세포와 연결이 흩어져 손실되면 그 기능이 다소 저하되지만, 손상되지 않은 상태의 기능과 거의 유사한 그물망으로 남는다. 코딩된 표상 그리고 변환 모두 전체 그물망에 걸쳐 광범위하게 분산되어 있어서, 그 표상이나 변환에서 어떤 '병목현상'도 없다. 즉, 어느 한 부분의 고립된 실패로 인해 그 전체 그물망이 갑자기 무너지는 일은 발생하지 않는다.

이러한 분산된 주름을 제외하면, 우리는 여전히 코딩에 관한 한 친숙한 영역에 머물러 있다. 맛, 색, 냄새 등에서와 마찬가지로, 여기 신경 표상(neural representation)은 여전히 뉴런의 표상 집단 전체의 활성 벡터로 구성된다. 점점 더 복잡해지는 이러한 사례에서 변화하는 것은, 뉴런 집단의 크기와 그에 따른 벡터의 차원이다. 가장 중요한 것으로, 각 차원에 할당된 특징이 점점 더 전체적 성격을 가진다. 여기서 우리는 또한 중요하고도 매우 반가운 어떤 것, 즉 재인 가능한 범주(categories)의 계층적 구조가 나타나는 것을 보기 시작한다.

범주의 출현

그림 3.8은 훈련된 그물망의 층2에 있는 세포들의 80차원 공간을 묘사하려는 시도이다. 물론 그중 77개 차원은 제외되고, 시각적으로 요점을 이해할 수 있도록 전형적 차원인 3개만을 남겼다. 그 그물망의 훈련 덕분에 이런 공간은 이제 두 영역으로 기초적 구획(primary partition)을 보여준다. 즉, 모든 얼굴이 코딩되는 경향의 큰 영역과, 모든 비-얼굴이 코딩되는 경향이 있는 원점에 가까운 작은 영역이다. 이 후자의 영역이 더 작은데, 그 이유는 층2의 세포들이 얼굴이 아닌 입력에 거의 반응하지 않기 때문이다. 그 연결 가중치는 층2의 동역학적 범위가 주로 얼굴을 구분하는 데 사용되도록 조성되었다. 그것이 바로 얼굴 영역이 두 개의 하위 공간 중 더 커다란 이유이다. 만약 무엇이 처음부터 얼굴이 아니라면, 그것은 거의 주목받지 않으며, 층2가 관여되는 한 그것은 거의 존재하지도 않는다. 또한 어떤 차원에서도, 어떤 특정한 컷오프 값(cutoff value)도 없다는, 즉 코딩된 피험자가 얼굴이 되지 못하는 것 아래에 위치하는 일은 없다는 점에 유의하라. 어느 임의의 얼굴이 차원1에서 활성 수준이 0일지라도, 차원2와 3에서 충분히

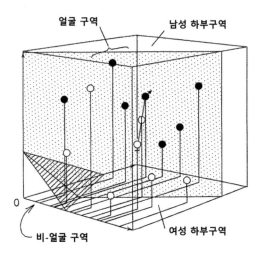

얼굴 구역　　**남성 하부구역**

0

비-얼굴 구역　　**여성 하부구역**

● 개별 남성 얼굴
○ 개별 여성 얼굴
♂ 원형적 남성 얼굴
♀ 원형적 여성 얼굴
☿ 애매한 성의 얼굴

그림 3.8 층3의 뉴런 활성 공간 전체에서 학습된 구획(partitions)의 계층구조 (개략적 그림)

높은 값을 가지므로 여전히 얼굴로 코딩될 수 있다. 예를 들어, 벡터 {0, .5, .5}는 여전히 얼굴 영역 내의 지점을 코딩한다.

이 얼굴 영역 안에는 남성 얼굴과 여성 얼굴로 2차 구획이 있다. 이러한 두 영역의 부피는 거의 동일하며, 이것은 각 얼굴 집단 내에서의 대략적으로 동등한 변별력을 반영한다. 이것은 전혀 놀랄 일이 아니다. 그 그물망이 거의 동일한 수의 남성 얼굴과 여성 얼굴로 훈련되었기 때문이다. 훈련 세트가 어느 한 방향으로 편향되어 있었다면, 곧 보게 되겠지만, 그 결과적 구획은 한쪽으로 치우쳤을 것이다.

여성 하위 영역에서 '무게중심'은 원형적(prototypical) 여성 얼굴에 대한 것이다. 그 원형적 코딩 지점인 남성 얼굴은 그 옆에 보완적인 위치를 차지한다. 이런 두 하위 영역에는 훈련 세트의 여러 얼굴 각각에 대한 고유한 코딩 지점들이 흩어져 있다. 층2 세포들 활성 공간을 가로지르는 이러한 구획들, 즉 이러한 범주들(그것들을 따로 부를 명칭이 없으므로)은 이 그물망의 학습 과정에서 서서히 나타나고 안정화되었다. 그리고 이러한 파티션과, 그 안의 11개 '친숙한 얼굴' 지점들에 대해, 층3의 세포들도 서서히 조정되었다.

이러한 계층적으로 분할된 영역들의 출현은 우리에게, 시냅스 연결이라는 엄격한 어휘를 넘어, 그 그물망이 습득한 재인 및 구별 기술을 묘사하고 설명할 또 다른 방법을 제공한다. 아주 세세하게 설명하기는 어렵지만, 그 그물망이 훈련 중 개발한 것은, 적절한 종류의 감각 입력에 의해 다양하게 활성화되는, 일련의 기초 개념들이다. 이런 설명 방식은 아직 완전히 정당화되지는 않았지만, 당신은 이미 그 도입의 필요성을 알아볼 수 있다. 우리가 탐구하는 제안은, 살아 있는 인지 생명체에서 개념의 출현이 뉴런 활성 공간의 동일한 종류의 학습된 구획 나누기로 구성된다는 것이다.

그림 3.8의 구획에 다시 주목해보자. 칸막이를 나누는 '벽' 자체의 의미가 무엇일까? 그것들은 확실히 어떤 종류의 경계를 나타내지 (represent) 않는다. 그보다 그것들은 그 그물망의 평면 또는 불확실성을 나타낸다. 그 코딩 지점이 기본 얼굴과 비-얼굴 구획 평면에 있는 층2 활성 벡터를 생성하는 입력 이미지는, 그 그물망이 얼굴 또는 비-얼굴로 구분할 수 없는 입력 이미지이다. 영역들 사이의 경계에 있는 코딩 지점들은 사실상 그 그물망이 손을 드는(분별하지 못하는) 코딩 지점들이다. 그러한 코딩 지점들은 최대한 애매한(ambiguous) 입력 이미지를 나타낸다.

우리는 그런 지점들을 의도적으로 생성할 수 있다. 원형적 남성 얼굴과 원형적 여성 얼굴이라는, 두 이미지의 벡터 평균인, 입력 이미지를 구성해보자(그림 2.6의 얼굴을 다시 보라). 그 얼굴 그물망에 제시되면, 층2에서 활성 벡터를 생성하는데, 이 벡터는 코딩 지점이 두 원형적 얼굴 지점들의 중간, 그리고 정확히 두 하위 영역 사이의 구획에 위치한다. 물론 그림 2.6의 얼굴이 남성과 여성 사이에서 정확히 애매한 유일의 얼굴은 아니며, (그 관련 구획의 다른 곳에 수십억 개의 다른 가능성이 있지만) 그 얼굴은 쉽게 이해되는 사례이다.

그리고 빠르게 경험될 수 있다. 만약 당신이 자신의 얼굴 활성 공간에서 자신의 남성-여성 구획을 '걷어내고' 싶다면, 그림 2.6을 그저 다시 바라보라. 개인마다 반응은, 사람들의 칸막이가 약간씩 독특하기 때문에, 다를 것이다. 그러나 만약 당신의 반응이 나와 비슷하다면, 그림 2.6의 얼굴은 성별에 관한 한 매우 애매하다.

이 모든 것이 실제로 인간이 얼굴을 재인하는 방식일까? 그 얼굴 그물망이 생물학적으로 매우 현실적일까? 글쎄, 셋째 층 또는 출력 층의 성격으로 볼 때 확실히 그렇지는 못하다. 그런 작은 세포 집단은 단지 연구자들이 그물망의 성능을 모니터링하기 위한 편리한 수단을 제공하기 위한 것일 뿐이다. 그 그물망은 뇌의 어떤 부분과도 일치하도록 의도된 것이 아니다. 그러나 전체적으로 해부학적 개요와, 층1과 층2를 연결하는 그물망의 기능적 활동은 다른 문제이다.

해부학적 문제와 관련하여, 인간 뇌의 얼굴-코딩 영역은, 인공그물망의 중요한 80-세포 층2처럼 한 단계가 아니라, 망막에서 하류에 최소 5개 시냅스 단계와 5개 뉴런 집단으로 구성되어 있다고 분명히 말할 수 있다. 그렇지만 이것이 반드시 실재와 모델 사이의 큰 차이라고 우리가 말할 수는 없다. 인간의 시각 시스템은 얼굴 재인뿐 아니라, 처음 몇 개의 층에서 많은 인지적 과제와 관련된다. 그 시스템은 경계선, 모양, 전형적 물체, 3차원 공간 관계, 시간에 따른 변화, 물리적 움직임, 물체의 궤적 등등 모든 것들을 망막의 입력 벡터를 기반으로 구별해야 한다. 이렇게 바쁜 그물망이 얼굴 재인과 같은 특수한 과제에 고유 계산처리 자원을 할당하기까지 5개, 6개, 심지어 10개의 층이 필요하다는 것은 놀랄 일이 아니다. 인공그물망은 기껏해야 복잡한 신경적 실재(neuronal reality)의 서투르고 부분적인 모델에 불과하며, 아직 밝혀지지 않은 부분이 더 많다는 것은 의심할 여지가 없다. 그러나 우리는 현재 최대한 신경적 실재에 충실하려고 노력함으로써, 인공그물망의 기능적 성공 단계에 이르렀다는 점을 기억하라. 더 깊은 믿음이 더 깊은 성공을 가져올지는 경험적 질문이다. 적어도 이 질문은 충분히 추구할 가치가 있는 물음이다.

순전히 기능적인 문제와 관련해서, 우리는 이미 개괄한 것 외에도 그물망의 행동에 관한 실제적 측면을 계속 발견하는 중이다. 예를 들어, 쟁점인 종류의 그물망은 심리학자들이 그 구별의 측면에서 '친숙성 효과(familiarity effects)'라 부르는 것을 보여준다. 텍사스 대학교 댈러스의 앨리스 오툴(Alice O'Toole) 교수 연구팀은, 비교적 많은 수의 동양인 얼굴과 소수의 백인 얼굴이 포함된 훈련 세트에서, 코트렐의 연구와 유사한 얼굴-식별 그물망을 훈련시켰다. 그 훈련된 그물망은 코트렐의 것과 비슷한 수준의 성공률을 보여주었지만, 동양인 대비 백인인 새로운 얼굴을 구별하거나, 성별을 판별하는 능력은 떨어졌다. 그것이 동양인 얼굴에 대해서는 잘 작동했지만, 모든 백인 얼굴은 "거의 같아 보였다"고 한다.

두 번째 훈련 실험, 이번에는 동양계보다 아프리카계 얼굴이 더 많은 훈련 실험에서 새로운 아프리카계 얼굴에는 잘 작동하지만, 동양계 얼굴에서는 제대로 작동하지 않는 그물망이 생성되었다. 그 그물망에서, 이번에는 모든 동양계 얼굴이 거의 동일하게 나타났다. 셋째 실험에서, 이번에는 다수의 백인계 사이에 흩어져 있는 몇 명의 아프리카계 얼굴에서 비슷한 결과를 얻었다. 이것은 전혀 놀라운 일이 아니다. 그물망이 학습한 구별 능력은, 전형적으로 또는 가장 자주 접하는 재인 문제를 해결하도록 최대로 조정되었다. 만약 훈련 중 그 그물망이 A 유형의 얼굴을 B 유형의 얼굴보다 훨씬 덜 자주 접하게 된다면, A 유형의 얼굴과 B 유형의 얼굴 사이에 체계적 차이가 있다면, 그 그물망은 궁극적으로 A 유형의 얼굴에 관련하여 성능 결핍을 겪을 것이다.

이러한 현상은 서로 다르게 훈련된 그물망들 사이에서 강하게 나타날 뿐만 아니라, 인간의 경험에서 잘 알려진 현상이다. 단일 인종 환경에 가까운 곳에서 자란 사람들은 자신의 인종 그룹이 아닌 얼굴에 대해 작지만 실제적인 차별적 결핍을 가진다. 그렇지 않은 사람들은 그렇지 않다. 물론 이러한 결핍은 인공그물망과 인간 모두에서 피할 수 있고, 심지어 교정할 수도 있다. 인간의 모든 얼굴 다양성이 균등하게 분포된 훈련 세트를 단지 쌓아두기만 하면 된다. 건강한 그물망은 그 홀론을 약간 조정하고, 그에 따라 얼굴 공간을 재측정하면, 그 결핍이 사라진다.

물론 이런 현상에 본질적으로 인종적 차이는 없다. 만약 우리가 젊은 얼굴을 나이 든 얼굴보다 우세하도록 그물망을 훈련시켰다면, 그 그물망은 나이 든 얼굴을 구별하는 데 상대적 결핍을 겪을 것이다. 만약 우리가 그 그물망을 남성 얼굴보다 여성 얼굴이 우세하도록 훈련시킨다면, 그 그물망은 남성 얼굴을 구별하는 데 상대적 결핍을 가질 것이다. 요점은 일반적 인간의 실패가, 신경망이 지속적인 경험에 따라 그 활성 공간을 분할하는 방식에서, 단순하고 설명 가능한 결과를 보여준다는 것이다.

귀납추론, 그물망 양식

그물망 학습의 측면에 관련된 묘책(전략)은 매우 유리한 속성을 산출한다. 코트렐의 그물망이 가림막대 뒤에 숨겨진 친숙한 얼굴을 식별하는 능력을 떠올려보라. 입력 벡터의 정보를 20퍼센트 상실했음에도 불구하고, 친숙한 얼굴을 정확히 식별하는 이런 능력은 신경망의 놀라운 속성, 원대한 결과를 낳는 속성을 잘 보여준다. 이런 속성은 벡터 완성(vector completion)이라 불리는 능력이다. 출력 층이 입력된 사람을 제인(Jane)으로 정확히 식별하므로, 둘째 층의 얼굴 코딩 벡터가 제인의 적절한 코딩 지점에 아주 가깝게 반응해야만 한다. 적어도 둘째 층의 코딩 벡터는 다른 사람의 코딩 지점보다 제인의 지점에 더 가까워야 하며, 그렇지 않으면 그 출력 층이 그 사람을 제인으로 올바르게 식별할 수 없을 것이다.

어떻게 층2에서 완전한 제인 벡터에 아주 가까운 무엇이 입력 층에 20퍼센트 불완전한 제인의 이미지 벡터로부터 나올 수 있는가? 부분적으로, 그 답은 이렇다. 그 입력 이미지의 나머지 80퍼센트 정보가 제인의 얼굴과, 다른 모든 가능한 얼굴을 구별하지는 못하더라도, 적어도 훈련 세트의 다른 10개의 얼굴 각각을 구별하기에 충분하기 때문이다. 비록 제인의 얼굴에서 가림막대 뒤에 숨겨진 부분을 제외하고 그녀의 얼굴과 동일한 다른 얼굴이 존재할 수 있겠지만, 훈련 세트의 어느 다른 얼굴도 이 조건을 충족하는 얼굴은 확실히 없다.

대답의 둘째는 이렇다. 그 그물망의 둘째 층은 주로 얼굴을 학습하였으며, 입력 얼굴 이미지의 빈 부분을 일반적 얼굴-비슷한 특징으로 채우는 경향이 있으며, 그 특징은 입력 이미지의 가려지지 않은 특징과 거의 일치하기 때문이다. 그림 3.6b는 얼굴의 가려진 이미지(3.6a)가 입력으로 주어졌을 때, 층2의 정보 내용을 보여준다. 그런 채워진 얼굴과 원래의 가려지지 않은 피험자의 얼굴, 즉 그림 3.3의 맨 처음 또는 왼쪽 위 여성 얼굴을 비교해보라. 그 재구성이 완벽하지는 않지만, 그렇게 나쁘지도 않다.

세 번째 그리고 가장 중요한 설명은 이렇다. 그 그물망이 본래의 11개 얼굴을 학습하는 동안, 층2의 활성 공간을 11개 '끌개 웅덩이(basins of attraction)'로 분할했으며, 그 웅덩이 각각은 11개 얼굴 각각에 대해 생성된 원형적 코딩 지점(prototypical coding point)을 중심으로 정한다. 결국, 그 그물망은 가능한 모든 얼굴에 대해서가 아니라, 단지 이러한 11개 얼굴에 대해서만 훈련했다. 그 그물망은 백만 개 얼굴이 아니라, 단지 이러한 11개 얼굴만을 식별하라는 요청을 받았다. 따라서 훈련 기간 동안 가해진 압력으로 인해, 그 그물망은 이 11명의 얼굴 중 하나를, 비록 희미하게라도, 가리키는 어느 모든 입력 특징에 대해서도 극도로 민감해졌다. 입력 벡터의 어느 특징에 대한 이러한 과민 반응과, 11명의 특정 개인에 대한 이러한 강제적인 관심이 의미하는 것은, 그 훈련된 그물망이 어느 입력 얼굴의 신원에 대해, 그 입력에 표준적으로 적용 가능한 일부 정보가 누락된 경우라도, '성급하게 결론 내리는' 강한 경향을 가진다는 점이다. 이 같은 핵심을 다른 어휘로 표현하자면, 그 그물망은 입력 벡터가 부분적이거나 품질이 저하된 경우에도, 층2에서, 세심하게 학습된 11개 얼굴 벡터 중 어느 하나 또는 다른 것을 활성화하는 특별히 강한 경향을 얻었다.

층2에, 수신된 입력 벡터라는 '증거'가 주어지면, 선호되는 11개의 얼굴 벡터 중 가장 가능성이 높은 특정 얼굴 벡터를 활성화하는 경향이 있다. 여기서 우리가 관찰하고 있는 층2와 층3의 벡터 완성의 현상은 귀납추론(inductive inference)의 원시적 형태이다. 실제로 벡터 완성은 귀납추론이 일반적으로 생명체에서 선택되는 기본 형태일 수 있다. 이 문제는 7장에서 과학적 추론(scientific reasoning)의 본성을 검토할 때 살펴볼 것이다. 지금은 벡터 완성 또는 귀납추론이 가장 단순한 신경망에서 자연적이고 불가피한 인지 현상으로 보인다는 것에만 주목하자.

이러한 점을 감안하여, 적어도 지금으로선 얼굴 재인에 대한 주제는 이쯤에서 멈추자. 내가 이 장에서 특정 그물망이 어떻게 얼굴을 재인할 수 있는지 설명하는 데 많은 부분을 할애한 이유는, 당신이 적어도 하나의 다층 그물망이 친숙한 인지 과제를 어떻게 수행하는지를 자세히 이해하길 바랐기 때문이다. 얼굴-재인 그물망은 교육용 사례로 특히 유용한데, 신경망의 특징과 작동 방식에 관한 많은 특별한 특징적 성격을, 간단하고 직관적으로 접근할 형태로, 함께 보여주기 때문이다. 여기서 배운 교훈은 대부분 4장에서 살펴볼 더 많은 사례에서 반복될 것이다. 그러한 사례들을 빨리 살펴보도록 하자.

4. 인공신경망: 뇌의 일부를 모방하기

3차원 입체 시각에 들어서기

입체 시각(stereo vision)은, 독특하고 분리 가능한 지각 기술(isolable perceptual skill)로서, 19세기 입체경(stereoscope)이나 20세기 뷰마스터(Viewmaster®)를 들여다보았다거나, 어설픈 빨강-초록 안경을 쓰고 2색 컬러 만화책을 읽어보았거나, 편광 플라스틱 안경을 쓰고 3D 영화를 보았던 사람이라면 누구나 잘 안다. 그러한 경우에 입체 지각은 큰 즐거움으로 우리에게 놀랍게 나타난다. 그것은 사진, 슬라이드, 영화 등이 전형적으로, 우리가 실제 세계를 표준적으로 보는, 3D 시각을 제공하지 않기 때문이다. 사진이나 영화 화면을 볼 때, 우리 두 눈은 모두 정확히 같은 것을 본다. 그러나 우리가 실제 세계를 바라볼 때, 사물들은 서로 다른 깊이로 흩어져 있으며, 두 눈은 각각 언제나 체계적으로 다른 장면을 바라본다. 그것은 두 눈이 약 2.5인치 간격의 서로 다른 두 지점에서 사물을 바라보기 때문이다. 위에서 언급한 네 가지 재미있는 기술(technologies)의 핵심은, 두 눈에 각기 꽤 다른 시각 이미지를 제시함으로써 어떻게든 이러한 원래의 상황을 다시 구현하는 것이다.

그러한 차이가 얼마나 큰지는, 누구라도 아침 식탁에 흩어져 있는 그릇, 우유팩, 시리얼 상자 등등을 양쪽 눈으로 빠르고 반복적으로 번 갈아 감아보면서 바라보기만 해도 명확히 알 수 있다. 주변의 사물들 은 좌우로 그리고 앞뒤로 움직이는 것처럼 보이며, 더 가까이 있는 사물일수록 그 또렷한 차이가 더 크게 나타난다. 우리는 보통 이러한 좌우 이미지의 만성적 불일치를 잘 알아채지 못하는데, 그것은 뇌가 3 차원 공간에서 강력한 깊이 감각으로 쉽게 전환하기 때문이다. 뇌는 이런 일을 어떻게 하는가? 뇌는 좌우 불일치로부터 깊이 정보(depth information)를 어떻게 복구하는가? 그리고 그런 정보를 시각 경험의 일부로 어떻게 코딩하는가?

입체 지각에 대한 생생한 사례로 이야기를 시작해보자. 이 책의 뒤 표지 안쪽 주머니에서 카드 보드 입체 뷰어(stereo viewer)를 꺼내어, 그 하단에 인쇄된 안내에 따라 작동하는 모양으로 접어보라. (모든 접 힌 부분이 깔끔한 직각이 되도록 하라.)[5] 두 개의 렌즈가 사용자를 향 하도록 하고, 그 뷰어의 다른 쪽 끝의, 수직 부분을 그림 4.1의 두 사진 사이에 정확히 맞추고, 수평 부분을 아래쪽 테두리와 일치하도록 맞춘 다. 페이지를 평평하게 펼치고, 두 사진을 모두 조명이 밝고 그림자가 생기지 않도록 놓아보라. 또한 두 이미지가 서로 일치하도록, 그 접안 렌즈를 시계 방향 또는 시계 반대 방향으로 1-2도 정도 움직여야 할 수도 있지만, 실제로 해보면 성공할 수 있다. 10초 또는 20초 이내에 두 이미지는 3차원 구조가 풍부한 단일 이미지로 통합된다. (이 사진은 내 딸 앤(Anne)[6]과 그녀의 단짝 친구인 데브라(Debra)의 10대 시절이

---

5) [역주] 이 번역서에는 입체 뷰어 대신에 그것을 간단히 만들어 사용하는 방 법을 이 책 뒤에 제공한다. 사용 방법은 이 문단의 설명과 다르지 않다.

그림 4.1 입체경의 이미지 쌍

며, 모두 발레 레슨을 받으러 가기 전 차려입은 모습이다. 두 대의 35 밀리미터 일안 반사식(Single-Lens Reflex, SLR) 카메라를 같은 높이로 나란히 연결하여, 이 두 이미지를 동시에 촬영했다.)

일단 그 통합이 이루어지기만 하면, 다음과 같이 드러나는 3차원을 탐색해볼 수 있다. 먼저 데브라에게 초점을 맞춘 다음, 데브라를 지나 앤에게 초점을 맞출 수 있고, 앤을 지나 사진 배경인 사이프러스 나무에 초점을 맞출 수 있다. 우리는 동시에 세 가지 깊이로 시선을 고정할 수는 없는데, 그것은 각 고정 깊이에 따라 두 눈의 시선 맞춤(convergence)의 각도가 다르기 때문이다. 그렇지만 각 순간의 고정 시선에서, 현재 고정되지 않은 다른 사물을 그 고정 평면의 앞이나 뒤에 있는 것처럼 생생하게 감각한다. 이런 상대적 거리 감각이 바로 우리가 설명하려는 것이다. 그것을 간접적으로 접근해보자.

---

6) 구글(Google)에서 앤 처칠랜드(Anne Churchland)를 검색하면, 그녀는 현재 신경과학자로 UCLA 교수이다. 아들 마크 처칠랜드(Mark Churchland) 역시 신경과학자가 되었고 컬럼비아 대학 교수이다.

입체 시각의 신경해부학

많은 동물은 입체 시각을 전혀 갖지 못한다. 이것은 동물의 눈이 머리의 반대편에 위치하며 좌우 시야(visual fields)가 거의 겹치지 않거나, 전혀 겹치지 않기 때문이다. 따라서 그런 동물은 사람처럼 동일한 사물을 동시에 두 개의 이미지로 보는 미묘한 차이를 활용하지 못한다. 그들의 두 눈은 항상 독특한, 겹치지 않는 이미지를 파악할 뿐이다.

이러한 동물에게서 왼쪽과 오른쪽의 두 이미지는 그 동물의 시신경과 LGN을 통해 시각피질로 개별적으로 투사된다. 시각피질의 좌측은 오른쪽 눈으로부터 이미지를 받으며, 우측은 왼쪽으로부터 이미지를 받는다(그림 4.2a). 그 정보는 별도로 입력되고, 별도로 투사되며, 결국 시각피질의 별도 영역에 표상된다.

그렇지만 원숭이, 유인원, 인간 등에게서 시각 및 신경세포의 배열은 다르다. 오직 코의 간섭으로, 좌측과 우측의 시야가 완전히 겹치는 것을 방해할 뿐이며, 그 겹침은 80퍼센트 정도이다. 더 중요한 것으로, 우리 시각이 가장 선명하게 보이는 시각 영역에서 중요한 중심와(foveal center)에서, 왼쪽과 오른쪽 이미지는 완전히 겹친다.

이러한 상황을 활용하기 위해, 진화는 자비로운 내적 연결을 이루어, 우리의 두 눈이 시각피질 내에 공통 표적을 공유하도록 하였다. 그림 4.2b에서 볼 수 있듯이, 전체 왼쪽 눈의 이미지는 거의 전체 시각피질에 걸쳐 표상되며, 오른쪽 눈의 이미지도 그러하다. 시각피질의 좌측 절반은 여전히 몸의 오른쪽 세계를 표상하지만, 우측 절반은 왼쪽의 세계를 표상한다. 이런 점은 그림 4.2a에서와 마찬가지다. 그러나 우리에게, 피질의 각 절반이 하나가 아닌 두 개의 눈에 의해 가동된다. 즉, 뇌 뒤쪽 공통의 영화 스크린은 하나가 아닌 두 개의 프로젝터로부터 동시에 '조명된다.'

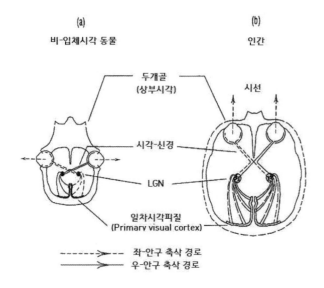

(a)
비-입체시각 동물

(b)
인간

두개골
(상부시각)

시선

시각-신경

LGN

일차시각피질
(Primary visual cortex)

- - - - - ▷ - - 좌-안구 축삭 경로
────▷ 우-안구 축삭 경로

그림 4.2 (a) 도식적인 비-양안(nonbinocular) 포유류의 시각 시스템. 시각피질에서 왼쪽 눈과 오른쪽 눈의 이미지 표현이 완전히 분리되어 있다. (b) 인간의 시각 시스템. 시각피질의 모든 지점이 왼쪽 눈과 오른쪽 눈의 대응 부분으로부터 입력을 받는다.

앞 문장의 은유에는 상당한 근거가 있다. 시각피질은 얇은 2차원 뉴런 조직이며, 그 조직 표면 전체의 뉴런 활동은 망막 전체의 뉴런 활동을 꽤 충실히 반영한다. 한 곳의 충실한 이미지는 다른 곳에서 뉴런 '이미지'로 다시 나타난다. 그림 4.3은 이것이 얼마나 실제로 참인지를 보여준다. 방사능으로 표시된 포도당을 원숭이의 혈류에 주입하고, 원숭이의 눈을 단순한 외부 이미지에 고정시키면, (방사능 포도당으로 표시된) 그 이미지의 내부 복사본이 원숭이의 시각피질에 만들어지며, 그러면 그것이 엑스레이 필름에서 확인된다.

따라서 피질 표면은 실제로 일종의 영사 스크린이며, 당신과 당신의 두 눈은 프로젝터인 셈이다. 그러나 여기에 심각한 문제가 나타나기

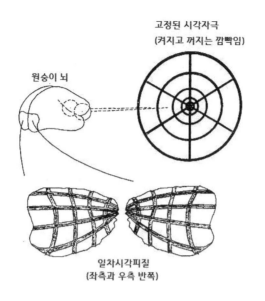

고정된 시각자극
(켜지고 꺼지는 깜빡임)

원숭이 뇌

일차시각피질
(좌측과 우측 반쪽)

그림 4.3 원숭이가 단순한 패턴을 볼 때, 원숭이의 시각피질 전체에 걸친 뉴런 활동 (Tootell의 그림을 수정)

시작한다. 앞의 이야기를 다시 회상해보라. 이런 두 개의 프로젝터는 매우 다른 이미지를 정확히 동일한 화면에 투사하고 있다. 이것은, 피질에 걸쳐 나타나는 이미지가 혼란스럽고 이중적인 이미지로 가득 찬다는 것을 의미한다. 이런 문제의 본성은, 그림 4.4a에서와 같이, 두 무용수의 왼쪽 사진 이미지를 오른쪽 사진 이미지 위에 겹쳐보면, 실제로 명확히 나타난다. 우리가 어떤 좌우 정렬을 선택하든, 그 두 이미지에 묘사된 사물이 모두 서로에 대해 좌우 위치가 약간 다르기 때문에, 두 이미지가 서로 완전히 '맞지' 않는다.

좌측 안구와 우측 안구 이미지 사이에 이렇게 서로 혼동되거나 일치하지 않는 것을 '양안 경쟁(binocular rivalry)'이라 부른다. 이것은 당신과 나처럼, 눈이 서로 다른 이미지를 동일 시각피질 영역에 투사하

그림 4.4 서로 다른 두 안구의 시선 각도(eye vergences) 또는 고정 깊이(fixation depths)를 보여주는, 4개의 서로 다른 입체 이미지 쌍의 중첩. (a), (b), (d)의 중첩에서 부분적으로 일치하는 부분을 주목하라. (a)에서 검은색 무용수가 겹쳐지며, (b)에서는 흰색 무용수가 합쳐지고, (d)에서는 가장 오른쪽의 나무와 철제 울타리가 합쳐진다.

는, 모든 생물들이 피할 수 없는 운명이다. 만약 이것이 입체 시각을 가능하게 하는 것이라면, 매우 당황스러운데, 언뜻 보기에 그것이, 단순한 생각으로 도저히 이해되기 어려운, 심각한 문제를 야기하는 것처럼 보이기 때문이다.

입체 시각이 어떻게 작동하는지

좌우 이미지의 만성적 불일치 문제는 전적으로 실제적이다. 그렇지만, 인간 신생아들은 적어도 한동안 보편적으로 이 문제에 당황해한다. 물론 8주가 지나면, 갑자기 부분적인 해결책을 찾기 시작한다. 신생아들은 자신들의 눈 근육을 세밀히 조절할 수 있게 되고, 특히 두 눈의 시선(sightlines)이 수렴하는 정도를 조절할 수 있게 된다.

이렇게 하여, 그들은 두 시선이 고정 깊이(fixation depth)에서 정확히 수렴하도록, 눈을 약간 안쪽으로 돌려 다양한 원하는 깊이에서 자신들의 시선을 고정할 수 있다. 무한대 거리에 시선을 고정할 때, 두 눈의 시선은 평행이 되고, 그 둘 사이의 **시선맞춤 각도(vergence angle)** 는 0이 된다(그림 4.5). 점차 더 가까운 깊이의 평면에 고정할 때, 그 두 눈의 시선은 이제 수렴하고, 그 두 눈의 시선맞춤 각도는 점차 더 커진다. 코끝에 앉은 파리를 두 눈으로 교차하여 바라보는 경우라면, 이 경우의 스펙트럼에서 거의 끝이다.

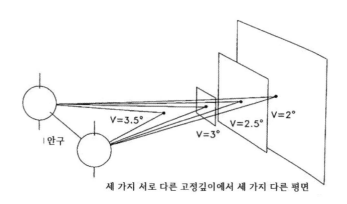

세 가지 서로 다른 고정깊이에서 세 가지 다른 평면

그림 4.5 시선맞춤 각도(vergence angles)가 증가하면 고정 깊이(fixation depths)가 점점 더 가까워진다.

이제 두 눈의 시선맞춤이 바뀌는 동안 시각피질에서 무슨 일이 일어나는지 생각해보자. 예를 들어, 두 무용수를 바라보는 동안 연속적인 깊이 평면에 시선을 고정하면, 시각피질에서 중첩된 두 이미지가 서로를 천천히 지나가는 효과가 나타난다. 여기서는 매끄러운 테이블 위에 두 개의 투명 필름을 똑바로 세워, 양손에 하나씩 들고, 그중 하나를 다른 투명 필름 뒤에 천천히 앞뒤로 밀고 있다고 상상하는 것이 유용할 수 있다. 이것은 실제로 그림 4.4에 표시된 것과 같다.

그림 4.4의 네 그림에서 드러나듯이, 이러한 고정 깊이 중 **일부**에서 좌우 두 이미지 각각의 상당 **부분**이 다른 이미지의 대응 부분과 완벽히 일치한다. 구체적으로 말해서, 4.4a에서는 데브라의 두 이미지가 완벽히 일치하고, 4.4b에서는 앤의 두 이미지가 완벽히 일치하며, 4.4d에서는 맨 오른쪽의 사이프러스 나무와 철제 울타리가 완벽히 일치한다.

어느 임의의 시선맞춤에서 광범위한 영역의 완벽한 일치가 분명히 중요하다. 그것이 바로 이러한 **고정 깊이**에서 **발견되는 사물**이다! 두 눈이 주어진 사물과 정확히 동일한 깊이에 연합적으로 고정될 경우에만, 임의의 사물의 두 이미지가 두 망막 각각에서 정확히 동일한 상대적 위치에 있게 된다. 그래야만 그런 투사된 두 이미지가 뇌 뒤쪽의 시각피질 표면에 도달했을 때 완벽히 일치하거나 대응할 수 있다. 따라서 이러한 피질의 일치가 발생하는 경우, 그것은 현재 눈의 고정 깊이에 정확히 위치한 사물의 존재를 나타내는 강력한 지표이다. (만약 그 깊이에 사물이 없다면 두 눈의 시선은 그 고정 지점에서 교차하여, 공간에서 계속 이어지다가, 결국 완전히 다른 두 사물과 접촉하게 된다. 그런 상황에서, 그 두 이미지 요소들이 완벽히 일치할 가능성은 거의 없다.)

분명히, 뇌에 필요로 하는 것은 높은 정보적 일치가 발생할 때 그것을 감지할 무엇이다. 그리고 뇌는 필요한 그것을 가진다. 그것은 **고정 세포(fixation cells)**라고 불리며, 시각피질 표면에 풍부하게 분포되어 있다. 살아 있는 동물에서 이 세포의 활동은 미세전기탐침(microthin electrical probe)으로 검출할 수 있으며, 그 세포는 다음과 같은 독특한 특징을 지닌다. 어느 특정 고정 세포는, 그것이 위치한 피질 부위가 양쪽 눈으로부터 동일한 입력 활동을 받을 경우에만, 최대로 활성화된다. 그렇지 않을 경우 그 세포는 조용하다. 그 고정 세포가 활성화될 경우, 그에 따라 그 세포는 눈의 현재 고정 깊이에 사물의 존재를 코드화한다. 그 고정 세포는 관련 이미지에 해당하는 사물이 무엇일지 전혀 알지도 관여하지도 않으며, 오직 좌우 이미지가 완벽히 일치하는지에만 관여한다. 이것이 사물 탐지에 관련된 한에서 가장 중요한 정보이다.

이제 신경심리학 실험의 피험자가 될 준비를 해보자. 우리는 당신의 뇌 뒤쪽에 상당한 크기의 고정 세포를 활성화시키려 하며, 이 실험이 보여주려는 것은, 당신이 어느 영역의 좌우가 일치하는지를 명확히 감지하기 위해, 어느 사물, 모양, 또는 그 앞의 경계 등을 재인할 필요가 없다는 점이다. 당신의 고정 세포는, 당신이 보고 있는 것이 무엇인지에 관한 어느 사전 재인 없이도, 당신을 위해 그 관련 영역에 '불을 밝힐' 것이다. 그리고 당신은 그것이 불을 켜면 아주 분명하게 알아차릴 것이다. 그러면 자신의 뇌를 실질적으로 '들여다볼' 준비를 한다.

앞서 발레 댄서의 입체 쌍을 겹쳐보기 위해 사용한 판지 입체경을 다시 꺼내보라. 이번에는 그림 4.6의 입체 쌍 사이에 놓고, 이전과 마찬가지로 두 이미지를 하나로 중첩할 준비를 한다. 여기에서 당신은 작은 원에 초점을 맞추고, 좌우 이미지를 중첩시켜보라. (엄밀히 말해 필수적이지 않은) 그 기준점의 목적은 당신이 관련된 시선맞춤을 신속히 찾도록 도와주기 위함이며, 그 시선맞춤 각도에서 위장된 사물을 구성하는 좌우 이미지 부분이 시각피질에서 완벽히 등록하도록 재현시켜줄(reproduce) 것이다. 그 두 이미지들이 그렇게 재현될 때, 당신의 고정 세포는 해당 대응 영역을 탐지해야만 하고, 피질의 정확한 해당

그림 4.6 무작위-점 입체 쌍. 단순한 기하학적 도형(원이 아닌)이 각 이미지에
완벽히 위장되어 있다. 그러나 적절한 시선맞춤에서 우리의 고정 세포는 그 존재
를 명확하게 드러낼 것이다. (무작위-점 입체 그림(random-dot stereograms) 연구
를 개척한 Bela Julesz에게 감사)

영역에서 매우 활발히 활동해야만 한다. 당신의 주관적인 관점에서, 지
각 결과는, 배경 정사각형 면적의 약 9분의 1에 해당하는, 작은 정사각
형 영역이 앞으로 갑자기 튀어나오는 것이다. 당신은, 자신의 입체 그
물망이 그것을 포착하기 전에 전혀 보이지 않았던 뚜렷한 사물, 자신
의 현재 고정 깊이에서 독립된 사물을 본다. 이 사물이 결정적 시선맞
춤 각도에서 갑자기 보일 수 있는 것은, 전적으로 관련 고정 세포가 좌
측 안구 이미지와 우측 안구 이미지 사이에 국소적 일치가 이루어지도
록 매우 격렬히 찾았기 때문이다. 당신은 심지어 정확한 시선맞춤 각
도를 유지하면서, 한쪽 눈을 윙크하는 것만으로 그 사각형의 출현을
마음대로 켜고 끌 수도 있다.

　이 실험은 당신의 고정 세포의 활동을 명확히 드러낼 뿐만 아니라,
입체 시각이 은닉된 사물의 위장을 무너뜨릴 능력도 보여준다. 이것은
특히 고양이, 늑대, 여우, 올빼미 등과 같은 포식 동물에게 유용한 능
력으로, 그 녀석들은 모두 눈이 정면을 향하고 있으며, 따라서 모두 뛰

어난 입체 시각을 가진다. 얼룩 반점의 회색 바위에 가만히 앉아 있는 얼룩무늬 회색 도마뱀은 단안(monocular)의 사냥꾼에게 안전할지 모르지만, 방금 발견한 숨겨진 사각형처럼, 입체경 시각으로 무장한 포식자에게는 눈에 확연히 띄게 된다.

그렇지만 입체 시각 능력은 생쥐와 도마뱀을 잡는 것보다 더 일찍 등장했고, 더 깊은 목적을 가진다. 완전히 무지한 갓난아기에게 세계 전체는 무작위-점으로 이루어진 입체 그림과 같을 것이기 때문이다. 세계에 어떤 종류의 사물들이 있는지 파악하기 위해, 유아는 자신의 시각 시스템에 내재된 양안 경쟁을 극복해야 한다. 자기 눈의 시선맞춤 각도를 조절하는 것이 첫 단계이다. 일단 아기가 특정 시각맞춤 각도를 추측하고 유지하는 법을 배우기만 하면, 자신의 고정 세포의 신호에 반응하여, 마침내 세계에 포함된 여러 사물들을 명확하고, 모호하지 않으며, 비경쟁적인 시선으로 볼 수 있게 된다. 자신의 고정 세포 덕분에, 아기는 처음에 심하게 혼란스러운 시각 세계의 위장을 무너뜨릴 수 있다.

이 이야기는 여기서 끝나지 않는다. 이런 중요한 첫 걸음은, 대부분의 인간 유아가 생후 8주에 이루는 것으로, 단지 시작에 불과하다. 우리는 시각피질 전체에 흩어져 있는 '고정 세포'뿐만 아니라, '근거리 세포(near cells)'와 '원거리 세포(far cells)'도 가지기 때문이다. 이런 두 세포는 각각 현재 고정 깊이보다, **약간 앞쪽**과 **약간 뒤쪽**의 좌우 일치에 반응하는 세포이다. 고정 세포가 현재 고정 깊이에 있는 사물의 존재를 알리는 것처럼, 근거리 세포와 원거리 세포는 처음 평면-비슷한 위치의 바로 앞과 바로 뒤에 있는 사물을 알게 해준다. 이렇게 하여 우리는 여러 다른 깊이에 있는 여러 사물의 존재를 동시에 알아볼 수 있다. 이것이 바로 대부분의 인간이 누리는 훌륭한 입체 시각을 가능하게 해주는 것이다.

그림 4.7 3개의 뚜렷한, 위장된 정사각형 평면을 포함하는, 무작위-점 입체 쌍

당신은 그림 4.7의 입체 그림에서 고정, 근거리, 원거리 등의 세포들이 동시에 작동하는 것을 관찰할 수 있다. 작은 원에 다시 초점을 맞추면, 당신은 이전과 마찬가지로 작은 사각형이 올라오는 것을 볼 수 있다. 그러나 여기에서 당신은 중간 크기의 사각형 앞에 아주 작은 정사각형이 올라와 있고, 그 둘 뒤에 더 큰 배경 사각형이 있는 것을 감각할 수 있다. 당신이 (고정 세포에 의해 그 존재가 코딩되는) 중간 사물에 시선을 고정할 때, 당신의 근거리 세포는 가장 가까운 사각형을 코딩하고(coding), 원거리 세포는 가장 먼 사각형을 코딩한다.

가운데 사각형의 위와 아래 사각형은, 적어도 가운데 사각형이 고정되어 있는 동안에는, 가운데 사각형과 동일한 선명도나 예리함으로 지각되지 않는다는 것에 주목하라. 그 이유는 전경(foreground)과 배경(background)의 사물 모두 당신의 시각피질에 **완벽히 등록되지 못하기** 때문이다. 전경과 배경 사각형 모두 약간의 양안 경쟁으로 인해 흐려진다. 이것은 앞서 배운 교훈을 반복한다. 즉, 오직 현재 고정 깊이에 있는 사물만 양안 경쟁이나 이중 이미지에서 완전히 벗어나는 방식으로 보일 수 있다.

당신은 3개의 사각형 중 가장 가까운 것에 시선맞춤 각도를 다시 고정함으로써, 이런 남은 문제를 빠르게 극복할 수 있다. 그러면 그 사각형은 당신의 고정 세포의 명확하고, 애매하지 않고, 비경쟁적인 표적이 될 수 있다. 따라서 가운데 사각형의 세부 사항은 약간 불분명해지고, 그 배경 사각형은 한 단계 더 흐릿해진다. 시각적 선명도의 이동 가능한 평면에 대한 이러한 시각맞춤-조정 제어와, 그 평면의 앞뒤의 사물에 대한 신뢰 가능한 코딩 시스템은, 인간의 입체경 시각의 핵심을 구성한다.

요약 그림을 두 댄서의 처음 입체 쌍에서 찾을 수 있다. 당신이 앤(흰색 옷 소녀)에 초점을 맞추면, 당신의 고정 세포는 앤 이미지의 피질 영역 내에서 켜지고, 당신의 근거리 세포는 데브라 이미지의 피질 영역 내에서 켜지며, 원거리 세포는 두 사이프러스 나무의 영역에서 켜진다(그림 4.8). 이런 방식으로, 당신의 시각피질 전체에 독립적으로 존재하는 시각 이미지는, 당신의 흩어져 있는 입체 세포의 적절한 활동으로 인해, 상대적 깊이를 위해 선택적으로 '그려진다.'

세계에 대한 시각의 폭을 확대하기

입체 시각의 작동 원리를 이해함으로써, 우리는 내부를 살피고, 이전에는 알지 못했던 내적인 무언가, 즉 시각피질에 있는 고정 세포의 활성화를 탐지할 수 있으며, 또한 외부를 살피고, 이전에는 파악하지 못했던 외부 세계를 볼 수 있을 것이다. 나는 입체 시각에 대한 탐구를, 나에게 끝없는 기쁨과 놀라움을 안겨주었던, 두 가지 사례로 이어가겠다. 왜냐하면 그 가능성은 약 15년 전 나에게 우연히 다가왔기 때문이다. 그것은 긴 기준선 입체 사진(long-baseline stereography)이며, 그것을 설명해보자.

우리의 눈은 겨우 2.5인치 정도 떨어져 있기 때문에, 인간의 상대적

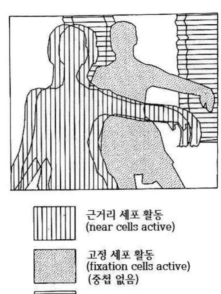

 근거리 세포 활동
(near cells active)

고정 세포 활동
(fixation cells active)
(중첩 없음)

 원거리 세포 활동
(far cells active)

그림 4.8 배경 댄서인 앤에 고정된 상태에서, 시각피질 표면에 투사된 댄서들의 왼쪽과 오른쪽 이미지. 여기에서 앤의 비경쟁적 이미지는, 고정 세포의 국소적 활동을 나타내기 위해 희미한 점으로 칠해졌다. 데브라의 약간 확대된 이미지는, 근거리 세포(near cells)의 국소적 활동을 나타내기 위해 세로선으로 채워졌다. 두 사이프러스 나무의 약간 확대된 이미지는 가로줄 무늬로 그려져 원거리 세포 (far cells)의 국소적 활동을 나타낸다.

깊이에 대한 입체 시각 구분은 해당 사물이 점점 더 멀어질수록 점차 사라지고, 약 100야드(약 91미터) 거리에서는 완전히 사라진다. 이런 미미한 거리를 넘어가면 우리는 단안(monocular)과 다름없다. 100야드 이상에서 상대적 거리는, 상대적 각도 크기, 더 먼 사물이 더 가까운 사물에 의해 가려지는 정도, 질감의 경사 등과 같은 비-입체 시각적 단서를 통해 판단해야 한다. 이것은 두 망막 이미지 사이의 좌우 간격이 사물의 거리가 멀어짐에 따라 항상 꾸준히 줄어들기 때문이다. (결국 이것이 바로 처음부터 입체 시각이 가능한 이유이다!) 이러한 불일치는 100야드 이상 떨어진 장면 요소에 대해서 탐지하기 어려울 정도로 작아진다. 따라서 상대적 깊이에 대한 입체 시각적 구분은 반경 100야드에 불과한 구역 내에만 제한된다. 따라서 아주 큰 규모, 100야드 너머 세계의 3D 구조는 인간의 입체 시각에서 만성적으로 숨겨져 있다.

그 구역을 더 크게 확대할 어떤 방법이 있을까? 글쎄, 수술 방법이 가능하겠다. 만약 우리가 어떻게든 우리 두 눈 사이를 더 멀리 떼어놓을 수 있다면, 예를 들어 두 눈의 간격을 5인치로 두 배 늘린다면, 다른 모든 조건이 동일할 경우 우리의 입체 시각 구분은 200야드에 도달할 수 있을 것이다. 그런 식으로, 우리 눈의 위치를 10인치 떼어놓을 수 있다면, 입체 시각은 400야드에 이를 수 있다! 이런 식으로 계속 확장 가능하긴 하다.

그러나 우리는 진지하게 생각해야 한다. (눈 사이의 거리를 벌리는) 얼굴 재구성은 조금 극단적인 것 같다. 다행히도 같은 목적을 달성하는 더 쉬운 방법이 있다. 200피트 떨어진 두 위치에서, 그 관련 대규모 장면을 동시에 두 장의 사진으로 촬영해보자. 그런 다음, 입체경에서처럼, 왼쪽 눈에는 왼쪽 사진을, 오른쪽 눈에는 오른쪽 사진을 보여준다. 그러면 두 눈은 실제로 200피트 떨어져 있을 때 보는 것과 똑같은 것을 보게 된다. 따라서 이것은 '긴 기준선 입체 사진'이라고 표현된다.

이것을 '가상 수술(virtual surgery)', 더 정확하게, '가상 거인증(virtual giantism)'이라고 생각해볼 수 있다. 왜냐하면 거인이 가질 수 있는 입체 시각 전망, 즉 두 눈이 충분히 200피트 떨어져 있을 만큼 큰 머리를 가진 거인이 제공하는 원근감을 얻을 수 있기 때문이다(그림 4.9). 이러한 거인은 56마일까지 입체 시각 구분을 자랑할 수 있다! 그런 생물이 된다면 '어떤 모습과 같을지' 알고 싶은가? 카드보드 입체경

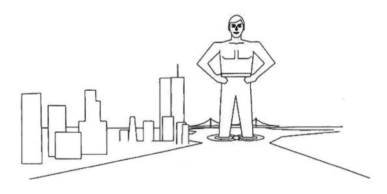

그림 4.9 키가 2,000피트, 눈 간격은 200피트인 거인이 맨해튼 하류에 접근하고 있다.

그림 4.10 맨해튼 섬의 긴 기준선 입체 쌍. 고도는 2,000피트, 두 안구 사이 기준선은 약 200피트이다. (나와 카메라를 거인의 두 눈이 있을 곳에 배치해준 뉴저지의 맥단 항공기(MacDan Aircraft)의 파일럿 마이크 가르시아(Mike Garcia)와 그의 비행기 세스나(Cessna) 172에게 감사)

을 다시 한 번 꺼내서 그림 4.10의 입체 쌍을 중첩하는 데 사용해보자. 이러한 두 이미지는 약 200피트 떨어져 있고 고도 2,000피트에서 촬영한 것이다. 이 두 이미지를 입체적으로 보면, 묘사된 거인의 시각적 경험을 정확히 제공할 것이다. 이것은, 그 교묘한 속임수를 채용하지 않고서는, 일반 사람에게 가능하지 않은 경험이다.

바로 눈에 띄는 것은 맨해튼, 중심가, 그리고 그 너머에까지 뚜렷한 3D 구조이다. 당신은 또한 전체 장면을 동시에 중첩하기 어렵다는 것을 알아챌 수 있다. 당신은 어디인가를 고정 지점으로 선택한 다음, 그 지점을 기준으로 전경 또는 배경 이미지가 약간 두 배로 확대되는 것을 감수해야 한다. 이것은 식탁-테이블 세팅을 바라볼 때는 익숙하고 쉽게 처리할 수 있는 문제이지만, 도시 규모의 장면에서는 완전히 새로운 문제이다. 끝으로, 당신은 그 전체 장면이 마치 정교하게 만들어진 **장난감** 도시 맨해튼의 복잡한 작은 **모형**과 같은 느낌을 주는 것을 알 수 있다. 내 아내 패트리샤는 이런 현상을 처음 경험하고 '소인국 효과(Lilliputian effect)'라는 표현을 만들어냈다. 이 효과가 발생하는 것은, 당신이 문제의 높은-불일치 입체 전망과 같은 무엇을 경험하는 유일한 사물이, 당신보다 훨씬 작고, 몇 야드 이상 떨어져 있지 않기 때문이다. 뇌는 자동으로 높은-불일치 장면을 장난감과 같이 해석하는데, 이것은 실제로 큰 사물은 그런 전망에서 결코 본 적이 없기 때문이다.

지금까지는 그랬다. 긴 기준선 입체 사진을 사용하여 당신은 규모에 상관없이 거의 모든 장면을 인간의 시각 시스템이 입체 시각으로 인식할 범위 내로 가져올 수 있다. 실제로 당신은 적절한 기준선에서 자신만의 사진 쌍을 촬영하고, 가위로 익숙한 형식에 맞게 다듬어, 거의 모든 지평선까지 당신의 시각적 파악을 확장할 수 있다. 유일한 현실적 한계는 당신의 두 대의 카메라를 필요한 기준선에 배치하는 것이다. 예를 들어, 3만 피트(약 6마일) 거리까지 입체 시각 구분을 얻으려면, 당신은 두 대의 카메라를 20피트 간격으로 배치하고, 사진 가시선에 직각으로 놓인 기준선에 배치해야 한다. 달성된 입체 시각 구분의 1,500단위당 사용된 기준선 1단위는 적절하고 보편적인 비율이다. 만약 당신의 사진 피사체가 완전히 가만히 있는 경우라면, 카메라 한 대로도 촬영할 수 있다. 원하는 기준선의 한쪽 끝에서 왼쪽 사진을 촬영한 다음에, 그 선을 따라 빠르게 달려가 다른 쪽 끝에서 오른쪽 사진을 촬영한다. 그 사이에 아무것도 움직이지 않으면, 당신의 입체 쌍이 완벽할 수 있다.

내가 제공할 수 있는 가장 긴 기준선과 가장 깊은 입체는 그림 4.11에 나와 있다. 이 그림에서 기준선은 약 4천만 마일이며, 관찰자에게 태양계 가장자리를 훨씬 넘어 6백억 마일 밖 우주까지 입체 시각 구분을 제공한다. 몇 년 전, 겨울 몇 달 동안 한밤중에 하늘 높이 떠 있는 외계 행성들의 화려한 결합이 있었다. 오른쪽과 왼쪽 사진은 약 50일 간격으로 촬영되었으며, 이 기간 동안 지구는 궤도에서 약 4천만 마일 움직였다. 이런 움직임이 필요한 기준선을 제공했다. 저 멀리에 처녀자리(Virgo) 별자리가 있는데, 아직 입체로 볼 정도보다 훨씬 멀리 있다. 그 별들은 수십, 심지어 수백 광년 떨어져 있다. 그렇지만, 밝은 전경의 3개의 사물은 입체 시각 범위 내에 있으며, 그것들은 다름 아닌 목성, 토성, 화성 등의 행성이다. 거인의 비유를 다시 사용해서 말하자면, 당신의 머리는 거의 지구 궤도의 지름과 비슷하고, 두 눈은 4천만 마

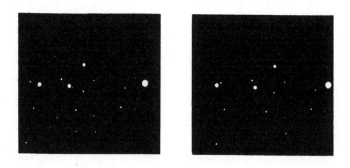

그림 4.11 태양계 바깥쪽의 매우 긴 기준선의 입체 쌍: 처녀자리의 별자리를 배경으로 목성, 토성, 화성

일 떨어져 있으며, 3개의 외계 행성은 팔을 뻗으면 바로 닿을 수 있는 거리에 있다. 따라서 당신의 입체 시각에서 쉽게 닿을 거리에 있다. 당신의 코에 대고 있는 골판지 장난감과 서리가 긴 사진 몇 장으로, 당신은 태양계의 3차원 구조를 시각적으로 파악할 수 있게 된 것이다.

퓨전넷(Fusion.net): 입체 시각 그물망

입체 시각이 어떻게 작동하는지에 대한 기초 원리에 대하여 연구자들 사이에 대략적인 합의가 이루어지고 있다. 그러나 뇌가 그런 원리를 실행하기 위해 어떻게 연결되어 있는지는 여전히 미해결 과제로 남아 있다. 다음은 내 관점에서의 이론적 추측에 불과하다. 그러나 그 제안된 해결책은 적어도 그 문제를 밝히고, 시험 가능한 결과를 가진다. 지금 우리가 알고 싶은 것은, 고정 세포, 근거리 세포, 원거리 세포 등이 눈으로 들어오는 두 개의 이미지에서 깊이에 대한 귀중한 정보를 어떻게 추출하는지에 관한 것이다. 아래 설명된 그물망은 그런 추출에 대한 가능한 설명을 제공한다. 분명히 알 수 있듯이, 이 그물망은 실제로 이전 단원에서 설명한 지각 능력을 가진다. 그 물리적 조직이 뇌의 뉴런 연결에 대한 실제 세부 사항을 반영하는지 여부는 아직 밝혀지지 않았다.

그 그물망의 전체 구조는 그림 4.12에서 보여준다. 단안(monocular)이 아닌 양안(binocular)이라는 점을 제외하면, 이미 알고 있는 얼굴-재인 그물망과 근본적으로 다르지 않다. 이 그물망은 2개의 60×60 세포 입력 층 또는 '망막'을 가지며, 망막은 120×120 세포의 공통 둘째 층에 투사한다. 이 둘째 층은 차례로 3개의 출력 층, 즉 60×60 세포의 고정 세포 층, 30×60 세포의 근거리 세포 층, 그리고 30×60 세포의 원거리 세포 층 등으로 투사한다. 이러한 최종 세포인 입체 세포는 인위적으로 3개의 분리된 층으로 나누어져 있어서, 우리가 그 분리된 기

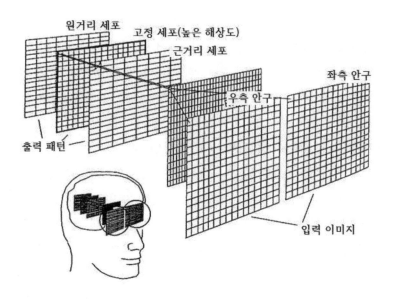

그림 4.12 퓨전넷(Fusion.net): 입체 시각을 위한 인공그물망

능을 더 쉽게 구분할 수 있지만, 물론 실제 시각피질의 생물학적 유사
그물망(analogs)은 모두 동일 피질 표면 내에 있다.

근거리 및 원거리 세포는 잠시 제쳐두고, 치명적으로 중요한 고정
세포에 주의를 집중해보자. 입체 시각이 요구하는 것은 이렇다. 최종
격자에 있는 각 고정 세포가 정확히 활성화되는 것은, 망막 격자의 두
일치 지점에 있는 두 입력 세포가 동일한 신호를 보낼 경우, 즉 동일한
수준으로 자극될 경우이다. 우리는 이런 목표를 그림 4.13에 표시된 연
결 배열을 사용하여 즉시 달성할 수 있다.

당신은 그것이 어떻게 작동하는지 금방 알 수 있다. 그 출력의 고정
세포는 두 경쟁적인 영향 사이에서 주도권 다툼의 주체이다. 첫째는
소위 '바이어스(bias)' 세포에서 들어오는 만성 흥분성(excitatory) 영향
으로, 그 활성 수준은 지속적으로 최대로 유지된다. 둘째는 둘째 층에

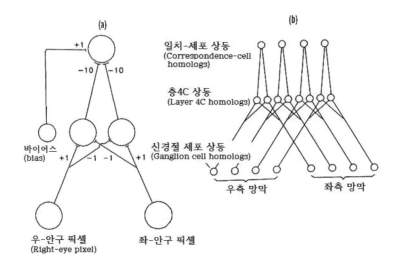

그림 4.13 (a) 기초 일치-탐지 하위 그물망. 그 반복이 퓨전넷(Fusion.net)을 구성한다. 출력 '고정' 세포는 두 입력 세포의 활성 수준이 동일할 때, 그리고 오직 그럴 경우에만(필요충분조건으로), 그 활성 수준이 어느 정도이든, 활성화된다. (b) 그 기본 하위 그물망의 반복 패턴을 보여주는 평면 개념. 두 '망막'의 각 세포는 그 표적 집단 내에서 일치하는 상대적 위치를 차지하는 피질 세포로 투사한다는 점을 주목하라.

있는 두 세포로부터 들어오는 한 쌍의 강력한 억제성(inhibitory) 영향이다. 이런 두 세포는 두 망막 세포로부터 입력을 받으며, 그 연결 가중치(connection weights)는 표시된 대로이다. 이 바이어스 세포는, 두 망막 세포에서 들어오는 신호의 강도가 동일할 때, 들어오는 신호의 강도에 상관없이, 상쇄되도록 의도적으로 고안된 것이다. 이런 경우에 그 바이어스 세포는 상쇄시키므로, 중간층 세포에 미치는 그물망 효과 (net effect)는 0이 된다. 이것은, 그 바이어스 세포가 전혀 활성화되지 않는다는 것을 의미한다. 그리고 이것은 두 개의 억제성 연결을 통해 고정 세포로 가는 신호가 전혀 없다는 것을 의미한다. 그리고 이것은,

그 주도권 다툼이 전혀-휴식-없는 바이어스 세포가 이기며, 그 고정 세포가 강력하게 활성화된다는 것을 의미한다.

반면에, 만약 두 망막 세포의 신호 강도가 서로 조금이라도 다르면, 중간층 세포에서 들어오는 영향이 상쇄되지 않는다. 이것은, 적어도 두 세포 중 하나는 약간이라도 활성화된다는 것을 의미한다. 이러한 활성화는, 축삭을 따라 투사될 때, 고정 세포에 대한 강력한 억제성 효과를 가지며(마이너스 10이란 큰 음의 가중치를 주목하라), 바이어스 세포의 지속적인 흥분성 효과를 능가하기에 충분한 효과이다. 따라서 고정 세포는 종료된다. 그리고 고정 세포는, 두 개의 일치하는 망막 세포의 활성 수준이 다시 한 번 완벽한 균형을 이룰 때까지, 이러한 억제성 영향에 의해 종료된 상태로 유지된다. 그 고정 세포는, 원하는 대로, 입력 층에서 좌우 일치를 탐지하고, 가능한 입력 신호의 전체 범위에 걸쳐 그렇게 한다.

따라서 망막의 각 좌우 세포 쌍을 60×60 세포 출력 격자의 일치하는 좌우 세포와 연결하기 위해 역-V 조성(inverted-V configuration)을 3,600회 반복하여, 전체 그물망을 이 방식으로 연결해보자.

그것이 고정 세포를 돌본다. 이제 근거리 세포를 살펴보자. 우리는, 근거리 세포가 완벽한 레지스터에서 **왼쪽으로** 1픽셀만 떨어져 있는 이중 이미지 요소가 있을 때, 정확히 활성화되기를 원한다. 어렵지 않다. 근거리 세포의 경우, 이전과 동일한 역-V 조성을 사용하되, 출력 축삭을 두 망막의 정확히 일치하는 세포가 아니라, 정확한 일치에서 정확히 1픽셀 왼쪽에 있는 한 쌍의 세포로 실행시켜보자. 고정 세포가 현재 고정 깊이에서 사물을 감지하는 동안, 근거리 세포는 고정 깊이보다 한 단계 더 가까운 깊이에 있는 사물을 감지하느라 바쁘다.

동일한 묘수가 원거리 세포에 적절히 연결할 수 있으며, 다만 이번에는 역-V 조성이 두 망막의 좌우 세포와 연결되어야 하며, 망막은 완

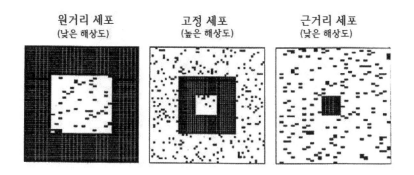

원거리 세포	고정 세포	근거리 세포
(낮은 해상도)	(높은 해상도)	(낮은 해상도)

그림 4.14 그림 4.7의 위장된 입체 쌍을, 첫째 제기된 사각형의 중간 크기에 고정하는 시선맞춤 각도로 제시했을 때, 퓨전넷의 원거리 세포, 고정 세포, 그리고 근거리 세포에 걸친 활성화 패턴

벽한 일치에서 오른쪽으로 1픽셀 떨어져 있어야 한다. 고정 셀이 고정 깊이에 있는 사물로 바쁘게 작동하는 동안, 원거리 세포는, 고정 깊이보다 한 단계 더 먼 깊이에 있는 사물을 감지하느라 바쁠 것이다.

그것이 전부이다. 퓨전넷은 코트렐의 얼굴-재인 그물망보다 세포 수가 더 많아서 36,000개이다. 그러나 그것은 시냅스 연결 수에서 더 적어서 단지 50,400개이며, 이것은 그 변환 과제가 훨씬 단순하기 때문이다. 사실 이것은 거의 하찮은 것이라 할 만하다. 그러나 그 그물망은 원하는 용량을 제공한다. 만약 우리가 그 그물망의 망막에, 당신이 그 그림에 대해 가정한 것과 같은 시선맞춤에서, 그림 4.7의 무작위-점 입체 쌍을 제시하면, 그 그물망은 출력으로 그림 4.14에 표시된 세 가지 활성화 패턴을 돌려준다. 이 세 가지 부류의 입체 세포 각각은 자체의 고유한 상대적 깊이에 숨겨진 사물을 정확히 감지한다.

두 명의 무용수와 같은 실제 장면에서, 퓨전넷의 성능을 시험하려면, 먼저 두 장의 사진을 60 × 60 격자로 잘라서, 각 사각형 픽셀의 평균 밝기 수준을 계산하고, 각 픽셀의 밝기 수준을 0(어둡다)과 1(밝다) 사

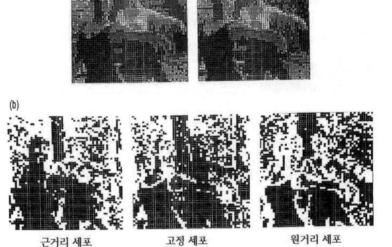

(a)

(b)

근거리 세포   고정 세포   원거리 세포

그림 4.15 (a) 두 무용수의 처음 입체 쌍을 디지털화한 버전(그림 4.1). 해상도
는 60 × 60으로 축소되고, 밝기 수준은 평균화되어, 10단계로 표준화하여 퓨전넷
에 제시하였다. (b) (a)의 디지털화된 입체 쌍을 제시했을 때, 퓨전넷의 근거리
세포, 고정 세포, 원거리 세포 등에 걸친 활성화 패턴

이의 편리한 소수점 한 자리로 표현해야 한다. 이렇게 하면 그림 4.15a
의 입체 쌍이 생성되며, 이 꽤 거친 그림은 퓨전넷이 실제로 '본' 그림
이다. 그런 등급의 입력에 대한 출력은 그림 4.15b에 나타난다. 그 그
물망이 구분하고 구분하지 못하는 것을 알아보기 위해, 약 6피트 떨어
진 곳에서 이 그림을 보는 것이 좋겠다.

분명한 것으로, 컴퓨터-생성 장면(즉, 무작위-점 쌍)이 아닌 실제 장
면에서, 그 인공그물망은 그다지 좋은 성능을 보여주지 못한다. 왜냐하
면 그 그물망의 공간적 해상도(거친 60 × 60)에서이든 또는 디지털화된

입력 이미지의 회색조 구분(이 실험에서 단지 10단계에 불과)에서이든, 두 무용수의 원본 사진의 복잡성과 부드러운 미묘함에 미치지 못하기 때문이다. 그러나 그림 4.15b에서 볼 수 있듯이, 퓨전넷은 입자가 거칠고, 현재 균일하게 검은색인 일부 옷에 약간의 잘못된 일치점이 등록되어 있음에도 불구하고, 적절한 성능을 발휘한다. (카드보드 입체경을 사용하여 이런 거친 부분을 직접 중첩시켜보라. 그리고 당신의 시각 시스템이 그 그물망보다 훨씬 더 나은지 확인해보라.) 이러한 결함은 그 모델 그물망의 초보적 본성과, 나의 디지털화된 입력 이미지의 저질을 반영한다. 디지털화된 두 차원 중 하나에서 우리의 생물학적 실재에 대한 믿음이 더 높아짐으로써, 우리는 그 성취된 입체 시각의 품질을 즉시 개선할 수 있다.

더 나은 실재론(realism) 또는 생물학적 충실도를 위해 이 그물망에 다양한 추가적인 작업이 필요하다. 우선, 바이어스 세포는 완전히 제거되어야 한다. 그것들은 단지, 어느 정도 내재적으로 활성화되는 세포의 동작을 시뮬레이션하기 위한, 그물망 모델 연구자들이 고안한 빠르고 쉬운 묘수일 뿐이다. 둘째, 그 그물망은, 고정 평면의 앞뒤로 다양한 깊이에 맞춰 조정되는, 다양한 근거리 세포와 원거리 세포가 필요하다. 인간의 입체 시각은 세 가지 깊이가 아니라, 연속적인 다양한 깊이를 파악한다. 셋째, 중간층에 대한 십자형 억제성 연결은 작은 억제성 중간 뉴런에 의해 매개되어야 한다. 왜냐하면 특정 세포 유형이 흥분성 및 억제성 연결 모두에 투사하는 것은 생물학적으로 있을 법하지 않기 때문이다. 넷째, 우리가 기억해야 할 것으로, 여기에 표현된 종류의 깊이-구분 시스템은 일반적으로 시각 시스템의 작은 하위 시스템, 즉 매우 좁은 기능을 지닌 하위 시스템에 불과하다.

이러한 몇 가지 자격 요건을 갖추면, 퓨전넷은 인간 입체의 구조적 및 행동적 실재를 모두 포착할 수 있다. 그림 4.16에서 볼 수 있듯이,

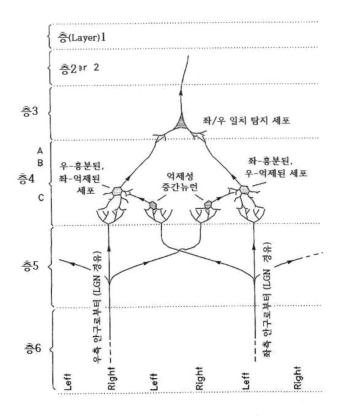

그림 4.16 인간의 시각피질을 확대한 단면도로, 그 피질의 여러 층과 그 층에 포함된 것으로 알려진 몇 가지 유형의 세포를 보여준다. 그림에 표시된 연결은 추측이다.

시각피질의 특별한 입력-수신 층인, 4C 층에 있는 많은 세포들 중 그 모델의 중간층 세포의 반응 양태와 정확히 일치하는 특별한 세포들이 있다. (즉, 그런 세포들은 한쪽 눈의 입력에 의해 흥분하고, 다른 쪽 눈에서 오는 정확히 일치하는 입력에 의해 억제된다. 나는 이런 세포를 발견자의 이름을 따서 '페티그루 세포(Pettigrew cells)'라 부른다. 신경과학자 J. D. 페티그루는 이런 흥미로운 이중 감도(dual sensitivity)를 처음 발견하였다.) 시각피질의 바로 다음 층인, 층3이 그 거대한 집단의 하위 집합으로, 실험적으로 검출된 고정, 근거리, 원거리 등의 세포를 포함한다. (여기에서 나는 동료인 사이먼 르베이(Simon LeVay)에게 감사를 표한다.) 만약 우리가 이제 감각 말단을 다시 살펴본다면, 인간의 망막은 그 망막 이미지에서 밝기 수준의 변화를 코딩하는 세포인, 소위 '신경절 세포(ganglion cells)'로 완전히 타일처럼 배열되어 있음을 알 수 있다. 그리고 이러한 망막 신경절 세포로부터 시각피질의 세포로 뻗는 투사가 실제로, 그 모델에서 요구되는, 좌우 일치를 세심하게 보존하고 있음을 보여준다(그림 4.13b 참조).

끝으로, 나는 그림 4.15a의 입체 쌍에 있는 픽셀의 밝기 수준이, 있는 그대로, 퓨전넷의 입력 세포에 직접 제시되지 않았다는 점을 말해야겠다. 그 대신, 그 실험은 사람 눈을 흉내 내어, 우선 다음과 같은 작업을 수행했다. 가장자리를 제외한, 그 입체 쌍의 각 픽셀은 바로 주변에 8개의 다른 픽셀로 둘러싸인 사각형을 가진다. 한 픽셀을 무작위로 선택하고, 그 주변 사각형에 있는 8개의 픽셀 밝기 값의 **평균**을 구한 다음, 그 중심 픽셀 자체의 밝기 값에서 그 평균을 뺀다. 이렇게 하면, 그 중심 픽셀의 밝기 수준이 주변 픽셀의 평균과 얼마나 **다른지** 알 수 있다. (솔직히 말해서, 이것은 실제로 사람 눈의 망막에서 계산되는 것이다.) 이런 중요한 차이는 델타-밝기 수준(delta-brightness level)이라 불리며, 이것이 사람의 망막 뒤쪽에 있는 신경절 세포와 퓨전넷의 입력 층의 각 세포에서 최종적으로 코딩되는 것이다.

디지털화된 이미지의 모든 픽셀에 대해 이런 작업을 수행해보면, 우리가 그 그림을 가로질러 이동함에 따라 밝기 수준이 어떻게 올라가고 내려가는지에 대하여, 즉 두 입력 이미지 각각에 걸쳐 국소적으로 상대적인 밝기 수준의 전체 구조에 대하여 세부 내용을 파악할 수 있다. 결국 출력 층의 고정 세포가 실제로 감지하는 것은, 절대 밝기 수준 자체에서의 일치가 아니라, 우측 안구 이미지와 좌측 안구 이미지 사이의 구조적 일치(correspondences in structure)이다.

이런 분명히 난해한 절차에는 보상이 따른다. 실제로 그 절차에는 두 가지 보상이 있다. 첫째는 주목할 만하지만, 약간 흐릿한데, 주변 세포의 평균을 취하는 것이, 생물학적 세포가 항상 보여주는, 불가피한 '노이즈(noise)'를 부드럽게 처리하는 데 도움이 된다. 둘째는 뚜렷한데, 각 망막이 단순한 밝기-수준의 명세서가 아니라, 구조 명세서(structure description)를 전해주기 때문에, 시각피질의 고정 세포는 두 입체 이미지 중 하나가 다른 이미지보다 체계적으로 더 밝거나 또는 더 어둡더라도, 구조의 좌우 일치를 계속 탐지할 수 있다!

이런 핵심을 스스로 직접 확인하려면, 카드보드 입체경으로 두 무용수의 처음 입체 쌍을 다시 한 번 보되, 이번에는 오른쪽 접안렌즈 위에 선글라스를 끼워보라. (또는 선글라스를 가져오기 위해 의자에서 일어나고 싶지 않다면, 왼쪽 눈을 감고 잠시 밝은 불빛을 바라본 다음, 입체 쌍을 다시 보라. 그러면 오른쪽 동공이 1분 정도 수축하여 받아들일 수 있는 빛이 제한된다.) 이렇게 하면, 오른쪽 이미지가 전체 표면에서 왼쪽 이미지보다 훨씬 더 어두워진다.

이제, 만약 망막에서 절대 밝기 수준의 일치 여부가 중요한 것이라면, 고정 세포는 어떤 일치도 찾지 못할 것이다. 어떤 좌우 밝기-수준의 일치도 없을 것이다! 그러면 입체시(stereopsis) 현상이 완전히 사라져야 하지만, 사실 손상은 거의 없다. 그 사진의 3D 구조는 여전히 선명하게 남아 있다. 밝기-구조 명세서가 망막의 신경절 세포로부터 전달받은 덕분에, 입체시는 좌우 밝기 수준에서 전체적 변화에 크게 영향받지 않는다. 퓨전넷의 입체시 역시 영향 받지 않는데, 똑같은 이유로 그러하다.

끝으로, 그 그물망의 행동은 인간의 입체 시각에 나타나는 두 가지 특이한 점이 더 있다. 첫째, 거짓 일치(false correspondences)에 의한 입체 착시 현상을 겪을 수 있다(그림 4.15의 검은색 옷을 다시 보라). 둘째, 입력 이미지에 감지 가능한 밝기 수준의 편차(variations)가 있는 경우에만 깊이를 탐지할 수 있다(신경절 세포의 델타-밝기 코딩 기능을 떠올려보라). 실험 결과가 보여주듯이, 상호 불일치가 전혀 없지만, 즉 서로 다르지만 똑같이 밝은 색상(colors)으로 구성된, 입체 이미지 쌍은 인간에게 어떤 입체 반응도 일으키지 않는다. 이러한 유사-밝은 (isoluminant) 입체 쌍은 퓨전넷에서도 어떤 상승 효과도 얻지 못한다. 뇌와 인공그물망 모두 입체시를 작동시키기 위해서 색과 무관한 밝기 편차가 필요하다. 이것은 진화론적으로 색 시각(color vision)이 발달하기 수백만 년 전에 이미 입체시가 나타났다는 사실을 반영할 수 있다. 색 차이는 우리의 입체시 하위 시스템에서 항상 보이지 않았고, 지금도 보이지 않는다. (20년간 브리스틀(Bristol)의 '뇌 및 지각 연구소(Brain and Perception Laboratory)' 소장인 리처드 그레고리(Richard Gregory)에게 감사를 표한다. 1970년대 후반 그의 연구실을 방문했을 때, 젊은 시절 나에게 이러한 두 가지 입체시 특성을 소개해준 사람이 바로 그분이다.)

잠수함의 비책: 음파 지각 그물망

이제 당신의 생각을 맨해튼의 스카이라인, 즉 밝은 태양계에서 벗어나게 해보자. 그리고 태평양 수면에서 약 300피트 아래 조용한 잠수함의 영역으로 생각을 옮겨보자. 당신이 정교한 소나(sonar) 시스템을 갖춘 현대 공격 잠수함의 지휘관이라고 가정해보자. 당신에게 주어진 당장의 문제는 모래 해저에 놓인 무해한 바위에서 반사되는 소나 반향(sonar echoes)과, 교활한 적이 가끔 바위 사이에 흩어 놓은 폭발성 수중 기뢰에서 반사되는 소나 반향을 구분하는 방법을 찾는 것이다. 바위는 작으며, 아무 문제없이 그 위를 지나갈 수 있지만, 기뢰에는 잠수함의 강철 선체를 감지할 자기-근접-도화선이 장착되어 있다. 기뢰로부터 100야드 이내에 접근하면 기뢰가 폭발한다. 따라서 안전한 거리에서, 각 유형의 사물에서 나오는 음파 반향들 사이의 구별은 아주 중요하다.

어려운 점은, 감지된 해저 사물의 크기, 모양, 방향 등에 따라서, 두 가지 유형의 반향 각각에 상당한 차이가 있다는 것이다. 더구나, 두 가지 유형의 소나의 전형적인 소리는 거의 동일하게 들리는, '카-핑~' 또는 그와 비슷한 소리이다. 소나 운영자는 수년간 이러한 반향을 청취한 경험을 통해, 기뢰 반향과 암반 반향의 차이를 느낄 수 있다. 기뢰와 암석 모두에 대한 면밀한 조사 결과, 소나 운용자는 어느 수준 이상으로 [임무를] 수행하지만, 기뢰가 산재한 환경에서 잠수함과 승무원을 위험에 전혀 빠뜨리지 않을 수준의 신뢰도에는 미치지 못하는 것으로 나타났다. 어떻게 해야 하는가?

그 일을 인공지능에게 맡겨보자. 그 인공지능의 유일한 기능은 우리가 원하는 구분을 하는 것이다. 우리는 인간의 청각 시스템에서 교훈을 얻는 것으로 시작할 수 있다. 그 시스템의 감각세포, 소위 '털 세포(hair cells)'는 달팽이관(cochlea)이라고 불리는 좁은 원추형 튜브의 전체 길이에 걸쳐 순서대로 배열되어 있다. 실제로 그 튜브는 머리 안쪽에서 앵무조개(Nautilus)-비슷한 모양으로 감겨 있지만, 여기서는 무슨 일이 일어나고 있는지 우리가 볼 수 있도록 그림으로 펼쳐보겠다(그림 4.17).

울림 원통의 직경이 끝 쪽으로 갈수록 점점 좁아지기 때문에, 그 원통의 연속적인 단면 각각은 열린 끝의 진동판(diaphragm)을 통해 들어오는 특정 주파수의 음파에 특정화되는 공명에 영향 받는다. 저주파 소리는 작은 쪽 끝에서 공명하고, 고주파 소리는 큰 쪽 끝에서 공명한

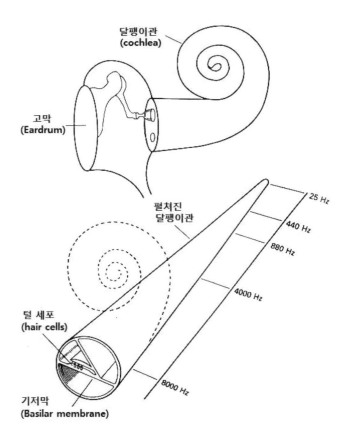

그림 4.17　인간의 달팽이관(cochlea): 다양한 주파수에서 음향 에너지 수준을 동시에 감지하는 구조

다. 임의의 털 세포는 그 세포가 위치한 단면에서 정확히 발생하는 공명에만 반응한다. 총체적으로, 그 세포들은 음향 스펙트럼 전체에 걸쳐 수신되는 소리 에너지의 분포에 대해 주파수 분석을 제공한다. 이제 우리의 익숙한 언어로 표현해보자면, 그 세포들은 입력 소리를 독특한 특징으로 나타내는 활성 수준의 벡터(vector of activation levels)를 생성한다.

앞서 설명한 시각 시스템을 떠올리게 하는 방식으로, 달팽이관 세포는 집단 활성 벡터를 내측무릎핵(medial geniculate nucleus, MGN)이라는 중간 구역으로 투사하고, 그곳은 다시 일차청각피질(primary auditory cortex)이라 불리는 피질 표면의 영역으로 투사한다.

여기에서부터 이야기는 적어도 [앞에서 설명한] 일반적 개괄에서 [살펴보았듯이] 친숙하다. 13개의 입력 세포가 하나의 파일로 연결된, 단순한 그물망을 조립해보자. 각 입력 세포는, 탐색된 13개의 주파수 중 정확히 하나의 주파수에서, 그 소나 반향에 포함된 총 에너지를 코딩한다. 따라서 각 반향은 해당 입력 집단 전체에 걸친 고유한 활성 벡터로 특징지어진다. 입력 층의 세포들은 모두 둘째 층으로 투사하고, 그 둘째 층은 다시 셋째 층으로 투사한다. 셋째 층에는 오직 두 개의 세포만 있으며, 그 각각의 임무는 기뢰와 암석을 신호로 알려주는 것이다. 더 높은 활성 수준을 갖는 출력 세포가 승리한다(그림 4.18).

얼굴-재인 그물망과 마찬가지로, 우리는 이런 그물망의 연결 가중치를 어떻게 조성하는지 전혀 알지 못한다. 사실, 우리는 자신의 구분하는 문제에 대한 해결책이 존재하는지조차 아직 확신할 수 없다. 운이 좋기를 바라며, 우리는 그 가중치를 작은 무작위 값으로 설정하고, 기록된 소나 반향의 상당한 훈련 세트에 대해 그물망을 학습시킬 준비를 하며, 그중 절반은 우리가 해저에 설치한 실제 기뢰에서 반사된 것이고, 나머지 절반은 육안으로 식별된 암석에서 반사된 것이다. 이전과 마찬가지로, 시냅스 가중치 조정의 역전파 기술(backpropagation technique)을 사용하여, 우리는 그 그물망이 출력 층에서 평균 제곱 오차를 최소화하는 전체 시냅스 가중치 조성을 가정할 때까지, 훈련 세트를 반복적으로 제시하고 오류를 교정시킨다. 다시 말해서, 기뢰와 암석을 최대한 안정적으로 구분하는 방법을 학습할 때까지 계속 훈련 세트를 제시한다.

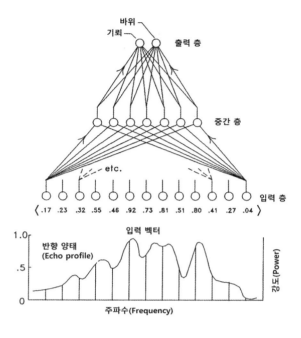

그림 4.18 폭발성 기뢰의 반향과 무해한 암반의 반향을 구분하기 위한 단순한 음향 그물망

앞 단락의 가상의 설정에도 불구하고, 설명된 그 그물망은 매우 실제적이다. 폴 고먼(Paul Gorman, Grumman Corp.)과 테리 세즈노스키 (Terry Sejnowski, 캘리포니아 대학교 샌디에이고 및 설크 연구소(Salk Institute))가 그 그물망의 개발자이며, 이 그물망은 훈련 세트에서 100 퍼센트의 성능 수준에 도달했다. 그 훈련 세트 외부에서 가져온 반향에 대해 테스트했을 때, 그 그물망은 이 새로운 사례에 대해 매우 잘 일반화하였고, 90퍼센트 이상 정확히 식별했다. 분명히, 그 그물망은 두 종류의 반향에 관련성이 없는 편차를 무시하거나 걸러내는 것을 학습했으며, 그 입력 벡터에 얽힌 13차원 특징에 맞춰 조정되었지만, 중간 세포 층에서 명시적으로 설정되었다.

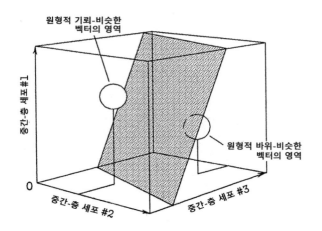

그림 4.19 소나 분석을 위한 음향 그물망의 중간층의 활성화-벡터 공간. 기뢰 반향과 암반 반향이란, 두 가지 배타적 범주로 분할을 확인할 수 있다. 또한 각 범주의 전형적이고 타협하지 않은 사례가 일상적으로 코딩되는, 두 개의 원형적 핵심 구역(prototypical hot spots)을 보여준다.

기뢰와 암반 반향의 입력에 대한 반응으로, 중간층 전체의 활성 벡터를 살펴보면, 이것이 실제로 사실임을 보여준다. 이 설명의 핵심을 그림으로 이해하려면, 그림 4.19의 익숙한 활성 공간을 보라. (관련된 13차원 중 10개는 억제되었다.) 그 그물망의 훈련 결과 이런 공간은 두 하위 공간으로, 하나는 기뢰-반향 벡터를 위한 공간으로, 그리고 다른 것은 암반-반향 벡터를 위한 공간으로 분할되었다. 더구나 각 하위 공간의 중앙에는 일종의 '원형적 핵심 구역(prototypical hot spot)'을 포함하며, 그 핵심 구역은 그 관련 유형의 별 5개 또는 원형의 사례가 코딩되는 지점이다. 덜 전형적이거나, 불완전하거나, 또는 노이즈-저하된(잡음으로 구분되기 어려운) 반향은 적절한 원형적 핵심 구역에서 다양하게 떨어진 곳으로 코딩된다. 완전히 모호한 반향은, 이전 그물망에서와 마찬가지로, 그 두 영역을 구분하는 '불확실성의 커튼'에 코딩된다.

여기서 한 가지 패턴이 나타나며, 나는 다음 사례를 살펴보기 전에 이 패턴을 강조하고 싶다. 어떤 구분 기술(discriminatory skill) 또는 다른 기술에 대한, 그물망의 훈련은 정규적으로 상위 수준 활성 공간을, 범주와 하위범주(subcategories)의 계층적 구조를 분할한다. 그것은 습득한 기술을 지원하는 **개념** 체계를 생성한다. 소나 그물망은 원형의 핵심(prototypical cores)을 지닌 두 개의 범주를 표시하고, 얼굴 그물망은 두 개의 주요 범주(얼굴과 비-얼굴)와, 적절한 원형의 핵심이 있는 두 개의 하위범주(남성 및 여성)를 표시한다. 다음으로 살펴볼 그물망은 계층적 세분화 작업을 새로운 차원으로 끌어올린 것으로, 학습된 분할 구조를 적절히 표시하기 위해, 새로운 그래픽 기법을 필요로 한다. 지금까지 우리가 해왔던 것처럼, **3D** 공간에 평면과 하위 평면을 그리는 것은, 개념적으로는 정확하지만, 시각적으로는 가장 단순한 경우에만 가능하다. 여기에서 나는, 나무-비슷한 분지 구조를 말하는, '계통 분석도(dendrogram)'를 소개하여, 친숙한 두 그물망의 범주 구조를 표현하겠다(그림 4.20). 이제 다른 사례를 살펴보자.

넷토크(NETtalk): 소리 내어 읽어주는 그물망

몇 년 전, 디지털 장비 회사(Digital Equipment Corporation, DEC)는 시각장애인이 전 세계 도서관에 접근할 수 있도록 설계된 제품을 출시했다. 이 제품은 '덱토크(DECtalk)'라 불리며, 그 명칭 그대로 이름을 말해주는 기능을 수행한다. 당신이 책이나 잡지를 광학 스캐너에 넣으면, 그 입력 시스템은 스캔할 행과 페이지를 구성하는, 글자, 공백, 문장부호 등의 순서를 결정한다. 그런 다음 복잡한 규칙에 따라서, 컴퓨터 프로그램이 각 입력 문자에 대한 출력, 즉 입력으로 받은 문자에 적합한 음소 또는 들을 수 있는 소리를 코딩하는 출력을 계산한다. 그런

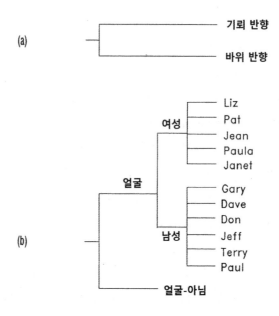

그림 4.20 두 개의 계통 분석도(dendrogram): (a) 소나 그물망의 중간층 활성 공간 내의 범주 분할 (b) 얼굴 그물망의 중간층 활성 공간 내의 범주 분할과 하위 분할

다음 이 음성 출력 코드는, 실제로 그 소리를 생성하는 장치인 음성 합성기(sound synthesizer)로 입력된다. 따라서 문자를 계속 스캔하면 들을 수 있는 소리의 실행 출력을 생성한다. 요약하자면, 넷토크는 인쇄된 텍스트를 소리 내어 읽어주는 기계이다.

이 시스템에서 까다로운 부분은 입력 스캐너나 출력 합성기가 아니다. 각 입력 문자를 받아 출력 모듈에서 생성할 적절한 음소를 계산하는 것은 은닉된 컴퓨터 프로그램이다. 그 곤란이 명확해 보인다. 영어 음성에는 79개의 서로 다른 음소가 나타나지만, 영어 알파벳에는 26개의 글자만 있다. 따라서 각 문자는 평균적으로 적어도 세 가지 방식으로 애매하다. 예를 들어, 'c'를 생각해보자. '캐럿(carrot[kǽrət])'에서처럼 경음(단단한 소리)일 수도 있지만, '서킷(circuit[sə́ : rkit])'에서처럼 연음(부드러운 소리)일 수도 있고, '체리(cherry[tʃéri])'에서처럼 또 다른 것일 수도 있다. 모음, 그리고 모음 조합 및 자음 조합에서도 비슷한 애매함이 있다. 예를 들어, '코프(cough[kɔ : f])', '터프(tough [tʌf])', '도우(dough[dou])', '스루(through[Өru :])'라는 단어에서, 'ou'와 'gh'가 보여주는 악명 높은 음소 다양성을 떠올려보라. '바우 (bough[bau])'와 '소트(thought[Өɔ : t])'는 말할 것도 없다.

비록 영어 원어민들은 인정하지 않겠지만, 영어는 지구상에서 가장 일관성이 없고 뒤엉킨 철자 체계를 가지고 있다. (예를 들어, 스페인어나 이탈리아어를 비교해보라. 훨씬 더 합리적이다.) 이것은 넥토크의 가엾은 프로그래머들에게 심각한 문제를 일으켰다. 입력된 문자에 적합한 출력 음소를 찾기 위해, 그들의 프로그램은, 마치 인쇄된 텍스트를 읽을 때 당신과 내가 그러하듯이, 문자가 나타나는 주변 문맥을 고려했을 것이다. 우리는 글자 하나만 보는 것이 아니라, 그 글자의 앞뒤에 있는 여러 글자나 빈 공간(띄어쓰기)도 살펴본다. 넥토크는 7개 공백의 '문맥 창(context window)'을 사용했다. 즉, 현재 문제의 글자에서 앞과 뒤의 3개 공백을 고려하였다. 불가피하게, 이것은, 복잡한 조건부 규칙, 하위 규칙, 그리고 그것에 대한 여러 예외 파일 등으로 가득 찬, 길고 매우 복잡한 프로그램을 의미했다. 결국, 이 프로그램의 크기와 복잡성은, 그 시스템이 작동할 때 그 명령을 실행하는, 컴퓨터 칩의 빠른 속도에 의해 은닉되었다. 그러나 처음부터 그 프로그램을 출시하기 위해 몇 년에 걸친 프로그래밍 노동력이 필요했다.

1986년 테리 세즈노스키(당시 존스홉킨스 대학교)와 그의 제자 찰스 로젠버그(Charles Rosenberg, 현재 프린스턴 대학교)는, 프로그래밍 언어로 표현된 복잡한 규칙 시스템 대신, 시냅스 가중치 조성만을 사용하는 신경망으로, 넷토크(NETtalk)의 힘든 프로그램에 구현된 복잡한

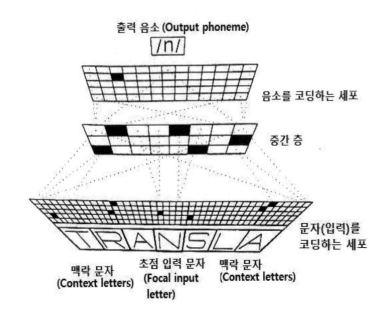

출력 음소 (Output phoneme)

/n/

음소를 코딩하는 세포

중간 층

문자(입력)를
코딩하는 세포

맥락 문자
(Context letters)

초점 입력 문자
(Focal input
letter)

맥락 문자
(Context letters)

그림 4.21 넷토크(NETtalk): 스캔한 문자를, 스캔 중인 영어 텍스트(text)에 적
합하게 발음되는 음소로 변환하기 위한 피드포워드 그물망(feedforward network)
(Terry Sejnowski의 그림을 수정)

입출력 변환을 학습할 수 있을지 의문을 가졌다. 이들은 덱토크의 시
스템에서와 동일한 입력 및 출력 모듈을 사용했지만, 중재하는 시리얼-
컴퓨터-플러스-프로그램을 그림 4.21에 묘사된 신경망으로 효과적으로
대체했다. 이 그물망의 역할은 7글자 입력 문자열의 중앙에 있는 입력
문자에 대한 출력 음소를 생성하는 것이었다. 그 관심 글자의 양쪽에
있는 세 글자는 덱토크와 마찬가지로 필요한 문맥을 제공했다.

그 그물망은 임의로 선택한 약 1,000개의 단어로 구성된 영어 텍스
트로 훈련되었다. 일단 그 텍스트가 선택되면, 그 텍스트에 일치하는
음성 스크립트를 신중하게 작성하여, 표적 출력을 제공했다. 그 텍스트
는, 한 번에 7글자씩, 매번 정확히 한 글자씩 오른쪽으로 이동하면서,

수작업으로 검토되었고, 가장 가운데 글자에 일치하는 음소가 해당 7 글자 문자열에 적합한 출력으로 지정되었다. 그런 다음 이러한 모든 입출력 쌍이 보조 컴퓨터의 디스크에 대용량 파일로 저장되고, 학생 그물망의 훈련 세트로 제시되었다. 그 그물망의 시냅스 가중치는 작은 무작위 값으로 설정하고, 위에서 설명한 역전파 절차를 사용하여 훈련 과정을 시작했다.

넷토크는, 그 저자들이 그 그물망의 이름을 붙인 것처럼, 단지 10시간의 꾸준한 시냅스 밀치기(nudging, 수정하기)를 통해, 원래 훈련 세트에서 95퍼센트 실행 수준의 정점에 도달할 수 있었다. (이 그물망-모델링은 1986년, 오늘날 어디서나 사용할 수 있는 최고급 데스크톱보다 나을 것이 없는 컴퓨터에서 이루어졌다.) 이후 새로운 텍스트, 그 그물망이 이전에 본 적이 없는 텍스트에 대한 시험에서, 78퍼센트의 정확한 음성 출력이란 인상적인 실행 수준을 달성했다. 22퍼센트의 오류율에도 불구하고, 그 출력 음성은 듣는 사람이 상당히 이해할 수 있었으며, 그래서 그런 그물망의 오류는 전형적으로 작은 오류로 간주된다. 예를 들어, '플러드(flood[flʌd])'를 '머드(mud[mʌd])'가 아닌 '푸드(food[fuːd])'와 같은 운율로 발음하거나, '쎄라피(therapy[θérəpi])'를 '데어(there[ðɛər])'와 '덴(then[ðen])'의 '드(th[ð])'와 같은 소리로 발음하는 등의 [예를 들어, '데라피'로 발음하는] 오류를 일으켰다. 그러나 당신은 이러한 오류를 주의 깊게 듣지 않으면, 듣지 못할 수 있다. 그 그물망이 새로운 텍스트에서 실수를 하는 경우, 그리고 종종 실수를 하는 경우, 그 그물망은 정규적으로 그 음성의 명료함을 유지할 만큼 충분한 표식(mark, 기준)에 근접하는 경우가 많았다. 더구나 이러한 잔여 실패의 대부분은, 그 그물망이 내재할지 모를 계산적 한계보다, 작고 대표성이 떨어지는 훈련 세트 때문일 것 같다. 여러 시험이 이 쟁점에 대해 대답해주었다. 훨씬 더 큰 훈련 세트에 대한 후속 훈련은 그 실행을 97.5퍼센트까지 향상시켜주었다.

넥토크와 넷토크가 공유하는 출력 모듈은 '킷더키드(Kit the Kid)'라 불리는 14세 소년의 녹음된 목소리 내의 명료한 음소를 사용했다. 두 경우 모두에서 컴퓨터로 구동되는 출력은, 자메이카(Jamaican) 억양을 희미하게 연상시키는, 매력적인 방식으로 은은하게 흘러나온다. 그 목소리는 특이하지만, 단순한 기계라는 인상을 효과적으로 피할 수 있다.

세즈노스키와 로젠버그는 초기 훈련 과정에서 여러 단계에 걸쳐 넷토크의 출력이 꾸준히 향상되는 것을 시험했다. 이 시험은 또렷하고 점차 더 이해되는 음성 샘플의 녹음된 시퀀스(sequence)를 제공했다. 즉, 그 가중치를 무작위로 설정했을 때, 단조로운 우는 소리와 옹알이로 시작하여, 훈련이 끝날 때 일관된 영어 음성으로 끝나는 절차를 제공했다. 이 녹음은 기술 컨퍼런스에서 학계 청중에게 깊은 인상을 남겼고, 그 영향력은 오래 지속되었다. 나는, 세즈노스키가 홉킨스에서 이곳으로 연구실을 옮기기 직전에 UCSD에서 열린 주간 인지과학(cognitive science) 세미나에서 그 테이프를 틀어주었던 것을 기억한다. 철학자부터 전기 엔지니어에 이르기까지, 아마도 약 20명의 다양한 청중이 그 테이프를 듣고 열광했다. 정말 좋았다. 대체로, 세즈노스키는 순회강연을 통해 자신의 그물망 구조를 설명하고, 음성 출력의 오디오 테이프를 틀어주면서 즐거운 시간을 가졌다. 한때는 전국 텔레비전 방송, ABC「굿모닝 아메리카」의 시청자를 포함하여 전 세계의 청중들을 약간 놀라게 만들기도 했다. 신경망(Neural nets)이 미디어에 등장했다.

물론 넷토크는 자신이 읽고 있는 내용을 전혀 이해하지 못하며, 단어의 의미도 전혀 파악하지 못한다. 그런 측면에서, 게시물만큼이나 멍청하다. 그렇지만 흥미로운 점은 이렇다. 복잡한 집합의 명시적 발음 규칙을 다루는, 그 형식화에 몇 년 걸리는 일을, 연결 가중치 패턴으로 직조된 수백 개 뉴런의 그 그물망을 한 번 통과하는 것만으로 처리할 수 있다. 결국 넷토크에는 어느 명시적 규칙도 주어지지 않았고, 어떤 경우에도 규칙을 표현할 수 있는 자원(resources)도 없었다. 훈련 세트의 보기에 반복적으로 노출되는 것이 유일한 학습 자원이었고, 그 가중치 재조정이 유일한 반응 형식이었다. 그렇다면 가장 중요한 질문은 이렇다. 넷토크가 그것을 어떻게 구현할 수 있는가? 그 그물망이 (요구되는) 일반적인 문자-음소-변환을 어떻게 구현해낼 수 있는가?

다시 한 번 말하지만, 그 열쇠를 쥐고 있는 것은 중간 세포 층이다. 그 그물망이 79개의 독특한 변환을 숙달해야 했다는 점을 기억하라. 만약 학습된 그물망이 성숙하게 작동하는 동안 중간층 전체의 활성 패턴을 살펴보면, 우리는 79개의 변환 각각이 중간층 전체의 표준적이고 독점적인 활성 벡터에 의해 매개되었다는 것을 알 수 있다. (이것은 약간 지나친 단순화이다. 79개의 '표준적 사례(canonical cases)' 각각은 실제로 평균 또는 '원형(prototype)' 벡터를 중심으로 밀집된 다양한 점들로 이루어진 작은 구름과 같다. 그 중심 입력 문자의 양쪽에 있는 문맥적 편차가 이러한 잔여 다양성을 발생시킨다.) 그러한 79개의 벡터 각각은 중간층 세포의 80차원 활성 공간 내에 하나의 점으로 생각해볼 수 있다(그림 4.22). 그럼에도, 학습된 범주를, 가능한 활성 공간의 점들 집합으로 코딩하는, 그물망을 다시 한 번 살펴보자. 요구되는 그 일을 수행하기 위해, 넷토크는 79개의 독특한 사례들을 구분하는 방법을 학습해야 했다. 또한 다양한 입력 벡터를 정확히 79개의 독특한 출력 벡터로 모아지도록 가중치를 조성해야 했다. 그림 4.22에서 79개의 독특한 점들이 나타나는 것은 이 학습이 성공했음을 보여준다.

그러나 해야 할 이야기가 더 남았다. 그러한 점들은 활성 공간 내에 무작위로 흩어져 있지 않다. 분석 결과, 그 점들을 분할하는 것만큼이나, 그것들을 통합하는 복잡한 구조가 밝혀졌다. 세즈노스키와 로젠버

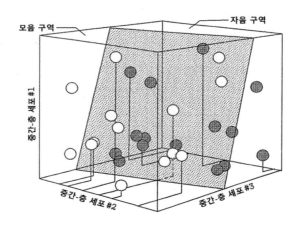

모음 구역 ─── ── 자음 구역

중간-층 세포 #1

중간-층 세포 #2   중간-층 세포 #3

그림 4.22 넷토크의 중간층 세포의 활성 공간. 79개의 독특한 문자-음소-변환에
일치하는 79개의 독특한 점들에 주목하라. 80개의 차원 중 오직 3개만 표시되었
다. 그 점들을 구분할 수 있는 차원이 억제되었기 때문에, 일부 점들은 중첩되었
다.

그는 그림 4.22의 많은 점들의 상호 근접성에 대해 궁금해했다. 특히,
그들은 각 점에 대해 80차원 벡터 공간 내에 가장 가까운 이웃이 무엇
인지 알고 싶어 했다. 빠르게 작성된 프로그램은 모든 상호 거리를 계
산했고, 가장 가까운 38쌍의 점들을 식별해냈다. 그것들은 훈련된 그물
망이 서로 가장 유사하다고 여기는 입출력 변환의 쌍을 표상한다.

그 그물망의 쌍 만들기(pairings)는 매우 직관적(intuitive)이다. ('킥
(kick)'에서처럼) 'k'를 크(/kuh/)로 변환하는 동안 표시되는 중간층 벡
터는, ('캣(cat)'에서처럼) 'c'를 크(/kuh/)로 변환하는 동안 표시되는 중
간층 벡터와 매우 유사하다. 마찬가지로, ('비지(busy)'에서처럼) 's'를
지(/zzz/)로 변환하는 동안 표시되는 중간층 벡터는, ('시씨(sissy)'에서
처럼) 's'를 씨(/sss/)로 변환하는 동안 표시되는 중간층 벡터와 매우 유
사하다. 두 가지 쌍 만들기 모두 놀랍지 않은 것이, 일반적으로 쓰인

영어, 특히 교육용 텍스트에서 'k'와 'c'는 적어도 /kuh/가 적절한 발음일 때 매우 유사한 철자법 상황에서 나타나기 때문이다. 통계적으로 말하자면, 's'와 'z'도 비슷한 철자법 환경에서 나타난다. 그 그물망이 훈련 과정에서 민감해지는 것은 바로 그러한 철자법 맥락과, 그 맥락들 사이의 음성학적 유사성이다. 다른 모든 쌍 만들기에 대해서도 비슷한 학습 효과를 보여준다. 당신은 그림 4.23의 계통 분석도에서 가장 오른쪽에 그것이 표시된 것을 볼 수 있다.

그러나 아직 더 남았다. 38개의 벡터 쌍을 생성한 클러스터링 (clustering, 집합으로 모으는) 절차를 반복하여, 우리는 어떤 쌍이 다른 쌍과 가장 가까운지를 알아볼 수 있다. 이렇게 하면 4개의 벡터로 구성된 약 19개의 클러스터가 생성되며, 각 클러스터는 구성원 간의 '가족 유사성(family resemblance)' 또는 기타 유사성, 즉 그 그물망이 그 과제 수행에 관련된다고 발견한 유사성에 의해 결합된다. 79개의 벡터가 모두 포함될 때까지 이 클러스터링 절차를 반복하면 그림 4.23의 계층구조가 드러난다. 특히 그 그물망이 모음과 자음 사이에서 발견한 근본적인 구분을 주목하라. 어떠한 그런 구분도 그 그물망을 위해서 만들어지지 않았다. 오히려 그런 기초 구분은 어떤 정보 자원도 없이 그 그물망 스스로 발견하였다. 그 그물망은 오직 훈련 텍스트에 내재된 통계적 특징과 역전파 절차의 꾸준한 압력, 즉 관련된 철자법 특징에 그 그물망이 서서히 민감해지도록 하는 절차만으로 그런 기초 구분을 발견했다.

그림 4.23이 보여주는 것은 학습이 넷토크 내에서 생성한 **개념 체계**이다. 이 그림은 상호 연관된 범주들 또는 **개념들**의 체계를 보여주며, 그 개념들의 활성화가 넷토크의 정교한 입출력 행동을 담당한다. 만약 당신이 물리적 두뇌 활동의 일부 측면에서 볼 수 있는 마음의 인지 활동의 근본적인 특징을 엿보고 싶다면, 그림 4.23에서 명확히 볼 수 있다.

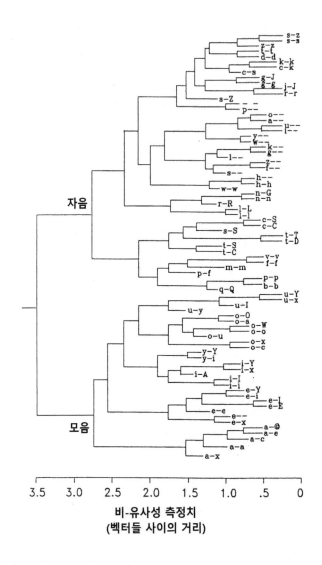

비-유사성 측정치
(벡터들 사이의 거리)

그림 4.23 넷토크의 중간층 활성 공간 내의 범주 계층구조를 보여주는 계통 분석도. 각 끝의 가지에 대한 문자-음소-변환이 오른쪽에 표시되어 있다. 자음과 모음에 대한 자동적이고 비지시적인 분할에 주목하라. (Terry Sejnowski의 형태를 수정)

이런 사례는 소나 그물망과 얼굴-재인 그물망에서 볼 수 있는 단순한 패턴을 확장한 것으로, 그 그물망의 활성 공간은 두 가지 또는 세 가지 범주로 분할되었다. 넷토크의 공간은 79개의 독특한 범주로 분할되었으며, 당신은 이러한 범주의 정교함이, 층마다 80개에 불과한 그물망이 아니라, 수백만 개의 세포를 자랑하는 그물망으로 폭발적으로 확장하여, 그 그물망이 훨씬 복잡한 변환 문제를 어떻게 해결할 수 있는지 알아보기 시작할 수 있다. 넷토크의 사례는 진정한 기술(skill)을 실현한다는 마지막 이유에서 교훈적이다. 그것은 단지 추상적 모델이 아니다. 음성 합성기에 연결하면, 그것은 발화되는 음성 형태의 실제 행동(behavior)을 생성한다. 이것은 중요한 사실을 조명해준다. 결국, 개념 체계를 가지는 궁극적 목적은, 동물뿐만 아니라 인간에게도, 잘 조정된 행동을 생성하고 유도하는 것이다.

출력 말단의 벡터 코딩: 감각-운동 조절

관절마다 경첩이 달려 있어 유연하게 움직이며, 여러 개의 끈으로 연결된 전통적인 나무 인형을 상상해보자. 이러한 끈이 없거나, 숙련된 인형 조종자가 없으면, 그 인형은 생명력을 잃은 채, 각진 무더기로 무너질 수밖에 없다. 인간 신체의 상황도 그 인형과 크게 다르지 않다. 수많은 뼈에 붙어 있는 수천 개의 근육이 지속적으로 긴장하고, 뇌가 그 변화하는 긴장의 방향을 지속적으로 지시하지 않는다면, 우리도 한 무더기로 무너질 것이다. 그렇다면 뇌는 우리를 어떻게 똑바로 세울 수 있는가? 신경 활성화를, 거대한 척수 내의 운동 신경의 매우 긴 축삭을 따라 보냄으로써 가능하다. 이런 긴 축삭은, 척추를 구성하기 위해 도넛처럼 겹겹이 쌓인 뼈 사이로, 돌출된 많은 복측 뉴런(ventral neurons)에 시냅스를 형성하며, 종국에 근육 깊숙한 곳의 개별 근육 섬유에 차례로 시냅스를 형성한다. 여기로 도착한 신경 활성화는 각 근육의 긴장 수준을 높이거나 낮춘다.

이것은 인과적 연결을 설명해주지만, 가장 중요한 의문이 남아 있다. 뇌는 어떻게 수천 개의 근육을 제어하고 조절할 수 있는가? 활과 화살로 멀리 있는 과녁을 조준하는 것과 같은, 신체의 정합적(coherent) 조성을 어떻게 생성하는가? 그리고 걷고, 말하고, 날아오는 공을 잡고, 플루트를 연주할 수 있도록, 신체 조성의 정합적 시퀀스(sequence, 연속동작)를 어떻게 지시하는가?

물론, 벡터 코딩(vector coding)을 통해서이다. 감각-입력의 목적에 놀랍도록 유용하다고 입증된 이 시스템은 운동-출력의 목적을 위해서도 마찬가지로 유용하다. 수많은 독특한 근육을 제어하기 위해, 뇌는 벡터 코딩 시스템을 사용하여 활성 수준의 패턴을 한꺼번에 근육으로 보낸다. 그런 활성 패턴의 각 요소는 더 큰 근육 집단 내의 적절한 근육 섬유에 도달하면, 도달한 요소의 패턴 크기로 근육의 긴장을 지시한다. 그 결과, 전체 근육 집단이 동시에 조절됨으로써, 신체가 활을 뒤로 당기거나, 날아오는 공을 잡기 위해 손을 뻗거나, 손가락을 코끝에 대는 등과 같은 근육 긴장의 전체 조성을 일으킨다.

이것은 다음을 의미한다. 당신과 나는, 코딩 공간, 벡터 유사성, 벡터-대-벡터 변환 등과 같이, 앞 페이지에서 이미 친숙해진 동일한 설명 자원을 전개할 수 있다. 우리는 그림 4.24에서 이러한 재원 중 처음 두 가지가 바로 작동하는 것을 볼 수 있다. 성큼성큼 달리는 고양이의 뒷다리는 (a)에 묘사된 실제-공간 위치의 시퀀스를 따라 이동한다. 추상적 '관절-각도' 공간으로 표현된, 동일한 시퀀스는 (b)에서 닫힌 순환고리(closed loop)로 나타난다. 고양이의 다리 조성이 이 순환고리를 따라 '움직이는' 이유는 그 다리가 일련의 근육에 의해 구동되기 때문이며, 이 근육의 지속적인 긴장 동작이 (c)에서 닫힌 순환고리로 나타나기 때문이다. 이러한 근육 동작은 일련의 운동-뉴런 활성 벡터의 시퀀

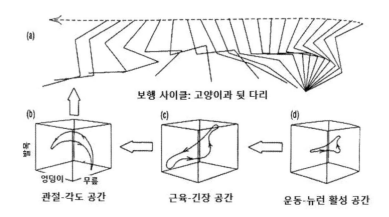

보행 사이클: 고양이과 뒷 다리

(a)

(b) 관절-각도 공간
엉덩이 무릎
무릎

(c) 근육-긴장 공간

(d) 운동-뉴런 활성 공간

그림 4.24 (a) 실제 공간에서 한 걸음 주기를 거치는 고양이의 뒷다리 위치의 시퀀스(sequence). (b) 고양이 뒷다리의 관절-각도 조성 공간. 그 닫힌 순환고리는 한 스텝 사이클을 통한 조성 공간 위치의 순차를 표상한다. (c) 고양이 뒷다리의 근육-긴장 공간: 하나의 완전한 사이클. (d) 고양이 뒷다리의 운동-뉴런 활성 공간: 한 번의 완전한 사이클. (d)는 (c)를 유발하고, (c)는 (b)를 유발하며, (b)는 (a)처럼 보인다.

스에 의해 차례로 구동되며, 그 활성 공간의 경로는 (d)에 나타난다.

이런 시퀀스는 뇌에서 시작되며, 이에 대한 자세한 내용은 잠시 후 살펴보자. 지금은 유사한 것들, 즉 다리 위치 또는 활성화 패턴 등이, 그 관련 코딩 공간 내에 서로 가까운 지점으로 다시 표상된다는 점에 주목해보자. 또한 고양이 다리에는 3차원으로만 표상될 수 있는 것보다 훨씬 더 많은 근육이 있으며, 운동 뉴런 역시 훨씬 더 많다는 것에 주목해보자. 이것은, 미각 코딩을 도입하면서부터 마주했던, 그림에 적절하게 표현하기에 너무 많은 차원이 있다는, 우리가 잘 아는 그림상의 문제이다. 그러나 뇌는 그림상의 문제를 염려하지 않는다. 뇌는, 거의 손쉽게, 수백만 개의 운동 뉴런을 지휘하고, 수천 개의 근육을 조절한다. 왜냐하면 고차원 벡터 코딩은 복잡한 문제에 대한 완벽한 해결

방안이기 때문이다.

완벽한 해결 방안이 무엇일지는, 생명체의 현재 환경에 대한 지각에 알맞은, 생명체의 신체 행동을 어떻게 조정하는지를 우리가 설명하면 알게 된다. 그 문제는 지각된 상황에 따라 어떻게 적절한 또는 지능적 행동을 생성하는가이다. 최종으로 설명하자면, 이것은 **감각-운동 조절** (sensorimotor coordination)의 문제이다.

당신은 아마도 앞으로 무슨 일이 일어날지 알 수 있다. 만약 외부 환경이 뇌에 고차원 코딩 벡터로 표상된다면, 그리고 만약 그 뇌의 '의도된' 신체 행동이 운동 신경에 고차원 코딩 벡터로 표상된다면, 지능에 필요한 것은 감각 벡터를 운동 벡터로 적절히 또는 잘 조정된 **변환** (transformation)이다!

어떤 종류의 메커니즘이 이러한 과제를 수행할 수 있는가? 우리는 그 해답을 이미 알고 있다. 시냅스 연결 가중치의 잘 조성된 매트릭스 (matrix)를 지닌, 다층 신경그물망(multi-layered neural network)이다. 하지만 그 요점을 명확히 설명하기 위해, 그 대답을 행동에서 관찰해 보자.

아주 기본적인 조절 문제에 직면한 의도적으로 단순한 생물체를 예로 들어보자. 그림 4.25의 게(crab)는 수직 축을 중심으로만 회전하는 두 개의 눈을 가지고 있다. 그 게는 시각적으로 고정된 먹잇감 위치를 오직 두 요소(각 눈의 위치 각도에 대해 하나의 활성 수준을 가지는)의 내적 활성 벡터로 표상한다. 이렇게 극히 단순한 감각 벡터는 양쪽 눈의 관절 위치, 따라서 두 개의 시선, 그리고 그 교차점(먹잇감이 놓인 지점)을 표상한다. 그것이 그 게가 외부 사물의 공간 내 위치를, 두 요소인 눈-각도 활성 벡터로 표상하는 방식이다.

그 게는 또한 집게 팔뚝을 가진 두 관절의 팔을 가진다. 그 집게가 자신에게 도움이 되려면, 집게 끝이 먹잇감이 놓인 지점, 즉 두 시선이

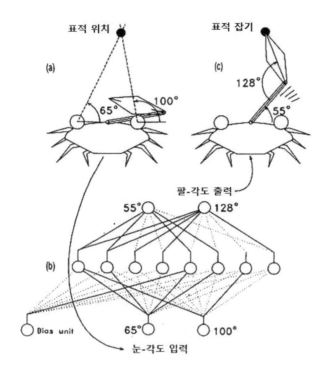

그림 4.25 게의 운동 출력을 감각 입력으로 조절하기 위한 그물망. (a) 먹잇감의 공간적 위치에 내한 게의 눈-각도 표상은 단순한 그물망 (b)의 입력 벡터이며, 그 그물망은 그 입력을 (c)의 팔 조성을 규정하는 관절-각도 운동 조절로 변환하고, 그 팔 조성은 지각된 위치의 표적 대상을 성공적으로 잡을 것이다. (b)에서 흥분성 연결은 실선으로 표시되었다. 억제성 연결은 점선으로 표시되었다.

현재 교차하는 지점에 위치하도록 자신의 팔을 위치시킬 수 있어야 한다. 그런 위치로 팔을 위치시키려면 어깨 관절과 팔꿈치 관절의 고유한 한 쌍의 각도를 맞추어야 한다. 그 게가 적절한 두 요소 운동 활성 벡터를 자신의 운동 신경을 통해 보냄으로써, 자신의 팔 위치를 지정할 수 있다고 가정해보자. 이런 벡터의 요소는 각각, 요구되는 두 관절-각도 중 하나를 표상해야 하며, 자신의 근육(muscle spindles)으로 그것을 실제로 생성해내야만 한다.

이제 문제는, 어느 들어오는 감각 벡터를 적절한 출력 운동 벡터로 어떻게 변환하여, 그 집게 끝으로 두 눈의 시선이 교차하는 지점과 만나도록, 게의 팔을 위치시키는가이다. 피드포워드 그물망이 이런 종류의 문제를 해결할 수 있는가? 아주 쉽게 해결할 수 있다. 그림 4.25에 보여주는 작은 그물망은 100개의 대표적인 입출력 쌍에 대해 훈련되었으며, 광범위한 시각 표적 샘플에 대해 생성한 관절-각도의 평균 오차 수준은 플러스 또는 마이너스 7퍼센트였다. 이 수준의 실행으로는 그 게가 여전히 매우 서툴다는 것이 명확하다. 그러나 중요한 것은, 작고 초보적인 신경그물망으로도 원하는 입출력 함수에 성공적으로 접근할 (approximate) 수 있다는 점이다. 그리고 대략적인 근사치가 어느 살아 있는 생명체에게 필요한 전부일 수도 있다. 하여튼, 더 큰 그물망은 원하는 함수에 최대한 가깝게 다가설 수 있다.

우리는 여기서 지각된 환경 상황에 지능적으로 반응하기 위해서, 작동 가능한 팔다리의 행동을 조절하는, 첫 사례를 목격하는 중이다. 그 게는 지각하는 사물을 향해 손을 뻗는다. 그 게는, 자신의 '운동 공간' 내의 위치가 '감각 공간' 내의 사물의 위치와 일치한다고 가정한다. 물론, 이것은 조절된 생명체와 그 변환을 수행하는 그물망 모두에서 만화적인 사례에 불과하다. 그러나 여기에 담긴 교훈은 매우 일반적이며, 장래에 만화를 훨씬 뛰어넘을 것이다. 어느 생명체의 감각 공간이 2차원이든 2백만 차원이든, 그리고 어느 생명체의 운동 공간이 2차원이든 2천 차원이든, 그 생명체의 행동을 지각에 맞춰 조절하려면 그 생명체의 뇌가 감각 벡터를 운동 벡터로 원칙적으로 변환할 수 있어야 한다.

이것이 바로 지성이 시작되는 지점이다. 원칙적으로 감각-운동 변환을 실행하는 뇌의 역량에서, 지각된 상황에서 옳은 것을 실행하는 뇌의 역량에서 그렇다. 바로 여기가 기술(skills)이 존재하고, 노하우

(know-how)가 구현되고, 스마트함이 발현되는 곳이다. 그리고 이 글의 앞 페이지에서 잘 알 수 있듯이, 이러한 노하우는 뇌의 시냅스 가중치의 개별적 조성으로 구현되어 있다. 비록 그 생명체가 너무 작거나 너무 원시적이어서 잘 정제된 뇌를 갖지 않더라도, 그 생명체가 가진 지능은 흩어져 있는 뉴런 클러스터 또는 '신경절' 내의 시냅스 가중치 조성에 구현되어 있을 것이다. 여기에 설명된 벡터-처리 모델은 인간과 마찬가지로 개미, 해삼, 게 등에게도 적절하다. 크고 잘 정제된 뇌는 감각-운동 조절에 대한 진화의 가장 최근의 최고 업적이지만, 최초의 사례나 유일한 사례는 아니다.

정말 이것이 전부인가? 지능은 정교한 벡터 변환의 역량에 불과한 것인가? 이것이 내 논증의 경향이었던 것처럼 보일 수 있다. 그러나 전혀 그렇지 않다. 적어도 그 수수께끼의 중요한 한 조각이 지금까지 설명에서 빠져 있었다. 나는 순수 피드포워드 그물망의 미덕을 설명하고 칭찬하기 위해 열심히 노력해왔는데, 그 이유는 그 놀라운 힘을 과소평가해서는 안 되며, 우리가 다음 단계의 이야기를 이해하려면 그 그물망이 무엇을 하고 어떻게 하는지에 대한 명확한 이해가 필수적이기 때문이다. 그러나 앞의 그물망의 사례는 지극한 단순함을 보여주는 심각한 단점을 가진다. 그것은 **시간**을 표상하기에 적합하지 않다. 시간의 전개에 대한 감각이 없는 어떤 생명체도, 동물과 인간만이 가지는, 특별한 형태의 인지와 의식을 가질 수 없다. 우리는 이런 한계를 어떻게 극복할 수 있을지 탐구해야 한다.

5. 재귀적 그물망: 시간의 정복

행동의 시간 차원

행동은 전형적으로 시간 흐름 속에서 연장된다. 손 뻗기, 달리기, 말하기 등과 같은 활동은 각기 독특한 여러 신체 위치를 긴밀히 조율하는 시퀀스(sequence, 연속동작)를 포함한다. 실제 신체를 안내하는 실제 뇌는, 여러 근육에 한 번만 전달되는 단일 운동 벡터가 아니라, 시간 흐름에 따라 변화하는 일련의 운동 벡터를 생성하고, 시간에 따른 적절한 신체 변화를 생성해야 한다.

이런 점에서 신경계는 결코 쉬지 않는다. 휴식 중 또는 수면 중이라면, 우리가 운동 벡터를 지속적으로 방출할 필요가 없을 것처럼 보일 수 있다. 그러나 그런 순간에도 신경계 활동은 멈추지 않는다. 우리가 질식하지 않도록 신경계는 지속적으로 횡격막 근육을 충실히 진동하도록 만들어야 한다. 그리고 우리의 숨이 끊어지지 않도록 지속적으로 심장을 뛰도록 만들어야 한다. 벡터 시퀀스를 생성하는 것은 신경계에서 우연히 또는 늦게 발달한 사치가 아니다. 그것은 원초적 필수요소이다.

그리고 그 이상의 필수요소가 있다. 방금 전 마친 인공 게의 조절 이야기는, 시간을 고려해볼 때, 명백히 엉터리이다. 그리고 고양이의 뒷다리 이야기는 훨씬 더 그러한데, 신경, 근육, 골격 등의 세 가지 시스템 모두에 대한 위치의 시퀀스를 묘사했기 때문이다. 그 게의 조절 이야기가 진짜 같지만 매우 비현실적이다. 그림 4.25의 작은 그물망은 실제로 게의 팔에 적절한 표적(target) 조성을 계산한다. 그러나 그 게의 팔을 현재 위치로부터 표적 조성 위치로 옮겨놓는 일은 앞의 이야기에서 은밀히 감추었던 문제였다. 나는 거기에서, 단일 운동 벡터가 갑자기 그 관련 근육에 일련의 지속적인 장력(tensions)을 유도할 것이라는 인상을 주었고, 이러한 일련의 장력은, '뿅'하며 일순간, 그 팔을 새로운 위치로, 즉 그러한 장력에 따라서 안정된 위치로 별안간 옮겨놓을 것 같은 인상을 주었다.

물론, 누군가 작은 로봇 게가 정확히 그런 식으로 작동하도록 만들 수도 있다. 그렇지만 그것이 표적 영역에 그렇게 갑자기 도달한 후, 약간 거대한 팔이라면 아마도 그 표적 조성에 안착하기 직전 주변에서 머뭇거렸을 것이다. 가장 중요하게, 그것이 어설프게 건드리는 첫 시도에서 어쩌면 그 먹을 것을 손이 닿지 않는 곳으로 떨어뜨릴 수도 있다. 만약 우리가 작은 게에게 좌절감과 사회적 당혹감을 안겨주고 싶지 않다면, 저녁 식탁에 초대할 정도로 좀 더 품위 있는 기술(skill)을 가르쳐야 한다. 특히 우리는, 그것이 관절-각도 공간 내의 표적 위치뿐만 아니라, 관절-각도 공간 내의 적절한 궤적(trajectories), 즉 최종 표적 위치까지 안전하면서 과도하지 않게 도달할 궤적을 계산할 수단을 알려주어야 한다.

그렇다면 넷토크(NETtalk)는 어떠한가? 그것 역시 순전히 피드포워드 그물망이 아닌가? 그리고 그것은 출력 벡터의 시퀀스, 즉 음성 합성기가 정합적 음성을 생성하는 벡터를 생성하지 않는가? 그렇다, 분명히 그러하다. 그러나 각 음성 출력은 그 그물망 내에서 생성되는 반면, 출력이 나타나는 시퀀스는, 그 그물망 자체의 계산이 아니라, 입력 문자들 사이의 공간적 순서(spatial order)와, 그 그물망에 제시되는 시간적 순서(temporal order)에 전적으로 달려 있다. 그 문자들을 그 망에 역순으로 제시하면, 그 망은 거꾸로 말하는 방식으로 응답할 것이다! 그 망은 시간적 순서에 관해 아무것도 모른다. 그것은, 다른 7개 문자열이 앞에 있거나 뒤에 있을 수 있는 것과는 완전히 독립적으로, 각 7개 문자 입력에 응답하고, 다른 음소가 앞에 있거나 뒤에 있을 수 있는 것과는 독립적으로, 하나의 음소를 출력으로 생성한다. 임마누엘 칸트(Immanuel Kant)가 오늘날 우리와 함께 있었다면, 이렇게 말했을 것이다. 넷토크는 계산의 시간적 시퀀스를 보여주지만, 어떤 시간적 시퀀스의 계산도 보여주지 않는다.

피드포워드 그물망이 놓치는 것은 무엇인가? 시간을 표상 범위로 가져오려면 무엇을 고려해야 하는가? 두 가지를 들 수 있다. 아주 최근의 특정 사건에 대한 민감성의 어떤 형태와, 그 정보가 현재의 인지 활동을 형성할 수 있는 어떤 메커니즘이다. 단도직입적으로 말해서, 우리는 어떤 형태의 단기 기억(short-term memory)이 필요하다.

물론 그 모델 그물망은 이미 한 형태의 기억, 즉 전체 시냅스 가중치 조성으로 구현된 지식이나 기술을 소유하고 있다. 그러나 그런 형태의 기억은 특정한 과거 사건에 대한 세세한 정보에 깜깜하다. 끝없이 떨어지는 물방울의 시퀀스에 의해 속이 움푹 파인 돌은 오랜 세월 동안 수많은 우연한 만남을 극적으로 증언한다. 그러나 개별 물방울의 특정한 모양, 크기, 회전, 온도, pH, 그리고 타이밍 등은 그 돌의 최종 모양에 대한 기록에서 완전히 사라진 정보이다. 그 신경망의 시냅스 형성도 비슷한 과정이다. 그 신경망의 최종 조성에는 개별 입력과 출력에 대한 어떤 기록도 포함하지 않으며, 그것의 현재 조성에 이르게 한 무수한 시냅스 밀치기(nudgings)에 대한 어떤 기록도 갖지 못한다. 그 신경망이 만약 최근의 특정 이벤트를 명시적으로 파악하려면 몇 가지 추가 메커니즘이 필요하다.

피드포워드 그물망이 이러한 역량을 어떻게 가질 수 있는가? 이런 문제를 해결하려면, 생물학적 뇌 자체를 살펴보고, 지금까지 살펴본 그 모델 그물망에 뇌의 두드러진 특징 중 무엇이 누락되었는지를 알아보아야 한다. 그런데 그런 질문을 묻자마자 즉시 당황스러운 것은, 그 모델이 실제에 미치지 못하는 측면이 너무 많아서이다. 그러나 한 가지 눈에 띄는 특징이 나머지 모든 특징들 중에 돋보이는데, 그것이 오직 대규모 구조적 특징일 경우에만 그러하기 때문이다.

이런 측면에서 그 모델 그물망 내에, 독특한 신경 집단 또는 층은 항상 앞쪽으로 입력되는(feeds forward) 축삭 투사라는 공간적 시퀀스로 연결된다. 뇌는 이 패턴을 충분히 두드러지게 보여줄 뿐 아니라, '나중의' 또는 '상위의' 집단 층에서 '이전의' 집단 층으로 거꾸로 연결되는 거대한 축삭 투사를 보여준다. 그 친숙한 피드포워드 경로는 '상승(ascending)' 경로라고 불린다. 피드백워드(feedbackwards) 경로는 '하강(descending)' 또는 '재귀적(recurrent)' 경로라고 불린다.

뇌는 하강 경로를 선호하는 것이 분명하다. 즉, 뇌는 그런 경로를 아주 많이 양육한다. 신경 집단이 하강 투사를 전혀 길러내지 않는 경우는 거의 없다. 어떤 경우에는, 두 뉴런 집단을 연결하는 하강 경로가 상승 경로보다 훨씬 더 많다. LGN이 시각피질로 거대한 상승 축삭 연결을 투사한다는 것을 당신은 기억할 것이다. 흥미롭게도, 시각피질 뉴런은 그보다 약 10배나 많은 하강 축삭을 LGN 쪽으로 투사하여 시냅스 연결을 이룬다. 피질 뉴런의 행동이, 그 상승 경로를 투사하는 것처럼, LGN 뉴런의 행동에 의해 지배받는다는 것 못지않게, 그 해부학적 및 기능적 반대도 사실이며, 훨씬 더 큰 정도로 그러하다. 이와 같은 분명한 패턴이 뇌 전체에 널리 퍼져 있다.

매우 그러하다. 그렇게 하강 경로는 뇌에 무리지어 존재한다. 그렇다면 하강 경로는 어떻게 단기 기억과 사건의 시퀀스를 시간 순서대로 표상하는 문제를 해결하는가? 다음과 같다.

피드포워드 시스템은 파이프라인(pipeline), 즉 정보의 파이프라인이다. 그 파이프라인에서 정보의 흐름을 더 멀리서 추출(samples)하면 할수록, 그 추출된 정보가 그 파이프라인에 처음 들어온 시점은 더욱 과거로 돌아가야만 하며, 그 추출된 정보가 묘사하는 사건들(events)은 더 먼 과거에 존재해야만 한다. 재귀적 축삭이 그 파이프라인에서 더 멀리 떨어진 세포에서 시작되므로, 하강 또는 재귀적 경로는 그 그물망의 과거 활동에 관한 정보를 현재 처리, 특히 그 하강 경로가 도달하는 뉴런 층에서 이용할 수 있게 만든다.

따라서 재귀적 경로는 초보적인 형태의 단기 기억을 유지한다. 이런 경로는 생명체의 즉각적인 인지적 과거를, 현재에 관해 들어오는 감각 정보와 함께 처리하기 위해 그것을 지속적으로 이용할 수 있게 만들어 준다. 불과 수초 전 층2를 통과한 정보는, 대부분 수정된 형태로, 층2로 되돌려줄 수 있어서, 현재 혼합에 추가될 수 있다. 이것은, 그 생명체가, 바로 이전에 벌어진 상황을 고려하는 방식으로, 현재 상황을 표상할 수 있게 해준다. 그림 5.1에서 보여주듯이, 층2는 층1의 감각 말단으로부터, 그리고 그 파이프라인에서 더 멀리 떨어진 층, 특히 층3으로부터, 지속적으로 정보를 수신한다.

이러한 하강 경로가 추가됨으로써, 그 그물망은 더 이상 무한히 얇은 '현재의 지평(Plane of the Present)'의 포로가 아니다. 그것의 인지적 파악은 이제 적어도 몇 분의 1초만큼 과거로 확장된다.

이것도 좋지만, 훨씬 더 나은 설명이 있다. 둘째 질문으로 넘어가보

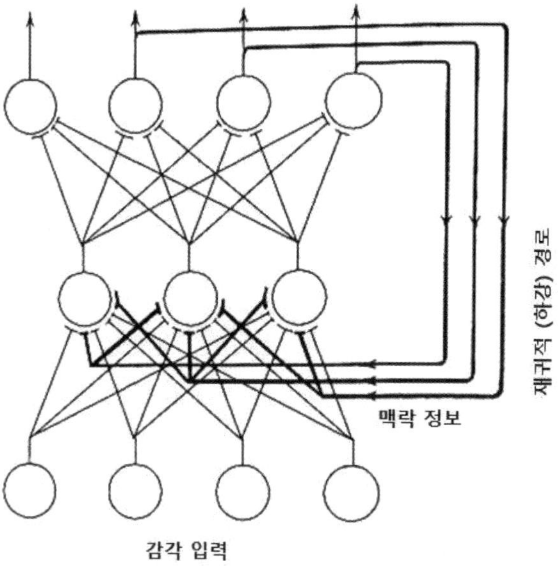

그림 5.1 3개의 하강 경로가 추가된 단순한 피드포워드 조성(feedforward configuration). 따라서 층2의 뉴런 활성화 수준은 입력 층에서 도착하는 활성 벡터뿐 아니라, 층3에서 도착하는 활성 벡터에 의해 조절된다. 층3의 벡터는, 층2의 앞선 상태와, 간접적으로, 층1의 앞선 상태에 관한 (처리된) 정보를 포함한다.

자. 뇌는 실제로 특정 사건-사태의 시퀀스를 시간적으로 어떻게 표상하는가? 아마도 이 질문에 하나의 대답만 있지는 않을 것이다. 거의 확실히, 뇌가 시간 정보를 코딩하는 방법은 한 가지 이상이다. 그렇지만, 그 방법들 중 하나는 분명하며, 당신은 이 책의 첫 장에서 TV 화면 비유를 처음 생각했을 때부터 이 질문에 대한 답을 알고 있었다. 예를 들어, TV 화면의 픽셀-패턴의 시간적 시퀀스가 세계의 여러 시간적 사건들의 시퀀스를 표상하는 것처럼, 시각피질의 활성 벡터의 시간적 시퀀스도 세계에서 전개되는 사건의 시퀀스를 표상한다.

그렇다면 이것은 넷토크와 어떻게 다른가? 그것 역시, 우리가 입력 층에 텍스트를 계속 입력하는 한, 활성 벡터의 시퀀스를 보여준다. 이런 마지막 조건에서 결정적인 차이점을 찾을 수 있다. 넷토크와 같은 순수 피드포워드 시스템은 자체적으로 어느 벡터 시퀀스를 생성하지 못한다. 그것이 전적으로 그 입력에 의존하기 때문이다. 그러나 재귀적 그물망은, 비록 그리고 심지어 그것의 입력 층이 침묵하더라도, 활성 벡터의 복잡한 시퀀스를 자체적으로 생성할 수 있다.

그것이 어떻게 작동하는지 어렵지 않게 알 수 있다. 만약 그림 5.1의 그물망이 층2의 세포에 자체의 입력을 제공할 수 있다면, 그 입력 세포가 조용할 때에조차, (부분적으로) 닫힌회로(closed circuit)를 중심으로 벡터 순환(cycling vector)을 언제든 멈춰야 할 이유가 전혀 분명치 않다. 실제로, 그것이 바로 많은 재귀적 그물망이 하는 일이다. 만약 당신이 그 세포들 가중치를 그렇게 조성하고 적절한 입력 벡터로 활동을 시작하게 하더라도 그러할 것이다. 그것들은 빠르게 어떤 안정된 활성 벡터의 사이클에 들어가고, 그 사이클을 끝없이 반복하거나, 아니면 적어도 입력 층의 새로운 벡터가 그 사이클을 벗어나게 할 때까지 반복할 것이다. 이러한 주기적 동작을 한계 사이클(limit cycle)이라 부른다. ('한계'라는 형용사가 의미하는 것은 다음과 같다. 그러한 사이클이 그 경로에서 안정적이며, 그것에 매우 근접한 어느 주기적 행동은, 그 자체의 한계에 도달하는 것처럼, 정확히 그런 사이클에 수렴하는 경향을 가진다.)

한계 사이클은 친숙한 여러 행동을 수행하기 위한 자신의 근육을 조율하기 위해 필수적이다. 처음에, 이러한 주기적 단조로움이 광적인 결함처럼 느껴질 수 있지만, 그것이 바로 당신의 심장 근육을, 천천히 그리고 빠르게, 쉬지 않고 충실히 펌프질하는 것임을 깨닫게 되면, 다르게 보일 것이다. 호흡도 비슷한 자원을 가진다. 수영, 기어가기, 걷기, 달리기, 날기, 씹기, 그리고 우리가 생각할 수 있는 거의 모든 반복적이거나 주기적인 행동도 마찬가지다.

하나의 코딩 장치로서, 그 한계 사이클은 이미 당신에게 친숙한 생각의 직접적인 확장이다. 이미 살펴본 많은 예시를 통해, 당신은 활성 공간의 한 지점이 어떻게 복잡한 감각 실재를 표상하거나, 출력으로 근육 긴장의 복잡한 조성을 코딩할 수 있는지 알고 있다. 한계 사이클은 바로 이러한 지점들의 연속적인 **시퀀스**, 즉 활성 공간 내에 진행하는 선(line), 즉 구부러졌다가 다시 시작점으로 돌아와 닫힌 순환고리 (closed loop)를 만드는 선이다.

당신은, 몇 페이지 앞의 그림 4.24d에서, 신경세포 활성 공간의 닫힌 순환고리가 늘어진 고양이 왼쪽 뒷다리 근육을 움직이는 특별한 운동 벡터 시퀀스를 묘사하는, 한계 사이클을 살펴보았다. 그런 작은 활성 공간을 조금 확대하여 다시 살펴보자. 그리고 그것의 특별하고 매우 다양한 내용을 더 깊게 살펴보자(그림 5.2).

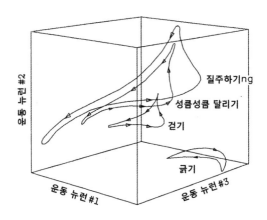

그림 5.2 고양이의 왼쪽 뒷다리를 조절하는 운동 뉴런의 (부분적인) 활성 공간. 걷기, 성큼성큼 달리기, 질주하기, 긁기 등 네 가지 독특한 한계 사이클 또는 활성 시퀀스를 보여준다.

성큼성큼 달리기를 생성하는 한계 사이클은 이전과 동일하지만, 이 그림은 이제 몇 가지 다른 가능한 한계 사이클을 보여준다. 더 작고 느린 사이클(화살촉 모양의 간격이 더 가까워진 것으로 표시됨)은 고양이의 느리고, 유유자적 걷기를 생성하는, 또는 하여튼 왼쪽 뒷다리의 걷기에 기여하는 사이클이다. 더 크고 훨씬 빠른 순환고리는, 고양이가 쫓아오는 개를 피할 때처럼, 겁에 질려서 전력 질주하는 한계 사이클이다. 마지막으로, 가장 작고 가장 빠르게 반복되는 한계 사이클은, 왼쪽 귀를 긁는 동작을 생성한다.

고양이의 뒷다리에 대해 가능한 다른 많은 동작이 있지만, 각각의 동작은 관련 재귀적 그물망의 출력 공간 내의 특징적 경로 또는 활성 시퀀스에 의해 생성될 것이다. 끝으로, 우리는 또한, 이러한 유용한 경로가 항상 닫힌 순환고리일 필요는 없다는 것에 주목해야 한다. 모든 행동이 주기적이지는 않다. 모든 동작이 즉시 반복되지도 않는다. 그리고 모든 움직임이 시작점에서 끝나는 것도 아니다.

실제로 대부분의 동작은, 운동-뉴런 활성 공간 내의 열린 선으로, 즉 비-회귀 궤적으로 생성된다. 예를 들어, 당신이 자신의 귀에 붙은 파리를 털어낸다고 가정해보자. 파리가 귀에 닿은 후 당신의 손이 어디로 가게 될지는 그런 행동과 무관하다. 또는 당신이 피크닉 테이블에서 포크를 집어 들어 닭다리를 찍는다고 가정해보자. 그런데 그 결과물이 어느 아이의 접시에 놓일지는 그 행동과 무관하다. 하루 동안 전체 운동-뉴런 활성 공간 내에 어느 개인의 연속적인 벡터 경로는, 머리를 빗고, 연필을 깎고, 자전거를 타는 등, 다양한 원형적 사이클(prototypical cycles)에 자주 속할 수 있다. 그러나 그 경로는 활성 공간을 가로질러 여기저기 지그재그로 움직이는, 변덕스러운 일련의 짧은 원형적 선-요소(short prototypical line-elements)를 따라갈 것이다. 예를 들어, 오븐 장갑을 끼고, 오븐 문을 열고, 지글거리는 치킨을 꺼내어 조리대에 놓고, 오븐 문을 닫고, 장갑을 벗고, 싱크대 옆에 놓고, 알루미늄 포일을 찢고, 그것으로 치킨을 감싸는 등 … 이제, 당신은 핵심을 이해할 것이다. 운동 능력을 위해, 우리는 원형적 순환고리뿐만 아니라, 많은 원형적 선(prototypical lines)도 생성해야 한다.

물론 어떤 재귀적 그물망도, 그 시냅스 가중치가 적절한 전체 조성으로 형성되지 않는 한, 이런 모든 것을 수행할 수 없거나, 그중 일부를 수행할 수 없다. 좋은 소식은, 재귀적 그물망이 피드포워드 그물망처럼 분명히 훈련될 수 있다는 점이다. 그 훈련에 역전파(back-propagation)를 적용할 수 있다. 그리고 역전파가 적용된다면, 역전파는 새로운 세계를 열 것이며, 적어도 신경망 모델 연구자들에게 그러할 것이다. 왜냐하면, 재귀적 그물망이, 얼굴 스냅 샷과 같은, 영구적으로 불변하는 물리적 패턴을 구별하도록 훈련될 수 있기 때문이다. 그리고 재귀적 그물망은 또한, 윙크하기, 악수하기, 공을 바운드하기, 고양이가 성큼성큼 뛰어가도록 하기, 두 사람이 춤추기 등과 같은 물리적 조성의 표준적 시퀀스를 구분하도록 훈련될 수도 있다. 또한 재귀적 그물망은, 어떤 지각 기회가 주어지면, 적절한 운동-끝-지점을 계산하도록 훈련될 수 있다. 뿐만 아니라, 재귀적 그물망은 팔다리 위치의 매끄러운 시퀀스를 계산하도록 훈련될 수도 있다. 예를 들어, 팔다리를 과도하게 움직여 충돌하지 않도록, 그 목표-지점 조성으로 능숙하고 부드럽게 가져갈 수 있도록 훈련될 수도 있다.

기초 피드포워드 구조물에 그런 **하강** 경로가 추가됨으로써, 그 게임의 성격이 근본적으로 바뀌었다. 재귀적 그물망에 의해 파악 가능한 외부 구조는, 공간의 영구적 패턴과 마찬가지로, **시간**의 영구적 패턴도 포함한다. 그 구조물의 단기 '기억'이 단지 아주 짧은 순간에 불과하다는 사실에도 불구하고, 잘 훈련된 재귀적 그물망은 임의적 길이의 시간적 시퀀스를 표상할 수 있다. 그 구조물이 이러한 기능을 가질 수 있는 이유는, 자체의 벡터 활동을 재귀적으로 변조하여, 그 자체적으로 그 모든 활성 벡터의 긴 시퀀스를 생성할 수 있기 때문이다.

인과적 과정을 재인하기

방금 설명한, 재귀적 그물망의 시간적으로 확장된 활동에 대한 이러한 소개는 주로 운동 활동에 대해, 그리고 신체 행동을 생성하는 벡터 시퀀스의 역할에 초점을 맞췄다. 재귀적 그물망에 대한 설명을 그렇게 시작한 것에는 적어도 두 가지 이유가 있었다. 운동 조절(motor control)의 문제는 재귀적 구조물의 기본 속성을 명확히 파악하기 쉬운 부분이다. 운동 조절에서 시작은 재귀성(recurrency)의 이러한 중요한 역할의 진화적 우선성을 반영하기도 하다. 심장을 뛰게 하기, 물 박동(water pulse)이 아가미를 지나게 하기, 휘어지는 몸으로 헤엄치기 등은 사실 원시적 기능이다. 그러나 재귀적 그물망의 다양한 운동 기능이 그것의 유일한 기능은 아니다. 재귀적 경로와 벡터 시퀀스는 그 시스템의 입력 끝, 특히 지각 분야에서도 마찬가지로 인상적인 역할을 담당한다. 어떻게 그러한지 살펴보자.

만약 피드포워드 신경 구조물이 여러 원형적 사물(things)의 실례(instances)를 구분하게 해준다면, 재귀적 신경 구조물은 원형적 과정(prototypical processes)의 실례를 구분할 추가적인 능력을 제공하기도 한다. 전자의 경우, 재인이 일어나는 것은, 원형적 활성 벡터에 가까운 무언가가 그 관련 뉴런 집단 전체에서 발생할 경우이다. 후자의 경우, 재인이 발생하는 경우는, 활성 벡터의 원형적 시퀀스에 가까운 무언가가 그 관련 뉴런 집단에 걸쳐 펼쳐질 때, 즉 그 활성 벡터가 시간 경과에 따라서 그 관련 공간 내에 특별한 선이나 경로를 형성하는 경우이다. 그림 5.3은 그와 관련된 대비를 잘 보여준다.

우리는 이미 재귀적 그물망이 다양한 행동을 어떻게 생성할 수 있는

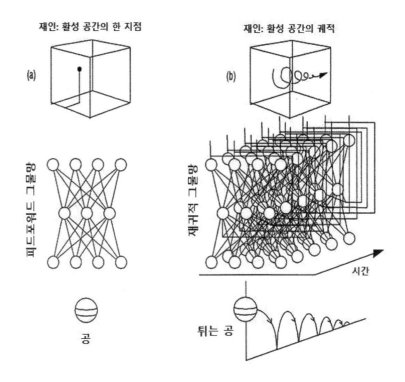

그림 5.3 (a) 고정된 사물 유형에 대한 실례(instance)로서, 공을 재인하기. (b) 인과적 혹은 법칙-지배 과정의 유형에 대한 실례로서, 공이 튀는 궤적을 재인하기

지 살펴봤다. 그런데 그러한 재귀적 그물망은, 다른 생명체가 그러한 다양한 행동을 보여줄 때 그러한 행동을 지각하고 재인하려면, 반드시 필요하다. 우리의 관심을 해저 세계로 돌려보자. 그곳에서 거의 모든 수중 생명체는 헤엄치는 행동을 재인할 수 있어야 하고, 여유롭고 비위협적인 행동과 광란의 도주 및 공격 양태를 구분할 수 있어야 한다. 체계적인 위장의 세계에서, 각 포식자는 전형적인 먹잇감의 이동에 대한 특징적 속도나 모습을 재인할 수 있어야 한다. 그리고 포식자든 먹

이든, 자체의 특징적 형태나 표식(markings)만큼이나, 자주 상대에게 보여주는 것이 바로 그 특징적인 **동작(movement)**이다. 예를 들어, 어떤 생명체의 공간적 형태가 대부분 안개나 희미한 빛에 가려져 있지만, 그것의 특별한 동작의 모습은 즉시 식별이 가능하다는 점을 생각해볼 필요가 있다.

그렇지만, 세계의 원형적 시퀀스에 대한 재인은, 어느 시퀀스에 대한 재인이라도, 재인 그물망 내에 재귀적 경로를 가져야 한다. 이러한 경로는 그 그물망 내에 적절한 벡터 시퀀스를 필수적으로 생성해야 한다. 물론 그 재인을 위해 사전 훈련이 필수적인데, 그 훈련 과정에서 어떤 종류의 시냅스 조성이 만들어지고, 그 조성을 통해 기대하는 범주 체계가 생성될 것이며, 그 범주의 선택적 활성화는 그 그물망으로 하여금 지각되는 행동의 시퀀스를 재인하도록 만들어준다. 피드포워드 그물망이 자체의 활성 공간을 풍부하게 구조화된 범주 계층구조로 구성하는 것처럼, 재귀적 그물망 또한 그러하다. 그런 경우에 다만 그 범주가 흔히 시간적 차원(temporal dimension)을 가진다는 점에서 다를 뿐이다. 즉, 그 범주는 단지 지점이 아니라 선(lines)인 경우가 많다. 또한 피드포워드 그물망 내의 지각적 구분이 적절한 활성 벡터라는 지각적으로 촉발된 활성화에서 나오는 것처럼, 재귀적 그물망 내의 지각적 구분은 종종 적절한 벡터 시퀀스라는 지각적으로 촉발된 활성화에서 나온다. 그렇지만 그 시퀀스의 전개는 주로 (그것이 받아들이는) 외부 자극보다는 훈련된 그물망 자체의 반복적 활동으로 인해 발생한다.

이것을 통해 우리는 실제 생활에서 무엇이 중요한지에 관한 많은 것을 재인할 수 있다. 예를 들어, 다가오는 유아의 걸음걸이, 기울어진 용기에서 액체의 흐름, 당신의 접시로 건네지는 닭다리의 원호 궤적, 야구 방망이의 스윙, 포옹의 감싸는 동작, 눈동자 굴리기, 좌회전 신호의 깜박임, 그리고 정상적으로 사회화된 인간의 개념적 도서관 내에 자리 잡는 수십만 가지의 다른 원형적 움직임 등을 재인할 수 있다.

내가 앞서 말했듯이, 재귀적 경로는 그 그물망의 바로 직전의 과거에 대해 접근할 수 있게 해준다. 당신은 이제, 원형적 사건 시퀀스를 생성하는 재귀적 그물망의 능력이 또한 미래를 내다볼 창을 제공한다는 것도 이해할 것이다. 운동 생성의 경우와 달리, 지각 재인에서는 내부 벡터 시퀀스가 (표상되는) 외부 과정과 동일한 속도로 전개되어야만 하지는 않기 때문이다. 오히려, 그 생명체는 내부 표상의 시퀀스를 가속화하거나 단축할수록, 자신에게 닥칠 미래 사건을 더 빨리 예측할 수 있다.

세계가 (학습 가능한) 다양한 법칙-지배적 행동이나 인과적 과정을 보여주는 한, 그리고 재귀적 그물망이 이러한 행동이나 과정의 초기 단계에 대한 지각으로부터 단축된 표상의 시퀀스를 생성할 수 있는 한, 그 그물망은 미래 사건을 예측할 수 있다. 그 그물망이 이러한 내적 시퀀스를 촉발하도록 훈련되기만 하면, 가까운 미래에 이익이 되는, 도망칠지 또는 쫓아갈지 등과 같은, 행동을 즉시 생성할 수 있다.

그런 인지가 얼마나 먼 미래를 내다볼 수 있는지는 적어도 두 가지에 달려 있다. 즉, 세계에 실제로 존재하는 원형적 인과 과정의 시간적 길이와 신뢰성, 그리고 그런 과정을 학습하고 그에 따라서 그 초기 단계를 분별하는 그물망의 능력에 달려 있다. 권투선수가 들어오는 왼손잽에 맞을 것을 예상하는 것은 예측 스펙트럼의 한쪽 끝에 가깝다. 태양이 약 50억 년 후 빛을 발하지 않을 것이라는 천문학자의 인식은 그 스펙트럼의 다른 쪽 끝에 가깝다. 이러한 두 극단 사이에 보통 사람들의 실제적인 예측 생활이 대부분 자리 잡고 있다.

그렇지만 이러한 세 경우 모두에서 시간적 통찰은 동일한 자원을 가진다. 그것은 바로 잘 훈련된 재귀적 그물망 내에 생성된 벡터 시퀀스이다. 만약 그것이 없다면, 우리는 어떤 시간적 연장이나 인과적 과정에 대한 개념도 전혀 갖지 못할 것이다. 우리는 실재의 가장 근본적이고 중요한 차원 중 하나를 상실할 것이다. 그렇지만 그러한 개념 차원을 갖는 인지적 생명체는 공간만큼이나 시간도 멀리 내다보려 갈망할 수 있다.

애매한 특징과 재귀적 변조

우리는 아직 재귀적 신경 경로와 (그것을 가능케 하는) 인지 능력에 관한 연구를 끝내지 않았다. 재귀적 신경 경로는, 우리가 혼란스럽고 모호한 세계에서 살아가는 데 필수적인 또 다른 유형의 인지 능력에서 중요한 역할을 담당한다. 그 능력은 또한, 앞으로 살펴보겠지만, 많은 오락과 즐거움의 원천이기도 하다. 그림 5.4의 애매한 그림 한 쌍을 생각해보자. 각각은 완전히 다른 두 가지 방식으로 해석되거나 보일 수 있다. 첫째 그림은 토끼가 오른쪽을 향하고 있거나, 오리가 왼쪽을 향하고 있는 것처럼 보일 수 있다. 그러면 두 개의 손가락 모양이 각각 한 쌍의 귀 또는 열린 부리처럼 보인다. 둘째 그림은 왼쪽을 바라보는 노파의 얼굴, 또는 고개를 크게 돌린 젊은 여성의 머리와 상반신처럼 보일 수 있다. 젊은 여성의 왼쪽 귀와 턱 선이 우리를 마주보고 있고, 왼쪽 뺨 너머로 작은 코가 보인다. 이런 두 그림은 다른 수많은 사례에서도 똑같이 잘 설명될 수 있는 것을 보여준다. 즉, 사물을 지각하는 방식은, 그것이 우리의 감각에 제공하는 외부 자극에 의해서만 결정되지는 않는다. 그것은 적어도 부분적으로는 지각하는 사람의 사전 인지 상태, 교육적 배경, 또는 사고방식 등에 의해 결정된다.

동일한 지각 상황에 대한 이러한 선택적 재인 현상은 순수 피드포워드 그물망에 심각한 문제를 제기한다. 그 이유는 다음과 같다. 앞서 살펴본 바와 같이, 피드포워드 그물망을 어느 인지 능력을 위해 훈련시키는 것은 그것에 대한 일반적인 입출력 기능을 부여하는 것과 같다.

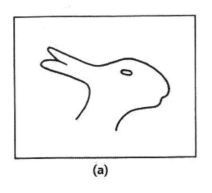

(a)　　　　　　　　　　　　　　**(b)**

그림 5.4　애매한 지각의 특징. (a) 오리/토끼. (b) 노인/젊은 여성

그러나 기능이란, 정의에 따라, 어느 임의의 입력에 대해 고유한 출력을 항상 가지며, 그날의 느낌에 따라 일어나는, 다양한 출력을 갖지 못한다. 따라서 순수한 피드포워드 그물망은, 우리 인간이 애매한 입력에 직면해서 보여주는, 일종의 해석적 가소성을 보여줄 수 없다.

　반면에 재귀적 그물망은 확실히 그런 것을 할 수 있다. 그리고 아마도 분명히 그 재귀성은, 지각적 애매함에 대한 우리 자신의 체계적인 관용과, 그것을 극복할 우리의 상당한 기술(skill)에 대한 설명을 품고 있다. 분명히 우리는 모든 지각 양식, 특히 시각과 청각에서, 하강 축삭 경로를 풍부하게 가진다. 하강 축삭 경로가 문제의 능력에 어떻게 기여할 수 있는지 살펴보자.

　그림 5.1의 기초적인 재귀적 그물망을 다시 살펴보자. 이 그림은 층2에서 생성된 코딩 벡터가, 그 그물망의 감각 말단의 코딩 벡터와, 일부 더 높은 처리 수준(들)에 있는 그물망의 뉴런 집단(들) 전체에 걸친 동시적 코딩 벡터라는, 두 가지 전혀 다른 자원으로부터 받은 입력에 대한 효과(function)를 보여준다. 제기된 문제에 대한 앞선 설명을 고려해 보면, 당신은 이것이 적어도 우리가 필요로 하는 것과 근접해 있다는

것을 알 수 있다. 더 자세히 살펴보자.

만약 층2에 도달하는 재귀적 활동이 이미 토끼 벡터의 일반적 방향으로 기울어질 경우, 그림 5.4a에서 입력은 다른 어떤 것보다 토끼 벡터를 활성화할 가능성이 훨씬 더 높아진다. 만약 그렇지 않고 그 재귀적 활동이 오리 벡터 쪽으로 기울어진다면, 그림 5.4a의 입력은 거의 확실히 오리 활성 패턴을 일으킬 것이다. 여기에서 층2의 인지 활동은 감각 말단이 아닌 다른 재원의 정보(또는 오류 정보)에 의해 조정된다. 따라서 동일한 감각 입력이 때때로 시각 처리 계층의 위쪽에서 전혀 다른 벡터 표상으로 나타나는 것은 전혀 이상한 일이 아니다. 재귀적 그물망에서는 선행의 인지 편향의 숨겨진 손이 때때로 전혀 사소하지 않은 역할을 하는 것이 분명하다.

그렇지만 이러한 고전적으로 애매한 그림은 애매성을 처리하는 우리 능력의 일부만을 보여줄 뿐이다. 이러한 두 사례는 훌륭한 이중-양태로, 모두가 똑같이 두드러지고 똑같이 안정적인 두 가지 해석을 가진다. 다른 사례들은 더 분별하기 어렵다. 이따금 우리는 무언가를 보고도 우리에게 아무것도 보이지 않을 때가 있다. 그러다가 한참을 곰곰이 생각하다 문득 우리 앞에 무엇이 있는지를 알아보기도 한다. 재귀성이 이러한 현상을 설명해줄 수 있는가? 물론 가능하다. 잘 살펴보라.

이제 층1에서 층2에 도달한 지각 벡터가 어떤 방식으로든 저하되거나 혼동되어, 즉 층2에서 그 그물망이 철저히 훈련된 원형 패턴, 즉 저하되지 않은 지각 벡터가 가장 확실히 활성화하는 패턴을 보여주지 못할 정도로 충분히 저하된다고 가정해보자. 당신은 (코트렐의 얼굴 재인 사례에서) 다음을 기억할 것이다. 훈련된 그물망, 심지어 순수한 피드포워드 그물망조차, 약간 저하된 입력 벡터를 '완성'하려는 (그림 3.6의 가려진 얼굴을 기억해보라) 강한 경향을 가진다. 그러나 여기에서 나는 당신에게, 이런 경우에 그 입력이 너무 저하되어 이러한 특징만으로 구제될 수 없다고 가정해볼 것을 요청하는 중이다.

이런 모든 것에도 불구하고, 만약 그 하강 경로를 통해 도달하는 재귀적 활성화가 어떤 식으로든 원래의 지각 입력의 결핍을 잘 보완할 수 있다면, 그 저하된 입력은 여전히 구출될 수 있으며, 층2에서 적절한 원형 벡터가 활성화될 수도 있다. 그리고 분명히 그럴 수 있다. 층1의 입력과는 별개로, 층2에 배경 벡터 입력만 제공하면, 적절한 원형의 방향으로 이미 기울어진 층2 전체의 약한 활성 패턴을 생성할 수 있다. 따라서 이러한 재귀적 활성화는 특정 인지적 방향으로 '운동장을 기울게' 만들 수 있다. 그러면 층1에서 오는 저하된 입력조차도 층2를 적절한 원형 벡터를 향해 끝까지 밀어붙이도록 충분히 기울어질 수 있다.

분명히 이 과정에는 위험이 따른다. 층2에서 벡터 활동성을 편향되게 만들면, 그 재귀적 활동성은 외부 실재에 전혀 적합하지 않은 원형 벡터를 생성할 수 있다. 그 재귀적 활동성은 상황에 따라 완전히 잘못된 해석을 표상할 수 있다. 반면에, 만약 상위 수준의 그물망이 그 그물망의 현재 상황에 대한 정확한 정보를 포함한다면, 감각 신호만으로 놓칠 수 있는 적절하고 소중한 정보를 층2에 제공할 수 있다. 몇 가지 실제 사례를 살펴보자.

다시 한 번 신경심리학적 실험의 피험자가 되어보자. 이번에는 더 높은 비-시각 인지 층에서 내려오는 경로를 통해 당신의 시각 인지 층에 도달하는 부수적 정보가 당신의 시각 지각에 미치는 영향을 검토해보자. 실제로 쉬운, 너무 쉬워서, 당신은 올바른 원형의 활성화를 위해 어느 하강의 정보도 필요하지 않을 사례를 들어보자.

그림 5.5의 흩어져 있는 얼룩을 살펴보라(지금 더 읽기 전에). 대부분 사람들은 처음에 이 그림에서 아무것도 보지 못한다. 그러나 나는 이제 그림이 아닌 부수적인 정보, 즉 처음에는 당신의 시각 중추가 아닌 담화 또는 언어 인지 중추에서 표상되는 정보를 제공하겠다. 이런

그림 5.5 매우 저하된 지각 입력. 올바른 해석을 위해 이 책의 설명을 읽어보라.

정보 또는 일부 정제된 정보는 그 관련 하강 경로를 따라 당신의 시각
중추로 흘러들어갈 것이다. 그리고 그 정보는 거기에서 이 그림의 저
하된 입력의 결핍을 보완할 것이다. 이제 시작한다.

　당신은 사냥꾼이나 소방서와 관련된 흰색-검은색 반점이 있는 품종
인 달마시안(Dalmatian)이 햇살이 비치는 들판을 가로질러 걷는 모습
을 보고 있다. 이 개는 사진 중앙에 고개를 숙이고, 땅 냄새를 맡으며,
왼쪽으로 약간 멀어지며 걷고 있다. 당신은 단지 왼쪽 귀가 아래로 늘
어진 모습과 검은색 목걸이만을 볼 수 있다. 그림의 왼쪽 배경에 작은
관상용 나무가 그 아래에 그림자를 드리우고 있다.

　몇 분간 정독하면, 냄새를 맡는 개가 그 혼돈 속에서 튀어나올 가능
성이 매우 높을 것이며, 그 장면은 어떤 구조를 보여줄 것이며, 처음
표상에서 전혀 없었던 일관성을 보여준다. 이제 그림의 모습은 극적으
로 달라질 것이며, 그것을 처음의 혼란스러운 것으로 다시 보기 어렵
거나 불가능해질 것이다. 당신은, 그 미미한 입력에도 불구하고, 당신
의 점박이 개 벡터를 활성화하는 데 성공했다. 당신의 재귀적 경로를

그림 5.6 매우 저하된 지각 입력. 올바른 해석을 위해 이 책의 설명을 읽어보라. (Russell Hanson의 그림을 수정)

작동시키고, 그 경로가 발휘하는 지각 변환에 대해 스스로 감탄해야 한다.

이런 사례는 아주 많다. 조금 더 어려운 사례를 생각해보자. 그러나 먼저 몇 가지 잘못된 방향을 소개하겠다. 그림 5.6의 눈 덮인 산 장면을 보라(더 읽기에 앞서 지금 당장). 물론 눈 덮인 산 장면은 전혀 없지만, 지금 나는 당신의 시각의 중심을 올바른 해석에서 **멀어지도록** 기울이는 데 성공했을 가능성이 매우 높다. 아마도 당신은 검은 얼룩만 보일 뿐 아무것도 보지 못할 것이다. 이제 당신의 재귀적 경로를 활성화하여, 당신의 시각 시스템의 그 관련 세포 집단을 원형 패턴으로 자극하도록 올바른 배경 정보를 제공하겠다. (나는 여러 후보 중 어느 것이 그 관련 집단일지 모르지만, 당신의 계산처리 계층구조 내에 당신의 뇌 뒤쪽의 시각피질보다 빠를 것 같지 않으며, 훨씬 늦을 것 같지도 않다.)

당신은 수염을 기른 남자의 사진을 보고 있으며, 그 옷차림과 전체적인 외모는 그리스도를 닮았다. 그의 머리는 사진 영역의 중앙 위쪽 6

분의 1에 위치하며, 당신을 정면으로 바라보고 있고, 그의 이마는 상단 테두리에 의해 가운데가 가로질러 잘려 있다. 밝은 햇빛이 오른쪽 상단에서 쏟아져 내려와, 코의 한쪽을 비추며 양쪽 눈동자에 그림자를 드리운다. 오른쪽 뺨의 작은 부분을 제외하고, 그의 코와 얼굴의 다른 쪽도 그림자에 가려져 있다. 그림의 아래쪽 절반에는 그의 어깨와 상체를 보여주며, 그것은 오른쪽으로 약간 향하고 있다. (만약 이 그림을 자세히 살펴봐도 얼굴을 찾지 못한다면, 최후의 수단으로, 당신의 손가락을 좌우 양쪽과 아래에 대고 작은 얼굴 영역을 분리하는 것이 도움이 될 수 있다. 그러나 이것은, 엄밀히 말하면, 당신의 감각 입력 벡터를 변경할 것이기 때문에, 우리의 실험과 관련하여 부정행위가 될 수 있다.)

다시 한 번 말하지만, 부수적 정보는 감각 입력이 도달하는 인지적 운동장을 기울여서, 그 결과 활동은 완전히 다른 인지적 결과를 낳는다. 이제 마지막 사례(그림 5.7)를 살펴보자. 처음에는 이해하기 어렵지만, 일단 부수적 정보가 그 하강 경로를 따라 내려가고 당신의 시각 중심을 특정한 벡터 방향으로 기울이기만 하면, 가장 쉽게 재인할 수 있다. 사실, 초기의 혼란스러움에도 불구하고, 당신은 이 장면을 더 일찍 재인하지 못한 것에 대해 자책할 것이다.

당신은 말을 탄 남자를 보고 있다. 그 말 머리는 왼편 위쪽에서 왼쪽을 향하고 있으며, 두 개의 작은 귀가 튀어나와 있다. 그 말의 목은 거의 일직선으로 아래로 뻗어 있으며, 가슴에서 약간 부풀어진 선이 보인다. 오른쪽 앞다리는 들어 올리고 있고, 왼쪽은 땅에 딛고 있다. 당신은 그 기수의 오른쪽 부츠 바닥의 윤곽이 말의 가슴 너머에서 튀어나온 것을 볼 수 있다. 기수의 왼쪽 부츠는 말의 그쪽 상응 위치에 있다. 그 말의 덥수룩한 꼬리는 그림의 오른쪽 아래, 말의 뒷다리 바로 뒤에서 아래로 처져 있다. 그리고 당신은, 그 말의 목 바로 오른쪽에

그림 5.7 매우 저하된 지각 입력. 올바른 해석을 위해 이 책의 설명을 읽어보라. (Irvin Rock의 그림을 수정)

기수의 왼쪽 팔뚝과 팔꿈치가 고삐를 잡고 있다고 보거나, 어쩌면 그것이 처진 창이라고 볼 수도 있다. 결국, 그리고 이 모든 흩어짐에서, 로시난테(Rocinante)의 돈키호테(Don Quixote)가 등장한다!

여기서 설명하는 요점을 다시 말하자면, 뇌는 자체의 감각 말단에 가까운 신경 층에서 발생하는 벡터 활동을 하강 조절하거나, 영향을 미친다는 이야기이다. 간단히 말해서, 뇌는 스스로 사물을 보고 듣는 방식에 대해 상당한 통제력을 지닌다. 나는 이러한 점을 세 가지 사례에서 강조하였으며, 다음 장에서 반복해서 살펴보겠지만, 그런 현상은 인간 인지를 이해하는 데 가장 중요하기 때문이다.

재귀적 그물망은 또한 첫 페이지에서 간략히 언급했던 특징, 즉 통계적 한계 내에서만 오직 예측 가능하다는 특징을 보여준다. 재귀적 그물망 내에서 벡터-대-벡터 변환이란 주기적 시퀀스는 직관적인 의미에서 비선형적(nonlinear)이며, 이것은 '직선을 따르지 않는다.' 재귀적 그물망이 활성 공간 내에 전개되는 경로는, 때로는 완만하게 구불구불한 경로이고, 때로는 급격하게 지그재그로 휘어진 경로이다. 즉, 때로는 작은 섭동에 대해 안정적이지만, 다른 경우에서는 어느 분기에서 나오는 무한히 작은 영향에도 극히 민감하게 반응하는 경로이기도 하다. 다시 말해서, 비선형적 시스템은 적어도 가끔은, 현재 상태의 아주 작은 차이일지라도, 이어지는 다음 상태에서 매우 큰 차이로 빠르게 확대되는 시스템이다. 살아 있는 뇌처럼 복잡성을 지닌 시스템은 말할 것도 없고, 어느 물리적 시스템의 현재 상태에 대해서도 무한히 정확한 정보를 결코 얻을 수 없기 때문에, 어느 시스템의 행동을 지배하는 불가침의 법칙이 존재하거나, 비록 그것을 우리가 알고 있다고 하더라도, 그러한 시스템이 전개되는 행동을 우리가 예측할 수 있는 것에서 우리는 영원히 제한적일 수밖에 없다. 그러한 시스템은 법칙의 지배를 받는다는 점에서 엄밀히 결정론적이겠지만, 그럼에도 불구하고 동일한 물리적 우주 내의 어느 인지 시스템으로도 통계적 규칙성을 넘어서는 예측은 불가능하다.

이러한 (진정한) 예측 불가능성은 철학자와 신학자들이 종종 자유의지(free will)의 방식이라고 기대했던 것으로, 그것을 잘못 오해하는 것은 어리석은 일이다. 자유의지는 전형적으로 인과적 질서를 초월하는 (transcended) 인간의 능력에 적용되는 용어였지만, 여기서 제시된 동역학적(dynamical, 역동적) 그림은 우리를 인과적 질서 안에 단단히 묶어둔다. [인과적 질서로 설명할 수 있게 해준다.] 그러나 자유의지를 극히 중요한 무언가의 기초로 놓는 것은 합당하다. 즉, 적어도 진정한 자발적 활동을 위한 우리의 능력이라고, 우리가 드러내는 행동 및 우리가 경험하는 인지 활동에서 무한하며, 엄밀한 예측이 불가능한, 다양한 우리 능력의 기반으로 보는 것은 적절하다. 이런 점은 우리가 세계를 지각하는 방식과 우리가 그 안에서 행동하는 방식에서도 마찬가지로 참이다.

재인, 이론적 이해, 그리고 과학적 발전

이 장에서 우리는, 가장 단순한 형태의 감각 코딩(sensory coding)과 가장 단순한 형태의 피드포워드 처리(feedforward processing)로부터, 수천 또는 수백만 뉴런 규모의 벡터 코딩에 이르기까지, 세심하게 다듬어진 활성 공간 영역으로서의 범주와 그 중심 원형(central proto-types)의 출현에 이르기까지, 그리고 끝으로 동물의 운동 수준에서의 재귀적 처리와 인간의 높은 수준 시각 해석에 이르기까지 발전해왔다. 부분적으로, 이러한 복잡성의 사다리를 오르는 것은 유용한 훈련 전략으로서 촉발되었다. 처음에 가장 단순한 사례에서 시작해서 위로 올라가는 것이 최선의 방법이다. 그러나 여기에는 더 깊은 동기가 있다. 이 장에서 개략적으로 설명하는 인지에 대한 설명은 의도적으로, 특별한 인간의 인지 활동이 일반적으로 동물의 인지와 매끄러운 연속선에 놓여 있는 것으로 묘사한다. 이렇게 제안하는 설명에 따르면, 우리 인간은 다른 모든 '하등' 생물과 다른 인지적 게임을 하지 않는다. 오히려 우리 인간은 같은 게임을 하고 있으며, 다만 다른 생물보다 그 게임의 특정 측면을 훨씬 더 잘 수행할 뿐이다.

인간의 인지에 관해 아직 논의해야 할 부분이 많이 남아 있으며, 앞으로의 장에서 우리의 관심을 기다리고 있다. 그렇지만, 조만간에 그리고 이 장을 마치면서, 나는 인류의 가장 빛나는 업적 중 하나인, 과학적 이론화의 활동 역시 (이미 살펴본) 인지 활동의 높은 수준의 사례로 이해될 수 있음을 아주 간략히 보여줌으로써, 연속성 논제(Continuity Thesis)에 대한 나의 주장을 강조하고자 한다.

여기서 탐구해야 할 핵심 현상은, 부분적으로 또는 저하된 입력에 대한 뇌의 벡터 완성(vector completion)이며, 이것은 종종 뇌가, 관련된 표상하는 뉴런 집단의 재귀적 조작에 의해 도움 받는 완성이다. 쉽게 말해서, 그것은 당신이 (아마도 처음에는 느리게) 재인하는 현상으로, 당신이 갑자기 낯설고, 혼란스럽거나, 또는 문제적 상황에 대해 스스로 이미 잘 아는 사례 또는 예시라고 알아보는 현상이다. 앞의 절에서 나는 이런 현상에 대한 아주 간단한 세 가지 사례를 제시했다. 앞에서 나는, 재귀적 경로를 지닌 신경망이, 지각 처리에서 가소성을 어떻게 자연스럽게 발생시키는지, 그리고 주기적 시스템이 앞서 학습한 원형들 중 하나에 가까운 벡터를 최종으로 활성화할 때, 갑작스러운 해석적 성공이 어떻게 자연스럽게 일어나는지 등을 개괄적으로 설명했다. 이제 좀 더 웅장하고 역사적으로 더 유명한 동일 사례를 살펴보자.

달이 없는 맑은 날 밤, 도시의 안개와 불빛이 없는 목가적인 곳에서 별을 올려다본다고 생각해보라. 수천 개의 별이, 공간적으로 그리고 밝기 모두에서, 무심코 흩어져 있는 것처럼 보인다. 여기에 정말 '저하된 지각 입력'이 있다! 완전히 구조화되지 않은 혼돈에 대해서, 그것은 무작위로 찍힌 점 모양 또는 (지금까지 제시된) 얼룩진 그림들을 능가한다.

그럼에도, 모든 인간 문화는 밤하늘의 그 내용에 대해서 이런저런 종류의 구조적 질서를 부여하여 다양한 해석을 내린다. 어느 별 집단을 국자로, 다른 것을 날아가는 백조로, 세 번째 것을 개와 사냥꾼으로, 네 번째 것을 전갈 등으로 해석한다. 이러한 해석들 중 시각적으로 매우 설득력을 가진 것은 거의 없다. 그리고 분명히 그런 해석들이 흔히 정교한 신화를 포함했음에도 불구하고, 별의 행동에 대해서 어떤 유용한 예측도 내놓는 경우는 없다. 그 전갈은 아무한테도 독침을 쏘지 않았고, 그 개는 아무것도 쫓지 않았으며, 그 국자는 어느 물도 뜨지 않았다. 이런 측면에서, 이러한 시각적 혼돈에 대한 해석은 별 현상에 대한 '좋은 이론'이 아니었다.

하늘에서 그러한 어떤 작용도 없었다는 것은, 서로 상대적인 별들의 위치가 시간이 지나더라도 **일정하게** 유지되었다는 사실을 반영한다.

수수께끼 같은 소수의 행성들 또는 '방랑자들'을 제외하고, 모든 별은 하늘의 다른 모든 별에 대해 고정되고 완전히 영구적인 위치를 가졌다. 이러한 불변성은 야간의 관측자들에게, 별들이 집단적으로 매우 규칙적인 형태의 움직임을 보여준다는 것을 알아채도록 해주었다.

한 시간 동안 평화롭게 주의를 기울이면, 동쪽 지평선에 있는 별들이 매시간 15도(달 지름의 30배!)의 속도로 하늘로 올라가는 것을 볼 수 있다. 같은 기간 동안 서쪽 별들도 같은 속도로 지평선 아래로 가라앉는다. 실제로, 그 행성들을 포함하여, 별들의 전체 체계는, 마치 그 별들이 대지(terra firma) 전체를 둘러싸는 광활한 구의 내부 표면에 영구적으로 고정된 것처럼, 지구 지평선의 원을 기준으로 하나의 통합된 물체처럼 움직인다. 그런 천구는, 북극성인 북두칠성(Polaris)에서 그 구를 가로질러 꿰는 거대한 축을 중심으로, 가장 장엄한 방식으로 회전한다(그림 5.8).

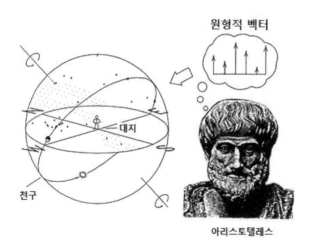

그림 5.8 밤하늘을, 관측자 주위를 하루에 약 한 바퀴씩 회전하는, 고정된 별들로 이루어진 단단한 천구로 해석하기.

앞 문장의 마지막 절에는 밤하늘에 흩어진 요소들을 어느 친숙한 물체, 즉 회전하는 천구(rotating sphere)라는 가시적 표명으로 갑자기 통합하는 해석이 있다. 이런 천구에서 특이한 점은 거대한 크기와, 완전히 규칙적인 회전, 그리고 우리가 그 천구의 중심에 가까운 곳에서 그 내부를 바라본다는 사실이다. 이러한 주목할 만한 신기함 외에도, 밤하늘의 움직임을 명확히 본다는 측면에서, 우리가 여기서 큰 천구를 다루고 있다는 것이 시각적으로 거의 **분명**해 보인다. 더구나, 개별 별자리에 대한 정령 신화와 달리, 전체 하늘에 대한 이 회전하는 천구 해석은 모든 별의 움직임과 미래 위치를 매우 정확하게 예측할 수 있게 해준다. 그 궁극적인 진위 여부를 떠나서, 초기 혼돈에 대한 이런 해석은 매우 **성공적인** 이론이었다. 이것이 바로, 고대 그리스인부터 후기 뉴턴 시대 유럽에 이르기까지, 거의 모든 문화권에서 어떤 번안으로든 우주에 대한 이론으로 받아들여진 이유이기도 하다.

나는 여기서 고대 우주론의 인지적 성취를, 다른 문제적 맥락에서 (익숙한 종류의) 사물이나 과정의 재인에서 포함된 인지적 성취와 유사한 것으로 묘사한다. 예를 들어, 불완전하거나 저하된 입력, 또는 특이한 감각적 관점, 또는 그림 5.5, 5.6, 5.7 등에서 발생하는 종류의 혼란을 일으키기에 충분한 기타 참신함 등에 대한 인지적 성취와 유사한 것으로 보고 있다. '이론적 통찰(theoretical insight)'을 '원형 활성화(prototype activation)'에 동화(일치)시키는 것은, 원형, 특히 시간적 원형은 전형적으로, 어느 주어진 상황에서 그것을 활성화하는 감각 입력에 나타나는 것보다 훨씬 더 많은 정보를 나타내는 추가적인 장점이 있다. 이러한 원형은 원래 수많은 다양한 사례를 통해 훈련 중 획득한 것이다. 즉, 원형은, 이미 관찰된 특징 외에, 어떤 추가적 또는 후속적 특징들이 지각적으로 발견될 것인지에 관한 상당한 예측 내용을 포함한다. 이러한 내용은 후속 경험에 의해 확증되지 않거나, 완전히 모순

된 것으로 드러날 수도 있다. 이러한 방식으로 '이론적' 해석은, 일반적인 해석과 마찬가지로, 경험적 비판의 대상이 된다.

이론적 통찰력의 또 다른 역사적 사례를 생각해보자. 태양과 행성의 운동에 관한 데카르트의 동역학적 설명을 생각해보자. 행성들이 모두 왜 태양 주위를 회전하는가? 왜 그것들이 모두 같은 방향으로 공전하는가? 그 공전 속도가 태양에서 멀어질수록 더 느려지는 이유는 무엇인가? 태양계(solar system)란 무엇인가?

데카르트가 그러했듯이, 모든 공간은 희박하고 반투명한 유체 물질에 의해 지속적으로 점유되어 있다고 확신했던 사람에게는, 행성들의 원형 회전 운동이 이런 우주의 유체 매개물 속의 거대한 소용돌이와 다름없다고 연상되었다. 이것이 바로 데카르트의 가설이었다. 그는 행성들을 거대한 소용돌이 속에서 나뭇잎이 휩쓸리는 것과 같다고 보았고, 그 결과 수성과 금성처럼 중심에 가까운 나뭇잎이 훨씬 더 빠르게 휩쓸린다고 생각했다.

문제가 되는 많은 움직임에 대해서 친숙하고 통일적으로 이해시켜줄 동역학적인 해석이 있다. 데카르트는 태양이 태양계에서 가장 큰 천체라는 것을 알고 있었기 때문에, 태양이 이 모든 회전하는 유체의 중심에서 안정적인 것은 당연한 일이었다. 또한 그는 (갈릴레이의 흑점 관측을 통해) 태양 자체가 행성들과 같은 방향으로 회전하며, 그 소용돌이의 중심에서 어떤 행성보다 빠르게 회전한다는 사실도 알고 있었다. 지구 주위를 도는 달과, 목성 주위를 도는 목성 위성의 이차 운동은 분명히 더 큰 소용돌이 내의 작은 보조 소용돌이에 불과했다. 지구와 목성의 축 회전은 문제의 작은 위성들의 자전 방향과 일치했고, 주 소용돌이의 회전 방향과도 일치했다. 전체적으로, 관련된 물체, 힘, 관측 가능한 움직임 등에 대한 유력한 해석이었다. 다시 한 번, 수수께끼 같은 현상이 친숙한 무엇의 특이한 사례로 파악되었다(그림 5.9).

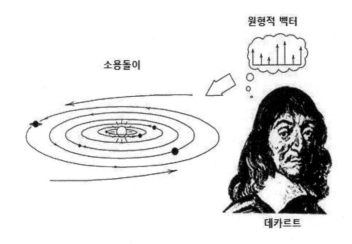

그림 5.9 다양한 행성 운동에 대한 데카르트의 '소용돌이' 해석

그리고 다시 말하지만, 그 해석은 거짓이다. 설령 그렇지 않더라도, 적어도 아이작 뉴턴(Isaac Newton)이 훨씬 더 나은 해석을 내놓았다. 뉴턴은 지구 주위를 도는 달의 원운동을, 달이 소용돌이치는 액체 매개물에 따라서 회전하는 결과로 해석하기보다, 달이 중앙에 연결된 줄의 끝에 있는 돌멩이와 같으며, 지구 중력이 달을 끝없이 잡아당기는 끈 역할이라고 보았다(그림 5.10). 따라서 달의 운동은 물체가 지구를 향해 끝없이 떨어지는 사례이다. (a) 이렇게 지면을 향한 지속적 '가속 운동'과 (b) 지구에서 멀어지는 달의 접선에서의, 직선의, '관성 운동'의 결합이, 우리가 관측하는 거의 원에 가까운 궤도를 만들어낸다. 달이 지구를 향해 균일하게 직진하는 운동은 지구 중력의 중심 방향으로 향하는 힘에 의해서 닫힌 타원형 경로로 계속 변형된다. 동일한 해석이 알려진 여섯 행성들의 훨씬 더 큰 궤도에 대해서도 적용되었지만, 이번에 그 중심 인력을 제공하는 것은 거대한 태양이었다. 행성들 역시 자연적인 관성 경로에서 바깥쪽으로 끝없이 멀리 떨어지며, 동시에

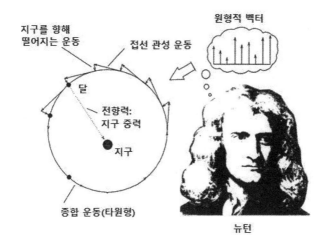

그림 5.10 지구 주위를 도는 달의 타원 궤도에 대한 뉴턴의 '전향력(deflecting force)' 해석

끌어당기는 태양을 향해서 끝없이 떨어지고 있었다. 뉴턴은, 중심으로부터 멀어질수록 중력의 세기(strength)가 약해지는 역제곱 법칙을 추가로 가정하여, 알려진 여섯 행성의 상대 공전 주기와, 타원형 궤도 모양, 시동하는 궤도 속도의 개별적인 변화 등에 대해 정확히 설명할 수 있었다. 전체적으로, 그 '중심력(central force)' 해석은 다양한 달과 행성의 운동에 대해 훨씬 더 상세하고 정확한 모델을 제공했다. 뉴턴의 그 상황에 대한 해석은 행성의 미묘한 움직임까지 체계적으로 이해할 수 있게 해주었다. 이러한 영향을 받아 움직이는 물체는, 적어도 우리가 그것들을 측정할 수 있는 능력을 갖는 한, 관찰된 움직임의 종류를 정확히 보여줄 것이다. 다시 말하지만, 뉴턴에게 친숙한 질서라는 형태가, 어떤 식으로든, 처음에 수수께끼 같은 행성 행동의 다양성에서 드러날 수 있다.

흥미롭게도, 이러한 훌륭한 해석 역시 결국 거짓으로 판명되었다. 그

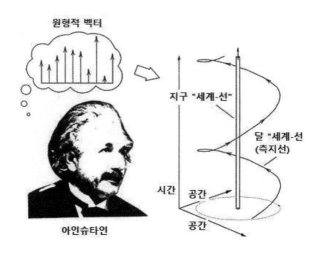

그림 5.11 지구 주위를 도는 달의 타원 궤도에 대한 아인슈타인의 '비유클리드 시공간 내의 직선' 해석

렇지 않다고 하더라도, 아무튼 앨버트 아인슈타인(Albert Einstein)이 훨씬 더 좋은 해석을 내놓았다. 아인슈타인의 말에 따르면, 소위 '중력 (force of gravity)'이란 환상이었다. 3차원 공간에서 행성의 곡선 경로 란 실제로, '끌어당기는' 물체를 둘러싸고 있는 4차원 시공간 연속체의 비유클리드 기하학 내의 직선 경로(소위 '측지선 경로(geodesic path)' 또는 '최단 경로')이다. 행성의 경로가 4차원 내의 직선이므로, 전향력 을 설명하기 위해 필요한 어떤 '전향(deflection)'도 존재하지 않는다. 태양이 하는 일은 어느 것에 힘을 가하는 것이 아니다. 그보다 태양의 거대한 질량이 시공간의 국소 기하학을 변형시킬 뿐이다. 이러한 기하 학적 변형을 가정하면, 관성 경로 또는 '직선' 경로라는 친숙한 원형이 나머지 모든 작용을 해명해준다(그림 5.11).

비유클리드 시공간 내의 '측지선 경로' 원형은 우리 대부분에게 분 명히 이해되기 어렵다. 그러나 그렇다는 것은 여기에서 핵심을 벗어난다. 그것은 아인슈타인에게 적어도 어느 정도 친숙했던 원형이었다. 그리고 바로 그 원형의 맥락적 활성화는, 행성 운동에 대한 해석으로서, 아인슈타인이 중력 현상의 본성에 대해 새로운 통찰을 발휘하도록 해주었다.

그런 원형은, 뉴턴의 초기 원형에 포함된 행성의 움직임과 매우 유사한 일련의 관찰 가능한 행성들의 움직임을 포괄한다. 따라서 그리고 자동적으로, 그 원형은 동일한 영역의 현상들에 대해 설명해줄 대안적 해석이다. 그러나 또한 그 원형은, 고도로 타원형인 궤도의 전진하는 장축(advancing major axis)과 같은, 뉴턴식 움직임에서 나오는 어떤 미묘한 편차들을 포괄한다. 이러한 편차는, 천문학자들이 수성의 궤도 움직임에서 이미 관찰했지만, 아인슈타인의 이론적 고려에는 전혀 포함되지 않았던 것이다. 그 두 원형들 사이에 추가적인 차이점이 경험적으로 조사되었지만, 언제나 뉴턴식의 기대는 실망을 주었다. 다시 말하지만, 훨씬 더 심오한 해석이 이전의 해석을 대체해버렸다.

아인슈타인의 중력이론은 그 자체로 더 최근의 경쟁자를 가지고 있지만, 나는 여기서 일련의 예시 사례들을 더 이상 들지 않겠다. 과학사에 대한 이렇게 짧고 매우 선별적인 담론의 요점은, 우리의 가장 정교한 지적 성취들 중 일부가, 저급한 사진에서 개(dog)를 재인하는 것처럼, 가장 단순한 인지적 활동에서 볼 수 있는, 벡터 처리, 재귀적 조작, 원형 활성화, 원형 평가 등과 동일한 활동을 포함한다는 것이다. 과학적 인지를 특별하게 만들어주는 것은 단지, 해석적 기획의 특이한 야망, 전개되는 많은 원형들의 정교함, 제안된 유력한 해석들에 대한 평가를 관리하는 제도적 절차 등이다. 핵심적으로, 과학적 인지는, 인지를 일반적으로 정의하는 것과 매우 동일한 인지 메커니즘을 포함한다. 그리고 이 장에서 살펴본 이론적 해석에 따르면, 이러한 메커니즘은 커다란, 그리고 고도로 훈련된, 재귀적 신경망에 구현된 메커니즘이다.

6. 사회적 세계의 신경 표상

사회적 공간

게(crab)는 바위와 훤히 트인 모래 그리고 은신처가 있는 해저 공간에서 살아간다. 땅다람쥐는 땅 구멍과 나뭇가지 터널, 나뭇잎으로 만든 침실에서 살아간다. 그들과 비슷하게 인간도 복잡한 물리적 공간에서 살아가지만, 더욱 두드러진 사실은 우리가 의무, 책임, 자격, 금지, 약속, 부채, 애정, 모욕, 동맹, 계약, 적, 열광, 약속, 상호 간의 애정, 정당한 기대, 집단적 이상 등등의 복잡한 공간에서도 살아간다는 점이다. 인간이 이러한 사회적 공간의 구조를 배우고, 그 안에서 자신과 타인의 현재 위치를 인식하는 법을 배우고, 개인적 또는 사회적 피해 없이 그 공간을 탐색하는 방법을 학습하는 것은, 모든 순수한 물리적 공간에 대응하는 기술을 배우는 것만큼이나 중요하다.

그렇다고 다람쥐와 게, 벌과 개미, 흰개미 등의 삶을 낮춰 보자는 것이 아니다. 그들의 인지적 삶의 사회적 차원은 우리보다 단순할지라도 여전히 복잡한 수준을 갖는다. 또한 그들에게 이것이 중요하다는 사실

178

도 의심의 여지가 없다. 계통 발생적인 모든 수준에서 중요한 것은, 각 생명체가 다른 물체들뿐만 아니라, 다른 **생명체**와 함께 이 세계에서 살아간다는 점이다. 다른 생명체 역시 지각하고, 계획하고, 행동할 수 있으며, 서로에게 득이 될 수도, 반대로 해가 될 수도 있다. 따라서 그들은 자신뿐만 아니라 다른 생명체에게도 체계적으로 주의를 기울여야 한다. 하물며 비사회적 동물일지라도 포식자의 위협이나 먹잇감을 노릴 기회를 인지하고, 그것에 반응하는 방법 등을 배워야 한다. 더군다나 사회적 동물이라면 자신들의 집단생활을 구축하는 상호작용의 문화를 필수적으로 배워야 한다. 이것이 의미하는바, 그들의 신경계가 국소적인 사회적 공간의 다양한 차원들을 표상하도록 학습해야 하며, 그런 공간은 그들의 국소적인 물리적 공간만큼이나 확실히 그리고 적절히 그 신경계에 내재화(embodied)되어야만 한다. 따라서 그들은 사회적 행위자, 사건, 직위, 구성 및 절차 등에 대한 범주 계층구조를 반드시 학습해야 한다. 나아가 그들은 베일에 가려진 저하된 입력, 만성적인 모호성, 때때로 고의적인 속임수 등등 다양한 범주 사례들을 재인하는 방법을 학습해야 한다. 무엇보다도 그들은 스스로 주위를 배회하고, 먹이를 구하고, 은신처를 찾는 것을 학습해야 하듯이, 사회적 공간에서 적절한 행동을 **표출**하는 방식도 배워야 한다.

이러한 추가적인 필요성에 직면하여, 사회적 생명체는 다른 곳에서 사용하는 것과 동일한 자원을 활용해야만 한다. 그런 과제가 특별하긴 하지만, 그들이 사용하는 도구는 동일하다. 즉, 그런 생명체는 어느 특별한 뉴런 집단 내에서의 시냅스 가중치를 조성하여, 자신이 살고 있는 사회적 실재(social reality)의 구조를 표상해야 한다. 나아가서, 사회적으로 허용되거나 유리한 행동 결과를 생성하는 벡터 시퀀스를 생성하는 것을 학습해야 한다. 앞으로 살펴보겠지만, 사회적 및 도덕적 실재(social and moral reality)는 물리적 뇌의 영역이기도 하다. 사회적 및 도덕적 인지와 행동은, 다른 종류의 인지 및 행동과 마찬가지로, 뇌의 활동이다. 우리 자신의 도덕적 본성을 언젠가 이해하려면, 이런 사실을 솔직히 직시해야만 한다. 매우 빈번하게 발생하는 사회적 병리에 효과적이면서도 인간적으로 대처하려면, 이런 사실을 직시해야만 한다. 그리고 우리의 사회적 및 도덕적 잠재력을 언젠가 온전히 실현하기 위해서라도, 우리는 이런 사실을 직시해야 한다.

분명히, 이러한 견해는 일부 독자들을 불편하게 자극할 것이다. 사회적 및 도덕적 지식을 순수한 육체적 뇌에 위치시키는 것이, 마치 그런 것들을 어떤 식으로든 평가절하한다는 느낌이 들기 때문일 것이다. 단언컨대, 나는 이런 것들을 평가절하하려는 것이 아니다. 앞으로 살펴보겠지만, 사회적 및 도덕적 이해에 대해서, 정확히 과학적 또는 이론적 이해에 대한 것만큼, 충분히 '지식'이란 용어를 붙일 수 있다. 그 이상도 그 이하도 아니다. 인간처럼 집단생활을 하는 생명체에게, 사회적 및 도덕적 이해는, 그것이 매우 경험적이고 객관적인 것인 만큼 어려우며, 그것을 얻으려면 노력이 필요하다. 그리고 그런 이해는 과학적 지식만큼이나 우리 행복에 필수적이다. 또한 사회적 및 도덕적 이해는 개인의 일생에 걸쳐, 그리고 수 세기에 걸쳐 점진적으로 발전해왔으며, 가혹한 경험의 압력으로 꾸준히 자체를 수정해왔다. 그리고 사회적 및 도덕적 이해는 더욱 확실한 평화, 더욱 풍요로운 거래, 더 깊은 깨달음 등에 대한 희망을 향해 끊임없이 앞으로 나아간다.

도덕적 실재론(moral realism)의 쟁점은 이 장의 마지막과 이 책의 마지막 부분에서 다시 다룰 것이다. 그때 이것에 관한 철학적 방어에 좀 더 집중해보겠다. 인내심을 갖고 기다려줄 독자들에게 이렇게 미리 알려주면서, 이 쟁점을 잠시 미뤄두자. 우선 여기서 접근하려는 핵심 쟁점은 바로 사회적 및 도덕적 지식이, 그 자체의 형이상학적 지위가 어떠하든, 실제로 살아 있는 생명체의 뇌에 어떻게 **내재화될 수 있는**

가이다.

이것은 그렇게 어려운 것이 아니다. 개미와 벌은 복잡한 사회생활을 갖지만, 그것들이 활용하는 신경 자원은 매우 미미한 수준으로, 개미의 경우 10^4개의 뉴런만을 보유한다. 그러나 그 자원의 양이 적은 깃과는 별개로 필요한 만큼 충분한 양인 것만은 분명해 보인다. 그렇다면 개미는 얼마만큼의 일을 부여받는가? 개미의 경우 아마도 그리 많지 않을 것이다. 개미 사회는 강력한 카스트제도(계급사회)를 가지고 있고, 계급마다 주어진 행동 역할은 상당히 단조로울 수 있다. 그럼에도 불구하고, 일개미의 신경망은 사회적으로 관련된 다양한 것들을 재인할 수 있어야 한다. 예를 들어, 쫓아가거나 피해야 할 페로몬 흔적 표시, 서로의 행동을 유도하기 위한 더듬이 교환 표현 형식, 일반적으로 방어하거나 공격해야 할지, 또는 그 군체를 분열할 경우인지, 서식지 내 진딧물 무리를 위한 비옥한 목초지, 여왕과 자라나는 알들의 복잡한 요구 사항 등등을 재인할 수 있어야 한다.

아마도 사회적 인지 및 행동의 문제는 신체적 인지 및 행동의 문제와 근본적으로 다르지 않을 것이다. 구별해야 할 사회적 특징이나 과정은 미묘하고 복잡할 수 있지만, 고차원 벡터 표현은 그런 것들을 성공적으로 포착할 수 있다. 이러한 특징이 나타나는 환경에 잡음과 산만함이 가득하더라도, 그물망의 벡터 완성 역량과 재귀적 변조로 인해 이러한 특징을 성공적으로 식별할 수 있다. 이것이 어떻게 가능할지 알아보기 위해, 간단한 사례, 즉 사람의 얼굴에 나타나는 주요한 감정 상태를 살펴보도록 하자.

엠파스(EMPATH): 인간 감정 재인을 위한 그물망

코트렐과 멧칼프(Cottrell and Metcalfe)는, 우리에게 친숙한 8개의 감정 상태에 대해 조금씩 변하는 얼굴-재인 그물망을 훈련시켰다. 협조

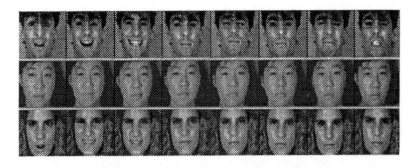

그림 6.1 인간 피험자 세 명의 얼굴 표정을 통해 친숙한 여덟 가지 감정 상태를 표현했다. 왼쪽부터 놀라움, 기쁨, 즐거움, 평온, 졸음, 지루함, 비참함, 분노 등이 다. 이 사진들과 함께 또 다른 17명 피험자의 사진들은 사람의 얼굴에 나타난 감정을 구별하는 그물망인 엠파스(EMPATH)를 훈련하는 데 사용되었다. (Gary Cottrell과 Janet Metcalfe에게 감사를 표한다.)

적인 학부생 20명(남성 10명, 여성 10명)이 그러한 여러 감정 상태를 가장하여 표정 연기를 하였다. 이 매력적인 피험자들 중 세 명의 모습을 그림 6.1.에서 볼 수 있다. 이들은 여덟 가지 감정 각각에 대해 한 번씩 총 8번의 얼굴 표정 연기를 수행했다. 그 순서는 놀라움, 기쁨, 즐거움, 평온, 졸음, 지루함, 비참함, 분노 등이다. (코트렐과 멧칼프는 그들의 연기 실력에 100퍼센트 만족하지는 못했다.) 이 실험의 목적은 적당한 크기의 그물망이 실제 다양한 사람의 얼굴에서 나타나는 미묘한 수준의 여러 특징을 구별할 수 있는지 알아보는 것이었다.

대답은 우선 '그렇다'이지만, 다소 제한적이다. 그물망은 (8개의 감정 × 20개의 얼굴) 총 160장의 사진으로 구성된 훈련 세트 전체를 1,000회 학습했다. 그러자 그물망은 네 가지 긍정적 감정에 대해서는 높은 수준의 정확도(약 80퍼센트)에 도달했다. 그러나 분노 감정에 대해서만 85퍼센트 정도로 정확히 식별한 것을 제외하면, 부정적 감정에 대해서는 매우 낮은 수준의 정확도를 보였다.

이러한 성능의 한계는 학생 피험자의 열악한 연기 능력 때문이기도 하고, 이와 더불어 네 가지 부정적 감정 중 (분노를 제외한 나머지) 세 감정의 표현적 유사성 때문일 수도 있다. (사진에서 졸음, 지루함, 비참함이 얼마나 잘 구별되는지 확인해보라.) 이런 변명을 시험하기 위해, 동일한 사진들을 일반인 피험자 집단에게 보여주고, 그물망에게 요구했던 것과 동일하게 각 감정 상태들을 구분하도록 요구했다. 놀랄 것도 없이, 이들 또한 분노를 제외한 부정적 감정에 대해 가장 형편없는 성적을 보였다. 그렇지만 상대적으로 그물망보다는 훨씬 더 잘 수행했다. 따라서 그물망이 보인 부족함 중 일부는 서투른 학생 배우의 탓일 수 있지만, 이것이 전부는 아닐 것이다. 몇 가지 추가적인 요인들을 통해, 그물망이 식별 능력의 최대치에 미치지 못하는 한계점에서 작동하고 있음을 확인할 수 있다.

예를 들어, 동일한 160장의 사진에 대해 추가적인 학습(2,000장의 프레젠테이션 세트)을 시행하자, 그물망의 부정적 감정 재인 능력이 크게 향상되었다. 안타깝게도 이 과정에서 몇 가지 긍정적 감정에 대한 원래의 정확도가 다소 떨어졌다. 그렇게 카드빚을 갚기 위해 대출을 받은 모양새는, 해당 규모의 그물망이 표시된 모든 기능을 완전히 포착하기에 불충분하다는 것을 보여준다.

둘째, 그물망이 원래 훈련받던 사진들을 더욱 많이 학습할수록, 새로운 얼굴을 일반화하는 능력은 떨어졌는데, 이것은 그물망의 실제 성과를 가늠하는 중요한 시험이었다. 그물망 엠파스(EMPATH)의 일반화 능력은 훈련 세트의 약 1,000번째 제시에서 정점에 달했으며, 이 세트에 대한 추가 훈련이 진행되면서 실제로 성능이 떨어졌다. 이것은 그물망이 1,000번의 제시 이후에는, 연구자가 의도한 대로 얼굴에 표시되는 감정에 공통으로 나타나는 중요한 특징을 일반적으로 학습하기보다, 훈련 세트의 특정 사진들이 가진 특유의 사소하고 우연한 차별적 특징만을 학습했다는 것을 보여준다.

그럼에도 어쨌든, 그 그물망은 학습과 일반화 모두를 해냈다. 여덟 가지 감정 중 다섯 가지 감정에 대해 매우 정확한 수행을 보였으며, 가장 약하게 발휘된 수행에 대해서는 인간 또한 어려움을 겪었다. 이것은, 그러한 감정 표현들이 실제로 신경망의 이해 범위 내에 있다는 것을 의미하며, 더 큰 그물망과 더 큰 훈련 세트가 주어지면 훨씬 더 잘 작동할 수 있다는 것을 뜻한다. 독자가 동의할지 모르겠으나, 엠파스는 일종의 '존재 증명(existence proof)', 즉 일부 그물망에 대해 그리고 인간의 사회적 행동에 대해, 누군가 타자를 식별하는 것을 학습할 수 있다는 증명인 셈이다.

사회적 특징과 여러 원형적 시퀀스

물론 그물망 엠파스가 보여주는 정교함의 수준은 상당히 낮다. 이것이 조성한 [신경망 활성] 패턴은 시간의 흐름과는 무관한 순간들만을 담아낸 사진들에 대한 것뿐이다. 그 그물망은 감정 표현의 시퀀스를 이해하지 못하며, 이것은 일반적인 인간과 극명한 대조를 이룬다. 가령 슬픔을 인식할 때, 누군가 흐느끼는 여러 장의 사진을 보면서도, 그 장면을 한 장의 사진으로 보는 것 이상으로 받아들이지 못한다. 사진 한 장만으로는 인간과 그물망 모두에게서 모호함을 없애기에 충분치 않다. 그렇지만 사람이 받아들이는 부정적 감정의 여러 시퀀스 행동은 분명 모호하지 않다. 재귀적인 경로가 없으므로, 엠파스는 인지 가능한 패턴이 시간에 따라 어떻게 전개되는지를 포함하는 풍부한 정보 팔레트를 활용할 수 없다. 이러한 이유로 순수 피드포워드 구조의 그물망은 아무리 규모가 크더라도 인간의 재인 능력에 필적할 수 없다.

시간적 패턴에 대한 이해가 부족한 것은 더 많은 대가를 치르게 한다. 엠파스는 일반적으로 어떤 종류의 인과적 선행 요인이 주요 감정을 산출하도록 하는지에 관한 개념이 없으며, 그러한 감정이 해당 감정을 가진 사람들의 지속적인 인지적, 사회적, 신체적 행동에 어떤 영향을 미치는지에 대한 개념도 없다. 사랑하는 사람을 잃은 경험은 일반적으로 슬픔을 유발하고, 슬픔은 일반적으로 어느 정도의 사회적 마비를 유발하는데, 이러한 것들은 엠파스 앎의 범위를 완전히 벗어난다. 요컨대, 원형적인 여러 감정의 인과적 역할은 엠파스와 같은 그물망의 이해 범위를 벗어난다. 순수한 신체적 인지의 영역에서 보았듯이, 정교한 사회적 인지를 위해서는 시간적인 패턴을 파악해야 하며, 그것을 위해서 그물망은 풍부한 재귀적 경로가 필요하다.

인과적 시퀀스의 중요한 하위 집합은 의례적 또는 관습적 시퀀스의 집합이다. 원형의 측면에서 몇 가지 예를 들자면, 사교적 소개, 인사 교환, 연장 협상, 거래 성립, 적절한 종결 등을 생각해볼 수 있다. 이러한 모든 상호 교환에는, 실행과 마찬가지로, 재인을 위해 잘 조정된 재귀적 그물망이 필요하다. 그리고 그 상호 교환을 위해 상당량의 과거 사례들을 내재화하는 사회적 그물망을 지녀야 하며, 그런 사회적 그물망은 모든 면에서 이미 과거 활동에 대한 원형적 활동으로 채워진다. 결국, 이러한 원형은 학습해야 가질 수 있으며, 그러기 위해서는 좋은 사례들과 (그것들을 내재화하기 위한) 충분한 시간이 필요하다.

결국, 정상적으로 사회화된 인간의 방대한 신경 활성 공간 내에 계층적으로 내재화한 사회적 원형의 습득된 도서관은, 만약 그것이 탁월하지 않을 경우, 순수하게 자연적이거나 비사회적인 원형의 습득된 도서관과 경합을 벌여야만 한다. 우리는 그러한 인간 사회적 공간의 난해한 구조와 인간 사회적 동역학의 복잡성을 헨리 제임스(Henry James)[7]와 같은 사람의 소설만 읽어봐도 알 수 있다. 더 간단하게는,

---

7) [역주] 프래그머티즘 철학자인 윌리엄 제임스(William James)의 동생.

자신의 10대 시절을 떠올려보라. 그러한 복잡성에 통달하는 것은 적어도 물리학 학위를 취득하는 것과 동등한 수준의 인지적 성취이다. 그렇지만, 예외적인 몇 명을 제외하고, 우리 모두가 그것을 성취한다.

뇌에 '사회적 영역'이 있는가?

20세기의 실험신경과학은 순수하게 자연적이거나 물리적인 지각 특성의 신경해부학적(구조적) 및 신경생리학적(동역학적) 상관관계를 찾는 데 거의 전적으로 집중해왔다. 그 중심적 및 계획적 질문은 다음과 같다. 색상, 모양, 움직임, 소리, 맛, 향기, 온도, 질감, 신체적 손상, 상대적 거리 등등의 속성은, 뇌의 어느 곳에서, 어떤 과정을 통해 우리가 재인하는가? 이러한 질문을 추구한 결과 얻게 된 실질적인 통찰력을 통해, (앞서 언급한) 각 기능에 핵심적으로 관여하는 것으로 보이는 뇌의 다양한 영역에 대한 대응도(map)를 우리가 일찌감치 획득하여, 지금까지 활용할 수 있었다.

그 발견 기술(technique)은 개념적으로 단순하다. 길고 가는 미세전극을 해당 피질 영역의 세포 중 하나에 삽입한 다음 (뇌에는 통증 감각 수용기가 없으므로 실험동물은 그 통증 신호를 전혀 알지 못한다) 동물에게 색깔 또는 동작을 보여주거나, 음조를 들려주거나, 따뜻함과 차가움을 느끼게 할 때, 관련 세포가 반응하는지, 그리고 어떻게 반응하는지를 관찰한다. 이러한 방식으로 하나의 기능적 대응도(functional map)가 공들여 만들어진다. 그림 6.2는 일반적인 영장류 대뇌피질의 뒤쪽 절반을 차지하는 여러 일차 및 이차 감각피질들과 그 위치를 개략적으로 보여준다.

그러나 피질의 앞쪽 절반인, 소위 '전운동(pre-motor)' 피질은 어떠한가? 그 피질의 역할은 무엇인가? 관습적인 모호한 대답에 따르면, 그곳은 "운동피질로 신호를 전달하여 실행하도록, 잠재적 운동 동작을

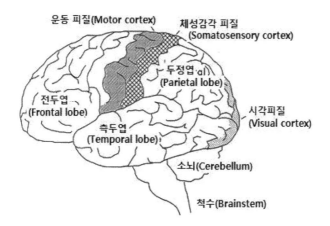

그림 6.2 영장류 대뇌피질 내 일부 일차 및 이차 감각 영역의 위치. (LGN 및 MGN과 같은 피질하(Subcortical) 구조는 보여주지 않는다.) 운동 출력 피질 또한 보여준다. 쉽게 식별할 수 있는, 외부의 넓은 피질 영역을 주목하라.

명확히 하는 것"이다. 이런 설명은, 그러한 피질 구조와 신경 활동의 중요성에 비해 아주 빈약한 통찰만을 제공해줄 뿐이다. 우리가, 다른 여러 감각 영역에 대해 조작할 수 있는 것과는 달리, 그 영역에 대한 입력은 세밀히 조작할 수 없는데, 그것은 [전운동 영역에서 받아들이는] 그 입력이 궁극적으로 뇌 전체에서 오기 때문이다. 즉, 그 입력은, 이미 처리 계층구조에서 높은 위치에 있는 영역, 즉 (무엇이 우리에게 나타나고 나타나지 않는지를 조절할 수 있는) 감각 말단에서 멀리 떨어진 영역으로부터 들어오기 때문이다.

반면에, 우리는 이전과 마찬가지로 미세전극을 삽입하지만, 이번에는 그 표적 세포(target cell)의 반응을 단지 기록만 하는 것이 아니라, 반대로 자극할 수도 있다. 운동피질 자체 내에서, 이런 실험이 훌륭하게 작동한다. 만약 우리가 특정 부위의 세포를 짧게 자극하면, 신체의 특정 근육이 경련을 일으킨다. 그것은 그 운동피질 영역과 (그 영역이

제어하는) 근육 사이에 체계적인 일치가 있어서이다. 간단히 말해서, 일차시각피질이 안구의 망막 대응도인 것처럼, 그 운동 연쇄 자체(the motor strip itself)는 신체의 많은 근육에 대한 잘 정돈된 대응도를 구성한다. 그렇지만 **전운동** 영역의 단일 세포를 자극하면 행동 반응이 거의 또는 전혀 일어나지 않는데, 이것은 아마도 실제 행동을 생성하려면 한 번에 수천 개의 세포가 참여하는 대규모 활성 벡터의 원활한 시퀀스가 필요하기 때문일 것이다. 이러한 종류의 자극을 생성할 수 있는 기술은 아직은 확보되지 못했다.

그렇게 신경과학의 관습적 교육은, 뇌의 뒤쪽 절반에서 처리되는 감각 입력의 전체 스펙트럼이, 정확히 어떻게 뇌의 앞쪽 절반에서 적절한 운동 출력으로 변환되는지 의문을 여전히 남겨둔다. 이것은 정말 중요한 문제이며, 연구자들이 이 문제를 어려워하는 것은 당연하다. 우리가 인공신경망 연구를 통해 얻은 관점에서 보면, 우리는, 벡터 코딩과 벡터 변환의 복잡함이 뇌와 같은 크기에서, 특히 대규모의 재귀적 경로가 전체적으로 존재한다는 점에서, 얼마나 대단한 일인지를 알아볼 수 있다.

분명히, 뇌의 감각-운동 전략을 완전히 파악하는 것은 매우 어려운 일이다. 비록 그 뇌가, 모든 시냅스 가중치를 알고, 모든 신경세포의 활성 수준을 지속적으로 동시에 관찰할 수 있는 인공그물망일지라도 그러하다. 더구나 살아 있는 뇌는 훨씬 만만치 않다. 뇌의 가중치들은 대부분 접근이 불가능하며, [동시에] 한 번에 몇 개 이상의 세포 활동을 관찰하는 것이 현재로서 불가능하다.

이것이 바로 최근 인공그물망 모델을 통해 많은 진보를 이룩해낸 이유 중 하나이다. 우리는, 뇌에서 직접 배울 수 없었던 것들을, 그 모델을 통해 배울 수 있다. 그런 다음 우리는, 새롭고 더 잘 알려진 실험적 물음, 우리의 그물망 모델에 대한 경험적 신뢰와 관련된 물음, 직접 대답할 기대를 갖는 물음을 가지고, 생물학적 뇌로 돌아갈 수 있다. 따라서 우리는 결국, 지각 입력으로부터 행동을 산출하는 은닉된 변환 (hidden transformations)을 밝혀낼 것이다.

그렇지만 만약 우리가 그런 것들을 추적해 밝혀내려면 그런 문제에 대한 우리의 개념을 확장해야 한다. 특별히, 우리는 무엇보다도, 지각이 세계 내에서 가장 일차적이며 가장 우선하는 순수한 물리적 특징이라는 가정을 경계해야 한다. 그리고 행동 출력이 일차적이고 가장 우선하는 물리적 대상의 조작이라는, 그 유사한 가정도 경계해야 한다.

우리는 실로 이런 가정들을 경계해야 한다. 인간을 비롯한 사회적 동물은 정말 예리한 지각 능력을 가지고, 주변 환경의 **사회적** 특징을 바라보며, 그것에 민감하게 반응한다는 사실을, 우리가 이미 알기 때문이다. 그리고 인간 및 사회적 동물은, 순전히 물리적 환경뿐만 아니라, **사회적** 환경도 조작한다는 것을, 우리가 이미 알기 때문이다. 그리고 무엇보다도, 대부분의 사회적 동물의 유아(infants)는 적어도 순전히 신체적 의미의 감각-운동 조절(sensorymotor coordination)을 배우기 시작할 때부터, **사회적** 조절(social coordination)을 습득하기 시작한다는 사실을, 우리가 이미 알고 있기 때문이다. 유아는 미소와 찡그린 얼굴, 친절한 말투와 적대적인 말투, 유머러스한 말투와 불쾌한 말투 등을 구별할 수 있다. 또한, 유아는 성공적으로 보호를 요청하고, 수유를 요청하며, 애정과 놀이를 요청할 줄도 안다.

나는 사회적 속성이 궁극적으로 순수한 물리적 세계의 복잡한 측면을 넘어서는 무엇이라고 제안하려는 것이 아니다. 또한, 물리학과 화학이 포착하는 것 이상의 독립적인 인과적 속성을 가진다고 제안하고 싶은 것도 아니다. 내가 제안하고 싶은 것은 다음과 같다. 사회적 동물인 유아의 뇌가 세계를 표상하는 법을 배울 때, 자연스럽게 그리고 끊임없이, 주변 환경의 사회적 특징에 초점을 맞추는데, 그 경우에 (나중에는 결국 간과할 수 없는 물리적 특징들인데도 불구하고) 이것들을 우선 제쳐두는 경우가 많다는 것이다. 예를 들어, 인간 아이들은 일반적으로 분노, 약속, 우정, 소유권, 사랑과 같은 문제에 대한 언어적 능력을 습득한 후, 한참이 지난 생후 3, 4년이 되어서야 기본적인 색채 어휘를 습득하게 된다. 부모로서 나는 내 아이들에게서 이러한 현상을 발견하고는 매우 놀라워했으며, 이러한 패턴이 매우 일반적이라는 사실에 또 한 번 놀랐다. 하지만 그럴 필요가 없었을지도 모른다. 끝없이 다양한 색상을 아는 것보다 앞서 나열된 사회적 특징을 파악하는 것이 어린아이의 실제 생활에 훨씬 더 중요하기 때문이다.

여기에서의 일반적인 교훈은 분명하다. 사회적 유아가 자신의 활동 공간을 분할할 때 형성하는 범주들은, 자연적 범주나 물리적 범주만큼이나, 사회적 범주인 경우가 많다. 중요한 인지 과제에 신경 자원을 할당할 때, 뇌는 물리적 실재를 표상하고 조절하는 것만큼이나 사회적 실재를 표상하고 조절하는 데 많은 자원을 소비한다.

이러한 설명에 비추어, 그림 6.2의 뇌를 다시 살펴보자. [감각 입력 및 운동 출력과] 대응하지 않은(unmapped) 전두엽 절반과, 상당 부분 [감각 입력 및 운동 출력과] 대응하지 않은 후두엽 절반 영역에 주목해 보자. 이런 영역들 중 일부가 **사회적** 지각과 행동에 주로 관여하는 것은 아닐까? 그런 영역들이 하나 혹은 여러 종류들의 **사회적** 실재들을 표상하는 방대한 벡터 시퀀스로 가득 차 있는 것은 아닐까? 정말로, 이런 의문에서 다음과 같은 의문이 제기된다. 우리가 왜 이런 영역들에서 멈추어야 할까? 특히 촉각, 시각, 청각 등과 같은 소위 '일차' 감각 피질 영역은 순전히 물리적 사실을 파악하고 처리하는 것만큼이나, 사회적 사실을 파악하고 처리하는 데에도 중요한 역할을 하는 것이 아닐까? 이러한 두 가지 기능은 확실히 상호 배타적이지 않다.

나는 이 모든 질문에 거의 확실하게 '그렇다'라고 대답할 수 있다고 생각한다. 우리가, 현존하는 신체적 특징에 대한 뇌 대응도에 비해, 사회적 특징에 대해 난해한 뇌 대응도를 갖지 못한다면, 그것은 찾을 수 없어서가 아니다. 내 생각에, 그것은 신체적인 경우에서처럼 결단을 가지고 그것들을 찾지 않았기 때문이다.

인간의 언어 역량

그렇게 뇌의 사회적 영역에 대한 상대적인 무관심을 이해하는 것은 어렵지 않다. 과학자의 입장에서 생각해보자. 사회적 환경을 조절하고 조작하여, 실험 피험자에게 지각 반응을 이끌어내는 것은, 색상, 모양, 음조 등등을 조절하고 조작하여, 그 반응을 이끌어내는 것보다 훨씬 더 어렵다. 이런 실험은, 그 사회적 환경이 낯설거나, 인간에게 이해되기 어렵거나, 어떤 식으로든 혼란이 가중되면, 두 배로 어려워진다. 마치 실험실의 마카크원숭이 혹은 붉은털원숭이의 전형적 무리에서 분명히 그러했던 것처럼 말이다.

그렇지만 단지 어려울 뿐, 완전히 불가능하지는 않다. 실제로 원숭이의 얼굴 재인에 관한 일부 초보적 연구가 이미 이 분야에서 수행되었다. 원숭이에게도 다른 원숭이의 얼굴을 재인하는 데 관여하는 것으로 보이는 작은 피질 영역이 있는 것으로 밝혀졌다. 우리가 그 영역을 칭해보자면, 원숭이의 '얼굴 피질(facial cortex)'은, 인간에서 이미 발견된 얼굴 피질 영역의 위치와 거의 유사한 곳에 자리 잡고 있다(이 책 3장의 앞부분, 68-69쪽 내용을 보라.)

그렇지만 사회적 영역은 인간 피험자에게서, 그리고 실험실 외부에서 발생한 사례로부터 더 공통적으로 드러난다. 다양한 종류의 사고(accident)는, 상당히 잘 정의된 다양한 인지적 또는 사회적 결함을 보이는 환자를 발생시킨다. 그리고 이러한 결함은 뇌의 특정 부위 손상과 연관될 수 있으며, 그 인지 결함의 정도와 양태는 환자의 행동 양상을 통해 확인될 수 있다. 또한, 환자의 뇌를 사후에 검사하거나, 새로운 비침습적 스캐닝 장치 중 하나를 사용하여 살아 있는 뇌를 자세히 영상화하면, 실제로 어떤 부위가 손상되었는지를 알 수 있다. 이런 두 가지 정보를 대규모 환자 집단에 걸쳐 종합해보면, 인간의 특정 인지 기능에 특화된 다양한 신경 영역의 대응도를 만들 수 있다. 그리고 이런 작업은 사람의 뇌에 전극을 삽입하지 않고서도 가능하다.

이런 연구의 교훈은 다음 장의 주제이지만, 여기서 한 가지 사례를 유용하게 논의해볼 수 있다. 인간은 여러 피질 영역들의 상호 연결 집단을 가지며, 일반적으로 뇌의 좌측 피질 영역은 언어의 이해와 생산에 매우 중요한 영역이다. 이러한 영역이 손상되면, 일반적으로 언어발화 능력 또는 다른 사람의 말을 이해하는 능력이 각각, 또는 모두 심각하게 손상될 수 있다. 이러한 영역들 중 더욱 두드러지는 두 영역을 '브로카 영역(Broca's area)'과 '베르니케 영역(Wernicke's area)'이라고 부르는데, 그 이름은 각 영역을 처음 발견한 19세기 의사들의 이름을 따서 명명되었다(그림 6.3).

그 영역들이 언어발화(speech, 말하기)에 중요하다는 것은, 그 두 영역들의 뇌의 위치를 고려하는 것만으로, 어렵지 않게 알아볼 수 있다. 브로카 영역은 입과 후두의 근육을 전반적으로 제어하는 부분인 일차 운동피질의 하부 바로 옆에 있으며, 그곳으로부터 축삭 상향으로 (axonally upstream) 연결되어 있다. 브로카 영역은, 운동피질을 통해 처리될 때, 유창하고, 문법적이며, 의미적으로 일관된 언어발화를 생성하는, 추상적 벡터 시퀀스를 구성하는 더 넓은 피질 시스템의 중요한 부분임이 분명하다. 그런 일은 분명 운동피질만으로는 수행되지 않는다. 손상되지 않은 운동피질은 입과 후두의 근육을 계속 세밀하게 조절하지만, 브로카 영역이 심하게 손상되면 운동피질이 더는 정상적이고 일관된 언어발화를 할 수 없게 된다.

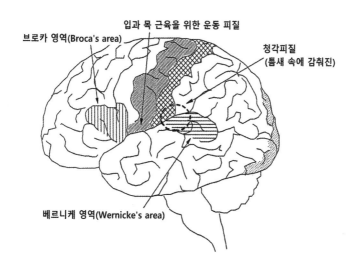

베르니케 영역(Wernicke's area)

그림 6.3 인간의 대뇌피질 영역 일부는 언어의 이해와 산출에 관여한다.

베르니케 영역의 손상 역시 언어발화 행동에서 흥미로운 결함을 일으킨다. 다음 장에서 살펴볼 예정이지만, 따라서 베르니케 영역도 언어발화 시스템의 일부라는 것은 분명하다. 그러나 베르니케 영역은 (측두엽과 두정엽을 분리하는 수평적인 '고랑(sulcus)' 또는 틈새 안쪽에 완전히 자리 잡고 있는) 일차청각피질 영역의 옆에 있고, 그곳으로부터 축삭 하향으로(axonally downstream) 연결되어 있다. 따라서 베르니케 영역이 언어발화의 이해에 중요한 역할을 담당한다는 것은 놀라운 일이 아니다. 일차청각피질이 손상되지 않았다면, 기본적으로 청각에 장애는 없다. 그러나 베르니케 영역 또는 (그 영역의 부분인) 더 큰 측두엽에 심각한 손상이 있는 경우, 그 청취한 언어발화에 대한 이해력이 심각하게 손상되거나 파괴된다.

인간의 언어는 아마도 어느 종의 사회적 기술(social skills) 중에서도 가장 장관일 것이며, 인간 뇌의 일부 국소 영역은 거의 전적으로 언어 관리에 전념하는 것처럼 보인다. 즉, 뇌에는 실제로 '사회적 영역'이 있다. 확실히 밝혀진 것은 둘 혹은 셋 정도이고, 앞으로 더 많은 영역이 발견될 것이다. 그렇지만 언어 영역의 경우는, 이 책의 목적과 관련하여, 특별한 관심 대상이다. 그 이유는, 언어 과학에서 현재 정설은 우리의 언어 구사에 관해 설명해주기 때문이다. 그 이론은, 적어도 문법적인 부분에서, 우리가 엄밀한 일련의 생성문법 규칙(generative grammatical rules)을 보유하기 때문이라고 설명한다. 그리고 그러한 규칙의 반복적인 적용이 발화 산출과 이해 모두에 필수적이라고 주장한다. 그러한 규칙이 적용될 수 있는 가능한 형식에 대한 기본적 설명은, 이것이 생물학적으로 타고난 것이며, 모든 정상 인간에게 보편적이라고 주장한다. 짧게 말해서, 인간의 뇌에는 태어날 때부터 모든 인간 언어의 기초 형식이 내장된 '언어 기관(language organ)'이 포함되어 있다고 말한다.

이것이 바로, 간단히 살펴본, 언어 이해에 대한 촘스키의 접근법(Chomskean approach)이다. 그 접근법이 지난 30년간 언어학의 이론적 연구를 지배해왔다. 그렇지만 더 최근의 신경망 접근법(neural network approach)과의 충돌을 보는 것은 어렵지 않다. 촘스키의 접근법은, 언어 능력을 지닌 인간이라면 누구나 갖는, 허용 가능한 단어 또는 문법 시퀀스를 형성하는 일련의 규칙이 존재한다고 가정한다. 그리고 뇌가 실제 문장을 이해하고 산출하기 위해 이러한 규칙을 적용하거나 따른다고 가정한다. 그와 대조적으로, 우리가 이 책에서 탐색하고 있는 신경망 모델은 (내적으로 표상하게 되는) 어떤 규칙을 적용함으로써 기능하지 않는다. 그 모델은 어느 특정한 규칙 같은 표상을 전혀 갖지 않는다. 그리고 그 모델이 발휘하는 변환은 완전히 다른 종류의 과정을 통해 이루어진다. 즉, (새로운 벡터를 결과물로 산출하기 위한) 시냅스 연결의 거대한 행렬로, 내재화된 벡터 곱셈에 의해 이루어진다.

결국, 학습된 그물망은 정말로 매우 '규칙적인' 행동을 산출할 수 있으며, 그런 중에 그 그물망은 특정 입출력 함수(input-output function)를 내재화하게 된다. 그리고 일부 일련의 명시적 규칙이 이러한 입력-출력 행동을 정확하게 규정하거나 재생성할 수 있다. 그러나 그 그물망이 실제로, 이러한 규칙을 내적으로 표상하고 적용함으로써, 입출력 행동을 생성한다고 주장한다면, 쟁점의 신경망 구조에 대해서 전형적으로 틀린 것이다. 그 신경망은 완전히 다른 계산 방식을 사용한다. 생성문법 학자와 신경망 학자 사이의 쟁점은 간단히 말해서 이렇다. 즉, 이런 두 가지 방법 중 인간에게 실현되는 언어 능력은 어느 것인가?

이 쟁점은 이미 4장에서 살펴본 더 단순한 유사 사례가 있다. 디지털 장비 회사(Digital Equipment Corporation)의 소프트웨어 엔지니어들이, 복잡한 문자-음소 간 입출력 기능을 실현하기 위해 만든, 덱토크(DECtalk)에 내재화된 정교한 컴퓨터 프로그램을 떠올려보자. 이 프로그램은 컴퓨터의 메모리칩에 명시적으로 표현된 대규모 규칙들 집합으로 구성되었다. 이 프로그램을 실행하여 가청(audible) 소리를 생성할 때, 컴퓨터는 말 그대로 저장된 규칙을 적용하거나 따른다. 이 경우 촘스키와 같은 가설은 덱토크의 기본 능력을 설명하는 데 올바르다. 덱토크는 실제로 규칙을 표상하고 따른다.

이것을 덱토크의 경우와 비교해보자. 이것의 입출력 능력은 덱토크와 사실상 동일하다. 그러나 넷토크(NETtalk)가 이러한 능력을 실현하는 방식은, 덱토크의 고전적 계산기에서 사용되는 규칙-응용 기술(rules-and-application technique)과 매우 다르다. 이것이 바로 넷토크가 그러한 반향을 불러일으킨 이유이다. 이것은 완전히 다른 방식, 즉 그것의 초기 훈련에서든, 그 훈련이 충분히 성숙한 수행에서든, 규칙을 전혀 사용하지 않고도 복잡한 입출력 능력(input-output competence)을 실현하는 완전히 다른 모습을 보여주었다. 그러므로 촘스키 가설로 넷토크의 기초적 능력을 설명하려 든다면, 그것은 명백히 오류이다. 비록 복잡한 규칙성을 내재화하지만, 넷토크는 규칙을 표상하거나 따르지 않는다.

이제 우리의 모국어를 위한 우리 인간의 능력에 관한 이야기로 돌아가보자. 이 능력은 단순히 '소리를 제대로 내기 위한' 덱토크나 넷토크의 능력보다 훨씬 더 복잡하다. 언어학자들 사이에 여전히 지배적인 입장은, 언어적 능력이 넷토크의 경우보다 덱토크의 경우가 인간에게 훨씬 더 가까운 방식으로 실현된다는 주장이다. 이러한 관점에서, 내장된 규칙이라는 설명이 여전히 더 매력적으로 보일 수 있다.

여기에는 30년간 지배적 위치에 있었다는 관성적 영향력 외에도 중요한 이유가 있다. 우선, 촘스키의 전통은 다양한 언어의 문법적 현상에 대해서 체계적이고 구체적인 설명을 축적해왔다. 이러한 성취는 하찮은 것이라고 치부할 수 없으며, 적어도 다른 대안 접근법이 그런 성취를 똑같이 구현해낼 때까지는 그럴 수 없다. 신경망 연구 역시 수십 년 동안 쌓아온 기반이 있기에, 그런 성취를 무시할 수는 없다.

두 번째 이유로 자주 언급되는 것은, 모든 자연어가 잠재적으로 무한한 수의 법칙적 또는 문법적 문장을 포함한다는 사실이다. 임의의 길이와 복잡성을 가진 문법적 문장이 언제든 만들어질 수 있기 때문이다. 촘스키의 주장에 따르면, 이러한 언어의 '생산성'을 설명할 수 있는 유일한 방법은 우리 각자의 내면에 있는 일련의 규칙에 호소하는 것이며, 그 규칙을 반복적으로 적용하면 끝없이 새롭고 더 복잡한 문장을 생성할 수 있다.

여기서 전통적 주장이 잘못하고 있는 것은, 적어도 그것이 문법적 생산성에 대해 유일하게 가능한 설명이라고 생각한다는 점이다. 문장이란, 결국, 여러 단어들의 시간적 시퀀스이다. 우리는 이미 재귀적 신경망이 잘 작동하는 행동 시퀀스들, 그리고 마찬가지로 시퀀스들의 시퀀스들도 생성하도록 훈련될 수 있음을 잘 안다. 5장에서 내가 제시한 좀 더 기초적인 동작들의 긴 시퀀스와 관련한 사례들, 즉, 오븐 장갑을 끼는 것으로 시작하여 8-9단계 후, 조리대 위에 놓인 뜨거운 치킨을 알루미늄 포일로 감싸는 것으로 끝나는 과정을 떠올려보자. 사실, 그와 같은 사례가 주어지면, 그런 운동 행위는 우리 쟁점의 의미에서 일반적으로 '생산적'으로 보이기 시작한다. 다음을 생각해보자. 턱을 긁는 것에서부터 정교한 저녁 요리까지, 그리고 연합군의 노르망디 상륙작전 개시까지, 사람이 할 수 있는 여러 독특한 행위의 수는 무수히 많다. 이러한 행위는 임의의 시간적 길이를 가질 수 있으며, 적절히 가변적인 요소 행위의 유한 목록으로 구성된다. 우리가 이런 총체적 역량에 대해서도 촘스키 식의 설명 하나만을 채택해야만 할까?

아마도 그렇지 않을 것이다. 그러나 이제 우리의 언어 역량은 더 이상 완전히 독특해 보이지 않으며, 더 이상 독특한 형태의 설명을 요구하지도 않을 수 있다. 아마도 그것은 재귀적 신경망이 갖는 기본적인 역량만으로도 설명할 수 있을 것이다. 즉, 그 신경망이 (수십억 개의 다른 요소들을 배제하고) 원형적 시퀀스 행동의 유한 '저장소(library)'를 학습함으로써, 그리고 그러한 요소적 시퀀스의 무수히 많은 가능한 변형 및 얽힘의 관점에서도 그것을 설명할 수 있을 것이다. 이것은 원리적으로 가능한 설명이다. 그것이 과연 실제로도 가능할까?

이것은 좋은 질문이지만, 그 대답을 우리는 아직 알지 못한다. 그렇지만, 그 대답은 앞으로 30년이 채 지나지 않아서 분명 밝혀질 것이다. 언어 역량에 관한 그물망 모델링은 우리에게, 재귀적 그물망이 쟁점의 그 복잡한 기능을 진정으로 학습할 수 있는지 여부를 알려줄 것이다. 그리고 인간 언어 영역의 구조와 활동에 대한 뇌 연구가 이러한 인공 언어 그물망이 생물학적으로 실현 가능한지 여부도 알려줄 것이다.

전자의 문제에 관해서는 이미 몇 가지 초기 연구 결과가 나와 있다. 그런 재귀적 그물망, 즉 임의적 길이의 문법적 단어와 비문법적 단어 시퀀스를 구별하도록 훈련된 그물망이 이미 존재한다. 그리고 그 그물망이 습득한 기술은, 표준영어 사용자의 문법적 능력의 극히 일부에 불과하지만, 그 사례는 매우 유익하고 고무적이다.

문법을 식별하는 재귀적 그물망

UCSD(캘리포니아 주립대학교 샌디에이고) 언어연구센터의 센터장인 제프 엘만(Jeff Elman)은 신경망 모델을 언어 이론에 적용한 선구자이다. 앞으로 설명할 그물망들은 '엘만 그물망(Elman Network)'이라 불리는 것의 사례들로, 재귀적 신경망이 채택하는 가장 단순한 형태 중 하나이다. 우선, 엘만은, 그물망이 단순한 문장들의 대규모 언어 자료로부터, 문법적 범주들, 예를 들어 **명사, 동사, 직접 목적어** 등과 같은 것들을 추상화할 수 있는지 알고 싶었다. 둘째, 그는 그 그물망이 다소 복잡한 문장의 대규모 언어 자료로부터, (임의의 길이의 새로운 문장들을 포함하여) **문법적 문장과 비문법적 문장을 식별하는 것을** 학습할 수 있는지 알고 싶었다. 이 두 가지 질문이 연구자들에게 관심을 끌었던 것은, 정설 촘스키 전통의 연구자들이 (우리가 탐구해온 종류의) 인공신경망이 (문법적 생산에 필요한) 추상적 구조에 관한 정교한 지식을 보여줄 수 없다고 강력히 주장해왔기 때문이다. 그렇지 않다면, 만약 그 신경망이 그러한 지식을 보여준다고 하더라도, 그것은 그 신경망이, (정설의 설명에서 선호되는) 촘스키 규칙들을 어떻게든 다루어내고 정확히 표현해냈기 때문일 것이다. 어느 쪽이든, 그 센터 연구자들은 정통의 설명을 두려워할 필요는 없다고 결론지었다.

정말 그러한지 살펴보자. 엘만과 데이비드 집서(David Zipser)는 단순한 재귀적 그물망(그림 6.4a), 29개의 평범한 명사 및 동사 목록, 그

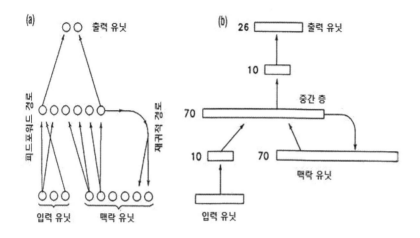

그림 6.4 (a) 가장 단순한 형태의 엘만 넷(Elman net). 중간 계층의 활성 패턴은
각 주기마다 역방향으로 전달되므로, 각 단계의 그물망에 대한 총 입력은 바로
이전 상태에 대한 '맥락' 정보를 포함한다. 따라서 그물망은 각각의 새로운 입력
단어를, 그 단어가 나타나는 단어 시퀀스에 비추어, 평가할 수 있다. (b) 반복적
으로 중첩된 관계절을 갖는 문장을 문법적으로 식별하기 위해 사용되는 다소 크
고 정교한 엘만 넷 (Jeff Elman의 그림을 수정)

리고 두 단어 및 세 단어 문장으로 구성된 10,000개의 훈련 언어 자료
등으로 첫째 질문에 대답한다. 그 언어 자료 문장은 예를 들어, "남자
가 빵을 먹다(Man eats bread)", "사자가 고양이를 쫓다(Lion chases
cat)", "소년이 잠들다(Boy sleeps)", "괴물이 차를 부수다(Monster
smashes car)" 등이다. 그 그물망에는 이러한 문장이 한 번에 한 단어
씩 입력으로 주어졌으며, 그물망의 과제는 이미 주어진 앞의 단어 또
는 단어구로부터 그 시퀀스의 다음 단어를 예측하는 일이었다.

이 과제에서 완벽한 예측이란 불가능한데, 일반적으로 문법적으로
허용되는 답이 하나 이상이기 때문이다. 예를 들어, "괴물이 …을 부수
다(Monster smashes …)"라는 두 단어 뒤에 '자동차(car)', '쿠키

(cookie)', '접시(plate)' 또는 '유리(glass)' 등이 똑같이 나올 수 있기 때문이다. 그럼에도 불구하고, 그물망은, 국소적 통계가 허용하는 한에서, 매우 자주 정확히 예측하는 것을 학습했다. 그리고 예측이 틀린 경우에도, 그 예측된 단어는 거의 항상 올바른 문법 범주에 속했다. 예를 들어, "괴물이 …을 부수다(Monster smashes …)"라는 문장이 주어질 경우, 다음 단어로 동사를 예측하지는 않았다. 일반적으로, 훈련 후 우리가 수용할 수 있는 문장들만을 생성했다.

이것이 어떻게 가능한가? 29개 각각의 가능한 예측이 이루어지는 동안, 그 그물망의 중간 계층에서 발생하는 활성 벡터를 분석한 결과, 우리에게 익숙한 계층적 패턴이 드러났다. 그림 6.5의 계통 분석도 (dendrogram)에서는, 10,000개의 훈련 문장을 구성하는 29개 단어 전체를 보여준다. 이 계통 분석도는, 앞서 넷토크의 79개 벡터를 분류했던 것과 마찬가지로, 학습된 활성 벡터의 유사성에 따라서 그것들을 분류했다. 그 그물망은, 그 훈련 세트의 대규모 문법적 문장 언어자료로부터, 임의 단어가 문장에서 적절하게 나타날 수 있는지 여부와 그 위치를 결정하는 범주를 성공적으로 추상화했음을 우리가 직접 확인할 수 있다.

이 소박한 결과는 고무적이지만, 촘스키 전통이 내세우는 진정한 과제를 아직 달성한 것은 아니다. 과연 그물망이, 높은 **추상적 구조**인 중첩된 관계절 및 여러 개의 주어-동사 일치를 내재화함으로써, 인간 언어의 진정한 **생산성**의 근간을 갖추었다고 말할 수 있을까? 이런 의문에 대답하기 위해, 엘만은 8개의 명사, 12개의 동사, 관계대명사 'who', 그리고 마침표 등으로 구성된 작은 어휘 모음으로 당면 과제의 미니어처 버전을 만들었다. (더 간단하게 만들기 위해, 그 어휘 모음에는 'the'나 'a'를 포함시키지 않았다.) 이렇게 선별된 요소들은, 엘만이 준비한, 단순하지만 진정 생산적인 문법, 12개 정도의 규칙에 따랐다. 그

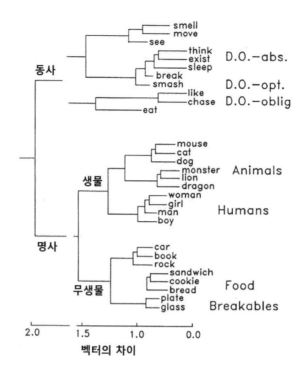

그림 6.5 그물망 중간 계층의 활성 공간에 걸쳐 있는 계층적 구획(partitions) 집합이다. 직접 목적어가 반드시 뒤따라야 하는 동사, 그렇게 할 수 없는 동사, 목적어가 선택 사항인 동사 간의 3방향 구분을 포함하여, 문법적으로 관련된 다양한 범주로 분류되어 있다. (Jeff Elman의 그림을 수정)

문법은, 앞서 설명한 어휘 모음으로부터 그리고 정통 촘스키 방식으로, 다양한 길이와 복잡성을 지닌 10,000개의 문법적 문장으로 구성된 학습 세트를 생성하는 데 사용되었다. 이전과 달리, 이 그물망은 "여자아이를 따라가는 소년이 고양이를 쫓는다(Boys [who chase girls] chase cats)."와 같은 관계절이 포함된 문장을 다루어야 했다. 이 훈련 세트를 통해, 그림 6.4b의 그물망은 간단한 문장부터 복잡한 문장 순으로 학습하는 동안에, 역전파(back-propagation)를 사용하여 그물망의 수많은 시냅스 가중치를 점진적으로 재구성하였다.

그 재귀적 그물망의 과제는, 각각의 입력 단어 문자열에 대해, 문법적으로 허용되는 다음 유형의 모든 단어들, 예를 들어 관계대명사, 복수동사, 단수명사 등등을 모두 예측하는 것이었다. 긴 이야기를 짧게 줄이자면, 그 그물망은 놀라운 학습 능력을 보여주었다. 관련 사례를 들면, 여러 관계절이 복잡하게 포함된 경우, 예를 들어, "[{개에게 먹이를 주는} 여자에게 키스하는] 소년이 고양이를 쫓는다(Boys [who kiss girl {who feeds dog}] chase cats)."와 같은 문장에서도 올바른 주어-동사 결합을 구별하는 법을 배웠다. 복수동사 'chase'가, 두 개의 중첩된 관계절, 혼란을 주는 두 개의 단칭 명사를 포함하는, 6개의 단어에 의해 분리되어 있음에도 불구하고, 복수주어 'Boys'와 화합한다는 점에 주목해보자. 그 훈련된 그물망은 이러한 화합을 올바르게 처리한다. (그리고 원래는 첨가된 괄호 없이도 처리할 수 있지만, 내가 논의를 위해 괄호를 삽입했다.) 일반적으로, 그 그물망은 일련의 진정한 생산적인 촘스키-비슷한 규칙들 집합에 의해 문법적으로 생성되는 것과 거의 동일한 문장들 집합을 문법적으로 식별하는 것을 학습했다.

그러나 지금부터가 중요한 부분이다. 그 그물망이 그것을 어떻게 하였는가? 성공적으로 훈련된 그물망 내부에 이러한 정교한 기술을 유지하기 위해서, 그 그물망이 어떤 종류의 표상을 사용하는가? 마침내, 여기서부터 클러스터 분석은, 넷토크와 엘만-집서의 초기 그물망에서처럼, 우리를 실망시키기 시작한다. 왜냐하면 이러한 절차는 의도적으로 모든 문맥적 변형을 평균화하며, 따라서 입력 단어가 문장 내에서 다양한 시간적 또는 순차적 위치에 따라서 다르게 코딩되는 방식에 관한 모든 정보가 사라지기 때문이다. 이제 우리가 다루고 있는 문장들의 길이가 더 이상 짧지 않으므로, 이러한 정보를 정확히 고려해야 한다.

그 중요한 전망을 보는 것은 어렵지 않다. (우리는 고양이 걷기 행동을 모델링하는 이야기에서 이미 살펴보았다.) 다양한 시간에 발생하는 벡터를 맹목적으로 평균화하는 대신, 시간에 따른 그런 단어 벡터의 시퀀스를 살펴보고, 그 결과 벡터 공간 궤적이 무엇을 뜻하는지를 들여다보는 것이다. 이런 접근법으로, 우리는 거의 즉시 소중한 결과물을 얻을 수 있다.

엘만은, 자신의 그물망 중간층에 70차원 벡터 공간 내에서 중요한 여러 초평면(hyperplanes)을 찾기 위해, 주요 요소 분석(principal components analysis)이라는 작업을 수행해야 했다. 즉, 그물망의 학습에서 중요하다고 여겨졌던 것들을 코딩할 때 가장 활발하게 기울기가 발생하는 특정 평면들을 찾아내야 했다. 그러나 일단 그러한 평면들을 식별하기만 하면, 각 문법적 문장들은 그러한 특별한 평면들 내에서 특징적 궤적을 가지는 것으로 밝혀졌다. 그림 6.6은 몇 가지 전형적 문장들을 표상하는 초공간 내의 고유한 경로를 보여준다.

그림 6.6a에서와 같이 문법적으로 유사한 문장들은 유사한 벡터-공간-궤적을 가진다는 점에 주목해보자. 예를 들어, 다음과 같은 문장들, (1)과 (2)를 살펴보자.

(1) 소년들이 쫓는 소년이 소년을 쫓는다(Boy who boys chase chases boy).
(2) 소년들이 쫓는 소년들이 소년을 쫓는다(Boys who boys chase chase boy).

이 문장들은 주어의 수(단수인지 복수인지)에서, 그리고 그것들의 종결 동사의 수에서만 오직 다르다. 그 두 궤적은 약간 다른 위치에서 시작하고, 그 작은 차이가 (주-주어와 결합하는 동사에 최종 도달할 때까지, 공통적으로 3개의 동일 단어에서) 유지되며, 이후 두 궤적은 서로

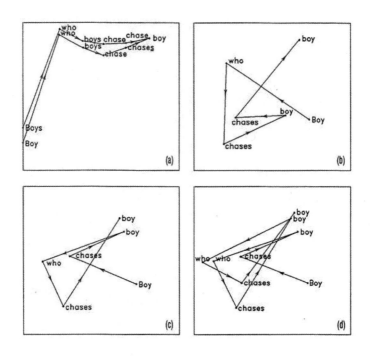

그림 6.6 엘만의 문법적 능력을 가지는 재귀적 그물망의 활성 공간 내에 서로
다른 문장들의 궤적. (a) 문법적으로 유사한 문장들은 벡터 공간에서 유사한 궤
적을 갖는다. (b)와 (c)의 문법적으로 엇갈리는 문장들은 상당히 다른 궤적을 갖
는다. (d) 연속적으로 중첩된 관계절은 그 활성 공간 내에서 유사하면서도 공간
적으로 구분되는 주기로 코딩된다. (Jeff Elman의 그림을 수정)

수렴한다. 이 사례에서 그물망의 전략은 일반적인 전략을 보여준다. 그
전략은 작은 문법적 차이를, 벡터-공간 궤적 내의 미세하지만 동역학적
으로 관련된 차이를 코딩한다. 그 그물망이 학습한 것은 단순한 단어
가 아니라, 특정 문법적 맥락에서의 단어를 표상하는 방식이다. 그 그
물망은 이런 추상적이고 맥락-의존적인(context-laden) 언어적 존재
(linguistic entity)를, 활성 공간 내의 동역학적으로 적절한 지점으로 표
상하는 것이다. 즉, 이전에 겪었던 것을 반영하고, 이후의 단어 입력에

문법적으로 적절한 방식으로 반응하는, 지점을 표상(표현)하는 것이다.

반면에, 문법적으로 분화되는 문장은 상당히 다른 궤적을 가진다. 예를 들어, 다음 문장들을 살펴보자.

(3) 소년을 쫓는 소년은 소년을 쫓는다(Boy who chases boy chases boy).

(4) 소년은 소년을 쫓는 소년을 쫓는다(Boy chases boy who chases boy).

이 문장들은, 첫째의 경우에 주어를 수식하고, 둘째의 경우에는 직접 목적어를 수식하는 등 서로 다른 관계절 구조를 가진다. 그리고 그림 6.6b와 6.6c에 표시된 것처럼, 매우 다른 코딩 궤적을 보여준다. 마지막으로, 문장 가운데에 반복되는 관계절을 포함하는 문장, 예를 들면 다음과 같은 문장을 살펴보자.

(5) 소년은, 소년을 쫓는, 소년을 쫓는, 소년을 쫓는다(Boy chases boy who chases boy who chases boy).

이런 문장은, 그림 6.6d에서 볼 수 있듯이, 그 중첩된 절은 활성 공간 내에 유사하면서도 공간적으로는 독특한 주기로 표시되도록 코딩된다.

문법적 문장을 식별하는 그물망 역량의 생산성을 고려해보면, 그 그물망은 분명히 생산성을 갖는다. 원칙적으로, 코딩할 수 있는 문장의 길이는 제한되지 않는다. 그 그물망은 재귀적이며, 입력 시퀀스에 상한선이란 없다. 그리고 실제로는 반복적인 재귀적 순환(recurrent cycling)에 따른 관련 문법 정보의 불가피한 붕괴만이, 그 그물망이 완벽한

(즉, 무한한) 생산성이라는 이상에 부응하는 것을 방해할 뿐이다. 예를 들어, 엘만 그물망의 실행은, 위의 (5) 문장에서 볼 수 있는 종류의 세 번 중첩되는 관계절이 삽입되는 경우, 우연의 수준으로 떨어졌다. 그러나 인간도 비슷한 한계를 갖는다. 다음과 같은 유명한 문장을 살펴보자.

(6) 남자가 발로 찬 개가 물었던 고양이가 뛰어올랐다(The cat that the dog that the man kicked bit jumped).

이 문장이 문법적으로 완벽함에도 불구하고, 대부분의 사람들은 심각한 혼란에 휩싸인 채 문장 읽기를 마칠 것이다. 그렇지만 만약 누군가 이 문장을 다음과 같이 고쳐 쓴다고 해보자.

(7) (남자가 발로 찬) 개가 물었던, 고양이가 뛰어올랐다(The cat — that the dog (that the man kicked) bit — jumped)!

이렇게 고쳐 쓰면 훨씬 이해하기가 수월해진다. 대시 부호(dashes) [번역에서는 쉼표]와 괄호 부호는 유사한 반복이 너무 많은 활성-공간 궤적에서 손실되기 쉬운 정보를 강화하거나 잘 보이게 해준다.

물론 이런 그물망의 생산성은 일반 영어 연설자가 활용하는 방대한 용량에 비하면 극히 미약한 일부에 불과하다. 그러나 분명히 재귀적 그물망이 생산성을 가질 수 있다는 사실만큼은 분명하다. 엘만이 시도한 놀라운 입증은, 문법에 대한 규칙-중심 접근법과 그물망 접근법 사이의 쟁점을 모두 해결하지는 못한다. 그것을 해결하는 데는 시간이 좀 걸릴 것이다. 그러나 그 대립은 이제 대등해졌다. 그리고 나는 어디에 배팅할지에 대한 나의 입장을 명백히 드러냈다.

도덕적 지각과 도덕적 이해

앞에서 과학적 이해의 본질을 논의하면서, 우리는 학습된 원형들의 역할이 갖는 중요성에 대해 얘기했다. 그리고 그 원형들이 새로운 현상 영역에 지속적으로 재배치되는 것은 과학적 [연구 및 학습] 과정에서 핵심이라는 것도 살펴보았다. 특정 규칙 혹은 '자연법칙'이, 부인할 수 없을 정도로 중요한 것은 분명하지만, 과학적 기술(scientific skills)을 전달하거나 가르치는 사회적 영역에서는 주로 부차적인 역할을 한다. 과학적 이해는 주로 일련의 언어적 공식이 아니라, 일차적으로 누군가의 구조적이고 동역학적인 원형의 습득된 계층구조 내에 자리 잡고 있다.

이와 비슷한 방식으로, 우리가 방금 살펴보았듯이, 언어에 대한 우리의 지식이, 따라야 할 특정한 규칙들 집합(a set of specific rules-to-be-followed)이 아니라, (다양한 사례들과 무한히 많은 조합을 수용하는) 언어적 시퀀스들의 원형적 계층구조 내에 내재화될 수 있다. 물론 우리는 문법 규칙을 말할 수 있고 또 그렇게 하지만, 아동의 문법적 능력은 아이들이 그러한 규칙을 말하는 것을 듣거나 명확히 말할 수 있는가에 달려 있지 않다. 그러한 규칙의 주요 기능은, 우리의 언어 능력을 설명해주며 다듬어가는, 사회적 활동에 있을지도 모른다. 우리의 문법적 역량은, 본질적으로, 따라야 할 내면적 규칙들 목록(a list of inter-nalized rules-to-be-followed)과 다른 어떤 것으로 구성될 수 있다.

이 두 가지를 염두에 두고, 이제 우리의 도덕적 역량이라는 고귀한 문제를 살펴보도록 하자. 잔인함과 친절함, 탐욕과 관대함, 배신과 명예, 허위와 정직, 비겁함과 당당함 등을 재인하는 우리의 능력에 대해 살펴보자. 여기서 다시 말하건대, 서양 도덕철학의 지적 전통은 규칙, 특정한 법률 또는 원칙에 초점을 맞춘다. 이러한 규칙은, 누군가의 행동이 적어도 도덕적인 정도까지, 누군가의 행동을 지배한다. 그리고 어떤 규칙이 진정으로 타당하고, 올바르며, 구속력 있는 규칙인지에 대한 논의가 항상 중심이었다.

나는 지금도 진행되는 그런 도덕적 논의의 중요성을 축소시키려는 의도는 전혀 없다. 그런 논의는 인류라는 집단이 수행하는 인지적 모험에 필수적이며, 내가 여기에 아주 작은 기여라도 할 수 있다면, 나로선 큰 영광일 것이다. 그럼에도 불구하고, 도덕적 지각, 인지, 숙고, 행동 등에 대한 정상 인간의 역량이, 일반적으로 생각되는 것보다, 규칙과 거의 관련이 (내적이든 외적이든) 없을 수도 있다.

우리의 도덕적 역량에 대한 규칙-기반 설명에 대한 대안은 무엇일까? 그 대안은, 도덕적 지각과 도덕적 행동 모두에 대한 학습된 원형들의 계층구조이며, 그 원형은 신경망 시냅스의 잘 조율된 조성, 즉 [신경망의] 가중치로 구현된다. 여기서 우리는, 도덕적 학습, 도덕적 통찰, 도덕적 불일치, 도덕적 실패, 도덕적 병리, 도덕적 성장 등의 본성을 전체 사회 수준에서 이해하는 더욱 유익한 길을 찾을 수도 있다. 이런 대안을 탐구하여, 어느 친숙한 영역이 새롭고 다른 언덕 위에서 어떻게 보일지 살펴보도록 하자.

이 책의 초반부에서 우리는 여러 감각적 속성들을 재인하고 식별하는 우리의 역량이, 그 식별의 기반을 말로 설명하거나 표현하는 능력보다 일반적으로 더 뛰어나다는 점에 주목했다. 미각과 색채 감각이 대표적인 사례이지만, 이런 점은 훨씬 더 광범위하게 적용된다는 것을 금방 알 수 있다. 얼굴 역시, 우리가 언어로 표현할 수 있는 그 어떤 것보다 더 많은 것들을 식별하고, 재인하고, 기억할 수 있는 대상이다. 얼굴의 감정 표현 역시 그런 사례가 될 수 있다. 소리에 대한 재인은 그 다음 사례이다. 조사 결과, 사실상 (말하기를 능가하는) 말하기-이전의(preverbal) 인지적 우선성은 거의 모든 인지적 범주들에서 나타나는 특징이다.

예를 들어 '고양이'라는 평범한 범주를 생각해보자. 이 범주에 대한 합리적이고 상식적인 정의는 "고양이: 작고 날카로운 이빨, 뱀 같은 꼬리, 쥐를 쫓는 것을 좋아하고, '야옹'과 같은 울음소리를 내는, 작은 몸체에 털이 많은 네 발 달린 포식 포유류"라고 할 수 있다. 확신하건대, 생물학자가 더 정확한 정의를 내릴 수도 있겠지만, 어린이와 일반인은 생물학자의 과학적 정의를 알지 못하고, 그들의 정의에 의존하지도 않는다. 고양이에 대한 인간의 친숙함은 현대 생물학보다 수천 년이나 앞섰다. 그러나 고양이를 재인하기 위해 우리가 상식적인 정의에 의존하는 것도 아니라는 것이 밝혀졌다. 소리를 내지 못하고, 다리가 3개뿐이고, 절단된 꼬리가 뭉툭하고, 이빨이 무디고, 소파 베개에 대해서만 포식 본능을 가진다고 하더라도, 일반인들, 심지어 어린아이들은, 이것이 고양이임을 빠르고 확실하게 식별할 수 있다. 고양이의 거의 모든 조건을 노골적으로 위반하는 상황에서도 우리가 여전히 그러한 식별을 어렵지 않게 해낼 수 있다면, 고양이에 대한 우리의 상식적 이해가 그런 상식적 '정의'를 어느 정도 뛰어넘어야 한다는 것은 분명해 보인다.

기껏해야, 이러한 정의는 단지 표준적인 고양이 또는 원형적인 고양이의 두드러진 특징 몇 가지를 나열한 것에 불과하다. 그것으로는 고양이 범주의 실제를 극히 일부만 포착할 뿐이다. 그보다 더 포괄적인 파악은 (누군가의 뇌에 성취되는) 고차원적 [신경망] 활성 공간 내에서 잘 조율된 구획에 내재화된다. 그 특별한 고양이과 구획은, 고양이에 특별한 얼굴 조성을 [언어로] 묘사하기 어려운, 그리고 복슬복슬한 페르시안 고양이에서부터 갸름한 샴 고양이에 이르기까지 다양하게 그려낼 수 있는 방식의 묘사를 체화한다. 또한 그런 구획은, 예를 들어, 털 다듬기, 하품하기, 스트레칭, 가릉거리기, 뒤쫓기, 달리기 등 전형적인 고양이 방식의 행동 묘사도 내재화한다. 또한 그런 구획은, 그 많은 차원들마다 있을 유사성 경사(similarity gradient)를 내재하며, 그것을 통해, 한 가지 이상의 측면에서 비표준적이거나 비전형적인 고양이까지 포함하는, 새로운 고양이의 사례도 재인할 수 있다.

이것이, 결국, 우리가 개념을 가진다는 [이야기의] 요지이다. 개념이란, 우리로 하여금 (제약 없는 미래로부터 끝없이 우리를 향해 다가오는) 항상 새롭지만 결코 완전히 새롭지는 않은 상황에 적절히 대처할 수 있게 해준다. 그와 같은 유연한 대비는, 우리의 신체적 개념 못지않게, 사회적 개념과 도덕적 개념의 특징이기도 하다. 그리고 우리의 도덕적 개념은, 비도덕적 개념에서 보여주는 것과 동일하게, 통찰력(penetration)과 초언어적 지적 세련됨(supra-verbal sophistication)을 보여준다. 예를 들어, 잔인함, 인내심, 비열함, 용기 등의 사례를 재인하는 우리의 능력은, 그러한 개념을 언어로 정의하는 능력보다 훨씬 뛰어나다. 있을 법한 결과에 대한 누군가의 확장된 예상은 (그가 제시하거나 구성할 수 있는) 어느 언어적 형식화도 능가하며, 그렇기 때문에 그 사람의 예상은 훨씬 더 통찰한다. 전체적으로, 도덕적 인지는 (다른 영역에서 전체 과정의 기초가 되는) 잘 조율된 신경망의 활동을 나타내는 것과 동일한 양태 또는 특징(profile or signature)을 보여줄 것이다.

만일 이렇다면, 도덕적 지각도 일반적으로 지각을 묘사하는 경우와 동일한 애매성을 드러낼 것이다. 도덕적 지각은 재귀적 경로에서 나타나는 것과 동일한 변조(modulation), 형상화(shaping), 그리고 때때로 '편견(prejudice)' 등을 드러낼 것이다. 마찬가지로, 도덕적 지각은, 때때로 그림 5.4b의 '노인/젊은 여성 그림'과 같은 사례에서 보았던 것과 동일한, 인지적 역전(reversal)을 일으킬 수 있다. 더 나아가, 그와 마찬가지로, 새로운 사회적 상황에 대한 누군가의 첫 도덕적 반응이 단순한 도덕적 혼란으로 보일 수 있지만, 그 경우에 약간의 배경 지식이나 부수적 정보[를 얻게 되면] 그런 혼란을 갑자기 익숙한 사례라고, 즉 어떤 친숙한 도덕적 원형의 뜻밖의 사례라고 해소시켜줄 수 있다.

이와 같은 가정에 따르면, 도덕 학습이란 도덕적 원형의 계층구조를, 당면의 도덕적 유형과 관련된 수많은 사례들을 통해서, 천천히 생성하는 문제일 것이다. 따라서 이야기와 우화가 중요하며, 무엇보다도, 대인관계 행동에 대한 부모의 사례와, 어린 시절 행동에 대한 부모의 의견 및 일관된 지도 등이 지속적으로 중요하다. 어떤 아이도 아무런 도움 없이 사랑과 미소의 길을 배울 수 없으며, 그 반대의 모범적 사례가 없는 환경이라면 이기심과 만성적 갈등의 함정에서 벗어날 수 없다.

도덕적 지각을 지닌 사람은 그러한 교육을 잘 받은 사람이다. 믿음직한 도덕적 지각을 지닌 사람은, 약탈적 자기기만과 부패한 자기돌봄으로부터, 자신의 도덕적 지각을 보호할 수 있는 사람이다. 그리고 추가하자면, 그런 사람은, 약탈적 집단 사고와 (타인의 도덕적 인지를 무참히 무시하는) 부패한 광신주의로부터, 도덕적 지각을 지켜낼 수 있는 사람이다.

남다른 도덕적 통찰력을 지닌 사람은 문제의 도덕적 상황을 여러 관점에서 바라볼 수 있는 사람이며, 경쟁하는 해석의 상대적 정확성과 적절성을 평가할 수 있는 사람이다. 그런 사람은 남다른 도덕적 상상력과, 그에 상응하는 비판적 역량을 갖춘 사람일 것이다. 전자의 덕목은, 풍부한 도덕적 원형[을 끌어다 사용할] 저장소와, 자신의 도덕적 지각을 재귀적으로 조작할 특별한 기술을 요구한다. 후자의 덕목은, 어느 추정적인 원형에서 국소적으로 다양한 차이를 예리하게 포착하는 안목을 요구하며, 그리고 그 대안적 이해를 찾을 근거로써 그 차이를 진지하게 받아들일 의지를 요구한다. 비록 우리 모두가 어느 정도 도덕적 상상력을 지니며, 비판할 역량을 지니고 있다손 치더라도, 그 정의에 부합하는 사람은 드물 것이다.

따라서 도덕적 불일치(disagreement, 불화)는, 어떤 '도덕 규칙'을 따라야 하는지에 관한 개인 간 갈등의 문제라기보다, 문제 상황을 가장 잘 나타내는 도덕적 원형이 무엇인지에 대해서 개인들 사이의 엇갈림, 즉 애초에 우리가 어떤 종류의 사건에 직면하고 있는지에 대한 엇갈림의 문제이다. 이러한 관점에서, 도덕적 논증과 도덕적 설득은, 일반적으로 어느 일반적인 도덕적 원형이 다른 도덕적 원형보다 더 적절하다는 상대방의 동의를 얻기 위해, 문제 상황의 여러 다른 특징들을 두드러지게 만들려는 노력의 문제이다. 이런 현상의 비도덕적 유사 사례는, 그림 5.4b의 '노인/젊은 여성의 그림'에서처럼, 다시 발견된다. 말하자면, 만약 그 그림이 사진이고, 그것이 실제로 무엇을 찍은 것인지 논쟁이 벌어진다면, 내 생각에, 우리는 '젊은 여성이라는 해석'이 (그 둘 중) 훨씬 더 실제적이라는 의견에 동의할 것이다. 이에 비해, '노인이라는 해석'은 우리에게 과장된 만화 그림을 실제적이라고 믿도록 요구하는 것과 같다.

도덕적 불일치의 본성에 관한 이 논점을 보여주는 진정한 도덕적 사례는, 법적 제약 없이 임신 초기에 임신중절을 할 수 있는 여성의 권리에 관한 최근 쟁점에서 발견된다. 논쟁의 한편에서는 초기 태아의 신분을 고려하여, 비록 매우 작고 불완전한 사람이지만, 바로 그 이유에서 [자신을] 방어할 수 없는 사람이라는, '사람(Person)'이라는 도덕적 원형에 호소한다. 그 논쟁의 다른 편에서는 동일한 상황을 다루면서도, 사람이긴 하지만 아직은 포낭(cyst)이며, 자신의 피부 세포 덩어리처럼 작고 환영받지 못할 수도 있는 '성장체(Growth)'라는 도덕적 원형에 호소한다. 첫째 원형은 어느 사람이든, 특히 어리고 방어할 수 없는 사람에게 부여되는, 모든 추정적 '보호받을 권리'를 촉구한다. 둘째 원형은, (독립적 권리를 지닌 인간으로서) '그 여성이 자신의 장기적인 계획'과 관련하여, 그 증식이 현재 그녀에게 있을 수도 혹은 없을 수도 있는 가치에 따라서 적합하다고 생각하는, 그 작은 성장체를 처리하도록 존중해야 한다고 촉구한다. 다른 경우와 마찬가지로, 이러한 경우에 도덕적 논증은 전형적으로 당면 상황을 묘사하는 데 있어 쟁점에 대한 원형의 정확성 또는 빈곤함을 단언하는 것으로 구성된다.

내가 이런 사례를 인용하는 것은, 이 논쟁에 들어가기 위해서가 아니며(이 쟁점을 11장에서 다루겠다), 어느 쪽의 인내를 주제넘게 권장하기 위해서도 아니다. 내가 그 사례를 인용하는 이유는, 도덕적 불일치의 본성과 도덕적 논증의 본성에 관한 요지를 사례로 설명하기 위한 것뿐이다. 그 요지는, 실제적 불일치가 어느 명시적 도덕 규칙이 참인지 거짓인지에 관한 것일 필요가 없고, 거의 그렇지도 않다는 것이다. 이런 사례에서 모든 반대자들이, "사람을 죽이는 것은, 딱 보기만 해도, 잘못이다"와 같이, 그 영역에 숨어 있는 명백한 원칙에 모두 동의할 수도 있다. 여기서 말하는 불일치는 그러한 '본질을 비켜가는 허울 좋은 말'보다 더 깊은 수준에서 나온다. 그런 불일치는 범주 '사람'의 경계에 대한 불일치, 즉 그 명시적인 원칙이 당면의 경우에도 적용될 수 있는지에 관한 불일치에 있다. 그것은 사람들이 마주하는 사회적 세계를 지각하거나 해석하는 방식의 엇갈림에서 비롯되며, 그리고 그에 따라 불가피하게 세계에 대한 행동 반응의 엇갈림에서 비롯된다.

이런 도덕적 인지의 엇갈림에 대한 궁극적 해결이 무엇이든, 이런 논쟁의 양쪽이 각각 특정한 도덕적 원형들의 이런저런 적용에 의해 유도된다는 것은 선행적으로 분명하다. 따라서 모든 갈등이 도덕적 근거를 가지는 것은 아니다. 대인관계에서 갈등은, 아직 체온이 따뜻한 사체를 두고 다투는 표범과 하이에나의 갈등보다 더 원칙적이지 않은 경우가 많다. 또는 같은 장난감을 두고 줄다리기를 하는 두 살짜리 인간 아기들의 불만 섞인 비명과도 같다. 이것은 자연스럽게 아이들의 도덕적 발달 문제, 혹은 때때로 그러한 발달의 실패에 대한 문제로 돌아간다. 이러한 실패를, 여기서 살펴보고 있는 훈련된 그물망 모델로 어떻게 탐구해볼 수 있을까?

몇몇은 고대의 관점을 떠올리게 한다. 플라톤은, 적어도 종종 자신의 목소리가 되어준 소크라테스를 빌려, 자신이 잘못을 저지르고 있다는 것을 알면서도 여전히 잘못을 저지르는 사람은 없다고 주장하는 경향이 있었다. 만일 단순히 어떤 행동을 "다른 사람이 봤을 때 잘못되었다고 생각할 만한 것"으로 인식하는 것이 아니라, 진정으로 **잘못된** 행동이라고 인식하고 있다면, 그 행동을 굳이 할 필요는 없지 않겠는가? 비록 여러 세대의 학도들이 플라톤의 제안을 거부해왔고, 또 당연히 그럴 만하지만, 플라톤의 주장이 과장되었다고 해서 교훈적인 측면이 남아 있지 않은 것은 아니다. 그것은 바로 인간의 도덕적 잘못의 상당 부분이 주로 어떤 종류의 인지적 실패에 기인한다는 것이다.

이러한 실패를 피할 방법은 없다. 우리는 무한한 지식을 갖지 않으며, 모든 정보를 갖지도 못한다. 즉, 그 누구도 완벽할 수 없다. 그러나 일부 사람들은 우리가 알다시피 완벽은커녕 평균에도 훨씬 미치지 못하기에, 그들은 체계적인 실패를 맛본다. 실제로 일부 사람들은 고질적 문제아, 말종의 이기주의자, 생각 없는 돌머리, 교활한 뱀 등의 평가를 받기도 하며, 따돌림 가해자나 가학성애자는 말할 것도 없다. 이러한 안타까운 실패의 원인은 무엇일까?

다음 장에서 다루겠지만, 정말 많은 원인이 있다. 그러나 우리는 처음부터 도덕적 **지각**과 사회적 **기술**(social skill)을 정상적인 범위까지 개발하지 못하는 단순한 실패가 큰 원인이라는 점에 주목할 수 있다. 어떤 이유에서든 어린이집에서 오후를 보내거나, 형제자매와 외출하거나, 놀이터에서 숨바꼭질 놀이를 하는 동안, 시시각각으로 생성되고 취소되는 권리, 기대, 자격, 의무 등을 구분하는 방법을 아주 느리게 배우는 아이를 생각해보자. 그런 아이는 다른 아이들과 만성적인 갈등을 겪을 수밖에 없으며, 실망과 좌절, 그리고 결국에는 분노를 유발하는 사람이 될 수밖에 없다.

더욱이, "규칙을 어기겠다"는 결심 같은 것이 그의 용납할 수 없는 행동의 근원이 아니라는 사실에도 불구하고, 그는 수많은 비난에 직면한다. 그 소년은 일종의 도덕 바보인데, 그 소년은 다른 사람들에게는 이미 익숙한 기술을 아직 습득하지 못했기 때문이다. 그는 처음부터 재인하는 기술을 획득하지 못하고, 자신의 행동을 당면한 도덕적 상황에 맞추는 기술도 획득하지 못했으며, 심지어 그런 상황을 잘 알아보지도 못한다. 그런 아이는 차례를 어기고, 허용되지 않은 이득을 취하고, 모든 사람을 제지하는 제약에 날선 반응을 보이며, 다른 사람의 승인을 거부하고, 수익성 있는 협력의 기회를 포착하지 못한다. 대략적으로라도, 정상적인 사회적 및 도덕적 원형의 계층구조를 개발하고 사용하지 못한 그의 실패는 비극적으로 보일 수 있으며, 실제로도 그러하다. 그러나 이러한 동정심은, 인내심이 바닥난 다른 아이들이 놀이터에서 울부짖는 악당을 쫓아낼 때, 그 아이들에게도 동일하게 주어져야 한다.

놀이터 집단에게 적용되는 원칙은 성인 집단에도 적용된다. 우리 모두는 방금 설명한 암울한 묘사를 어느 정도 떠올리게 하는 어른들을 알고 있다. 그들은 쉽게 말해 사회적 관행에 익숙하지 않다. 더구나 그들은 모두 실패에 대한 혹독하고도 지속적인 대가를 치르고 있다. 노골적인 보복은 차치하고서라도, 그들은 성공적인 사회화가 제공하는 심오하고도 끊임없이 복합적인 이점, 특히 모든 이에게 혜택으로 다가오는 복잡한 실용적, 인지적, 정서적 교류를 놓치고 있다.

도덕적 이단자에 대한 이런 간략한 묘사는, 도덕적으로 성공한 사람에 상응하는 묘사를 생각하게 만든다. 도덕적 행위자가 신이나 사회 등 외부로부터 부과된 일련의 명시적 규칙을 묵묵히 따르는 사람이라는 일반적인 이해는 매우 의심스럽다. 몇 가지 명시적인 규칙에 집요하게 헌신한다고 해서 도덕적으로 성공하거나 도덕적으로 통찰력 있는 사람이 되는 것은 아니다. 미덕의 대가는 훨씬 더 크고, 미덕에 이르는 길은 훨씬 더 멀기 때문이다. 도덕적인 사람은 미묘하면서도 남들이 부러워할 만한 복잡한 지각적, 인지적, 행동적 기술을 습득한 사람으로 보는 것이 훨씬 더 정확하다.

사실 이것은 또 다른 고대의 견해인 아리스토텔레스의 생각이었다. 그가 보기에 도덕적 미덕은 평생에 걸친 사회적 경험을 통해 습득하고 다듬어지는 것이지, 외부의 권위로부터 통째로 삼켜지는 것이 아니었다. 그것은 대체로 말로 표현할 수 없는 일련의 기술을 천천히 개발하는 문제, 즉 **실용적인 지혜**의 문제였다. 아리스토텔레스의 관점과 신경망의 관점은 여기서 수렴한다. 이러한 관점에서, 도덕적 회의론자가 제기하는 전통적인 질문, 즉 "내가 왜 도덕적이어야 하는가?"라는 질문은 이상하고 이해할 수 없는 것처럼 보인다. 마치 물고기가 "왜 내가 수영 기술을 습득해야 하는가?"라고 질문하는 것처럼 보인다. 두 경우 모두에 대한 짧은 대답은 "친애하는 생명체여, 네가 살 수밖에 없는 환경을 고려하라"이다. 물론 이런 대답은, 어떤 운동 기술이 **최고의** 수영 선수로 거듭나게 해주는지에 대한 의문을 남기고, 마찬가지로 어떤 사회적 기술이 **최대한** 성공적인 사회인으로 거듭나게 해주는지에 대한 의문도 남긴다. 그러나 이것은 당연히 나와야 할 의문이다. 그리고 오직 경험만이 그 질문에 답할 수 있을 것이다. 자신의 경험과 모든 인류의 축적된 경험 말이다.

7. 곤경에 처한 뇌: 인지기능장애와 정신질환

진단 기술: 투명해진 뇌

자연은 스스로 동물은 물론 인간에 대해서도, 인간의 모방을 거의 능가하는 (맹목적이며 잔인한) 다양한 실험을 정규적으로 수행한다. 현대 병원의 신경과에서는 뇌가 손상된 사람들, 즉 의사들이 '병변(lesions)'이라 부르는, 뇌의 특정 영역 또는 다른 영역을 지속적으로 관리한다. 이러한 병변은 성장하는 종양, 혈관의 파열 및 폐쇄, 두개골 손상, 독성 약물, 유전적 또는 발달적 불운, 바이러스 감염 등으로 인해 발생될 수 있다. 이 불행한 분야 내에서 현대 과학은 거의 독점적으로 양육 및 치료 모드에 들어간다. 현대 과학의 주요 목표는 그런 공격을 저지하고, 피해를 최소화하며, 환자가 가능한 한 어느 정도의 인지적 회복을 촉진하는 것이다. 윤리적 고려에서, 인간 피험자에 대한 진정으로 위험한 실험은 특별한 경우가 아니라면 금지되며, 오직 그 환자를 위해 최선의 가능한 치료를 제공해주는, 꼭 필요한 정도까지만 허용된다.

이러한 제약에도 불구하고, 우리가 인간 뇌의 인지 기능의 국소화 (localization) 또는 영역별 전문화(regional specialization)에 관해 많은 부분을 발견한 곳은 전 세계의 병원 내에서이다. 금세기 마지막 30년 동안 뇌 병변에 대한 접근은 사후 해부에 제한되었다. 그러므로 의사 들은 많은 수의 사망 환자 집단 내에서 발견 된 뇌 병변의 위치와, 사 망 이전에 나타난 인지 또는 행동 결함 유형 사이에 규칙적인 상관관 계를 찾으려 했다. 이를 통해, 어느 뇌 영역이 어떤 인지 기능에 특화 되었는지에 관한 실질적 이해를 얻을 수 있었지만, 그것이 살아 있는 환자에게 도움이 되는 경우는 거의 드물었다.

X-선 기계가 널리 보급되면서 마침내 우리는 살아 있는 환자의 두 개골을 들여다볼 수 있게 되었다. 그럼에도 불구하고, 어쩌다 총알 외 에 보여준 것은 거의 없었다. 뇌는 매우 부드러운 조직이라서, X-선에 거의 완전하고 균일하게 투과된다. 사람의 두개골은 비어 있는 것이나 다름없었을 것이며, 그것이 표준 X-선 기계가 보여주는 전부였다.

CAT 스캔

1970년대에 컴퓨터 기술이 보급되면서 상황은 크게 개선되었다. 컴 퓨터 축 단층촬영(computerized axial tomography)을 이용한 특별한 X-선 스캔, 줄여서 'CAT 스캔', 또는 'CT 스캔'은 환자의 머리를 통과 하는 축을 중심으로 회전하는 뇌를 얇게 잘라 여러 장의 X-선 사진을 촬영했다. 컴퓨터 프로그램은 일반 X-선 사진에서는 거의 보이지 않는 미묘한 투명도 차이를 처리하여, 그 결과를 환자의 뇌에 대한 유용한 사진으로 조합해냈다. 마침내 수술이나 사망에 앞서, 주요 병변과 부풀 어 오른 종양을 확인하고, 그에 맞는 수술이나 치료 계획을 세울 수 있 게 되었다. 초기 CAT 스캔은 해상도 또는 초점 선명도가 좋지 않았지 만, 흐릿한 데이터는 없는 것보다 나았다. 현대 버전은 해부학적 구조를 밀리미터 단위까지 분해하여, 훨씬 더 나은 성능을 제공한다. 이런 도구적 기계는 비교적 저렴하고 사용하기 쉬우며, 여전히 모든 현대 병원에서 가장 많이 접할 수 있는 뇌 스캔 기계이다.

PET 스캔

이번에는 양전자 방출 단층촬영(positron emission tomography, PET)이 정적인 물리적 구조 대신 뇌의 지속적인 생리적 활동에 대한 또 다른 창을 열어주었다. 어느 전문화된 뇌 영역의 뉴런이 어느 전문화된 인지 과제를 수행하므로, 그 관련 뉴런이 비정상적으로 활성화하면 추가 에너지를 소비한다. 이러한 에너지는 궁극적으로 혈류 내 화학물질의 분해에서 얻어지며, 에너지 수요 증가에 따라 국소 혈류가 증가한다. 뇌 내에 혈류의 국소적 증가를 어떻게든 모니터링할 수만 있다면, 특정 인지 기능을 지원하는 특정 영역의 신경 활동 증가를 모니터링할 수 있을 것이다.

PET 기술을 사용하여 정확히 그렇게 할 수 있었다. 그 비결은 두개골 외부에서도 감지할 수 있도록, 혈액에 표식을 붙이는 것이다. 이것은 수명이 짧은 방사성 산소 동위원소인 O-15를 포함하는 물을 주사하는 방식으로 이루어진다. 이런 특수 표식을 부착한 물은, 현장 사이클로트론(cyclotron, 입자가속기)에서 충격을 받은 직후 바로 가져오며, 그 물은 환자에게 위험을 주지 않도록 10-20분 이하의 매우 짧은 시간 동안 약간의 방사성을 지니도록 만들어진다. 그런 다음 그 물을 환자의 혈류에 주입하여, 빠르게 확산시킨다.

그 물의 짧은 방사성 기간 동안, 표지된 물 분자는 이내 전자의 반물질 버전인, 양전자(positron)라는 특수 입자를 방출한다. 방출된 각각의 양전자는 즉시 국소적 전자를 만나며, 이러한 상호 소멸이 고유한 파장의 감마선을 방출시킨다. 이런 광선은 (감마선에 투과되는) 뇌와 두

개골을 떠나면서 검출된다.

트럭 타이어 크기의 큰 원통 형태인 그 감마선 검출기는 표지된 파장에 맞춰 조정된다. 환자의 머리는 그 원통 내에 놓이며, 많은 작은 검출기들은 에너지 수요 증가에 따른 국소 혈류 증가로 인해, 표지된 물 분자가 농축된 뇌의 위치를 포착한다. CAT 스캔과 마찬가지로, 그 원통형 검출기는 수많은 독특한 평면 또는 '단면'을 통과하며(따라서 '단층촬영'이라 불림) 이동한다. 컴퓨터 프로그램은 이러한 방식으로 수집된 데이터를 처리하여, 우리가 볼 수 있도록 뇌의 시각적 이미지를 구성하며, 그 이미지는 O-15의 상대적 수준에 따라 색깔로 구분되고, 따라서 그 색깔은 신경 활동의 증가를 나타낸다.

PET 스캔의 공간적 및 시간적 해상도는 상당히 나쁘다. 0.5센티미터 입방체보다 작은 신경 활동의 핫스팟(hot spot)은 일반적으로 감지되지 않으며, 30초 미만 지속되는 핫스팟도 감지되지 않는다. 오직 크고 지속적인 활동만 포착된다. 그럼에도 불구하고, PET는 뇌 구조뿐만 아니라, 진행 중인 뇌 활동의 은닉 양태(hidden profile)를 드러내줄 수 있어서 매우 유용하다. PET는, 탐침 마이크로 전극과 달리, 비침습적이므로, 살아 있는, 정상의, 인지적으로 활동적인 인간을 대상으로 연구할 수 있게 해준다. 피험자가, 스캐너에 편히 누운 상태에서, 잘 정의된 인지 과제를 수행하도록 할 수 있으며, 그런 방식으로 특별한 과제를 수행하는 동안 뇌의 어느 영역이 높은 수준의 활동성을 보이는지 확인할 수 있다.

PET 실험에서 드러난 인간 뇌 영역의 다양한 기능적 전문화는, 행동 결함과 (부상당한 환자의) 뇌 병변의 사후 발견을 연관시켜서 구축된, 초기 대응도를 어느 정도 긍정시켜준다. 그렇지만 PET 스캔을 통해, 우리는 많은 차원의 인지 활동을 훨씬 더 자세히 탐색할 수 있으며, 그것도 완전히 정상적인 뇌에서 탐색해볼 수 있다.

정상 뇌의 활성화 모습을 알면, PET 스캔을 사용하여 비정상적인 모습의 위치를 발견하고, 그 모습을 재인할 수 있다. 이것은, 우리가 의료 영역과 신경 및 정신 장애 환자에 대한 이야기로 돌아갈 수 있게 해준다. PET은 이전에는 보이지 않던 것을 볼 수 있게 해주기 때문이다. 외과의는, 뇌종양이나 병변과 같은 대규모 구조적 문제를 검출하기 위해 고안된 CAT 스캔이나 기타 기술에서 보여주기에 그 원인이 너무 미묘하거나 또는 너무 확산된 신경학적 문제를 발견하고 찾을 수 있다. 예를 들어, 환자의 문제가 중요한 신경화학물질의 비정상적 분포, 또는 개별 뉴런의 산재된 기능 저하로 인한 경우라면, 뇌의 순수한 구조 상태에 관한 CAT 스캔은 그 일상적 구조로부터 아무것도 보여주지 못한다. 그러나 PET 스캔이라면, 뇌의 많은 뉴런의 활성 수준에 민감하여, 그 기초 원인이 아무리 미묘하거나 확산된 것일지라도, 그 활성의 비정상을 생생히 보여줄 것이다. 우리는 그러한 경우를 곧 살펴볼 것이다.

MRI 스캔

현대 무기고의 최종 영상 기술은 아마도 가장 화려한 기술이다. 그것은 자기공명영상(magnetic resonance imaging) 또는 MRI로 불린다. CAT 스캔과 마찬가지로, 그 본래 기능은 구조적 영상이며, 그 공간 해상도는 훨씬 좋아서 밀리미터 단위까지 내려간다. 그것은 또한 부드러운 조직의 특성에서 미묘한 차이에 더욱 민감하기 때문에, 뇌의 내부 해부학적 구조가 더 잘 보인다. 더구나, 죽거나 손상된 뇌의 부위가 매우 극적으로 두드러져 보이며, CAT에서처럼 더 이상 뼈가 시야를 가리는 문제도 일으키지 않는다.

겉으로 보기에, MRI 기계는 PET 기계와 아주 흡사하다. 환자의 머리는 여러 개의 검출기가 들어 있는 거대한 원통 내에 놓인다. 그러나 어떤 방사성 물질도 주입할 필요가 없고, 어느 X-레이도 뇌로 향하게 할 필요도 없다. 환자의 몸속으로 들어가는 것은, 그를 둘러싸고 있는 원통형의 대형 전자석에서 생성되는 강력한 박동 자기장뿐이다. 그 자기장은 뇌 내부 물 원자의 핵을 모두 같은 방향으로 정렬하도록 강제하는 효과가 있는데, 마치 자석 위에 얇은 종이를 놓고, 그 위에 아원자 수준으로만 철가루를 줄지어 놓는 것과 비슷하다. 그러나 자기장이 꺼지면, 그 핵은 다시 본래 위치로 돌아가면서 획득한 에너지를 잃고, 그 에너지는 표지 광자(signature photon)의 형태로 방출된다. 그리고 그것이 뇌를 투과하지만, 뇌 둘레의 검출기가 그것을 검출한다. 이러한 자기 펄스가 초당 많이 생성되면, 뇌 내부의 이미지가 천천히 축적된다. 다양한 종류의 뇌 조직, 특히 비활성 흉터 조직의 수분 함량의 변화를 고려할 때, MRI 스캔은 뇌의 전체 부피를 통해 풍부한 구조적 세부 사항을 보여준다.

MRI에 의해 생성된 뇌 이미지의 간단한 사례가 그림 7.1(위)에서 보인다. 이 개인의 뇌는 사실 더 전통적인 정보 경로를 통해 나에게 잘 알려져 있다. 그것은 내 아내이며 동료 연구자인 패트리샤 처칠랜드의 뇌이며, 나에게는 매우 소중하다. (MRI와 컴퓨터 시설을 제공하고, 많은 도움을 준, 아이오와 의과대학(University of Iowa College of Medicine)의 한나와 안토니오 다마지오 박사(Drs. Hanna and Antonio Damasio)에게 감사한다.)

완전한 MRI 스캔은 뇌의 전체 부피에 걸쳐 모든 입방 밀리미터에 관한 정보를 제공해주며, 이런 정보는 컴퓨터 프로그램에 의해 그림으로 재구성하기 위해 컴퓨터 파일에 저장되므로, 우리는 단지 그 뇌의 표면 모습에만 제약되지 않는다. 현재 다마지오 연구소에서 사용 중인 컴퓨터 프로그램을 사용하면, 그림 7.1(아래), 즉 패트리샤의 뇌와 같이 뇌의 이미지를 원하는 위치와 각도에서 잘라낸 다음, 그 드러난 절단

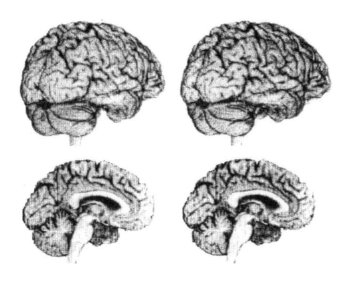

그림 7.1 (위) 살아 있고, 의식이 있으며, 맹렬히 사고하는, 정상적인 사람 뇌의 MRI 영상. 컴퓨터를 사용하여, 축적된 데이터를 조작하고, 두 가지 다른 관점에서 이미지를 제공하여, 입체적으로 보이도록 했다. 이 책의 뒤표지 안쪽에서 골판지 입체경을 다시 한 번 꺼내서 입체 그림으로 보라. (아래) MRI 데이터를 컴퓨터로 처리하여 '중간을 절단한' 동일한 살아 있는 뇌. (MRI 이미지를 제공한 H. Damasio, T. Grabowski, 그리고 연구원들에게 감사한다.)

면을 회전시켜 직접 살펴볼 수 있다. 이런 절차를 반복적으로 적용하면, 개인 뇌의 물리적 구조의 특징적인 세부 사항과, (그것이 포함할지도 모를) 어느 병변이나 종양의 정확한 모양 및 위치, 그리고 그 범위를 파악할 수 있다. 한마디로, 이런 기술을 사용하면, 의사나 신경과학자가 컴퓨터 콘솔의 비디오 화면을 떠나지 않으면서, 그리고 메스(수술칼)를 들지 않고서도, 환자나 피험자에 대해 상세한 **탐색적 뇌수술**(exploratory brain surgery)을 할 수 있다.

그림 7.2는, 의학 문헌에 '보스웰(Boswell)'이라 불리는, 다마지오 부부의 유명한 피험자 중 한 명인, 지나간 30초 이상을 거슬러 기억하지

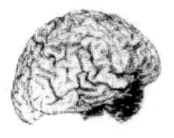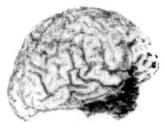

그림 7.2 '보스웰(Boswell)'이라 알려진, 광범위한 병변을 앓는 환자의 실제 뇌를 컴퓨터로 촬영한 MRI 입체 영상. 병변이 있거나 기능장애가 있는 영역은 검은색으로 표시되었다. 양쪽 측두엽의 앞쪽 끝과 전두피질의 아래쪽 부분의 병변을 주목하라. (MRI 이미지를 제공한 H. Damasio, T. Grabowski, 그리고 연구원들에게 감사한다.)

못하는 남성의 뇌를 MRI로 촬영한 입체 쌍을 보여준다. 우리는 이 장의 뒷부분에서 그에 대해 논의하겠다. 지금은 양쪽 전두피질의 아랫부분에, 그리고 양쪽 측면 또는 소위 '측두'엽에도 도달하는, 광범위한 병변을 주목해보라. 그 병변 부위는 검은색으로 표시되었다.

MRI와 PET 스캔을 함께 사용하면, 인지 활동 중 개인의 특이한 뇌 구조와 특이한 활성 양태(activation profile)를 세밀히 일치시킬 수 있다. 이러한 방식으로 일치시키는 것은 중요한데, 각 사람마다의 뇌는 물리적 세부 사항에서 독특하기 때문이다. 사실 이것이 패트리샤가 MRI를 촬영하게 된 동기였다. 다마지오 부부 연구팀은 패트리샤의 MRI 영상을 사용하여, 신중하게 고안된 몇 가지 인지적 과제를 수행하는 동안, 그녀의 뇌 활동에 대한 후속 PET 스캔에서 얻은 데이터를 해석하는 데 도움을 주었다(그림 7.3). 그 실험의 의도는, 어떤 지각 입력도 없이, 그녀의 시각적 상상력만으로, (1) 순수하게 시각적으로 관찰하는 과제, (2) 순수하게 청각적으로 관찰하는 과제, (3) 확장된 과제 등을 수행하는 동안, 그녀의 신경세포 활동의 국소적인 상승을 관찰하

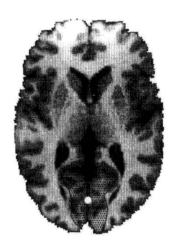

그림 7.3 어떤 외부 시각적 입력도 없는 상태에서, 시각적 상상력과 관련된 인지적 과제를 수행하는 동안, 5명의 피험자에 대해 평균적으로 일차(primary) 및 이차(secondary) 시각피질의 뉴런 활동에 대한 PET 스캔. 활동성이 높아진 영역은 패트리샤 뇌의 영상 위에 그물눈 음영을 겹쳐놓았다. (MRI 및 PET 이미지를 제공한 H. Damasio, T. Grabowski 등에게 감사한다.)

고 비교하는 것이었다.

다마지오 부부 연구팀은 MRI를 통해 패트리샤의 시각피질과 청각피질의 정확한 위치와 범위를 파악할 수 있었다. PET를 통해 그런 영역의 신경 활동이 증가되는지를 확인할 수 있었다. 완전히 예상했던 대로, 그 시각 및 청각 과제는 각각의 시각피질 및 청각피질 내에서 활동을 증가시켰다. 이것은 단지 기준선 테스트에 불과했다. 흥미로운 점은 시각적 상상하기 과제를 수행하는 동안 PET에서 시각피질에 대해 밝혀진 다음과 같은 것이다. 뇌 뒤쪽의 친숙한 영역이 해당 과제 기간 동안 정확히 높은 수준의 활동을 보였다. 그 활동 수준은 외부 자극을 받은 시각적 지각 과제만큼 높지는 않았지만, 순수 청각 과제에서 나타난 정지 수준보다는 분명히 높았다. 시각적 상상은 애초에 시각적 지각을 지원하는 동일 뇌 영역을 많이 사용하는 것처럼 보였다.

어떤 종류의 입력이 패트리샤의 시각피질에 있는 뉴런에서 그렇게 뚜렷한 활동을 자극할 수 있는가? 그녀의 눈은 시각적 상상 과제 중에 눈을 감고 완전히 가린 상태였기 때문에, 망막으로는 아무것도 들어오지 않았다. 그렇지만 그녀의 피질 세포는 지속적으로 활성화되었다. 만약 이런 결과가 당신에게, 시각적 이미지의 과정이 뇌의 다른 곳으로부터 하강하는 재귀적 축삭 경로를 통해 시각피질의 체계적 자극을 포함할 가능성을 직접 시사해주었다면, 그것은 다마지오 부부가 발전시킨 가설과 동일한 것이다. 분명히 당신은 신경계산적 원형, 즉 5장에서 공부한 원형을 새로운 설명 상황에 재배치하기 시작하고 있다. 만약 그렇다면, 이것은 이 책을 쓴 나의 목표 중 하나, 즉 독자가 신경계산적 용어를 사용하여 자발적으로 생각하기 시작할 수 있게 하려는 것의 실현이다.

운동신경장애와 운동기능장애

프락시스(Praxis)는 습득한 기술, 학습한 능력, 실천적 지식, 또는 일하는 방법 등을 의미하는 고대 그리스어이다. 따라서 '아프락시스(Apraxia, 운동신경장애)'는 뇌 병변으로 인한 국소적 기술(skill) 상실 또는 실천적 방법에 대한 지식(know-how)의 상실에 적합한 용어이다. 실제로, 신경과 전문의들은 이 용어를 자발적 동작의 결핍으로 제한하는 경향이 있지만, 나는 여기에서 그 원래의 더 일반적인 의미를, (우리가 조사하려는) 기능장애(dysfunctions)가 모두 (실제 신경망이 습득한) 기술을 상실하거나 보여주지 못하는 것과 관련된다는 것을 독자들에게 상기시키기 위해 언급한다.[8]

---

8) [역주] 저자는 여기에서 환자의 어떤 기능장애가 신경장애로 인한 결과임을 강조하려 한다.

실어증(aphasia)이라 불리는 언어 상실 상태는 그 일반적인 범주에서 매우 자주 발생하는 사례이다. 실어증은 일반적으로 (뇌의 혈관이 막히거나 터지는) 뇌경색 또는 기타 정상 혈류의 국소적 손실로 인해 발생하며, 이로 인해 국소 신경망은 수 분 내에 고사하게 된다. 실어증은, 환자가 여전히 다른 사람의 말을 이해할 수 있고, 입과 후두의 기본적 운동 조절 능력을 유지하더라도, 언어발화(speech) 능력의 고립된 상실을 일으킨다. 예를 들어, 그런 환자는 여전히 정상적으로 씹을 수 있고, 몇 개의 명사를 어려움 없이 발음할 수 있으며, 심지어 어느 정도 노래를 부를 수도 있다. 그런 복잡한 근육 시스템에 대한 자신의 기초 조절 능력은 분명히 온전하다.

그러나 언어에 대한 상위 신경 시스템, 즉 정상인의 경우 (일관된 말을 생성하는) 복잡한 벡터 시퀀스를 생성하는 재귀적 시스템이 그에게서 파괴되었다. PET 스캔은 일차운동피질(primary motor strip)의 입과 목 영역에 인접한 좌전두 영역(브로카 영역)에 신경 활동의 결핍을 보여준다. 또한 이따금 그림 7.4에 표시된 측두 영역(베르니케 영역)의 활동 결핍을 보여주며, 그곳은 언어 이해에서 중요한 영역이기도 하다. 그러한 경우의 환자는 이해 실어증(comprehension aphasia) 또한 겪는다. 그것들이 결합된 상황은 전역 실어증(global aphasia)이라 불린다. 그러한 환자를 MRI로 스캔하면, 한쪽 또는 양쪽 영역에 병적 흉터 조직이 어둡게 나타난다. 그 개인의 입은 여전히 말할 능력을 가진다. 그러나 그 도구에서 일관된 언어를 끌어낼 특별히 훈련된 '지휘자'가 단지 파괴되었다.

일부 환자에게서, 그런 특별한 지휘자가 살아 있거나, 약간만 손상, 즉 브로카 영역이 손상되지 않을 수 있다. 그러나 언어발화 생성(speech-production) 영역 바로 상위의 병변으로 인해, 그 환자의 나머지 인지 활동과의 정상적 연결이 끊어지거나 심각하게 손상된다. 그

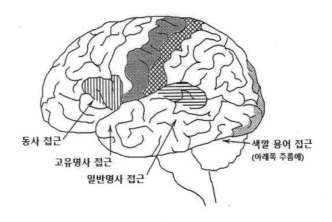

동사 접근

고유명사 접근

일반명사 접근

색깔 용어 접근
(아래쪽 주름에)

그림 7.4 PET 및 MRI 스캔을 통해 드러난, 뉴런 활동 및 뉴런 사멸의 영역. 그 영역은 언어발화의 독특한 능력에 대한 정상적 명령을 선택적으로 상실한 것과 관련된다. (A. Damasio와 H. Damasio의 그림을 수정)

결과로 인한 언어 결핍은 다양하며, 병변의 위치에 따라 미묘하게 달라진다. 다마지오 부부의 경험적 연구에 따르면, 정상적 언어 능력에 중요한 것은 베르니케 영역뿐만 아니라, 실제로 앞쪽에서 뒤쪽까지 측두엽 전체라는 것이 밝혀졌다.

예를 들어, 만약 어느 병변 또는 다른 병변이 (시각피질에 가까운) 측두엽의 아래쪽 후방에 발생하면, 그 환자는 여전히 지각으로 색깔을 구별할 수 있지만, 자신의 색깔 어휘를 적용하는 능력을 상실한다. 만약 그 병변이 일차청각피질 아래의 측두엽 중간 부분에서 발생하면, 그 환자의 일반명사(common nouns)에 대한 명령이 상실된다. 만약 그 병변이 더 앞쪽에 있을 경우, 매우 특정한 명사가 그의 언어발화에서 사라진다. 끝으로, 전두엽 끝에서의 병변은 그의 언어발화에서 가장 특정한 용어인 고유명사(proper name)를 없앤다. (보스웰은 이 마지막 결손과 함께, 우리가 곧 살펴볼 특정한 명사를 상당히 상실했다. 그림

7.2는 그의 좌측두엽의 병변을 보여준다. 그 앞쪽 끝 부분은 죽었고, 그보다 약간 더 뒤쪽까지 병변이 있었다.)

이 모든 경우에서, 그 피해자의 관련 언어-이전의(prelinguistic) 개념에 대한 명령은 크게 손상되지 않은 것으로 보인다. 예를 들어, 마릴린 먼로(Marilyn Monroe)의 사진을 보여주었을 때, 다마지오 부부의 이름 장애 환자 중 한 명이 이렇게 말했다. "그녀 이름은 모르지만, 난 그녀가 누군지는 알아요, 나는 그녀의 영화를 봤어요, 그녀는 대통령과 바람을 피웠어요, 그녀는 자살했어요, 그게 아니라면 아마 누군가 그녀를 죽였을 거예요, 어쩌면 경찰?" 이러한 환자들은 (2장에서 논의하지 않은) 안면 재인에 어떤 결핍도 없다. 그러나 그들은 더 이상 자신들의 재인을 표현하기 위해 고유명사를 배치할 수 없다. 동일한 특징의 언어 결핍이 일반명사와 관련된 사람들의 경우에서도 나타난다. 재인의 어떤 실패도 분명할 필요가 없지만, 비록 그 환자의 언어발화가 정상이라고 하더라도, 그 표준적 범주는 언어발화에서 더 이상 이름을 지정할 수 없다.

이러한 기능적 어휘의 손실은 흔히 부분적이다. 예를 들어, (그림 7.2의) 보스웰은 일반적인 '자연 종(natural-kind)' 용어와 관련하여 광범위한 손실을 입었다. 자연적 사물의 단순한 사진을 보여주었을 때, '너구리', '복숭아', '소나무', '당근', '사자' 등등의 용어를 적용하지 못했다. 그러나 그는 일반적인 '기능 종(functional-kind)' 용어, 예를 들어 '포크', '자동차', '라디오', '망치', '칫솔' 등의 용어에 대한 결핍은 없었다. 이러한 항목의 사진을 보여주면, 그는 어려움 없이 그것들을 모두 식별한다. 그런데 오직 한 집단의 기능 종, 즉 악기에서만 예외였다! 어떤 이유에서, '트럼펫', '기타' 등과 같은 용어에 대한 보스웰의 명령이 그의 자연 종 용어와 함께 지워졌다.

손실되는 것과 손실되지 않는 것에서 이렇게 광범위한 구분을 살펴보면, 누군가는 (앞서 설명한) 많은 모델 그물망의 활성 공간, 즉 복잡한 구분 과제를 수행하도록 훈련된 그물망에서 때때로 예상치 못한 계층적 분할을 떠올릴 것이다. 넷토크의 개념 공간을 모음 변환과 자음 변환으로 이분법적으로 나누었던 것을 떠올려보라.

이러한 그물망에서, 모음을 코딩하는 데 더 중요한 역할을 하는, 중간층 뉴런을 선택적으로 제거하거나 그 연결을 끊어서, 보스웰의 그물망과 유사한 부분적인 인지적 결함을 인위적으로 유발시킬 수 있다. 이러한 뉴런들은 자음을 코딩하는 동안 정지 상태이거나 변하지 않기 때문에, 이러한 뉴런을 파괴하거나 연결이 끊어지면, 그 그물망이 자음에 적절하게 반응하는 능력은 그대로 유지되지만, 모음에 대한 수행은 저하된다. 살아 있는 뇌 안의 뉴런 집단의 부분적 손상이 이따금, 특정 인지 기술의 기묘한 선택적 생존으로, 우리 자신의 활성 공간 내에 동등한 분할을 유도할까? 이런 생각은 억측이지만, 생각할 거리를 제공해준다. 보스웰의 사례가 특별하지는 않다.

이제 구체적으로 언어 기술(linguistic skill)을 넘어서 문제를 살펴보자. 훨씬 더 흔하고 발병이 더 점진적인 실어증은 파킨슨병(Parkinson's disease)이다. 우리는, 60세나 70세가 넘은 노인에게서, 그들의 팔과 손의 움직임이 초당 3-4회 빈도로 만성적으로 진동하는 것을 자주 볼 수 있다. 훗날 보행의 질이나 조절력에서 현저히 저하되고, 진행된 경우에서는, 운동 행동을 시작하지 못하거나, 일단 시작하면 멈추지 못하는 기묘한 증상을 보게 된다.

파킨슨병은, 뇌졸중에 의한 실어증처럼 전체 그물망이 갑작스럽고 치명적으로 소멸하는 것과는 다르게, 견고하고 결함에 강한 신경 시스템이 느리게 퇴화되는 한 가지 사례이다. 파킨슨병 환자는 전형적으로, 뉴런이 신경전달물질인 도파민을 생성하고 사용하는 두 개의 작은 중뇌(midbrain) 영역인 흑질(substantia nigra, 말 그대로 '검은 물체')에 약간의 퇴행을 보여준다. 파킨슨병의 증상에 대한 표준 치료법은 체내에서 도파민을 형성하기 위해 대사되는 L-도파(L-dopa)라는 물질이다. 이런 개입으로 그 본래 상황을 전혀 치료하지 못하지만, 즉 지금까지 그 환자의 내재적 도파민 결핍을 되돌릴 수는 없지만, L-도파를 꾸준히 투여하면 적어도 한동안 떨림 및 다른 운동 비정상을 줄일 수는 있다.

젊은 성인들은 전형적으로 아직 뇌졸중이나 파킨슨병 퇴화가 없지만, 그들에게 자주 일어나는 좌절은 다발성 경화증(multiple sclerosis, MS)이다. (이런 고통은 이미 내 친한 친구들 중 한 명 이상, 실제로는 두 명 이상에게 영향을 미쳤다.) 다발성 경화증은, 보통 모든 뉴런의 축삭을 단단히 감싸는, 수백만 개의 독특한 팬케이크 모양의 세포를 공격하고 천천히 파괴한다.

어린 시절에는 이러한 자가-포장 세포(self-wrapping cells)가 신경계의 긴 축삭의 대부분을 미엘린 수초(myelin sheath)라는 얇은 절연물로 서서히 감싸게 된다. 따라서 이렇게 감싸진 축삭은 실질적 유리함을 가지는데, 길이에 따라 신호 전달 속도가 최소 10배 이상 빨라진다. 따라서 성인의 잘 조정된 재귀적 운동 그물망은 그런 그물망의 동역학적 특징에 적절하도록 시냅스 가중치를 조성시킨다. 따라서 5장에서 살펴보았듯이, 그것은 감각-운동 조절을 성취한다.

안타깝게도, 그런 재귀적 운동 그물망 내의 많은 축삭의 전도 속도가 크게 변하게 된다면, 만약 다발성 경화증에 의해 그 그물망 층의 미엘린 절연물이 천천히 무작위로 파괴되면, 반드시 그렇게 진행되는데, 그러면 뇌가 자신의 신체로부터 얻는 감각 정보의 질이 저하되고, 기존의 시냅스 가중치 조성은 점점 더 부적절한 감각-운동 조절 체제를 유지하게 된다. 그 피험자는 팔다리의 마비를 알아채기 시작하고, 점점 더 서투른 자신을 발견하게 된다. 그는 '안전'하지만 눈에 띄게 느려지는 보행 및 신체 행동 양식으로 퇴보할 것이며, 그런 행동 양식은 운동 오류를 계속 증가시키는 배경으로 상당히 작용하게 된다. 그리고 그는, 계속 줄어드는 에너지와 운동 실행의 복잡성에서 발생되는 근육 위축으로 인해 전반적인 근력 약화를 겪는다.

그러한 절연성 미엘린 수초를 파괴하는 원인은 아직 밝혀지지 않았다. 어쩌면 바이러스성일 수 있다. 또는 자가-면역질병일 수도 있는데, 그런 질병에서 자가-면역 시스템은 자신의 미엘린 세포를 이질적인 것으로 잘못 알아보고, 조직적으로 파괴하게 된다. 어느 경우이든, 축삭소통의 속도와 무결함을 무작위로 그리고 점진적으로 감소시키면, 자신의 지각과 (세밀하게 조율된) 운동 조절을 손상시킨다는 것은 놀라운 일이 아니다.

운동 결핍의 영역에서, MS는 1940년대에 사망한 야구 스타의 이름에서 루게릭병(Lou Gerhig's disease)으로 더 널리 알려진, **근위축성 축삭경화증(amyotrophic lateral sclerosis, ALS)**이라 불리는 더욱 끔찍한 동일 종류의 질환을 동반한다. ALS를 동반하는 경우에, 운동 신경 세포를 감싸는 미엘린 세포보다 운동 뉴런 자체가 공격받는다. 척수의 긴 운동 뉴런이 점진적으로 죽으면서 운동 조절이 혼란스러워질 뿐만 아니라 파괴된다. 그 최종 결과는 꼭두각시를 움직이던 줄을 자르는 것과 비슷하다. 그 꼭두각시는 절뚝거리고 신체 운동을 할 수 없게 된다. 결국 살아남을 수 있는 유일한 운동 조절은 안구 근육과 방광 및 장에 대한 조절뿐이다. 이러한 예외는 신비스럽고, 의미심장할 수 있는데, 우리가 신체의 운동 뉴런에 대한 선택적 공격이나 퇴화의 원인이 무엇인지 확실히 알지 못하기 때문이다. 우리는 어떤 치료법도 갖지 못하고 있다. 그렇지만 최근 연구 결과에 따르면, ALS에 유전적 요소가 있으며, 따라서 지금 우리가 느끼는 무력감은 일시적인 것일 수도 있다.

앞서 설명한 더 흔한 질병인 MS는 상당히 느리게 진행되며, 한 번에 몇 년씩 점진적으로 진행되다가 잠시 멈추기 때문에, 강한 영혼이 적응할 시간을 허락한다. 반면에, ALS에서는 운동 조절의 상실이 더 빠르고 가차 없이 진행되며, 아무리 회복력이 강한 사람이라도 심각한 타격을 받는다. 말초 운동 시스템의 어느 부위에서 처음 퇴행이 시작되었는지에 따라서, 5년 정도 이내에, 언어발화를 포함하여 전신 운동 조절이 거의 완전히 사라질 수 있다. 그러나 그동안 뇌의 비운동 시스템은 영향 받지 않으므로, 피해자의 순수한 인지 능력은 그대로 살아남는다.

재능 있고 상상력이 풍부한 물리학자 스티븐 호킹(Stephen Hawking)은 이 후자의 요지를 잘 보여주는 사례이다. 젊은 시절 ALS에 걸린 호킹은 물리학에 관한 전문적 연구를 포기하지 않았다. 이 글을 쓰는 시점에서, 그의 운동 조절은 작은 창문으로 줄어들었고, 현대 컴퓨터 기술이 없었다면 그는 전혀 의사소통을 할 수 없었을 것이다. 그렇지만 그의 이론적 상상력은 여러분이나 나의 것만큼이나 자유롭고, 더 강하기도 하다. 호킹은 현재 우주론과 현대 물리학에서 가장 중요하고 독창적인 아이디어의 저자로 유명하다. 분명히, 대규모 재귀적 그물망은 오래된 현상을 이해하기 위한 새로운 가능성을 탐구하기 위해 운동 조절을 요구하지 않는다. 흥미로운 문제에 대한 지각과 기억이 온전하고, 누군가의 재귀적 경로가 작동한다면, 탐구할 무한한 공간이 주어진다. 물리적 공간에서의 자발적 움직임이 불가능해진 상황에서, 개념적 공간은 손상되지 않고, 의도적인 비행을 위해 열려 있다.

지금까지 우리는, 뇌졸중, 외상 또는 자가-면역질병으로 인한 노골적인 그물망 파괴와, 축삭의 탈수초화로 인한 정상적인 축삭 소통의 중단이라는, 두 가지 일반적인 운동 결핍의 원인을 살펴보았다. 이런 것들이 그 가능성을 소진시키지 않지만, 그것들은, 그런 질병을 포함하는 공간에 대해 우리가 예비적 느낌을 갖도록 해줄 것이다.

지각 및 인지 기능장애

앞 장에서 시각 정보에 대한 뇌의 코딩에 관해 설명했던 내용에 비추어 보면, 눈 자체가 건강하더라도, 일차시각피질이 대량으로 파괴되는 경우 심각하고 영구적인 실명을 초래한다는 것이 놀랄 일은 아니다. 그런 상태를, 눈이나 시신경 손상으로 인한 더 흔한 형태의 실명과 구별하기 위해, 피질실명(cortical blindness)이라 부른다. 더욱 놀라운 것으로, 이따금 그러한 환자들은, 특히 자신들의 피질 파괴가 갑자기 그리고 전체적으로 일시에 발생하는 경우, 자신이 실명했다는 사실을 알지 못한다. 실제로, 일부 환자들은 그런 내적 사고가 일어난 후 며칠 또는 몇 주 동안 자신의 실명을 매우 완강히 부인한다. 비록 그들이 사물에 걸려 넘어지고 얼굴 앞의 손을 보지 못함에도, 자신들의 서투른 행동에 대해 태연하게 변명하고, 자신들의 상태에 관해 마치 아무것도 변하지 않은 것처럼 계속 둘러대고, 자신들이 명백히 볼 수 없다는 것에 대해 추궁당할 경우 그것을 회피하고, 혼란스러워하며, 종국에는 매우 짜증을 낸다.

그러한 실명거부증(blindness denial)은 질병인지불능증(anosognosia)이라 불리는 것의 한 예로서, 일부 주요 인지 및 운동 하부 시스템이 단순히 사라졌다는 것을 기이하게 알아보지 못한다. 어쩌면 이러한 현상은 그리 놀라운 일이 아닐 수 있다. 뇌가 정상인 사람의 경우, 만약 자신의 눈이 가려지거나, 또는 사고로 인해 어쩌다 눈을 상실한다면, '모든 것이 검게 보인다.' 그녀의 시각피질은 들어오는 빛이 완전히 없다는 것을 올바로 표상할 것이다. 그렇지만 시각피질 자체가 완전히 파괴되면, 들어오는 빛의 존재 또는 부재를 표상하는 어떤 인지 시스템도 남아 있지 않다. 그런 경우, 그 환자의 피질은 '어둠'을 표상하지 않는다. 그보다 표상하기를 완전히 중단한 것이다. 이제 그 인지 시스템은 표상하는 일에서 벗어난다. 따라서 마치 손상되지 않았을 때처럼,

시각적 문제를 적극적으로 표상할 수 없다. 따라서 그러한 환자는, 자신의 시각 시스템이 아닌, 다른 재원에서 자신이 실명했다는 사실을 배워야 한다. 따라서 처음에는 둘러대면서 자신의 실명을 거부한다.

비슷한 앎의 상실이 자신의 몸과 팔다리에 관해서도 일어난다. 만약 뇌의 우반구에서만 운동피질과 그 인접한 체성-감각피질을 모두 상실하면(그림 7.4 참조), 그 환자는 자신의 신체 왼쪽 전체를 표상하거나 제어할 능력을 상실한다. (우리 모두는 팔다리와 뇌를 연결하는 관련 축삭이 피질과 서로 소통하는 도중에 교차한다.) 그러한 환자는 만성적으로 자기 몸의 연결이 끊어진 절반을 알지 못한다. 옷을 입을 때, 그 환자는, 왼쪽 바지의 다리와 왼쪽 셔츠의 소매를 덜렁덜렁 매단 채로, 오직 자기 몸의 오른쪽 절반만 입는다. 면도를 할 때면, 그 환자는 얼굴의 오른쪽 절반만 면도한다. 목욕할 때에는, 오직 자신의 신체 오른쪽 절반만 씻는다. 계속 그런 식의 행동을 보여준다.

꽤 정규적으로, 이러한 편측무시(hemineglect) 환자는 신체의 그 무시되는 쪽의 팔다리가 자신의 것이라는 것을 단호하게 부인할 것이며, 그 팔다리가 여전히 자신의 몸에 확고히 붙어 있는 것을 볼 수 있음에도 불구하고, 주저함이 없이 또는 분명히 당황하지 않으면서, 그것을 부정한다. 편측무시 환자는 때때로 그러한 외부 사물이 너무 가까이 있다는 사실에 짜증을 내며, 자신의 팔다리를 침대 밖으로 던지려 시도하기까지 한다! 자기 신체의 주요 요소에 대한 이러한 강력한 소외시킴을 우리가 실제로 신뢰하거나 상상하기 어렵지만, 그 증후군은 신경과 의사에게 잘 알려져 있다.

어쩌면 우리가, 그 환자의 원래 자아의 친밀한 부분, 특히 현재 무시되는 팔다리와의 소통을 지시하는 뇌의 일부가, 일종의 기능하는 인지적 존재(cognitive entity)로서, 실제로 사라졌다는 사실을 떠올려본다면, 그다지 이해하기 어렵지는 않다. 그렇게 그 손상된 뇌의 일부는 자신의 사지를 전혀 알아보지 못한다. 비록 자신의 전체 몸이 남아 있더라도, 그 환자의 내적 자아 일부가 사라진 것이다.

이러한 사례들은 모두 어떤 종류의 공간적 손실과 관련이 있다. 인간이 대규모 재귀적 그물망이라는 점을 고려해보면, 우리는 또한 시간적 인지의 장애도 예상해볼 수 있다. 다시 말하지만, 자연은 광범위한 다양성을 제공한다. 다마지오 부부의 피험자인 보스웰은 선행성 기억 상실증(anterograde amnesia)이라는, 드물지만 놀라운, 기억력 결핍의 한 사례이다. 바이러스 감염으로 의해, 보스웰의 측두엽 앞쪽 끝과 전두엽 아랫부분이 파괴되었고, 대뇌반구의 주름진 '헬멧' 바로 안쪽의, 양쪽 중뇌 측면에 있는 손가락 크기의 부위가 파괴되었다. 그 부위는 왼쪽과 오른쪽 해마(hippocampus)라 불린다. 그것들이 그림 7.2(보스웰의 뇌)에는 잘 보이지 않지만, 전두피질 아래쪽의 심하게 손상된 영역의 뒤쪽에서 발견되며, 양쪽 모두가 완전히 파괴되었다.

해마는 지속적인 단기 기억의 찰나적 내용을 장기 기억의 영구적 내용으로 전환하는 데 중요한 역할을 한다. 해마가 어떻게 이런 역할을 하는지는 아직 밝혀지지 않았다. 그러나 보스웰의 경우, 그의 해마 손실의 결과는 현재보다 약 30초 또는 40초 전에 일어난 경험 중 어떤 것도 회상할 능력을 상실하게 만들었다. 그의 의식과 단기 기억의 창은 과거 40초 전으로 거슬러 올라가지 못한다. 어떤 사건이 그 좁은 한계를 넘어가기만 하면, 물론 40초 후의 모든 것들이 그러하듯이, 그 사건은 보스웰에게 영원히 사라진다.

보스웰은 여전히, 특정 퍼즐을 푸는 방법과 같은, 새로운 기술을 배울 수 있으며, 이렇게 습득한 기술은 정상적인 방식으로 지속된다. 그러나 보스웰은 그 학습 에피소드(어떻게 학습했는지)를 완전히 잊으며, 심지어 자신이 지금 그 기술을 가지고 있다는 사실조차 잊을 것이다. 믿을 수 없어 보이지만, 부상 이후 18년 동안 보스웰은 그런 에피소드 또는 자서전적인 새로운 기억을 하나도 남기지 못했다. 더구나 그는 자신의 인지 상실을 완전히 인식하지 못한다. 물론 당신은 그에게 그 것을 말할 수도, 설명해볼 수도 있다. 그러나 30초 만에 그는 당신의 설명을 흔적도 없이 잊어버린다. 사실, 그가 40초 이상 당신을 보지 못 하면, 그는 당신의 운명적인 설명만큼이나 당신도 완전히 잊을 것이다. 한번은 다마지오 부부가 보스웰의 범주-재인 기술(category-recognition skill)에 대한 실험을 약 한 시간 동안 수행하는 것을 관찰한 후, 나는 몇 분 동안 실험실을 떠났다. 내가 돌아왔을 때, 보스웰은 내가 누군지 전혀 알아보지 못했고, 우리 모두 당면한 실험을 다시 진행하기 위해, 처음의 소개와 오프닝 인사를 완전히 다시 해야 했다.

보스웰은 부상 이후 18년 동안 매달 한 번씩 다마지오 부부 연구소 에서 검사를 받아왔다. 안토니오와 한나는, 보스웰이 솔직하고 쾌활한 사람이라고 알고 있었다. 그러나 그는 요양시설에서 대학병원으로 올 때마다, 그의 주치의들을 마치 처음 보는 것처럼 만난다. 그들은 그에 게 완벽한 낯선 사람처럼 보인다. 그리고 늦은 오후에 요양시설로 돌 아가게 되면, 그는 자신을 장기간 돌본 간병인을 마치 처음 본 것처럼 대한다. 보스웰에게 사회 소개는 결코 끝이 없는 활동이다. 모든 면에 서 그의 상태는 악몽처럼 보일 수 있다. 다만 자비는 보스웰 자신이 그 것을 전혀 알아채지 못한다는 것이다.

여기서, 기술 습득(skill acquisition)에 관해 앞서 지적했던 요지를 돌아보는, 세심한 주의가 필요하다. 시간이 지남에 따라서, 보스웰은 특정 사람들에 대한 감정적 반응과 선호도에서 약간의 변화를 보여주 지만, 그 변화도 자신이 과거 그들 회사에서 경험했던 것에 대한 의식 이하의(subconscious) 또는 의식 이전의(preconscious) 반영일 뿐이다. 비록 그의 자서전적 기억은 폐기되었지만, 분명히 그의 뇌 어딘가에 학습이 잔류하고 있기는 하다.

뇌기능장애에서 자비를 기대하기란 거의 불가능하다. 더 자주, 그것은 혼란과 좌절이며, 더욱 그런 고통을 받는 사람들의 삶을 괴롭히는 것은 바로 공포이다. 여러 유형의 정신분열증(schizophrenia)보다 더 비참한 것은 결코 없는데, 그것은 두 번째로 흔하고 절대적으로 가장 장애가 되는 주요 정신질환이다. 이것은 망상(delusions)을 수반하는 장애로, CIA와 KGB 모두가 당신을 감시하고 있다고 믿거나, 화성인이 당신의 뇌에 라디오 무전 수신기를 이식했다고 믿는 등, 기괴한 성격의 지속적인 사실적 믿음과 같은 장애이다. 이것은, 항상 그런 것은 아니지만, 적어도 가끔은, 거기에 없는 사람들을 보거나 그의 머릿속에서 목소리를 듣는 것과 같은, 환각 경험을 포함하는 장애이다.

더 만성적으로, 정신분열증은 그 피해자의 대화와 사고 훈련에서 점점 더 일관성이 없어지는 것으로 특징지어진다. 그런 피해를 당하는 개인은, 실천적이든 이론적이든, 통일된 연속적 추론을 유지하거나 따를 수 없다. 그런 장애가 진행됨에 따라, 정신분열증 환자는 더 이상 실질적인 책임의 위치에 대해 신뢰받지 못한다. 그들은 만성적으로 산만하다. 그들의 관심은 혼란스럽게 흔들리고, 스스로 자신에게 중얼거린다. 마지막으로, 그러나 적지 않은 피해인데, 그들의 감정은 정상적인 사람들이 적절한 경우로 여기는 것과 단절된다는 점이다. 가장 흔히, 정신분열증 환자의 감정 어조는 신기하게도 덤덤하고 무반응적이다. 그러나 종종 그들은 자신들의 실제 상황과 완전히 벗어나는, 두려움, 슬픔, 또는 분노를 자발적으로 표출한다. 친숙한 표현으로 말하자면, 정신분열증 환자는 물리적 현실과 사회적 현실 모두에서 '실재와의 접촉에서 이탈한다.'

정신분열증은 여전히 우리에게 매우 당혹스럽지만, 국소적 및 뇌졸중 유발 손상에서 발생하는 것처럼, 전문화된 인지 하부 시스템의 갑작스럽고 치명적인 소멸보다는, 견고하고 결함-내성적인 뇌의 (전체적이며 비교적 점진적인) 퇴행과 관련되는 것으로 보인다. (명확한 정신분열증 증상은, 예를 들어, 종종 젊은 성인에게 갑자기 나타날 수 있지만, 그 시점은 그 기본적 문제의 시작이 아니라, 임계점을 지나가는 시기처럼 보일 수 있다.) 그런 광범위한 퇴행의 추정된 본성은, 신경망에 대한 우리의 논의에 새로운 차원을 끌어들이는데, 그것은 설명의 단순성을 위한 이유에서 내가 지금까지 의도적으로 절제했던 차원이다.

실제의 생물학적 신경망은 복잡한 생화학 수프에 잠긴 채, 평생 일하는 삶을 살아간다. 그 수프는, 우리가 예상하듯이, 고되게 일하는 뉴런에 영양을 공급하는 역할만을 하지 않는다. 그것은 또한 뉴런이 하는 거의 모든 일의 일부이며, 우편물이기도 하다. 특별히, 임의 뉴런의 활성 수준이 시냅스 간극을 가로질러, 다음 집단군의 표적 뉴런을 자극하거나 억제하기 위해 유발되는 미세 과정(microprocess)은, 생화학적으로 매우 복잡한 과정이다. 그 과정은, 실제로 시냅스 말단 표면에 도달하는 축삭 신호의 강도에 비례하여, 그 말단에서 방출되는 신경전달물질(neurotransmitters)에 의해 일어난다. 일단 방출된 그 물질 분자는 시냅스 틈새 내의 액체 매질 전체로 거의 즉시 확산되고, 그 말단 반대편의 표적 뉴런 표면의 (대기 중인) '수용기 자리(receptor sites)'에 흡수된다. 끝으로, 그림 7.5는 시냅스 연결의 그 미세물리학적 세부사항을 확대하여 보여주며, 시냅스 작동의 화학적 동역학을 그림으로 보여준다.

그런 화학적 흐름은 양방향으로 진행된다는 것에 주목해보자. 일단 신경전달물질 분자가 표적 뉴런의 수용기로 흡수되면, 해당 뉴런을 자극하거나 억제하기 위해서 그 신경전달물질이 분해되고, 그 일부가 시냅스 틈새의 액체 매체로 다시 방출된다. 이러한 분자의 일부는 본래의 시냅스 말단으로 다시 빠르게 흡수되고, 다음 시냅스 통신을 위해 더 많은 신경전달물질을 재합성하는 데 이용된다. 모든 이런 미세 활

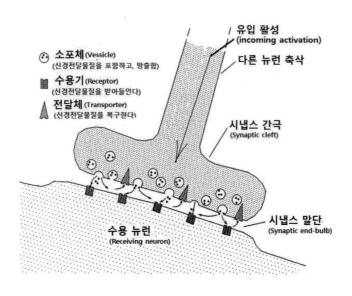

그림 7.5 시냅스 연결의 도식적 그림

동이 밀리초 단위 내에서 일어난다.

이러한 상황을 앞 장의 인공 모델과 비교해보자. 재래식 컴퓨터 내에서 추상적 모방으로만 오직 존재하는 신경망 모델(실제로 이러한 모델이 대부분)에서, 시냅스 전송의 가장 중요한 과정은 어설픈 해커의 프로그램(local hacker's program)이 한 쌍의 숫자를 곱하는 것에 불과하다. [즉, 그 과정은 단지 어설픈 곱셈에 불과하다.] 하나의 숫자는 '시냅스 가중치'의 값을 나타내고, 다른 숫자는 도착하는 '활성 수준'의 값을 나타낸다. 두 숫자의 곱은 표적 세포에 미치는 충격과 동일하다. 그것이 전부이다. 어떤 다른 요소도 관련되지 않는다. 전자 하드웨어 그물망의 실제 시스템으로 존재하는 신경망 모델에서, 예를 들어, 마이크로칩에 식각된 신경망 모델에서, 시냅스 전송은 (이것 역시) 매우 단순한데, 발생된 전도율(Conductance)에 주어진 전압(Voltage)을 곱한 값의 문제이다. [그 신경망에서라면] 오직 국소적 열 및 광학적 환경(local thermal and optical environment)의 임의적 변화만이 이런 '시냅스' 전송 과정을 악화시키거나 변조시킬 수 있다.

반면에, 실제 뉴런과 생물학적 시냅스의 경우라면, 그 전송 과정은 다양한 생화학적 요인에 의해서 변조되거나, 강화되거나, 저하되거나, 또는 완전히 중단될 수도 있다. 이러한 요인들 중 일부는 밀리초 단위로, 다른 요인들은 분, 시간, 또는 날짜 단위로 작동한다. 이것은, 생물학적 뇌에서, 인지 활동이 지금까지 인공그물망 모델에 표시된 것보다 훨씬 더 많은 차원을 가지고 있음을 의미한다. 더 많은 다양성이, 뇌의 서로 다른 하부 시스템이 서로 다른 독점적 유형의 (수십 가지의) 신경전달물질을 사용한다는 사실에서 발생한다. 따라서 이것들 중 선택적인 변조는 매우 선택적인 인지 효과를 발휘할 수 있다.

당신은 여기에서, 시냅스 연결의 효과적 가중치에 단기적 또는 장기적 변화를 일으킬 몇 가지 가능성을 즉시 알아볼 수 있다. 시냅스-전 말단은 만성적으로 적절한 신경전달물질을 너무 많이 또는 너무 적게 생성할 수 있다. 또는 그 표적 세포의 수용기가 해당 신경전달물질에 과민해질 수도 있다. 또는 그 수용기는 표적 세포가 분해할 수 없는 외부 신경전달물질과 유사한 화학물질에 의해 일정 시간 동안 차단될 수도 있다. 또는 그 표적 세포를 떠난 후, 국소 신경전달물질의 재활용 가능한 분해물이, 시냅스-전 말단에서 재합성 및 재사용을 위해 다시 흡수되기에 앞서, 일부 포식성 화학물질에 의해 가로채어질 수도 있다.

이곳이 바로 전형적으로, 다양한 정신성 '길거리 약물(street drugs)'이 작용하는, 시냅스 틈새 주변이다. 그곳에서 우리의 정상적인 코딩 벡터가 전달되고 변형되는 방식을 심각하게, 그리고 종종 영구적으로 바꿀 수 있다는 점을 고려해보면, 이러한 화학물질이 수프에 주입될 때, 정상적 인식이 적어도 일시적으로 손상되거나 일그러지는 것은 놀라운 일이 아니다. 최소한, 그것은 영향을 받는 신경 하부 시스템의 모든 시냅스 연결에 일시적으로 가중치를 재조정하는 효과를 준다. 그리고 극단적으로, 그것은, 광범위하고 무차별적인 돌진으로, 그 관련 뉴런을 직접 자극하는 역할을 할 수도 있다.

정신성 약물의 효과는 매우 다양하지만, 여기서 나는 그 모든 것들을 언급하지는 않겠다. 내가 지금 이 쟁점을 제기하는 것은, 그 약물들 중 일부, 특히 장기간 사용 후 발생하는, 인지적 및 정서적 현상이 주요 정신질환, 예를 들어 환각, 혼란스러운 사고과정, 편집증, 조증(조현병), 우울증 등과 같은 현상에서 나타나는, 인지적 및 정서적 현상과 매우 유사하기 때문이다. 부분적으로 이러한 이유에서, 정신분열증과 같은 정신질환은 뇌의 10^{14}개 시냅스의 신경화학적 환경의 특징적인 화학적 장애, 즉 문제가 되는 일부 약물에서 생성되는 것과 매우 유사한 화학적 장애로 인해 발생할 수 있다는 것이 현재 많은 연구의 작업 가설이다.

이런 가설은 주요 형태의 정신질환에 대한 치료 및 조절의 방향을 제시해준다. 만약 우리가 그런 환자의 뇌에 내재된 신경화학적 과정을 조작할 수 있다면, 근본적인 화학적 장애를 치료할 수도 있을 것이다. 그렇지 못한다고 하더라도, 적어도 우리는 당면의 질병의 유형에 따라 만성적 화학물질 결핍을 개선하거나, 만성적 화학물질 과다복용을 없애는 화학물질을 매일 투여하여, 그 화학적 문제를 최소한 보정해줄 수 있을 것이다.

정신분열증은 한동안, 어떤 종류의 확산성 신경화학 장애이며, 따라서 아마도 화학적 대응책으로 치료할 수 있는 것으로 고려되어왔다. 그 이론은 여전히 억측이지만, 다소 개연성은 있다. 우선, 사후 해부 또는 MRI 스캔은 뇌에 대해서, 모호하지 않으며, 국소 해부학적 손상의 형태로 어떤 '결정적 증거(smoking gun)'도 드러내주지 않는다. 비록 전체 부피가 약간 줄기는 했지만, 정신분열증 환자의 뇌는 당신이나 내 뇌와 매우 비슷하게 보인다. 또 다른 예로, 1950년대에 희미한 정신성 약물인 클로르프로마진(chlorpromazine)이 정신분열증 환자의 환각, 비일관성, 혼란스러운 감정 등을 강력히 감소시킨다는 것이 발견되었다.

클로르프로마진은 많은 신경계, 특히 뇌의 더 원시적인 중심부의 앞쪽 및 대뇌피질의 전두엽에서 특징적인, 도파민(dopamine)이라는 매우 흔한 신경전달물질에 길항작용(antagonistic)을 하는 것으로 밝혀졌다. 클로르프로마진 또는 클로자핀(clozapine)과 같은 일부 관련 도파민 길항제를 매일 투여하면, 이러한 '도파민성' 신경 하부 시스템에서 도파민이 분해되고 재합성되는 속도가 느려지는 경향이 있다. 따라서 이러한 전두엽 하부 시스템의 활동을 억제하면, 그것이 그 증상을 정확히 없애지는 못하지만, 어떤 이유에서인지 정신분열증의 특징적인 심리적 증상을 감소시킨다.

그러한 클로르프로마진의 발견은 북미의 정신과 치료의 본성과, 이를 제공하는 기관을 변화시켰다. 클로르프로마진이 발견된 지 20년 만에, 적어도 정신분열증 환자들이 수용되어 있던 수많은 정신병원(insane asylums)은 대부분 비워졌다. 그러한 환자들이 완치되었기 때문이 아니라, 그 약물을 통해 환자가 자신의 가정으로 돌아갈 수 있게 되었고, 어떤 경우에는 일할 수도 있게 되었기 때문이다. 그들은 아직 정상이 아니었지만, 많은 사람들이 다시 한 번 직업을 가질 수 있게 되었다.

전반적으로, 의료 관행의 그런 변화는 정신과만큼이나 경제적이었다고 말할 수 있다. 외래 환자로서 저렴한 약을 복용하는 것이, 직원이 많은 기관에 영구적으로 감금되어 치료받는 것보다, 훨씬 더 저렴했다. 그 결과, 많은 오래된 정신병원과 요양소가 결국 문을 영원히 닫았다.

우리는 더 이상 예전과 같은 커다란 물리적 시설을 갖추지 않게 되었으며, 감금은 진정으로 무력하거나 폭력적인 환자만을 위한 것이 되었다. 비록 단점이 있기는 하지만, 이것은 좋은 일이다. 포기되거나, 치료받지 못하거나, 불규칙적으로 치료를 받는 등의 많은 정신분열증 환자들은 40년 전만 해도 시설에 수용되었을 것이 분명하겠지만, 이제 만성적 노숙자 대열에 합류했다. 우리 도시의 거리는 한때 눈에 띄지 않는 기관에서 신중하게 짊어졌던 부담을 공개적으로 짊어지고 있다. 시민권과 치료의 연속성 모두에 관한 명백한 이유에서, 우리가 저렴하고 유용한 치료법을 보유하고 있더라도, 거리에서 의료 서비스를 제공하는 것은 매우 어렵다.

클로르프로마진이 어떻게 그런 불쾌한 증상을 완화할 수 있을까? 그리고 애초에 정신분열증의 인지적 혼란을 일으키는 원인이 무엇인가? 우리는 이 두 질문에 대해 답을 알지 못한다. 그렇지만 최근에, 재귀적 그물망이 어떻게 인지와 같은 과정을 유지할 수 있는지, 그리고 때때로 어떻게 최적의 기능을 중단하도록 만드는지 등에 대한 이해가 높아짐에 따라, 그 의문에 대한 추측의 걸음이 빨라지고 있다. 이러한 추측은 예비적이므로, 우리는 당연히 회의적이어야 한다. 다른 한편, 그러한 추측은 이제 신경망 실험, 신경생리학적 실험, 신경약리학적 실험 등의 경험적 데이터에 의해 제약을 받으며, 그 데이터는 우리에게 오랫동안 친숙한 정신분열증 환자의 행동에 대한 데이터를 훨씬 뛰어넘게 해준다. 따라서 우리는 이론에 대한 우리의 사색적 비상(speculative flights)이 과거보다 더 잘 안내받기를 희망해볼 수 있다. 하여튼 다음은 그러한 추측의 보기이다.

정상적인 사람의 일관되고 현실-분별적인 인지를 담당하는 것은 어디인가? 어떻게 그것이 생성되는가? 이 책에서 탐구하는 일반적 인지 모델에 따르면, 정상적 인지는 다음과 같이 구성된다. 뇌의 전체 궤적은, 자체 뉴런-활성 공간을 통해, 선행 학습이 그 공간에서 개척한, 잘 닦인 원형 경로를 따라간다. 그리고 뇌의 그 전체 궤적은, 뇌의 변화하는 지각 입력의 적절한 기능으로서, 한 원형에서 다른 원형으로 전환한다. 이것이, 우리의 새로운 신경계산적 어휘(neurocomputational vocabulary) 내에서, 정상적 인지 기능에 대한 피상적 설명이다.

같은 어휘를 사용하여, 우리는 정신분열증의 여러 인지적 병리를 어떻게 설명할 수 있는가? 아마도 다음과 같이 설명할 수 있겠다. 정상 기능의 잘 조정된 원형 경로를 따르는 대신, 그런 불행한 뇌는 그러한 경로가 평소의 안정성을 갖지 못하다는 것을 알게 된다. 그런 뇌는 활성 공간을 통해 불확실하게 방황하며, 친숙한 인과적 원형에 느슨하고 덧없이 묶여 있다. 따라서 그런 뇌는 정상적 원형 경로에 의해 덜 확고하게 안내되고, 자체의 감각 입력에 의해 덜 확고하게 수정되는 경로를 따른다. 다시 말해서, 그런 뇌는, 적어도 부분적으로는, 자신의 지각 활동에 대한 재귀적 변조의 수집 붕괴(gathering corruption)로 인해, 전형적인 현실에 대한 내적 파악과 외적 현실과의 지각적 접촉 모두에서 저하된다.

이러한 절충 시스템(compromised system)에서는, 상상과 지각 사이의 구분이 무뎌질 수밖에 없다. 내적으로 생성된 스토리와 외부에서 생성된 시퀀스 사이의 구분이 불분명해질 수밖에 없다. 이전에 잘 닦인 원형적 전환이었던 것이, 이후에는 잡음과 예측할 수 없는 전환이 된다. 이전에는 재귀적인 변조에 의해 단순히 형성되었던 것이, 이후에는 재귀적 편견과 혼란에 의해 크게 지배당한다. 전체 그물망에 대한 광범위하나 원칙 없는 가중치 재조정으로 인해, 정상적 인지 기능의 풍경은 잘 훈련된 지형으로부터 변형된다. 따라서 그러한 활성 공간에서 전개되는 뇌의 경로는 제대로 관리되지 않고, 일관성도 없다.

어떤 물리적 조건이 그물망의 인지적 움직임을 이러한 방식으로 저하시킬 수 있는가? 아주 많다. 예를 들어, 그 그물망의 효과적인 시냅스 가중치에 광범위한 변화를 일으키는 어느 것이든, 그 그물망의 움직임을 이러한 일반적인 방식으로 저하시키며, 특히 재귀적 그물망에서 작은 오류가 비선형적인 방식으로 빠르게 확대될 수 있다. 이러한 벡터 시퀀스 생성의 손상은 누군가의 일차감각피질에 대한 감각-대-재귀적 조절이란 정상적 균형을 변경하는 어느 것에 의해서 더욱 확대된다. 만약 이러한 기초 시각 및 청각 영역에서의 벡터 활동이, 순수한 감각적 또는 '상향식(bottom-up)' 신호에 반대되는, 재귀적 또는 '하향식(top-down)' 신호에 의해 부적절하게 지배되어야 한다면, 편향된 지각, 꿈과 같은 의식, 공공연한 환각이 예상될 수밖에 없다. 이러한 두 가지 매우 일반적인 병리, 즉 효과적 시냅스 가중치 재조정과, 그리고 전체 신경 하부 시스템의 비정상적인 자극 또는 억제 모두가 비정상적인 수준의 자체 신경전달물질로 인해 발생할 수 있으며, 실제로도 발생한다.

따라서 우리가 가진 것은, 신경계산학 용어에서 정신분열증 인지기능장애에 대한 가능한 설명과, 그리고 그러한 계산적 기능장애의 근본 원인에 대한 신경화학 수준의 가능한 위치이다. 이것 이상을 우리는 가지고 있지 못하며, 그리고 대부분의 실제 연구는 아직 완료되지 않았다.

누군가는, 클로르프로마진이 도파민에 대한 길항작용이 강력하기 때문에, 정신분열증 환자의 뇌에 단순히 도파민이 넘쳐나므로, 클로르프로마진이 기능장애 환경을 바로잡아줄 것으로 생각할 수도 있다. 그것이 그렇게 간단할 수 있을까? 그러나 이런 이야기는 서로 어울리지 않는다. 클로르프로마진을 투여받은 정신분열증 환자의 PET 스캔은, 뇌의 전두엽 영역에서, 정상인의 활동 수준보다 훨씬 낮은 신경 활동 수준을 보여준다. 이것은 물론, 모든 도파민 전두엽 하부 시스템에 대한 약물의 강력한 우울증 효과를 고려할 때, 전적으로 예상될 수 있는 결과이다. 만약 그러한 시스템이 크게 저하되지 않았다면, 정말로 이상할 것이다.

그러나 그러한 사람들은 현재 도파민 수치가 정상 이하이지만, 여전히 정신분열증 환자이다. 그들의 병적 증상은 현저하게 감소했지만, 완전히 사라진 것은 아니다. 하여튼, 만약 도파민 과잉이 주요 병인이라면, 도파민 수치와 그에 따른 전두엽 활동이 정상 수준으로 회복되었을 때, 정상적인 인지 능력이 회복될 것으로 예상할 수 있으며, 정신분열증 증상을 억제하기 위해 필요한 것처럼, 정상 이하로 저하되었을 때에는 그렇지 않을 것이다.

끝으로, 도파민 길항제를 복용한 적이 없는 정신분열증 환자를 대상으로 한, 몇 안 되는 PET 스캔 연구에서는 전두엽 활동 수준이 활발하지만 명백히 비정상적인 수준은 아닌 것으로 나타났다. 이것이, 그러한 환자의 전두엽 활동이 정상이라는 것을 의미하지는 않지만 (거의 확실히 그렇지 않다) 순수한 활동 수준이 일차적 문제가 아님을 시사해준다.

클로르프로마진과 그 도파민 길항제 유사 약물이 왜 그렇게 유용한지 이유에 대해서 다른 (약간 경감시키는) 해석도 있다. 뇌의 도파민 수준을 크게 감소시키면, 더 깊은 인지 장애를 상쇄시킬 수 있는데, 그것은 마치 자동차 속도를 시속 60마일에서 20마일로 줄일 경우에 불균형한 뒷바퀴, 정렬되지 않은 스티어링(조향 시스템), 느슨한 킹 핀(바퀴 고정 시스템), 네 바퀴 모두의 롤러 베어링 마모 등을 상쇄시킬 수 있는 것과 같다. 정상적인 고속도로 속도에서 차량이 위험하게 진동하고, 예측할 수 없게 방향을 바꾸는 동역학적 결함은, 그 결함이 남아 있더라도, 저속에서는 그다지 뚜렷하지 않을 수 있다. 단순히 더 느린 속도만으로 그 배경 결함의 동역학적 영향을 줄인다. 그것이 그 문제를 고쳐주지는 않는다. 그럼에도, 만약 당신이 그렇게 불안정한 차를 운전한다면, 속도를 줄이는 것이 현명한 상쇄 방안이다. 그리고 만약 당신이 정신분열증 환자라면, 비슷한 이유에서, 도파민을 줄이는 것이 현명한 상쇄 방안이다. 그렇지만, 이런 비유에서 알 수 있듯이, 그런 장애의 실제 신경화학적 소재지는 그것과 다른 곳에 있을 가능성이 높다.

그 좋은 소식은 우리가 이제 그 중요한 소재지를 찾아볼 가능성이 높아졌다는 것이다. 그리고 당분간, 비록 불완전하나, 우리는 정신분열증을 어느 정도 통제할 수 있다. 도파민 길항제에 의해 생성되는 전두엽 활동에 대한 광범위한 억제가 세심하게 조정될 수 있으며, 만약 그것이 필요하다면, 적어도 필요한 초기 단계에서는, 단순히 약물치료를 중단함으로써 되돌릴 수 있다. 이런 측면에서 그것은 **전두엽 절제술**이라는 이전의 전두엽 억제 기술과 매우 대조된다. 전두엽 절제술은 외과적 기술로, 현재는 거의 시행되지 않는데, 메스를 사용하여 환자의 전두엽 피질의 넓은 부위를 제거하거나 분리하는 기술이다. 이러한 외과적 공격의 '진정' 효과는 환자의 초기 장애가 무엇이든 논란의 여지가 없다. 이러한 전두엽 영역은 실천적 활동을 계획하는 데 필수적이다. 따라서 가장 단순한 실천적 기회를 제외한, 모든 것에 무관심하거나 눈이 멀게 된 환자는, 뇌에 남아 있는 엉킴이 무엇이든 간에 어느 누구에게도 더 이상 문제를 일으킬 가능성이 전혀 없는 환자이다. 살인적 폭력을 휘두르고, 감정적으로 통제할 수 없는 환자, 즉 다른 방법으로는 해결할 수 없는 사람들을 고려해보면, 우리는 그런 외과적 수술 결정에 공감할 수도 있다. 그러나 그것은, 우리가 더 이상 마주할 필요가 없는 결정이다. 우리는 이미 더 현명하고 인간적인 시대에 접어들었다.

기분장애와 정서기능장애

여기서 논의할 두 가지 주요 기분장애는, 적어도 인지기능장애에 관한 한, 정신분열증과 동일한 범주에 속하지 않는다. 그 반대로, 우울하거나 조증의 성격으로 고통 받는 사람들은 종종 가장 상상력이 풍부하고, 가장 끈질기게 생산적이며, 우리들 중 가장 성공적인 사람일 수 있다. 예를 들어, 윈스턴 처칠(Winston Churchill)은 확실히, 모차르트(Mozart)가 그러했듯이, 어느 정도 고통 받고 있었다. 우리는 여기서 아이러니한 인과관계를 알아보려는 낭만적 충동은 자제해야 한다. 우울하거나 광란에 빠지는 것이 현명하거나 창의적인 사람을 만들어주지 않는다. 그러나 기분 장애의 주요 원인은 일반적으로 인지 기능의 실패가 아닌 것은 분명하다.

문제의 증상은 매우 단순하다. 한때 조울증(manic-depression)으로 알려진, 양극성 장애(Bipolar disease)의 피해자는 며칠 또는 심지어 몇 주 동안이나 열광적인 에너지와 억누를 수 없는 흥분이 최고조에 달했다가, 무기력함, 무관심, 우울함의 기분이 오랫동안 지속되다가, 다시 회복되는 등 롤러코스터를 탄다. 이러한 과장된 기분 동요는 주기가 불규칙하고, 그 피해자가 통제할 수 없으며, 외부의 정서적, 감정적 상황과 단절되어 있다. 또한 정상적인 주의력, 예지력, 자제력 등의 한계를 넘어서는 행동을 보일 정도로 심각하며, 특히 사회적 영역에서, 특히 조증 국면에서 더욱 심하다.

단극성 장애는, 일반적으로 중한 우울증(major depression)이라고 불리며, 덜 다채롭지만 그렇다고 결코 덜 잔인하지는 않다. 개인의 실제 생활환경과는 무관하게, 반복적이거나 만성적인 장막이 일상생활의 모든 측면에 영향을 미친다. 좋아하는 활동이 공허하거나 부담스럽게 느껴진다. 피로가 영혼을 감싸고, 무가치한 감정이 자아를 해체시킨다. 수면이 결코 안도감을 주지 않으며, 눈물이 쉽게 솟아오르고, 죽음과 자살에 대한 생각이 끊임없이 엄습한다. 중한 우울증은 주요 정신질환의 가장 흔한 형태이며, 20명 중 한 사람 꼴로 삶의 어느 시점에 피해를 입힌다. 그리고 그것은 치명적으로 심각하다. 대부분의 우울증 환자들이 자신들의 비밀스러운 부담을 온전히 숨긴 채, 개의치 않아 하며, 힘겹게 참고 살아간다는 사실에도 불구하고, 그 진정한 만성적 피해자 5명 중 1명은 결국 자살한다.

윌리엄 스티론(William Styron)의 강력한 저서 『보이는 어둠(*Darkness Visible*)』은 보다 명확한 피해자 중 한 명인 스티론이 스스로 경험한 중한 우울증의 특성을 상기시켜준다. 그리고 피터 크레이머(Peter Kramer)의 베스트셀러인 『프로작을 들으며(*Listening to Prozac*)』는 활동 중인 정신과 의사와 사려 깊은 사회평론가의 관점에서 이 장애를 탐구한다. 두 책 모두 이 책의 마지막 장에서 가장 잘 다루어지는 강력한 철학적 쟁점을 제기한다. 지금으로서는, 양극성 및 단극성 기분 장애의 기초 원인에 대한 우리의 이해가 정신분열증에 대한 우리의 이해보다 결코 더 좋거나 나쁘지 않다는 것만 이야기하겠다. 순전히 맹목적인 운으로, 우리는 조울증의 격렬한 변동을 효과적으로 완화하는 비교적 무고한 약물인 리튬염(lithium salts)을 일찍 발견했다. 그리고 정보를 바탕으로 확고한 약리학적 조사를 통해서, 우리는 최근 중한 우울증에 대한 온화한 대응책으로 플루옥사틴(fluoxatine)을 발견했다. (이것은 화학적 명칭이며, 프로작(Prozac)이란 상품명으로 더 잘 알려져 있다.) 이 두 경우 모두에서 우리가 초기 신경화학적 효과를 이해하더라도, 각 약물이 관련 증상을 완화하는 이유를 이해하지는 못한다. 예를 들어, 플루옥사틴은 시냅스 말단의 세로토닌(serotonin)이라는 흔한 신경전달물질의 재흡수를 억제하여, 그 결과 모든 세로토닌성 시냅스 틈새의 액체 매질이 그 신경화학물질 수준을 더 풍부하게 유지하게 만든다. 그러나 이것이 왜 심각한 우울증을 해소하게 만드는지는 여전히 수수께끼로 남아 있다. 플루옥사틴은 '성격의 특정 차원'을 개선시킬 수 있지만, 정상적인 사람에게는 어떤 행복감 효과도 주지 않는다. 그리고 하여튼 플루옥사틴은 몇 시간 내에 세로토닌 공급을 강화시키는 반면, 그 환자의 우울증을 해소하는 데 1-2주가 걸린다.

우리가 확신할 수 있는 것은, 두 불행에 대한 추정적인 신경화학적 본성이다. 두 불행 모두 여러 세대에 걸쳐 가족 내에서 발생하기 때문에, 두 질환 모두 유전적 요인 또는 취약성이 있는 것은 분명하다. 마찬가지로 분명히, 그 두 불행 모두에 대한, 특별히 중한 우울증에 대한 환경적 요인이 있는데, 만성 스트레스와 그로 인한 높은 수준의 **코르티솔**(cortisol) 호르몬 수치가 우울증의 배경 유발 요인이라고 통계적으로 명확해 보이기 때문이다. 실제로는, 이러한 요인들은 아직 밝혀지지 않은 신경화학적 연결고리에서 함께 작용하는 것으로 추정되고 있다.

흥미로운 사실은, 인간이 클로르프로마진과 같은 세로토닌 강화제에 반응하는 유일한 동물이 아니라는 점이다. 최근 버빗원숭이(Vervet monkeys) 집단을 대상으로 한 일련의 실험에서, 뇌 세로토닌 수치와 그들의 직계 사회집단 내의 서열 사이에 강력한 긍정적 상관관계가 있음이 발견되었다. 우두머리 또는 '알파' 수컷과 암컷에서 가장 높은 수치를 보여준 반면, '오메가' 수컷에서 가장 낮은 수치를 보여주었다.

여기에서 무슨 일이 벌어지고 있는가? 명확하지는 않다. 첫째 연구는 그 원숭이에 대해, 사회적 상황이나 신경화학을 조작하지 않고, 처음 그대로 테스트했다. 이러한 긍정적 상관관계를 설명하기 위해, 누군가는 서열이 낮을수록 배제, 따돌림, 좌절감, 박탈감, 즉 만성적 스트레스에 더 많이 노출되어, 코르티솔 수치가 높아지고, 따라서 우울증과 관련된 세로토닌 수치가 낮아진다고 추측하고 싶을 수 있다.

이런 가정에서, 세로토닌 수치를 결정하는 것은 원숭이의 사회적 서열이다. 그러나 이제 반대 가설을 생각해보자. 후속 실험에서, 알파 원숭이가 아닌 몇몇 원숭이에게는 세로토닌 수치를 인위적으로 높여주는 플루옥사틴을 투여한 반면, 알파 원숭이에게는 세로토닌 수치를 인위적으로 낮추는 세로토닌 길항제를 투여했다. 놀랍게도, 행동적으로 볼 때, 그 두 부류의 원숭이가 점차 사회적 지위를 교환했다. 원래 알파가 아니었던 원숭이들은 알파처럼 행동하게 되었고, 그들이 대체한 몇몇 원숭이들은 자신감과 자기과시에서 더 겸손한 수준으로 후퇴했다. 여기서 보여주는 것은, 세로토닌 수치가 원숭이의 사회적 행동과 지위의 성격을 결정하는 것이지, 그 반대는 아니라는 점이다. 그리고 이러한 행동 변화는 정상적인 원숭이에서 나타났으며, 이미 중한 우울증을 앓는 원숭이에서는 그렇지 않았다.

이런 발견은, 정신과 의사들이 세로토닌 강화제, 특히 플루옥사틴이 인간 환자에게 미치는 영향에 대해 가지는 추측과 일치한다. 플루옥사틴은 사람들의 사회적 자신감을 높여주고, 사회적 상호 활동에 대한 의지를 강화해주며, 그리고 그 가능한 결과에 대한 두려움을 진정시키는 등의 효과를 느리게 보여주었다. 대부분의 진정한 우울증 환자에게 미치는 그 효과는 이전 수준의 개인적 및 사회적 기능으로 되돌리는 것뿐이다. 그러나 크레이머가 길게 보고했듯이, 일부 환자에게는 정서와 행동 면에서 극적인 전환이 있으며, 새로운 성격의 탄생이라고 기술하게 되는 플라워링(flowering)9)도 있다.

사무실, 상점, 공장, 클럽 등 인간 공동체의 사회적 구조가, 우리의 산재한 세로토닌 수치만큼이나, 난해하고 사회적으로 무관한 무언가에 의해 크게 지배될 수 있다(?)는 것은 깊이 생각해볼 만한 주제이다. 누군가의 사회적 품행이 낮은 효과의 화학적 재단(조작)에 의해 인과적으로 강화되거나 또는 미세하게 조정될 수 있다는 점 또한 생각해볼

---

9) [역주] 플라워링이란, 환자가 자신의 생각과 감정을 자유롭게 표현하고, 자신의 정체성을 찾아가는 과정을 가리킨다. (위키백과 참조)

만한 주제이다. 그러나 이러한 모든 쟁점들은 마지막 장으로 미뤄두자. 지금은 독자들의 인내를 부탁한다. 나는 여전히 최종 논의에 적합한 개념적 틀을 구축하기 위해 노력하는 중이다.

사회적 기능장애

'도덕적 지각과 도덕적 이해'에 관한 [6장의 마지막] 절에서 살펴보았듯이, 효과적인 '사회적 기술(social skill)' 및 안정적인 '사회적 통합'은 정서적 경제와 어느 정상 인간의 일반적 번영에서 매우 중요하다. 이런 분야에서 거의 어느 결핍이라도 박탈당한 후보자에게 엄청난 대가를, 특히 평생 동안, 요구할 것이다. 그 가능한 결핍의 범위는, 미묘하고 심각한 측면에서, 엄청나며, 더욱 큰 범위의 사회적 결과를 일으키는 만큼, 드라마 작가와 소설가들은 시간의 종말이 오더라도 그런 결과에 관한 묘사를 멈추지 않고 탐색할 것이다. 이런 분야는, 관련 사회적 세부 사항의 지평이 끊임없이 확장되고, 동역학적 복잡성이 합성됨에 따라서, 우리의 이해와 조절은 항상 한계에 부딪치는 현상의 영역이다. 그렇지만 이러한 사실을 인정한다는 것이, 우리가 여전히 가능한 과학적 이해로부터 도망치거나 포기해야 한다는 것을 의미하지는 않는다. 오히려 그 반대이다. 여기에서, 어느 분야이든, 계속되는 무지의 대가는 실제 인간에게 실제적 고통이며, 새로운 이해가 확장될 때마다 사회적 이익은 배가될 것이다. 그런 분야를 살펴보자.

가장 빠르고, 잠재적으로 가장 치명적인 형태의 사회적 기능장애는 유아 자폐증(infantile autism)으로, 그런 상태가 피해자의 어린 시절 첫 3년 안에 언젠가 나타난다. 그 원형적으로 심각한 경우, 그런 말하지 못하는(preverbal) 유아는 정상적인 아동-부모 상호작용, 즉 안아주고, 만지고, 쓰다듬는 등의 신체적 상호작용이나, 사회적 상호작용, 즉 까꿍 놀이, 언어-이전의(prelinguistic) 소통, 일반적 형태의 사회 놀이 등에서 즐거움을 추구하거나 찾지 못한다. 그런 아이는, 비록 그들이 온전히 반응하더라도, 신체적 접촉 시도에 적극적으로 저항하고, 사회적 상호작용에 대한 유도에서 위축될 수 있다. 당신이 예상하듯이, 이것은 애정이 많은 부모에게 매우 힘든 일이다.

그런 아이들은, 마치 **사람**이 무엇인지에 대해 어떤 개념도 갖지 못하고, 사람이 다른 물리적 사물과 어떻게 다른지를 전혀 인식하지 못하는 것처럼 행동한다. 우리 모두는 그들에게 마치 가로등 기둥이나 나무 그루터기와 같으며, 이런 것들에 대해 우리는 그 아이들이 관심이나 주의를 끌게 만들 수 있다. 그들은 마치 혼자인 것처럼 행동하며, 자신의 고립에 대한 개념조차 없는 것처럼 전적으로 완전하게 혼자이다. 그들의 언어 발달은 미약하거나 부재하다. 그들의 운동 행동은 빈약하고, 판에 박은 듯, 반복적이다. 그들은 사소한 물건에 시각적으로 집착하여, 몇 시간 동안이나 반복적 움직임을 보여줄 수 있다. 그들에게 우주는 분명히 사회적 차원을 전혀 **갖지 못한다**.

우리는 앞서 다양한 지각 영역에서 인지불능증, 예를 들어 안면 재인의 상실을 이야기했으며, 그리고 때때로 그에 수반되는 질병인지불능증(결핍의 인식 불능)을 이야기했다. 중증 자폐증은 모든 범위의 심리적 및 사회적 현상에 대해 이러한 두 인지 결함을 모두 가진다. 정상 뇌의 하부 시스템이 '다른 마음'의 존재와 활동을 표상하는 그 무엇을 배우든, 즉 우리가 많은 사람들 중에 하나의 마음으로 다른 개인과 상호작용할 수 있게 해주는, 바로 그 하부 시스템이 자폐아에게는 정상적으로 발달하지 않는 신경 시스템이다.

이것은 우리에게 최소한, 심리적 및 사회적 표상을 위한 전문화된 하부 시스템, 즉 독립적으로 손상될 수 있는 시스템이 있음을 알려준다. 자폐아들은 종종 사회적 결핍을 넘어서는 방식으로 정신적으로 지체되지만, 그들이 다른 측면에서는 전혀 지체되지 않기도 한다. 때때로 그들은, 그림 그리기 또는 기계 작업 등과 같은 특정 영역에서 명백히 탁월한 능력을 보여준다. 더구나, 사회적 및 심리적 표상의 결핍은 적어도 짧은 만남에서, 절망적인 상태에서부터 거의 눈에 띄지 않는 상태에 이르기까지 개인에 따라 극적으로 다르다. 위에서 설명된 묘사는 그 스펙트럼의 어두운 끝단이다. 그 스펙트럼에는 반대쪽 끝도 있으며, 그 사이에는 많은 사례들이 괄호로 묶여 있다. 예를 들어, 한 자폐증 환자는 박사학위를 취득하고, 많은 논문을 발표한 성공적인 학자이며, 외부 컨설팅 사업을 하고 있지만, 다른 사람들이 서로의 행동에서 빠르고 쉽게 볼 수 있는 것의 대부분이 여전히 자신에게는 완전히 불투명하다고 정확히 주장한다. 그녀의 경우 분명히 그 표상의 결핍은 비정상적으로 그리고 단지 부분적으로 고립되어 있을 뿐이다. 그러나 그녀는 여전히 우리 모두가 당연하게 여기는 특정한 인지적 공간을 놓치고 있는 것이 분명하다.

누군가는 자폐증 뇌에 대한 MRI 스캔으로 이 모든 사례에 대한 해답에 빛을 비춰줄 것으로 기대해볼 수 있겠지만, 아직까지 극적인 결과는 보고되지 않았다. MRI 해상도의 현재 한계에서 보면, 자폐아 뇌는 뇌의 뒤쪽 하단의, 콜리플라워(cauliflower) 모양의 커다란 구조물인, 소뇌의 작은 영역이 비정상적으로 발달한 것을 제외하면, 상당히 정상으로 보인다(그림 6.2 참조). 이런 상관관계는 혼란스러운데, 기존의 통념상 소뇌는 운동 영역으로 간주되기 때문이다. 이런 상관관계는 실제적이지만, 자폐증 증상에 부수적일 수도 있고, 또는 소뇌의 역할에 대해 우리가 틀렸을 수도 있다. 자폐증 피험자에 대해 아직 수행되지 않은 체계적인 PET 연구가, MRI에 보이지 않는 신경 활동의 잘 정의된 결핍을 밝혀냄으로써, 자폐증의 본성에 관해 더 밝은 빛을 던져줄 것으로 우리는 희망해봐야 한다.

만약 명확한 병변이 자폐성 뇌 내에서 분명하지 않다면, 다른 많은 사회적 결핍에서도 분명히 그러할 것이다. 보스웰의 손상된 뇌에서 이미 보았듯이, 그리고 그의 다른 인지적 상실 외에도, 보스웰은 호기심 많은 정서 무감각증(affective agnosia) 또는 감정, 특히 부정적인 감정을 재인하지 못하는 무능력을 보여준다. 앞서 언급한 그 실험 단원에서, 나는 보스웰에게 여러 할리우드 영화를 광고하는, 일련의 극적인 포스터를 보여주었다. 그리고 그에게 각 포스터에서 무슨 일이 일어나고 있는지 말해보라고 요청했다. 그 포스터들 중 하나는, 한 남자와 한 여자가 서로 화를 내며 마주보는 (확대한) 초상화였다. 그 남자의 입은 분명히 공격적으로 소리치느라 열려 있었다. 보스웰은 분명히 불편해하거나 당황하지 않은 채, 그 남자가 그 여자에게 **노래를 불러주는 것**처럼 보인다고 설명했다!

좀 더 열린 장면이 담긴 또 다른 포스터에서는, 화가 나고 결연한 남자가 집에서 나와, 관객 쪽으로 황급히 걸어가고 있으며, 무릎 꿇고 괴로워하는 여자는 그의 이별을 막기 위해 뒤에서 필사적으로 그의 바짓가랑이를 붙잡고 있었다. 보스웰은 그녀가 넘어진 것 같았고, 아마도 그가 그녀를 일으켜 세우려고 다리를 내미는 것 같다고 설명했다! 우리 모두는 그 설명 패턴의 굳건함에 조금 놀랐다. 보스웰은 흥미로우면서도 놀랍게도, 이런 매우 극적인 포스터에 묘사된 것과 같은 가장 명백한 적대감, 분노, 고뇌, 간청 등을 알아볼 수 없었다.

내부 병변과 그에 따른 사회적 인지불능, 사회적 운동장애 또는 성격 변화에서 각각 다른 설명을 필요로 하는 많은 신경학적 사례들이 있다. 이러한 상실과 가장 자주 관련되는 부분은, 뇌의 전두엽 피질, 그리고 (어느 정도) 측두엽이다. 그러나 어떤 좁은 국소화나 단순한 대응도는 나타나지 않으며, 돌이켜 보면 그것이 나타난다면 놀라운 일이 될 것이다. 인간의 사회적 인지는 그 미묘함과 복잡성 측면에서 적어도 인간의 신체적 인지와 비교될 수 있으며, 두 경우 모두 관련된 신경망에는 수십 개 또는 심지어 수백 개의 독특한 뉴런 층이 있으며, 각 뉴런 층은 집단적 인지 수행을 위해 작은 합창에 참여한다. 이러한 각 층의 코딩 책임과 변형적 중요성을 파악하는 것은 현재 우리가 지금 해볼 수 있는 일이지만, 전체 뇌에 대해 그것을 파악하려면 적어도 수십 년은 걸릴 것이다.

앞선 논의는 구조적 또는 화학적 뇌의 비정상으로 인해 발생하는 사회적 기능장애에 초점을 맞추었다. 그렇지만, 크게 사회적 관점에서 볼 때, 더 흔하고 더 시급한 사회적 기능장애의 사례들은 기본적으로 정상적인 뇌, 어린 시절 사회화의 오랜 과정이 저하되었거나 병리학적인 뇌에서 발생할 수 있다. 우리는 여기서 단순한 나쁜 태도에 대해 말하는 것이 아니다. 우리는, 아이들이 자신을 둘러싼 실천적, 인지적, 정서적 경제에 어떻게 들어가고, 그 경제에서 어떻게 번영할지를 배우지 못하게 되는 방식에 대해 이야기하는 중이다.

인간 문화 적응의 과정은 간단하지 않으며, 짧지도 않다. 따라서 인간 집단에서 인지 능력의 정규 분포를 고려해보면, 그 성공 곡선이 대략 종 모양이라는 것은 놀라운 일이 아니다. 그렇지만 현명한 사회 정책과 관행은 그 전체 곡선을 그 그래프의 '성공' 쪽으로 이동시켜서, 모든 사람의 이익에 상당한 이익이 되도록 희망해볼 수는 있다. 마찬가지로, 현명하지 못한 사회 정책과 관행은 그 전체 곡선이 반대 방향으로 미끄러지도록 허용하거나 조장할 수 있으며, 이것은 모두에게 상당히 해로움을 주고, 특히 '실패'의 끝자락에 있는 사람들에게 가장 큰 해로움을 준다.

이러한 성찰은 40년 전에는 존재하지 않았던 문제를 현재 가지고 있다. 대규모 경제 하층 계급이 서서히 붕괴되는 것을 지켜보고 있는 국가는, 하나의 일관된 사회로서, 가족 해체, 교육 붕괴, 거짓 영웅, 마약 중독, 조직범죄, 밤마다 벌어지는 갱 전쟁 등등의 영향으로, 다양한 사회화 제도를 살펴보고, 때로는 그 비참한 성취를 고려해야만 하는 국가이다. 더 나쁜 것은, 우리를 현재의 안타까운 상태에 이르게 한 결점이 무엇이든, 아직 그 대가를 완전히 치르지 못했다는 점이다. 현재 한 세대 전체가 (위에서 설명된) 시민 혼란 속에서 사회화되는 중이다. 우리 실패의 운동량은 아직 소진되지 않았다.

이런 측면에서 우리의 의무는, 선천적인 인지적 재능이 그렇게 크고 다양한 인구 전체에 걸쳐 매우 정상적으로 분포하므로, 두 배로 절실하다. 우리는 그런 재능들을 단지 그 종 모양 곡선의 불가피한 날개의 뒤 끝단으로 글씨를 써볼(해결해볼) 수는 없다. 그리고 여기에는 현재 피해자에 대한 우려보다 더 많은 것이 관련되어 있다. 그 전체 사회적 성공 곡선의 바로 그 안정성은 그 위치 및 모양에 따라 달라진다. 어떤 사회도 현재 존재하는 수준의 사회적 붕괴로부터 영원히 스스로를 고립시킬 수는 없다. [미래의 어떤 사회도 현재 사회의 붕괴와 연결된 사회이므로, 현재 문제를 지혜롭게 해결해야 한다.]

치료: 대화적 개입 대비 화학적 및 외과적 개입

인지적 및 정서적 기능장애의 여러 차원들을 간략히 살펴보면, 지난 30년 동안 정신과 진료가 왜 그토록 심하게 변화되었는지 분명히 드러난다. 수염을 기르고 외눈을 가진 프로이트 심리분석가가, 기대어 누운 환자에게 잘못된 배변 훈련과 부모가 지시한 욕망에 대한 기억을 조사하는 등의 친숙한 만화 이야기는, 이제 대부분 공허하고 난해한 예술의 전문적인 처방과 마찬가지로, 시대착오적이다. 어떤 체계적인 증거나 비판적 실험도 없으며, 모든 중증 정신질환(정신분열증, 조증, 우울증)에 대한 치료적 개입의 만성적인 실패에 직면하여, 어떻게 그러한 정교한 이론이 그렇게 널리 받아들여질 수 있었는지, 과학 및 대중문화의 사회학자들이 아직 완전히 설명하지 못한 의문이다. 돌이켜 보면 그저 놀랍기만 하다. 아마도 그것에 대한 짧은 대답은 이렇다. 프로이트 이론의 어휘와 가정 덕분에, 우리 모두가 서로에 대해 매우 흥미롭고도 매력적인 이야기들을, 즉 다양한 중요 사회적 목적에 기여한 이야기들을 (비록 중증 정신질환의 완화가 그런 목적들 중 하나가 아닐지라도) 말해볼 수 있도록 해주었다는 점이다.

더 긴 대답은 다음과 같은 중요한 사실을 포함한다. 프로이트 이론은 신념, 욕망, 두려움, 실천적 추론 등과 같은 상식적인 인지적 원형들의 중심 집단을 무의식(Unconscious)이라는 새로운 영역에 재배치하려 시도했다. 따라서 정신질환자의 비정상적인 행동은 친숙하고 상식적인 용어로 설명할 수 있게 되었다. 유일한 차이점은 그 새로운 설명에 등장하는 신념, 욕망, 두려움 등등이 무의식적인 신념, 욕망, 두려움이라는 점이다. 따라서 프로이트 정신분석이론은 즉각적인 직관적 호소력을 지녔다. 그 기초 설명의 원형은 이미 친숙했고, 실제로 모든 사람에게 두 번째 본성이었다. [즉, 상식적이고 직관적으로 이해되었다.] 그렇지만 그 이론을 개인에게 성공적으로 적용하려면, 개인의 무의식적 신념, 욕망, 두려움 등등에 접근하는 것이 필수적이다. 그러나 이것은 쉽지 않았다. 훈련된 분석가만이 이러한 최종적이고도 중요한 설명의 전제를 안정적으로 발굴할 수 있었다. 따라서 [그 이론은] 전문적 분석 성직자를 위한 근거이면서, 전체 설명 체계의 초기 구실이 되었다. 그것은 단지, 한 단계 아래로 재배치하는, 상식적 심리학이었다.

그것은 또한 극단적으로 의심스럽다. 문제는 프로이트의 무의식적 인지과정에 대한 가정이 아니다. 전혀 그렇지 않다. 우리의 대부분 인지 활동은 의식 수준보다 훨씬 낮은 수준에서 이루어진다. 오히려, 문제는, 믿음, 욕망, 두려움, 실천적 추론 등에 대한 상식적 원형으로 대표되는 무의식적 인지 활동의 인과적 구조가, 우리의 의식적 인지 활동의 인과적 구조와 동일하다는, 프로이트의 가정이었다. 그 문제는,

그런 상식적 심리학의 친숙한 원형을, 우리의 무의식적 인지 활동, 특히 병리적 행동을 일으키는 인지 활동을 이해하기 위한 일반적 모델로 재배치하려는 프로이트의 시도였다.

이 책의 앞 장에서 이미 지적했듯이, 그러한 기본적 인지 활동이 문장-비슷한(sentence-like) 및 지칭-비슷한(inference-like)[언어로 가리키는] 구조를 가질 가능성은 극히 낮다. 이 페이지에서 펼쳐지는 구도에서, 동물과 인간 인지의 기초 단위는 'P를 믿는다', 'P를 욕망한다', 'P를 두려워한다' 등과 같이 문장으로 표현할 수 있는 상태가 아니다. 그보다, 그것은 많은 뉴런 집단에 걸친 **활성 수준의 벡터**이다. 더구나, 인지 활동의 기초 단위는 한 문장 상태에서 다른 문장 상태로의 규칙 지배적인 추론이 아니다. 오히려 그것은 하나의 활성 벡터를 다른 활성 벡터로 **변환**하는 것이다. 무의식적 활동은 풍부하게 존재하지만, 그것의 인과적 구조에 대한 프로이트의 추측은 전혀 정확하지 않았다.

따라서 프로이트의 정신분석 기법에 대한 만성적으로 미약한 설명 및 치료 기록은 전혀 놀랍지도 않다. 전체 범위의 심리적 기능장애를 마주하면서, 우리는 뇌의 구조적 결함이나 비정상, 생리학의 기능적 결함, 그 신진대사의 화학적 비정상, 초기 청사진의 유전적 결함, 성숙의 발달장애 등에서 찾아봄으로써, 훨씬 더 잘 설명하고 치료할 수 있다.

내가 여기서 '대화 요법'을 화학적, 외과적, 유전적 치료 등으로 전면적으로 대체하자고 주장하는 것처럼 보일 수 있다. 그러나 그것은 내 목적이 아니다. 나의 첫째 목표는 대화 요법의 한 주요 **체계**의 빈곤함을 강조하려는 것에 있다. 그리고 나의 둘째 요점은 어떤 종류의 치료법이 어떤 종류의 심리적 결함에 적합한지에 대해 바로잡는 것이 중요하다는 점을 촉구하는 것이다. 여기에는 어떤 본질적인 갈등도 없으며, 단지 그 업무를 적절하게 나누는 문제이다. 만약 우리가 심리적 결핍의 생성에서 결함 있는 **사회화**의 두드러진 역할에 관한 이전의 추측을 진지하게 받아들이면, 그 치료 과정에서 체계적인 대화와 사회적 역할 수행을 위한 중앙통제가 항상 가능할 것이다. 확장된 인간 상호작용은 누구에게나 성공적인 사회화의 필수적 요소이다. 우리는 약물 투여만으로 사람들을 사회화시킬 수 없다. 약물이나 수술이 그 과정을 가능하게 할 수는 있지만, 실제로는 사회적 상호작용만이 그것을 제공할 수 있다. 반면에, 우리는 진정으로 망가진 뇌를 대화만으로 고칠 수 없다. 생물학적 신경망이 어떻게 작동하는지에 대해 더 깊이 이해하면, 우리가 이러한 모든 수준의 기능장애를 더 잘 이해하는 데 도움이 될 것이다. 그리고 다시 첫째 주제로 돌아가서, 그것이 모든 사람의 고통과 괴로움을 줄여줄 것이다.

결말 탐색해보기:
철학적, 과학적, 사회적, 개인적

8. 의식의 수수께끼

솔직히 인정하자. 의식은 수수께끼이다. 대부분 일상 경험에서 우리는 의식이 무엇인지 알아볼 어떤 명확한 유사 사례(analog), 아니 대략이라도 비슷한 어떤 유사 현상을 찾아볼 수 없으며, 의식의 본질적 본성을 알려줄 어떤 명확한 모델도 찾아보기 어렵다. 따라서 많은 사람들에게, 의식은 독특하여, 과학적 설명을 넘어서는 것처럼 보인다. 또는 하여튼 순수한 물리적 설명을 넘어서는 것처럼 보인다. 의식은 본질적으로 주관적 현상이라서, [의식 내용이 무엇인지는] 오직 그것을 갖는 생명체만이 접근 가능해 보인다. 반면에 누군가의 뇌 활동은 진정으로 물리적이며, 본질적으로 객관적이라서, 많은 사람들이 다양한 관점에서 접근 가능하다. 흔히 사람들은 의식 현상은 단순한 뇌 현상과 도저히 같을 수 없다고 결론 내린다. 뇌 현상에 관한 객관적 과학은 말로 설명 불가한 주관적 성격의 의식 현상을 어떻게든 설명해주지 못할 것이다. 이런 견해가 옳을 수 있지만, 나는 이런 견해의 반대편에 선다. 그 이유를 설명해보자.

역사적 유사 사례

우리는 이전에도 비슷한 미스터리를 마주했던 적이 적어도 여러 번 있었다. 그런 역사적 사례들을 돌아볼 가치가 있다. 1세기 무렵 천문학자 톨레미(Ptolemy)는 별과 행성의 본질과 운동에 관한 과학적 설명 가능성을 배제했다. 그 이유는, 그것들은 인간이 이해하기에 너무 멀리 있어서 접근 불가하기 때문이다. 우리는 단지 그것들의 (우리가 볼 수 있는) 극히 일부 운동만을 설명해볼 수 있다. 그리고 물리학이 그것들의 진정한 본성 또는 근본적인 천상의 원인을 결코 알려주지 못할 것이다. 그런 것들은 우리 지상의 전망에서 접근 불가하기 때문이다.

비교적 최근인 19세기 초 수학자이며 과학사학자이고, 실증주의 철학자이기도 한 콩트(Auguste Comte) 역시 천상에 대해 비슷한 주장을 했다. 상상할 수조차 없을 정도로 멀리 있어서, 우리가 별의 물리적 구성을 아는 것은 불가능하다고 그는 단정 지었다.

[지금 이야기의] 핵심은 그들이 결코 바보는 아니었다는 점이다. 오히려 정반대로, 톨레미는 고대의 가장 위대한 천문학자였으며, 콩트는 과학적 방법을 강하게 옹호하고, 깊이 이해하는 인물이었다. 요점은 이렇다. 아무리 뛰어난 사상가일지라도 자신의 상상을 뛰어넘는 과학적 발견을 이루지는 못한다.

물론 콩트의 시기에, 이미 뉴턴(Sir Isaac Newton)은 톨레미의 "설명할 수 없다"는 조언이 미성숙했음을 보여주었다. 태양과 행성은 모두 물질로 만들어졌으며, 질량을 가졌고, 중력으로 움직인다는 것이 드러났다. 우리의 인지적 한계를 말한 콩트의 생각 역시 미성숙했다. 콩트의 주장이 나온 지 20년 만에 천문학자들은, 태양을 포함하여 모든 별에서 나오는 빛의 스펙트럼에서 수많은 방출선과 흡수선을 발견했다. 그 발견의 비결은 프리즘에 빛을 통과시켜, '무지개'로 산란시킨 방법이었다. 무지개를 주의 깊게 관찰한 결과, 도달한 빛의 색상 분포는 균일하지 않았다. 무지개는 배경에 비해 두드러진 밝은 선과 빛이 전혀 없는 많은 어두운 선을 포함하였다. 더 밝은 선(방출선, the emission lines)의 스펙트럼 배치는, 그 별빛을 원래 방출한 춤추는 전자를 지닌, 자연 원소의 명확한 지문을 만든다. 그리고 더 어두운 선(흡수선, the absorption lines)은 빛이 지구로 긴 여행을 하는 동안 통과한 기체(gas) 원소들의 명료한 지문을 만든다. 천문학자들은 지상의 사례에서 유사한 지문을 알아낸 후, 어느 별 광구(photosphere)의 구성 원소가 무엇인지를 그러한 스펙트럼 선 패턴에서 즉각 알아낼 수 있었다.

톨레미가, 접근 불가하며 알아낼 수조차 없다고 말했던 행성 운동의 원인은 사실 그의 고대 관측소 바닥에 자신의 발을 수직으로 고정시켰던 바로 그 힘이었다. 아이러니하게도, 그는 삶의 매 순간마다 그 중력의 힘을 생생하고 친밀하게 접촉하고 있었다. 아주 당연하게도, 톨레미는 뉴턴이 훗날 구성한 개념 체계(conceptual framework)를 갖지 못해서, 그것을 전혀 재인하지 못했다.

톨레미는 아리스토텔레스주의자로서 어떤 물체의 '중력'을 그 물체의 본질적 특징, 즉 모양이나 색깔 같은 특징으로 여겼다. 그가 사물을 이해하는 방식에서 중력이란 전혀 힘이 아니었다. 태양과 모든 행성에서 뿜어 나오는 힘은커녕, 하늘 전체에 퍼져 있는 힘은 아니었다. 따라서 뉴턴의 체계(Newton's framework)는 혁명적인데, 톨레미의 신경 활성 공간의 일부를 새롭고 근본적으로 다른 방식으로 분할했기 때문이다.[10] 뉴턴 체계는, 아리스토텔레스와 달리, 톨레미가 자신의 몸을 끊

---

10) [역주] 처칠랜드의 표상이론의 관점에서, 신경망의 활성 패턴은 학습된 저장 정보이기도 하지만, 계산처리의 알고리즘이기도 해서, 무엇을 인지하는 개념 체계의 역할을 맡는다. 그러므로 세계를 바라보는 관점의 전환은 신경망 활성 공간이 새롭게 전개됨으로써 일어난다. 새로운 신경 활성 공간의 전개는 사실상 신경 활성 공간의 분할을 변경시킨다. 결국 뉴턴이 세계를 새롭게 재인(분별)할 수 있는 것은, 그의 신경망 활성 공간이 톨레미의 것과 전혀 다

임없이 잡아당긴다는 것을 재인하도록 해주었다.

콩트의 생각 역시 마찬가지로 아이러니했다. [그가 말했던] "영원히 접근할 수 없는" 정보란 사실 그가 직사광선이나 별빛 아래 서 있을 때마다 그의 눈과 몸에 계속해서 넘쳐흐르고 있었다. 그는 사실상 인생 대부분을 [불가능해 보이는 것을 알아내려는] 연구에 몰두했다. 당연히, 그 [빛의] 스펙트럼 정보를 그는 완전히 재인하지 못했다. 왜냐하면 그는 빛의 구조와 근원을 이해하지 못했고, 그 빛이 포함하는 풍부한 정보에도 관심을 갖지 않았기 때문이다. 그는 무슨 일이 일어나는지 이해하기 위해 필요한 개념 체계를 갖지 못했다. 심지어 누군가 그를 위해 별빛을 프리즘에 투과시켜 보여주더라도, 그 빛 패턴을 콩트는 전혀 이해하지 못했을 것이다. 이전의 톨레미처럼, 그에게 쟁점의 미스터리에 대한 정보 접근이 부족했던 것이 아니다. 그는 그것을 파악할 적절한 개념을 갖지 못했다.

그러므로 어쩌면 우리는 의식의 당혹스러운 본성에 너무 감명받지 않도록 해야 한다. 독특한 신비의 출현과 표준 과학에 영원히 접근 불가해 보이는 것은, 의식 자체의 특별한 형이상학적 지위 때문이라기보다, 단지 우리 자신의 무지와 현재의 개념적 빈곤이 반영된 때문일 수 있다.

최종적이고 완전히 현대적인 사례는 이런 점을 명확히 보여준다. 1950년대 중후반, 생물학적 **생명(life)** 본성은 학계와 일반 대중 모두에게 활발한 대화 주제였다. 왓슨과 크릭(James Watson and Francis Crick, 1953)은 최근 살아 있는 세포핵에 숨겨진 유전물질인 DNA 분자구조를 발견했다. 마침내 DNA의 물리적 구조가 명확해짐에 따라, DNA의 모든 중요한 기능적 특성이 화학 연구에 의해 느리지만 꾸준

른 방식으로 전개된 때문이다.

히 밝혀지는 중이었다. 자기복제(self-replication), 유전 다양성, 진화, 단백질 합성, 발달(development, 성장) 및 대사 조절 등등의 생명 본질에 관한 순수한 물질주의, 즉 환원주의 설명은 많은 과학자들의 손에 모두 맡겨진 것처럼 보였다.

그러나 분자생물학 외부의 지배적인 입장은 아주 달랐다. 내 부모님의 친구들, 고등학교 동창들, 그리고 나의 선생님들은, 생명이 결코 그런 식으로 설명될 수 없다는 생각에 거의 동의했다. 심지어 내 아내의 고등학교 생물 선생님조차 그런 확신을 가졌고, 수업에서 그런 확신을 강조하였다. 그러한 '생기론자(vitalist)' 입장은, 신이 어떤 행운의 죽은 물질 조각에 비물리적 생명력 또는 생명의 불꽃을 주입해주며, 그 비물리적 불꽃이 살아 있는 행동을 하도록 만든다고 주장했다.

생기론자들 사이에서, 신이 각각의 새 생명체에 생명의 불꽃을 새롭게 주입해주는지, 아니면 오래전 신성하게 주입된 그 불꽃이 어떻게든 부모에게서 자손으로 전해지는 것인지, 명확하지 않았다. 그러나 환원주의 프로그램에 대한 거부는 거의 보편적이었다. 대부분 사람들은 그러한 설명이 어떻게 성공할 수 있는지 상상할 수조차 없다고 주장했다. "본질적으로 죽은 물질이 모아져서 어떻게 **생명**을 얻을까?"라는 질문은 아주 큰 도전이었다. 자세한 대답을 얻을 수 없는 상황에서, 그 도전은 "그럴 수 없다"는 답을 유도하는 것처럼 보였다.

[현대인으로서] 후발의 유리함을 감안하여, 우리는 그런 의견에 적어도 어느 정도는 공감해야 한다. 왜냐하면 [그들로서 당시에] 생명을 분자와 에너지 용어로 온전히 어떻게 설명할지를 상상한다는 것은 정말 어렵고 거의 불가능했기 때문이다. 특히 생화학이나 화학 열역학을 전혀 모르는 사람이라면 말이다. 분명히 일상 경험에서, 우리는, 생명의 본질에 관해 유용한 이해를 제공해줄 비생물학 영역 내의 어떤 명백한 유사 사례나 연상시켜줄 모델도 발견하지 못했었다. 아마도, 겨울 유리

창에서처럼, 얼음 결정의 확산이 [생명체의] 발달(성장)에 대한 (될 법하지 않은) 유사 사례를 제공했을 것이다. 그리고 촛불을, 안정한 구조와 신진대사에 대한 (설득력 있는) 유사 사례라고 보았을 것이다. 그러나 어느 [유사 사례의] 원형(prototype)도 신뢰를 주지 못했다. 숲속 길을 새벽부터 무작정 걷기만 하는 것으로, 빈곤에서 벗어날 수 없다.

위의 두 역사적 사례처럼, 여기 [생기론자] 주장은 설득력이 있었지만, 근본적으로 잘못되었다. 상상력이 꽉 막힌 사람은 미래의 과학적 발견을 예측하는 데 빈곤하다. 인생을 살면서, 우리는 그런 '돌파구가 보이지 않는 도전적 질문'의 첫 답변은 다음과 같이 시작해야 한다는 것을 알게 된다. 물질 자체는 본질적으로 살아 있거나, 본질적으로 죽어 있는 것이 아니다. 그보다, 물질의 어느 복잡한 조직(organizations)이 특정한 방식으로 기능하면 살아 있는 것이고, 그렇지 못하면 죽은 것이다.

둘째로, 그 답변은 단순히 나쁜 논증을 무력화하는 것 이상이어야 한다. 그 대답은, 실제로 살아 있게 해주는 분자 조직과, 생명체를 실제로 만드는 화학적 기능에 대한, 유망한 설명을 제시해야 한다. 여기 이 과제는 주로 분자생물학 분야에 속하며, 그 분야의 과제는, 생물학적 용어로 그리고 통합적으로 설명되는 방식으로, 생물이 보여주는 모든 주요 행동을 재구성하는 것이다. 어느 정도 이런 과제는 완성되었다.

더구나 그 이상 더 많은 설명이 이루어졌다. 지퍼처럼 생긴 DNA의 이중 나선 구조가 밝혀지고 40년이 지난 지금, 생물학자들은 생명 발달 과정의 작용에 대해, 처음 알았던 것보다, 더 많은 것을 발견하고 설명해냈다. 그리고 1980년대 중반이 되자, 우리는 1950년대 중반 이전에는 꿈에도 생각지 못했던 생명체의 발생 과정에 대해 세밀히 통제할 수 있게 되었다. (예를 들어, 이제 우리는 인간 DNA의 중요 조각을 분리하여, 대장균 박테리아(E. coli bacterium)의 DNA에 접합시킬 수 있어서, 그 박테리아의 수정된 분자가 배양기에서 25번에서 30번 정도 자가복제하여, 수천억 개의 딸세포를 생산하도록 하고, 가만히 앉아서, 인간 당뇨병 환자에게 투약하기에 화학적으로 완벽한 인간 인슐린이 대량 합성되는 것을 지켜본다.) 생물학적 생명체는 복잡하지만 순수한 물리적 현상으로 드러났다. 의식에도 비슷한 운명이 기다리고 있을까?

우선적으로, 우리가 상상할 수 있거나 상상할 수 없는 것에 근거하여, 특히 그러한 질문이 우리의 현재 이해에서 나온 것이라면, 실질적인 이론적 질문을 결정하기가 결코 쉽지 않은 일임을 인정하자. x라는 무엇이 우리에게 '신비롭다'는 사실은 '우리에 관한' 사실이며, 우리의 현재 인지 상태에 대한 유감스러운 사실이다. 그런 사실은, x에 관해 '알려주는', 즉 중요한 형이상학적 결론을 내려줄 사실은 아니다.

그러나 공정하게 말해서, 실질적인 이론적 질문은, 과학사에서 신중하게 선택되는 몇 가지 역사적 사례를 인용하는 것만으로 결정되지는 않는다. 그런 사례들은 문제 되는 경우와 진정으로 유사 사례일 수도, 아닐 수도 있다. 우리는 과거 지성의 경험에서 교훈을 구해야겠지만, 각각의 새로운 이론적 논점은 궁극적으로 그 자체의 장점에 따라 결정되어야 한다. 그러므로 우리는 그런 장점들을 조사해보자. 역사적 사례가 알려주는 것은, 의식과 관련한 우리의 초기 수수께끼에 대해 우리는 오직 변증법적 균형을 맞추라는, 즉 변증법적 경쟁의 운동장을 평평하게 만들라는 것뿐이다. 이제 논점 자체로 들어가보자.

의식이 뇌의 과정인가?: 라이프니츠의 관점

철학에는 적어도 위대한 수학자이자 철학자인 고트프리트 라이프니츠(Gottfried Leibniz)로 거슬러 올라가는 전통이 있는데, 그 전통을 따르는 사람들은 의식적인 현상, 즉 생각, 욕망, 감각, 감정 등등이 물리

그림 8.1 철학자이자 수학자인 라이프니츠가, 진드기 크기로 작아져서, 인간 뇌의 거대한 기계 공장 내에서 생각과 감각을 찾고 있다.

적인 현상과 분명하고 근본적으로 다르다고 생각한다. 라이프니츠는 그의 주요 형이상학 논문인 「단자론(Monadology)」에서 이 문제와 관련하여 '사고실험(Gedanken-expriment)'을 한다. 그는 이렇게 상상한다. 우리가 가장 작은 진드기 크기로 축소되어, 마치 레버, 도르래, 기어 등과 순수한 물리적 기계로 고안된 아주 복잡한 장치로 가득 찬 거대한 기계 공장에 들어가듯이, 뇌라는 기계장치 안으로 들어가는 경우를 가정해보자(그림 8.1). 우리가 그 거대한 공장의 기계적 경제를 아무리 세심하게 조사할 수 있더라도, 라이프니츠에 따르면, 결코 생각, 욕망, 감각 등에 대해 조금도 밝혀내지 못할 것이다. 그러한 현상들은, 그의 추정에 따르면, 전혀 다른 실재의 질서에 속하는 것이 분명하다.

라이프니츠의 주장은 아주 최근의 철학자들과 몇 가지 유사한 논증 패턴을 보여주었는데, 그 논증을 검토해볼 것이다. 그러나 적어도 그 [논증의] 원형은, 실체가 아니라, 무지에서 나온 논증이다. 이 말은, 우리가 인식할 것에 관해 라이프니츠가 틀렸다는 지적이 아니다. 당신과 내가 지금 이 순간 진드기 크기로 축소되어, 뇌 속에서 자유롭게 다닐 수 있더라도, 현재 진행의 물리적 경제에서 (나타나고 사라지는) 생각이나 감각을 인식할 가능성은 정말로 아주 없다.

그러나 비록 생각과 감각이 뇌의 물리적 요소들의 거대한 조합과 동일한 경우일지라도, 그것을 재인하지 못할 것임을 라이프니츠는 주목하지 못했다. 우리의 물리적 관점이 진드기와 같이 작아질 수 있더라도, 우리 앞에 지금 펼쳐지는 복잡한 활동을 알아보기에 필요한 이해가 없기 때문에, 그것을 재인할 가능성은 없다. 훈련받지 않은 사람들을 뇌 안에 넣을 수 있을지라도, 그들이 무엇을 재인하는지 못하는지 여부는, 객관적으로 볼 수 있게 만들어주는, 자신의 사전 지식 및 훈련의 여부에 달려 있다. 라이프니츠는, 예상되는 지각의 실패가, 그것을 재인할 능력이 없기 때문이 아니라, 지각할 현상 자체가 없기 때문이라고 단순히 가정했다. 그러나 그러한 가정은 본래의 논점을 살짝 변장한 것에 불과하다. 라이프니츠는 선결문제를 요구하는(begging the question) 오류를 범한다.

이런 지적은 라이프니츠의 반유물론 입장이 잘못되었거나, 유물론이 승리한다는 것을 의미하지 않는다. 단지 유물론에 반대하는 이런 특정 논증이 성공적이지 않다는 것을 의미할 뿐이다. 다시 말해서, 라이프니츠의 이야기를 인정하면서도, 복숭아의 맛감각이 미각 경로 내의 4-요소 활성 벡터와 동일하다고 주장될 가능성이 남아 있다.[11] 그리고 만약 당신과 내가 어떤 벡터가 어떤 감각을 조성하는지 알 수 있다면, 그리고 그 활성 벡터를 어디서 어떻게 찾아야 하는지 알게 된다면, 우리는 그 감각들을 진드기 같은 관점에서 인식할 수 있을 가능성이 남아 있다. 잘 아는 관찰자는, 교육받지 못한 관찰자가 보지 못하는 것을 볼

11) [역주] 이 책 2장의 그림 2.2에서 맛감각이 신경 활성 벡터 코딩으로 표상된다는 것이 설명된다.

수 있다.

라이프니츠의 논증은 직관적인 호소력을 가지므로, 하나의 비유적 설명이 그 기본 논리적 결함을 드러내줄 것이다. 라이프니츠의 논증과 유사한 논증을 의도적으로 생각해보자. 왜냐하면 그의 논증은 현재 해결된 생물학적 '생명'에 관한 논쟁에서도 마찬가지로 적용될 수 있기 때문이다. 내 아내의 생물학 선생님이 1952년 다음과 같이 주장했다고 가정해보자.

당신이 수소 원자 크기로 작아진다고 가정해보자. 그래서 어느 인체로 들어가고, 세포벽을 통과하여, 세포핵으로 들어가서, 화학적 경제가 작용하는 비밀의 깊은 곳에 이르고, 심지어 거대 분자 자체의 미세한 틈 속으로 들어간다고 가정해보자. 그래서 당신이, 그 분자 구조들이 접히고, 펼쳐지고, 서로 엉키고, 풀리고, 목적 없이 그 수프 안에 떠다니는 등등을 가까이서 볼 수 있더라도, 당신은 신체의 성장을 촉진하는 생명의 충동을 결코 관찰하지 못할 것이 분명하다. 당신은 그것의 종 특이적 발달을 알고 안내하는 생명의 목적인(telos)을 결코 관찰하지 못할 것이다. 당신은 결코 생명력 자체를 관찰하지 못할 것이며, 심지어 문제의 생명체를 죽게 만드는 그것의 이탈도 관찰하지 못할 것이다. 당신은 오직 분자운동, 또는 그 운동의 중단만을 관찰할 수 있다. 그러므로 생명의 본질적 특징이, 그것을 내재화하는 물리적 또는 화학적 물질과 대립하는, 아주 다른 비물리적 실재의 질서에 속해야만 한다는 것이 명백하다.

여기서 다시 우리는 무지가 지식으로 변장하는 것을 본다. 확실히 내 아내의 생물학 선생님은 이런 환상적인 항해에 나선다면, 그가 예측한 그대로, 자신이 열거한 모든 것들을 관찰하는 데 실패할 것이다

(그림 8.2). 그러나 그 실패는 자신이 무엇을 찾아야 할지 거의 또는 전혀 모르기 때문이다. 물론 그가 찾으려는 것들이 그의 얼굴 바로 앞에 있더라도, 그는 자신이 검색할 대상을 어떻게 알아볼 것인지, 어떤 명확한 생각조차 전혀 없기 때문이다. 물론 그의 입장에서 낭만적인 오해를 더하거나 빼거나 하는 것만 보일 것이다.

'성장하려는 충동'은 지퍼 모양의 DNA 분자의 능력, 자기복제, 단백질 합성, 프로그램된 세포분열 등등에 담겨 있다. 특정한 발달을 유도하도록 안내하는 소위 '목적인'은 DNA라는 긴 내부 구조 속에 있다. 그것은 핵산(nucleic acids)의 알파벳으로 쓰여 있다. 그리고 그것은 합성 단백질의 일관된 순서(coherent sequence)로 읽힌다. 그리고 만약 충분한 영양분과 에너지를 이용할 수 있다면, 그 결과 일관적이며 지속적인 물리적 구조 내에 화학적 대사 작용을 지속한다.

다만 그런 화학적 경제는 지극히 복잡하다. DNA에 숨겨진 유전 메시지는 수십억 글자에 달할 정도로 길다. 그 순서를 읽어내려면 수년이 걸릴 수 있고, 그것은 (틱-택-토 게임처럼) 세계에서 가장 복잡한 컴

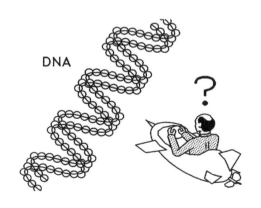

DNA

그림 8.2 내 아내의 생기론자 고등학교 생물학 선생님이, 원자 크기로 축소되어, 세포핵 분자 내에서 생명력이나 생명의 불꽃을 찾는다.

퓨터 프로그램을 실행해보아야 할 정도이다. 이 모든 것들을 고려해보면, 과학적 훈련을 받지 않은 마이크로-소인국의 여행자는, 내가 사고실험에서 주장했듯이, 무슨 일이 일어나는지 거의 또는 전혀 알아보지 못할 것이다. 그러나 그것은 그 여행자가 관련 개념에 무지하고, 그 개념의 적용을 훈련받지 않았기 때문이지, 전체 생물학적 전람회가 비물리적 기관에 의해 운영되기 때문은 아니다. 그런 전람회에서, 적어도 우리는 그렇지 않다는 것만은 완벽히 잘 안다.

물론 '의식'의 경우가 '생명'의 경우처럼 밝혀질 것이라는 보장은 없다. 어느 쪽으로 판결날 것인지는, 우리 앞에 전개될 연구가 어떤 식으로든 우리에게 말해줄 것이다. 그러나 적어도 우리는, 라이프니츠와 같은 사고실험이 어떤 식으로든 우리에게 아무것도 가르쳐주는 것이 없다고 확신할 수는 있다. 그 사고실험은 우리의 이해보다, 현재의 무지를 활용한다. [즉, 무지에 호소하는 논증의 오류를 범한다.] 그리고 그 사고실험은 그것이 증명하려는 것을 은밀히 가정한다. [즉, 선결문제 요구의 오류를 범한다.] 이제 현대 철학자들은 더 잘 논증하고 있는지 살펴보자.

1인칭 관점의 접근 불가한 내용: 네이글의 박쥐

20여 년 전 뉴욕 대학교의 철학자 토머스 네이글(Thomas Nagel)은 「박쥐가 된다는 것은 어떤 것일까?(What Is it Like to Be a Bat?)」라는 흥미로운 제목의 논문에서, 라이프니츠와 다소 유사한 논증을 보여주었다. 그 논증의 사고실험의 장소는 박쥐의 뇌이며, 이것은 동물의 감각 경험이란 (추정컨대) 낯선 본성을 드러내기 위해 의도적으로 선택되었다. 우리가 잘 알듯이, 박쥐는 시각이 아니라 음파 탐지로 야간에 사물의 위치를 파악한다.

네이글의 주장은 직설적이며 얼핏 보기에 그럴듯하다. 그의 주장에

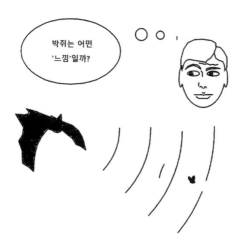

그림 8.3 네이글의 박쥐와 그에 따른 미스터리

따르면, 우리가 박쥐 뇌의 신경해부학과 감각 활동의 신경생리학을 아무리 많이 알더라도, 여전히 박쥐의 감각 경험을 갖는 것이 '무엇과 같을지' 알지 못할 것이다(그림 8.3). 우리는 그들이 어떤 경험을 가지는지, 박쥐의 1인칭(first-person) 관점에서, 즉 그 녀석들이 자신들만의 독특한 주관을 가진다는 측면에서 여전히 알 수 없다.

생물학적 뇌의 물리적 실재와, 1인칭 의식 경험의 심리적 실재 사이에 간격이 다시 벌어지는 것처럼 보인다. 전자에 대한 완전한 지식은 분명히 후자에 대한 완전한 지식을 제공하지 않는다. 따라서 네이글은 의식 현상은 순수한 물리적 설명을 제공할 수 없다고 결론짓는다.

이런 주장은 라이프니츠의 선결문제 요구의 논증을 다시 펼치는 것처럼 보이는데, 단지 이번에는 박쥐가 인간을 대신한다. 그런데 그렇지는 않다. 이 논증에는 더 흥미로운 중요한 차이점이 있다. 라이프니츠와 대조적으로, 네이글은, 박쥐의 뇌를 관찰하는 신경과학적으로 훈련된 관찰자가 박쥐에게 펼쳐지는 정신 상태가 무엇인지를 결코 재인하지 못한다고 말할 필요가 없다. 관찰자는 실제로 박쥐의 뇌에 나타나는 특정 신경 활동에서 정신 상태가 무엇인지를 정말로 읽어낼 수 있을 것이다. 내가 보기에, 네이글 주장의 핵심은 다르다. 비록 우리가 박쥐의 신경 활성 패턴을 추적하는 방식으로, 박쥐의 경험을 추적할 수 있다고 하더라도, 우리는 박쥐가 갖는 독특한 관점에서 '박쥐가 된다는 것이 무엇과 같을지' 여전히 알 수 없다. 박쥐가 느끼는 경험의 본질적 특성은 여전히 우리에게 전달될 수 없다. 따라서 순수 물리과학은 어느 정도 한계가 있어 보이며, 의식 내용의 주관적 특징을 밝혀내기에 한계가 있다.

네이글의 간결한 논증은 많은 반환원주의 여러 의견들을 결집하도록 만들어준 저명한 깃발이다. 그 논증이 정말 현대 신경과학 설명의 열망을 허망하게 꺾어버리는가? 그 논증이 실제로 의식적인 상태에 비물리적인 측면이 있음을 보여주는가? 어디 한 번 살펴보자.

의심할 여지없이, 박쥐는 인간 과학자들이 갖지 못하는 자신만의 감각에 대한 독특한 접근 방식을 가진다. 넓게 말해서, 우리 각자는 독특한 접근 방식, 즉 다른 어떤 생명체도 갖지 못하는 자신만의 감각에 정확히 접근할 방법을 가진다. 이것은 박쥐를 포함하여, 우리 각자마다 자신의 뇌와 신경계 감각 활동 사이에 밀접한 인과적 연결(causal connections)을 가지기 때문이다. 이 말은 각 개인이, 자신만이 가지는 특정한 신경 경로를 통해, 자기 감각 활동의 움직이는 직조물에 관한 정보를 얻는다는 것을 의미한다. 물론 다른 사람들도 질적으로 비슷한 경로를 갖지만, 자신의 감각 활동과 자신의 그 밖의 뇌 사이에 연결을 형성한다. 이러한 연결의 각 집합은 항상 뇌 내부에 또는 신체 내부에 있다.

이것이 의미하는 것은, 각각의 생명체는 (다른 생명체가 갖지 않은) 자신만의 감각 상태를 아는 방식을 소유한다는 점이다. 다른 사람들은 당신의 상황이나 행동을 보고서 추론함으로써, 또는 아마도 당신의 뇌에 전극을 심거나 PET 스캔으로 당신의 뇌를 들여다봄으로써, 당신의 감각 상태에 관해 알 수 있다. 이런 방법들은 당신의 감각 상태를 아는 대안적인 방법이다. 그렇지만 다른 사람들은, 당신이 자신의 감각 상태를 아는 개별 정보 경로를 통해서 당신의 감각 상태를 알지 못한다. 오직 당신만이 그런 경로를 정확히 가지기 때문이다. 그런 경로는 당신 자신의 뇌와 신경계를 구성하는 경로이며, 당신 자신의 시냅스 가중치 조성과 당신 자신의 (활성 공간을 나누는) 구획으로, 자신만의 신경망 계층을 구성하는 경로이다. 요약하자면, 당신은 자신의 감각과 다른 인지 상태에 관한 내적 표상 자원을 가지며, 당신은 다른 사람들이 갖지 않은 인지 상태와 인과적으로 연결된다.

당신 자신의 내부 상태에 관해 당신이 아는 그 독특한 방법이 의심할 여지없이 존재한다는 것이, 그러한 상태에 관한 비물리적인 무엇이 있음을, 즉 물리적 과학 내의 표상을 분명히 초월하는 무엇이 있다는 것을 의미하는가? 그럴지도 모르지만, 분명히 그렇지는 않다. 보편적이면서 친숙한 몇 가지 유사 사례를 생각해보자.

자기감각 시스템(proprioceptive system)이라 불리는 축삭 그물망을 통해, 당신은 자신의 신체와 팔다리의 물리적 조성에 대한 정보에 접근할 수 있다. 그 정보는 당신의 근육에 있는 수백만 개의 센서(sensors)에서 나온 후, 뇌로 근육의 긴장(tension) 정보를 전달한다. 어느 누구도 이런 방식으로 당신 신체의 조성을 알지 못한다. 오직 당신만 알 수 있다. 왜냐하면 오직 당신의 뇌만이 당신의 몸과 적절한 인과적 연결을 이루기 때문이다. 다른 사람들은 당신의 신체적 조성을 알기 위해 다른 방법을 사용해야 한다. 즉, 그들은 그것을 보거나, 손으로 느끼거나, 사진을 찍는 등등의 방법을 사용해야 한다.

표면적으로, 우리는 이전에 보았던 것과 같은 인식론적 비대칭성, 즉 아는 방식에서 동일한 차이를 가진다. 그러나 여기서 지식의 대상은, 주관적인 것과 객관적인 것 두 관점에서 정확히 동일하며, 그리고 그 것은 전형적으로 물리적인 무엇, 즉 당신의 신체와 팔다리의 조성이다. 여기에서 초물리적이라서 물리적 과학의 범위를 벗어나는 것은 없다.

이러한 사례는 아주 많다. 당신은 자기 방광과 내장의 팽만에 대해 자신만의 인과적 접근이 가능하다. 당신이 아는 바로 그 방식으로 누구도 그런 상태를 알 수 없다. 당신은 자신의 위(stomach)의 위산 상태에 대한 자신만의 인과적 접근이 가능하다. 아마도 다른 사람들 역시 그것을 알 수 있지만, 누구도 당신처럼 그것을 알 수는 없다. 당신은 피부 밑에 미세 근육을 갖는데, 그 근육은 당신의 피부를 소름 돋게 만들거나, 머리카락을 곤두서게 만들기도 한다. 당신은 그 근육에 대한 자신만의 인과적 접근을 할 수 있다. 다른 사람들은 당신의 머리카락이 곤두서는 것을 보거나 당신의 피부가 소름 돋는 상황으로 추론해볼 수는 있지만, 그들 중 누구도 당신이 하는 것처럼 직접적인 방법으로 알지는 못한다. 다른 사람들은 당신의 폐가 감기로 인해 막혀서 나는 소리를 들을 수 있지만, 다행히 아무도 당신의 폐질환 상태에 대한 자신의 유감스러운 관점을 가질 수 없다. 다른 사람들은 당신의 얼굴이 (피하혈관의 확장으로) 붉어진 것을 알아차릴 수 있지만, 아무도 당신이 몹시 난처해하는 방식으로 얼굴이 화끈거린다는 것을 알아챌 수는 없다. 다른 사람들은 당신의 연설에서 두려움이나 분노로 인해 당신의 목 근육이 잠긴 것을 들을지도 모르지만, 아무도 당신처럼 당신의 목이 조여드는 것을 알지는 못할 것이다.

그러한 사례는 세 배, 네 배, 그리고 그 이상이 될 수 있지만, 이 여덟 가지 사례는 여기 이야기의 핵심을 명확히 알려준다. 자기감각, 즉 1인칭 인식론적 접근이 존재한다는 것은, 그 접근된 현상이 본질적으로 비물리적이라는 것을 의미하지 않는다. 그것은 단지 누군가가 그런 현상에 대한 정보를 전달하는 인과적 연결을 가진다는 것을 의미하는데, 그 연결은 다른 사람들에게는 없다.

여기 이야기의 핵심을 강조할 필요가 있다. 물리적 과학의 명백한 한계에 관한 네이글의 핵심은 위의 여덟 가지 완전한 물리적 사례에서 그럴듯하게 꾸며질 수 있다는 점을 주목해서 살펴보자. 과학자가 당신 몸의 현재 골격과 근육의 조성에 관해 아무리 많이 알지라도, 예를 들어, 단거리 선수의 출발선에서 웅크린 자세는, 당신이 아는 특이한 방식으로, 그 조성을 알지는 못할 것이다. 어느 과학자가 방광의 현재 상태에 대해 아무리 많이 안다고 해도, 심지어 방금 늘어난 세포와 잠긴 목 근육 섬유까지 알더라도, 그는 당신이 아는 방식으로 방광의 현재 상태를 알지 못한다. 어느 과학자가 당신의 얼굴 모세혈관의 현재 상태에 대해 아무리 많이 안다고 해도, 그는 당신이 난처해하는 자신을 아는 방식으로 그것을 알지 못한다. 다른 사례들에서도 마찬가지다.

이러한 진술들 각각의 정확함이, 관련된 신체 현상들이 어떻게든 물리적 과학의 설명 범위를 벗어난다는 것을 의미하는가? 분명히 아니다. 그 현상들은 전형적으로 물리적이다. 그러나 그것은 무언가를 의미한다. 그 말은 각각의 사람마다 자신의 현재 물리적 상태에 관한 자기-연결을 아는 **방법**을 가진다는 것을 의미한다. 그것은 그 사람이 보거나 들을 수 있는 것을 성공적이고 독립적으로 기능하는 방법이며, 그가 명령할 수 있는 어떤 첨단 영상 장치와 독립적으로, 그리고 그가 (알든 모르든) 책에서 배우는 어떤 과학 지식과도 독립적으로 기능하는 방법이다. 자신의 내부 상태를 아는 이러한 특이한 자기중심적 방법은 매우 중요하며, 해파리에서부터 (진화적으로) 그 상위에 있는 모든 생물은 어느 정도 그것을 소유한다. 그것은 모든 생물의 신체 조절을 위한 내부 시스템의 일부이며, 자체의 신체적 생존을 위해 필수적이다.

그러나 동물계 전반에 걸쳐서 진실하고, 중요하며, 거의 보편적인,

그러한 '자기-연결된(auto-connected)' 앎의 방식은, 지식의 대상으로서, 다른 개별 동물들에 의해 '타자-연결된(heteroconnected)' 앎의 방식을 통해, 때때로 알려지는 것과 정확히 동일한 (강건한) 물리적 사물과 상황을 알려준다. 내 얼굴이 붉어짐에 대한 내 지식과 내 얼굴 붉어짐에 대한 당신의 지식 사이의 차이는 알려진 사물이 아니라, 아는 방식에 있다. 다시 말해서, 나는 자기-연결된 수단(나의 체성-감각 시스템(somatosensory system))으로 그것을 아는 반면, 당신은 타자-연결된 수단(시각 시스템(visual system))으로 그것을 안다. 얼굴이 붉어지는 것 자체는 매우 물리적인 일이다.

마지막으로, 위에서 인용한 사례들에서 주목해야 할 것이 있다. 잘 알려지고 쉽게 파악되는 것에서부터, 점차적으로 덜 알려지고 (자기-연결된 경로를 통해서는) 쉽게 탐지하기 어려운 것에 이르기까지 점차 '내부로' 이어지는 매끄러운 연속체가 있다. 그렇지만 지식에서부터 상대적 무지에 이르는 이러한 스펙트럼이, 지식의 물리적 대상이 갑자기 비물리적 대상으로 대체되는 어느 시점에 숨겨진 불연속성을 반영할 것이라 기대할 어떤 이유도 없다. 그렇지만 그것이 바로 네이글의 결론이 요구하는 것이다.

이제 원래 논점인 내부의 상태, 즉 박쥐의 감각적 경험으로 돌아가 보자. 확실히 박쥐는 날아다니는 곤충에 대해 내가 모르는 방식으로 안다. 박쥐는 날아다니는 곤충과 특별히 (내가 갖지 못한 방식으로) 인과적으로 연결되어 있기 때문이다. (나는 날아다니는 곤충의 반향 위치를 파악할 수 없다.) 그리고 확실히 박쥐는, 내가 모르는 방식으로, 자신의 감각 상태를 포함하여, 자신의 신체적 상태에 대해 안다. (나는 그 박쥐와 자기-연결되지 않는다.) 그리고 확실히 박쥐의 뇌에 대해 알아야 할 모든 것들을 박쥐가 나에게 말해주더라도, 즉 신경과학을 단순히 많이 배운다고 해서, 박쥐의 특별한 방법을 습득하지 못할 것이다. 이 모든 것들이 참이다.

그러나 이러한 사실들 중 어느 것도, 박쥐의 어떤 감각 상태가 물리과학적 이해를 초월한다는 것을 더 이상 시사해주지 않는다. 박쥐 감각 상태의 본질적 특성은, 자기-연결된 경로를 이용하는, 박쥐에 의해 매우 특별한 방식으로 식별되고 표현된다. 그리고 우리 집단적 과학 기획은, 비록 그 기획이 실제로 그들의 감각 상태를 (마이크로 전극으로) 탐지하고 (과학의 언어로) 표상하더라도, 매우 특별한 자기감각 방식으로 그런 감각 상태를 탐지하거나 표상하는 것은 아니다. 그러나 그 감각 표상, 즉 박쥐의 감각 상태 자체는 아마도 매 경우마다 아주 동일한 상태일 것이다. 앞서 말했듯이, [박쥐와 우리 과학적 기획의 두 감각 상태] 차이는 알려진 것의 특성에 따른 차이가 아니라, 아는 독특한 방식에 따른 차이이다.

그러므로 만약 누구든, 정신 상태가 비물리적 특징을 가진다고 주장하고 싶다면, 네이글보다 더 나은 논증을 제시해야 한다. 물론 정신 상태가 비물리적 특징을 가질 수 있다. 그리고 누군가의 자기-연결된 인식적 경로가 정확히 그 특징을 탐지하는 것일 수 있다. 이것이 본질적으로 네이글이 주장하는 바이다. 이런 여러 가능한 생각들이 확실히 불가능하지는 않다. 충분히 가능하다. 그러나 그런 주장들의 자격은, 결여 가정(default assumptions)으로서, 이제 사라졌다. 거의 모든 생물이 가지는 자기-연결된 인식적 경로가 그저 존재한다는 것이 더 이상 비물리적 특징이 존재한다는 것을 시사해주지는 않는다. 만약 그런 특징이 존재한다면, 그것을 조명해줄 어떤 다른 논증이 그 부담을 져야 한다.

사실 네이글이 제시한 그림의 상황은 이것보다 약간 더 어두운데, 그러한 비물리적 특징이 존재한다고 하더라도, 왜 사람의 자기-연결된 경로가 그런 특징에 주목해야 하는가? 그러한 경로 그 자체는 완전히 물리적이다. 그 물리적 경로가 어떻게 비물리적 사건들과 상호 영향을 주고받을 수 있는가? 어쨌든, 그런 인식적 경로는 생물학적 진화의 정상적 선택 압력 아래 출현했음이 당연하며, 따라서 (감각과 운동 모두의) 우리 내부 생리학적 활동의 모든 관련 국면들을 통합하기 위함이다. [그래서] 비물리적 속성이란, 그 속성 자체의 지식이 연관된 곳에서조차, 무엇에 대한 해결책이 될 수 없다. [이렇게] 자신의 자기-연결된 인식적 경로가 존재한다는 것, 그 존재의 기원, 그리고 그 존재의 현재 인지적 기능 등등은 모두 순수한 물리학적 가정 위에서만 남김없이 모두 이해될 수 있다.

다시 감각질로: 잭슨의 신경과학자

1983년, 호주 철학자 프랭크 잭슨(Frank Jackson)은 네이글의 사고실험을 다른 버전으로 발표했는데, 이번에는 박쥐 뇌가 아닌 인간 뇌로 옮겨놓았다. 이러한 이유로 그 사고실험은 특별한 호소력을 가지며, 그 버전의 주인공은 적어도 네이글의 박쥐만큼 인기를 얻었다.

그 사고실험의 주인공은 메리(Mary)라는 신경과학자이다. 메리는 두 가지 측면에서 특별하다. 첫째, 그녀는 자신의 시각 경험이, 구식의 흑백 영화에서 우리가 볼 수 있는 것[흑백]에 제약된 상태에서 성장했다. (말도 안 되는 이런 이야기의 어색한 부분을 몇 가지 방법으로 채워보자. 나는 메리의 눈에 들어오는 빛-스펙트럼 다양성을 없애는 첨단 장치를 이식했다는 버전을 더 선호한다. 그녀의 망막을 투과하는 유일한 에너지 변이는 전체 스펙트럼에 걸쳐 균일하다. 그렇게 한다면 원하는 효과를 얻을 수 있다.) 그러므로 그녀는 다른 사람들처럼 빨간색을 본 적이 없다. 그녀는 붉은 느낌이 드는 것이 어떤 것인지 전혀 모른다.

둘째, 메리는 인공적 색맹에도 불구하고, 훌륭한 신경과학자가 되었다는 점에서 특별하다. 특히, 그녀는 인간의 시각 시스템의 본질과, 뇌

그림 8.4 잭슨의, '전지적(omniscient)'이지만 색맹인, 신경과학자는 그녀의 경험적 결핍에 대해 곰곰이 생각한다.

가 색을 구별하고 표상하는 방법 등에 관해 알아야 할 모든 것을 배웠다. 잭슨은, 이러한 철저한 신경과학 지식에도 불구하고, 메리가 알지 못하는 것이 있다고 말했다. 즉, 그녀는 빨간색을 본다는 것이 어떤 것인지, 실제로 빨간색의 정상 시각의 감각을 갖는 것이 어떤 것인지를 모른다(그림 8.4). 이것은 결핍이 분명한데, 메리에게 이식된 첨단 광학 장치를 제거하면, 그녀는 그 결핍에서 벗어나고, 잘 익은 토마토를 받게 되면, 분명히 무언가를 배울 것이기 때문이다. 마침내 그녀는 붉은색을 보는 것이 어떤 것인지, 붉은색에 대한 정상 시각적 감각을 갖는 것이 무엇인지를 배울 것이다. (나는 여기서 메리의 만성적 색 결핍에 확실히 수반하는 발육에서 뇌 손상을 무시하겠다. 성인이 되면 그녀는 그런 결핍에서 벗어나기에 너무 늦다. 그때쯤이면 색 지각을 위한 그녀의 신경 자원은 심각하게 쇠퇴할 것이다. 그러나 이것은 좋은 이야기를 망친다. 그러므로 그런 쇠퇴가 되살아날 것이라고 가정해보자.)

이런 측면에서 잭슨은, 이전에 네이글이 그랬듯이, 물리학이 의식 경험의 내용에 관해 우리에게 말해줄 수 있는 것에 분명히 한계가 있다고 결론 내린다. 그리고 물리적 과학이 무언가를 빠뜨리기 때문에, 그는 사람의 의식적 경험에는 비물리적 차원이 분명 있다고 결론 내린다.

잠시만 반성해보면, 우리가 네이글의 논증에서 보았던 것과 동일한 혼란을 알 수 있다. 한편으로는 서로 다른 앎의 방식(ways of knowing)과, 다른 편으로는 서로 다른 알려진 것(things known) 사이의 혼란이다. 메리의 결핍된 상태는 실제로 그녀가 자기-연결된 인식적 경로를 통해 붉은색 느낌을 알지 못하게 했다. 그녀의 입장에서 신경과학 서적을 아무리 많이 공부하더라도 그러한 경로를 통해서 붉은색 표상을 결코 구성하지 못한다. 왜냐하면 그러한 경로가 활성화되지 않아서, 그 경로의 정상 자극의 재원을 차단당하기 때문이다. 메리의 붉음에 대한 어느 표상도, 그녀 뇌의 아주 독특한 신경 경로, 즉 그녀가 이론적 신경과학을 배울 때 훈련되는 것과는 아주 다른 신경 경로에 있어야 한다. 따라서 만약 그녀의 이식된 광학 장치가 제거되고, 잘 익은 토마토가 제공된다면, 그녀는 마침내 그녀의 자기-연결된 인식적 경로를 활용하는 방식으로, 즉 이전에는 결코 알지 못했던 방식으로 빨간색 감각을 알게 된다.

그러나 다시 한 번, 메리가 특별하고 과학-이전의(prescientific) 앎의 방식을 가진다는 것으로부터 비물리적인 무엇이 드러난다고 반드시 추론되지는 않는다. 잭슨의 이야기에 따르면, 메리의 자기-연결된 지식의 대상은 그녀 자신의 감각 상태 중 하나이며, 그녀가 앞서 경험해본 적이 없는 종류이다. 그럼에도 불구하고, 그것은 그녀가 과학적으로 꽤 익숙한 상태, 아마 V4 시각 영역의 뉴런에서 나오는 70-20-30헤르츠 삼중부호(coding triplet)[즉, 세 종류의 빛 파장에 의한 부호]일 것이다. 그런 감각은 그녀의 자기-연결된 감각 경험에 정말 새로운 것이지만, 그녀는 이전에 다른 사람들의 자기-연결된 경로에서 그것을 수천 번이나 보았다. 그리고 그것은 다른 모든 사람들과 마찬가지로 그녀에게도 같은 것, 즉 물리적인 무엇이다.

두 가지 반환원주의 논증이 주는 (그럴 만한) 의기소침을 넘어서, 이제 그 논증들에서 이끌어낼 일반적 교훈이 있다. 그 교훈을 꺼내어 제시하는 것은 중요하다. 네이글과 잭슨뿐만 아니라, 많은 사상가들의 공통된 가정에 따르면, 인간 인지에 관한 신경과학적, 계산적, 물리학적 접근법은 의식의 개념과 본질적으로 적대적이며, (모든 생물이 자신과 세상을 바라보는) 고유한 1인칭 관점 등과도 본질적으로 적대적이다. 비록 그러한 가정이 널리 퍼져 있기는 하지만, 진실과 거리가 먼 것일 수도 있다. 살펴보겠지만, 동물과 인간 모두의 의식을 설명하려는 것이 현재 인지신경생물학 연구의 핵심 희망 중 하나이다. 그리고 세계에 대한 각각의 생물마다 고유한 인지적 관점의 복잡성을 재구성하겠다는 것이, 바로 인지신경생물학이 밝히고 싶은 영원한 설명의 의무이다. 이런 희망이 얼마나 현실적인지는 여전히 논란의 여지가 있긴 하지만, 그것이 현재 신경과학이 기대하는 희망 중 하나라는 점에는 이견이 없을 것이다. 그런 희망이 무엇일지 살펴보기에 앞서, 마지막 반환원주의 입장 한 가지를 더 살펴보자.

환원 불가한 정신: 설의 이중적 입장

현대 신경과학의 환원주의 열망을 거부하기 위해 낡은 데카르트식 이원론자가 될 필요는 없다. 즉, 독특한 실체나 사물, 비물질적 마음(immaterial mind)이나 영혼이 존재한다고, 모든 의식 상태의 진정한 자아인 진정한 주체가 존재한다고 주장할 필요는 없다. 이런 낡은 견해와 모든 정신 현상은 기초적으로 그리고 본질적으로 순전히 물리적이라는 신경과학적 견해 사이에 이론적 선택지가 있다. 캘리포니아 주립대학교 버클리의 철학자 존 설(John Searle)은 최근 저서, 『마음의 재발견(*The Rediscovery of the Mind*)』(1992)에서 이러한 하이브리드 관점을 명확히 말하고 옹호하려 한다. 설은 감각, 사고, 정신 현상 등등은 일반적으로 뇌의 **모든 상태** 또는 **특징**이라고 주장한다는 점에서 이전의 반환원주의자들과 다르다. 설은 어떤 형태의 실체 이원론 (substance dualism)을 주장하지 않는다. 뇌 그 자체가 모든 정신 활동의 적절한 장소 또는 주체이다.

반면에 그는 이러한 정신 상태와 그 활동은 그 자체로 뇌의 **물리적 상태가 아니라고** 주장한다. 정신 상태는 뇌의 물리적 상태와 동일하지 않고, 환원될 수도 없으며, 오히려 신경과학이 적절하게 다루는 복잡한 뇌의 물리적 상태와는 형이상학적으로 구별된다는 주장이다. 설에 따르면, 정신 상태는 그 자체의 (의미와 지향성(intentionality)과 같은) 특별한 속성과 (추론과 숙고와 같은) 특별한 행동 양식을 가진 독특하고 새로운 종류의 현상을 형성한다. 우리가 그런 것들을 단순한 물리적 현상으로 환원하려 든다면, 그것은 헛된 일이다.

그렇다면 한편으로 뇌의 물리적 상태와 다른 편으로 정신적 상태 사이의 관계는 무엇일까? 설은 그 관계는 **인과적**이라고 말한다. 정신적 상태는 환원주의자들이 생각하듯이, 뇌 상태와 동일하지 않다. 오히려 누군가의 뇌 상태가 정신적 상태를 일으키고, 그 반대의 경우도 일어난다. 따라서 과학적 마음이론(theory of the mind)의 중심 목표는 정신 현상의 특별한 본성, 특히 의미와 같은 특징을 이해하는 것이어야 한다. 그리고 둘째 목표는, 뇌의 이러한 비물리적 특징이 순전히 물리적 특징과 인과적으로 어떻게 상호작용하는지를 알아내는 것이어야 한다고 설은 말한다.

개략적으로, 이것이 정신 현상의 상태에 관한 설의 '보수적이고 현대적인' 입장이다. 그 입장은 정신 상태의 독립적인 실재와 독특한 형이상학적 지위를 확고히 유지한다는 점에서 '보수적'이다. 그리고 그런 것들을 뇌의 (비물리적) 특징으로 그리고 과학적 연구의 적절한 주제로 재배치하는 점에서 '현대적'이다.

설의 입장 역시 불안정한데, 두 마리 토끼를 모두 잡으려는 시도가 그렇다고 말하는 사람이 있다. 설은 한 발을 도크에, 다른 한 발을 배에 딛고 선다. 만약 모든 정신 상태를 물리적 뇌 상태로 설명할 준비가 되어 있고, 만약 그 연구를 정상 과학의 영역으로 끌어들일 준비가 되어 있다면, 정신 상태가 비물리적이며, 그 상태가 뇌의 물리적 상태와 구별되고 환원될 수 없다고 주장하는 이유는 도대체 무엇일까?

어떤 사람들은, 설이 1950년대 내 아내(패트리샤)의 생물 선생님과 너무 비슷하게 들린다고 말한다. 그의 말은 아직도 이렇게 귓가에 맴돌고 있다. "네, 정말 그래요. 살아 있게 해주는 속성은 모두 물리적 신체의 속성이며, 과학적 연구의 적절한 대상이지요. 그렇지만 그 속성은 신체의 물리적 및 화학적 특징과 구별되며, 그것으로 환원할 수 없습니다!"

통합된 과학 세계관을 성취하려 든다는 점에서, 설은 조금도 아깝지 않은 사람이지만, 그가 이렇게 중도적인 입장을 선택하는 동기는 무엇일까?

설은 이에 대해 솔직히 대답한다. 네이글과 잭슨의 논증은, 그가 믿기에, 정신 상태가 뇌의 물리적 상태와 동일할 수 없음을 말한다. 우리는 앞에서 두 논증을 검토하였는데, 처음에는 박쥐 그리고 다음에는 색맹인 메리에 관한 논증이었다. 그러나 앞서 살펴보았듯이, 그 두 논증은 결코 그렇다는 것을 설득하지 못한다. 그 두 논증은 단지, 우리 각자가 자신의 내부 상태의 발생과 성격에 관해 독점적이고 과학-이전의 방법을 가진다는 것을 보여줄 뿐이다. 그 논증들은 단지, 그러한 내적 상태가 비물리적이거나 물리적 과학으로 이해할 수 없다는 것을 보여주거나 암시하지도 않는다.

설은 정신 상태와 뇌 상태를 동일시할 가능성을 거부하면서, 자신만의 간단한 논증을 제시한다.

통증은 실제로 '다름 아닌' 뉴런의 발화 패턴(patterns of neuron firings)에 불과하다고 우리가 말하려 한다고 가정해보자. 글쎄, 만약 우리가 이러한 존재론적 환원을 시도한다면, 통증의 본질적 특징이 사라질 것이다. 3인칭, 객관적, 생리적 사실들에 대한 어떤 서술(description)도 통증의 주관적, 1인칭 특성을 전달할 수 없는데, 이것은 단순히 1인칭 특징이 3인칭의 특징과 다르기 때문이다.

그러나 이런 논증은, 바로 그 결론(즉, "통증과 그 주관적 특징은 뇌 상태 및 그 객관적 특징과 동일하지 않다")을 살짝 위장하여, 전제(즉, "1인칭의 특징은 3인칭의 특징과 다르다")로 다시 진술하는 단순한 편법으로 결론짓는다. 특정한 서술이 '전달'할 수 있거나 할 수 없는 것에 관한 설의 짧은 감탄사는, 네이글과 잭슨의 연막작전이 다시 그림 속으로 슬며시 스며든 것에 불과하다. 그 너머에 남아 있는 것은 그리스인들이 '선결문제 요구'라 불렀던, 그리고 오늘날 사람들이 '증명하려는 것을 가정한다'고 말하는 극명한 사례이다. 주관적 또는 자기-연결된 방식으로 식별하는 질적인 정신적 특징이, 뇌의 어떤 객관적 특징과 동일한지 여부, 즉 결국 어떤 객관적 또는 이질적 방식으로 식별될 수 있는 특징과 동일한지 여부가 정확히 쟁점이다.

누군가 이렇게 물을 수 있다. 도대체 설이, 감각의 질적 특징이 본질적으로 물리적일 수 없다고 확신하는 이유는 무엇일까? 그의 설명에 따르면, 사람은 자신의 감각의 특징에 대해 직접적이고 중개되지 않은 지식을 가진다. 그는 이렇게 말한다. 물리적 사물의 경우, 겉모습과 실재 사이에 정당한 구별이 된다. 그러나 정신적 특징의 경우, 그런 구별은 사라지고, 설명될 수 없다. 즉, 여기 마음속에서는 현상(appearance)

이 곧 실재(reality)이고, 그 반대도 성립한다. 자신의 마음속 내용의 본성에 관해 누구도 틀릴 수 없다.

내적 성찰(retrospection)의 무오류성에 관한 이 교설은 과거 더 무지했던 시대에서 계승되었지만, 현대 철학자들에게도 친숙하다. 이제 이 교리는 너무나도 철저하게 불신되었음에도, 설처럼 저명한 철학자가 여전히 이 교리에 집착하고 있다는 사실이 그저 신기할 뿐이다. 그 신화는 쉽게 속이 들여다보여서, '사실'과 '사실이라고 여겨지는 것' 사이의 구별은 심지어 마음속에서조차 쉽게 드러난다.

예를 들어, 자신의 욕망, 두려움, 질투 등을 생각해보라. 우리는 자신의 욕망, 두려움, 질투 등을 제대로 평가하지 못할 뿐만 아니라, 그것들에 관해 신뢰하기 어렵다는 것도 잘 알려져 있다. 그렇다면 분명히 우리는 모든 정신 상태에 관한 판단에서 오류가 없지 않다. 사람은 자신의 욕망과 두려움을 잘못 이해할 수 있다.

심지어 자신의 감각에 대해서조차, 우리는 다양한 친숙한 이유에서 그것을 잘못 이해하거나 잘못 식별할 수 있다. 예를 들어, 우리의 주의 집중이 다른 문제로 인해 강하게 산만해진다면, 다른 경우에서처럼, 자신의 일순간 감각 성격에 대한 판단에서 신뢰하기 어려워진다. 그 밖에, 지금 곧 느낄 감각의 종류를 강하게 기대할 경우, 감각, 특히 기대한 종류와 유사한 감각을, 예상한 종류의 감각으로 잘못 알아보는 경향이 명확히 나타날 수 있다. 다시 말하지만, 만약 우리가 당신에게 다양한 뚜렷한 감각을, 예를 들어, 어두운 방에서 짧은 색 감각을 인위적으로 생성하고, 지속 시간(temporal duration)을 점점 더 짧게 줄여간다면, (감각의 광학적 원인과의 일관성에 따라 판단되는) 당신의 식별 신뢰성은 감각의 지속 시간에 반비례할 것이다.

끝으로, 그리고 가장 중요한 것으로, 우리가 자신의 내면 상태의 본성에 대해 가끔이 아니라 체계적으로 틀릴 수 있는 방식이 있다. 우리는 그 본질적 특성에 대해 처음부터 거짓된 또는 피상적 개념을 가질 수 있다. 만약 그러할 경우, 자신의 내면 상태를 파악하기 위해 사용하는 바로 그 개념이 고질적 오류의 재원이다. 앞에서 살펴보았듯이, 이것은 설이 고려조차 하지 않은 실제적 가능성이다. 그렇지만 바로 이것은 신경과학이 의식 현상을 재구성할 것을 제안할 때 논점이 될 수 있다.

이런 논쟁을 궁극적으로 결정해주는 것은, 우리의 주관적 속성이 신경 속성과 직관적으로 자신에게 달라 보이는지 여부에 달려 있지 않다. 사물이 우리에게 어떻게 보이는지는 우리 자신의 무지나 상상력 부족을 반영하는 경우가 너무 많다. 정신 상태가 뇌의 물리적 상태로 밝혀질지 아닐지 여부는, 인지신경과학이 정신 상태의 모든 본질적이고 인과적인 속성에 대해 체계적인 신경 유사 사례를 마침내 발견하는 데 성공할지 못할지 여부에 달린 문제이다.

많은 역사적 유사 사례들 중 하나로 가시광선의 경우를 돌아보자. 무지의 상식적 관점에서, 빛과 그 다양한 감각적 특성은 초당 1천억 사이클로 진동하는 이중의 전기 및 자기장처럼 신비롭고 이질적인 것과 아주 다르게 보였을 것이다. 그렇지만 [그 둘 사이에] 아주 다른 직관적 인상(impression)에도 불구하고, 빛은 바로 그런 존재로 밝혀졌다. 인류는, 전자기 이론의 재원을 사용하여, 초당 30만 킬로미터 속도로 이동하는 빛, 굴절, 반사, 편광성, 뚜렷한 색상으로 분리되는 등등, 빛의 모든 본질적이고 인과적인 속성들을 통합적이고 명료한 방식으로 재구성할 수 있었다.

이러한 방식으로, 가시광선과 눈에 안 보이는 여러 사촌들(복사열, 전파, 감마선, X-선)은 모두 적절한 파장의 전자기파로 성공적으로 식별(즉, 환원)되었다. 신경과학적 증거가 쏟아지고 있는 지금, 정신 상태도 비슷한 운명을 걷지 않을 것이라고 누가 그렇게 대담하게 주장할 수 있을까?

존 설이 분명히 그렇게 주장했으며, 그만 그러했던 것은 아니다. 사람들은 대부분, 습관적으로 잘 알려진 상식적 원형으로 이해해온 영역에서, 낯선 과학적 원형을 재배치하는 데 어려움을 겪는다. 이러한 어려움, 즉 개념적 관성은, 낡은 원형이 새로운 것에 비해 형편없다는 것이 과학 공동체에서 명확해진 후에도, 새로운 이해를 가로막을 수 있다.

몇 년 전, 나는 전자레인지가 모든 사람들의 주방에 등장하기 시작한 직후 출간된 요리책 『베티 크로커의 전자레인지 요리(*Betty Crocker's Microwave Cooking*)』의 서문에서 개념적 변화에 대한 그러한 저항을 보여주는 놀라운 그림을 우연히 발견했다. 저자는 조리법을 소개하기 전, 그 신기한 장치가 어떻게 식재료에 열을 발생시키는지에 대해 간략하지만 권위 있는 설명을 제공했다.

자전관 튜브(magnetron tube)는 일반 전기를 마이크로파로 변환시킵니다. ⋯ [마이크로파가] 수분이 포함된 물질, 특히 음식과 만나면, 그 물질에 흡수됩니다. ⋯ 마이크로파는 물 분자를 매우 빠른 속도로 휘젓고 진동시켜, **마찰을 일으키며, 그러면 그 마찰이 열을 발생시키고,** 그 열이 음식을 익도록 해줍니다. (강조체는 내가 표시했다.)

이 설명에서 결정적인 이해의 잘못은 마지막 문장 중간에 나타난다. 마이크로파에 의해 유도된 물 분자의 운동이 이미 열을 만들어낸다고 주장하면서, 그쯤에서 우아하게 설명을 마치기보다, 저자는 열이 존재론적으로 명확한 속성인 것처럼 무심하게 열에 대해 계속 논의한다. 여기에서 문제가 발생한다. 열을 나머지 발생하는 것들과 어떻게 연결시킬 것인가? 여기에서 저자는 열을 **발생시킬 수 있는** 많은 요인들 중 하나인 마찰을 이해하는, 과학-이전의 통속 믿음으로 돌아간다. 그 결과, 두 손을 문지를 때 열이 발생하는 것과 같은 방식으로, 두 분자를 문지르면 열이 발생한다는 인상을 남겨서, 순진한 독자에게 엄청난 오해를 준다. 이러한 혼동으로 인해, 열의 실제 본성, 즉 분자 자체의 미세한 움직임은 그 설명에서 완전히 배제된다. 열은 분자운동에 의해 발생되지 않으며, 열이 바로 분자운동이다.

이러한 사례는, 깨끗하고 확립된 과학적 환원에도 불구하고, 우리의 통속 개념(folk conceptions)이 고집스럽게 지속될 수 있는 방식을 보여준다. 그렇다면, 적절한 환원이 여전히 전망에 불과했을 때, 사람들의 파악은 얼마나 더 확고할까? 설이 제안한 것은, 베티 크로커의 '마음이론'(Betty Crocker's Theory of the Mind)에서 크게 벗어나지 않는다고 나는 생각한다. 설이 단호하게 재발견한 것은 마음 자체가 아니라, 단지 마음에 대한 우리의 상식적이고 과학-이전의 통속 심리학적인 개념뿐이다. 반면에, 과학의 목표는 새롭고 더 깊은 개념을 발견하는 것이다. 그러므로 마침내 우리는 불가능성을 반복하는 조언과 싸우는 일에서 벗어나, 그러한 과학적 목표를 긍정적으로 추구하는 일에 나서야 한다.

의식의 내용과 특성: 예비적 검토

과학이 정신 현상을 신경 현상으로 체계적으로 환원하려면, 과학이 충족해야 할 요구 사항은 참으로 까다롭다. 이상적으로, 과학은 이전에 우리가 알고 있던 모든 정신 현상을 신경동역학 용어(neurodynamical terms)로 재구성해야 하며(우리가 잘못 알고 있는 부분을 더하거나 빼고), 또한 우리가 미처 알지 못했던 정신 현상의 행동, 즉 신경 기반(neural substrate)의 숨겨진 특성에서 비롯된 것들에 대해서도 가르쳐 주어야 한다.

이런 것들은 과학이 다른 설명 영역에서 때때로 충족시켰던 것과 동일한 요구이다. 우리가 빛이 전자기 복사라고 말하는 이유는, 맥스웰(Maxwell)과 다른 사람들이 (알려진) 모든 광학 현상을 전자기 용어로 재구성하는 방법을 보여주었기 때문이며, 맥스웰의 새로운 전자기 이론이 의심할 수 없는 전파의 존재를 예측했기 때문이고, 곧이어 헤르츠(Hertz)가 실험적으로 전자기파를 발생시켰기 때문이다. 열이 분자운동이라고 말하는 이유는, 줄(Joule), 켈빈(Kelvin), 맥스웰, 볼츠만(Boltzmann)이 (알려진) 거의 모든 열 현상을 분자운동학(molecular-kinetic) 용어로 재구성하는 방법을 보여주었기 때문이며, 새로운 이론이 기체 속에 부유하는 연기 입자의 통계적 분포와 같은 예상치 못한 것들을 예측했기 때문이고, 이후 페린(Perrin)과 아인슈타인(Einstein)이 이를 검증했기 때문이다.

일반적으로 더 일반적이거나 더 깊은 수준의 이론이, 이전의 어떤 이론이나 개념 체계 내에 구체화된 실재의 초상화를 일괄적으로 포괄할 수 있다고 증명될 때, 우리는 이전 개념 체계가 새롭고 더 일반적인 이론에 의해 **환원되었다**고 말하며, 이전 개념 체계의 현상은 새롭고 더 깊은 이론으로 기술된 현상의 특수한 경우에 불과하다는 것이 밝혀졌다고 말한다.

여기 요점을 익숙한 예시를 통해 빠르게 설명해보자. 다음은 빛의 일곱 가지 명확한 특징, 우리가 특별히 통합된 방식으로 설명하고 싶어 하는 특징 목록이다.

1. 빛은 직선으로 이동한다.
2. 빛은 진공 상태에서 초당 186,000마일의 속도로 이동한다.
3. 빛은 파동으로 이루어졌다.
4. 빛은 다양한 색으로 나타난다.

5. 빛의 속도는 빛이 이동하는 매체(공기, 유리, 물 등)에 따라 달라진
   다. 진공 상태에서 가장 빠르다.
6. 빛은 공기에서 물로, 일반적으로 투명한 매체에서 다른 매체로 이동
   할 때 직선 경로에서 휘어진다(굴절된다).
7. 빛은 편광 가능하다(polarizable). 즉, 빛은 진행 방향에 수직인 판에
   서 투과를 허용하며, 그 투과는 빛의 진행 방향과 다른 방향의 편광
   유리에 의해 그 투과가 차단된다.

19세기 빛 개념은 완벽하게 사용할 수 있는 개념이었지만, 그 요소
에 대한 설명이 필요했다. 나중에 빛 개념을 설명하고 환원한, 영웅적
인, 더욱 일반적인 이론은 제임스 클락 맥스웰(James Clerk Maxwell)
의 전기장과 자기장 이론으로, 겉으로 보기에는 빛과는 전혀 관련이
없는 이론이었다. 그러나 맥스웰은, 전기장과 자기장의 상호 효과에 대
한 마이클 패러데이(Michael Faraday)의 초기 발견을 수학적으로 표현
하기 위해 일련의 방정식을 공식화한 후, 진동하는 자석이나 전하가
(연못 표면에 돌을 떨어뜨렸을 때 발생하는 퍼져 나가는 파동처럼) 원
점에서 모든 방향으로 퍼지는 전자기파를 발생시킨다는 것을 깨달았
다. 여기서부터 그 이야기를 빠르게 진행하겠다.
　맥스웰은 이러한 (추정된) 전자기파가 얼마나 빨리 전파될지 스스로
질문했다. 맥스웰은 진공에서 전자기파(EM)의 속도는 $1/\sqrt{\mu_v \varepsilon_v}$ 와 같
아야 한다는 자신의 일반 방정식을 즉시 도출했는데, 여기서 μ_v와 ε_v
는 진공의 자기 투자율(magnetic permeability)과 전기 유전율(electric
permittivity)에 관한 다소 따분한 두 상수이다. 다행히도 이 두 가지 특
징은, 전기장과 자기장에 대한 많은 소박한 실험을 통해, 이미 다양한
물질에 대해 잘 알려져 있었다. 따라서 맥스웰은 μ_v와 ε_v의 알려진 값
을 방금 인용한 식에 직접 대입하여, 진공에서 전자기파의 속도가 얼

마인지를 유도할 수 있었다. 잠깐 동안의 연필 계산으로 답을 얻었다. 초속 186,000마일!

그는 분명 깜짝 놀랐을 것이다. 이 특이한 속도는 이미 과학계에서는 잘 알려져 있었는데, 천문학자들이 1세기 전 영리하게 발견하였다. (그들은 지구 궤도의 서로 다른 두 지점에서 목성 위성의 일식 진행과 지연 시간을 측정해보았다. 두 관측 지점 사이의 거리를 관측된 지연 시간으로 나누면, 목성에서 도달하는 빛의 속도를 알 수 있다.) 맥스웰이 방정식에서 고심했던 것은 확산 파면(spreading wave front)인데, 각 파면은 초당 186,000마일의 속도로 발원지로부터 직선으로 이동했다. 따라서 새로운 전자기 체계는 빛의 일곱 가지 두드러진 특징 중 처음 세 가지를 즉시 설명해주었다. 빛이 단순히 전자기파의 한 형태일까? 맥스웰이 그랬듯이, 빛의 다음 네 가지 특징도 전자기파로 설명할 수 있을지 살펴보자.

EM파는 파동이기에, 음파와 마찬가지로, 파장을 가지며, 그 파장은 광원의 진동 주파수에 따라서 달라지고, 그 파동이 통과하는 매체에 따라 속도가 달라져야 한다. 음파의 경우에 음높이(pitches)가 다르듯이, 빛 색깔의 차이는 전자기파의 파장 차이에서 나온다. 이것이 빛의 네 번째 특징이다.

μ와 ε는 투명한 정도가 다른 물질에 따라 달라지므로, 그런 물질에서 EM파의 속도는 위에서 인용한 맥스웰의 속도 방정식에 따라서 예측된다. 그 방정식에 따르면, μ와 ε의 다양한 값을 입력하면, EM파는 진공 상태에서 가장 빠르고, 다른 모든 상태에서는 느리게 나타난다. 이것이 빛의 다섯 번째 특징이다.

더구나 EM 파동이 다양한 물질에서 느려져야 하는 정확한 양(amount)은, 많은 다른 물질에 대해 이미 확립된 특징인, 잘 알려진 굴절률 목록을 설명하기에 필요한 양과 정확히 일치한다. EM 파면은 느린 전송 매체에 들어가거나 나갈 때 속도가 강제적으로 변화하기 때문에, 방향이 바뀌거나 구부러진다. 그래서 이것이 빛의 여섯 번째 특징이다.

끝으로, EM파는 횡파(transverse waves)이다. 이것은 물결, 또는 늘어난 밧줄을 따라 이동하는 파동과 같다. 그 '물결을 일으키는' 부분이, 전파하는 방향과 직각으로 특정 차원에서 '파동'을 일으킨다. 따라서 그 파동의 전파는 오직 한 차원에서만 파동을 허용하는 적절한 방향의 매체(편광 유리)에 의해 차단될 수 있다. 이것이 빛의 일곱 번째 특징이다.

이러한 방식으로, 빛의 모든 친숙한 특징과 많은 생소한 특징도, EM파의 자연스럽고 필연적인 특징으로 설명되고 재구성된다. 따라서 가장 자연스러운 가설은 빛이 EM파와 완전히 동일하다는 것이다. 빛이 EM 파동이라는 단순한 이유만으로, EM 파동의 모든 특징을 보여준다.

여기 의식에 대해서도 그런 일이 일어날까? 그런 체계적 환원으로 마음을 밝혀낼 수 있을까? 우리가 알려진 모든 정신 현상을 신경동역학 용어로 재구성할 수 있을까? 현재로서는 불가능하다. 거의 불가능해 보인다. 그러나 그렇게 할 수 있다고 믿을 이유가 있는가? 그 이유가 체계적으로 추구할 가치 있는 전망일까? 네이글, 잭슨, 설 등의 논증에서 우리는 몇 가지 주요한 부정적 고려 사항을 살펴봤다. 이제 그 원장부에서 긍정적인 측면을 살펴보자.

대부분 과학자와 철학자들은, 정신 현상이 물질과 에너지의 기초 속성을 특히 절묘하게 표현한 것에 불과하다고 보는 데 중요한 근거로, 인간의 기원이 45억 년에 걸친 순전히 화학적, 생물학적 진화에서 비롯된 것으로 추정된다는 사실을 제시할 것이다. 그 물질이 바로 원자이다. 그리고 그 위에 분자가 있다. 그리고 다음에 세포가 있고, 그 다음에 다세포 유기체가 있다. 마음은 왜 아니라는 것인가?

그 동일 이론가들은 이제는 익숙한 다음 사실을 인용할 것이다. 각 개인은, DNA 분자로 채워진 세포핵을 둘러싸는, 단백질 분자들이 서로 맞물려 있는 구체로 생명을 시작하고, 이것에서부터 길고 복잡하지만 순수한 물리적 과정을 통해 발달(성장)한다. 이러한 발달의 사실은, 계통발생학적으로나 후성유전학적으로나, 정신 현상이 적절하게 조직화된 신체 현상의 체계적 표현이라는 긍정적인 기대를 갖도록 만든다. 만약 그렇지 않다면, 정말 놀라운 일이 아닐 수 없다.

물론, 우리는 이전에 놀라워했던 적이 있었다. 그런 놀라움에 어느 정도 무게가 실리긴 하지만, 단지 추정일 뿐이다. 사람들은 환원적 전망은 추구할 만한 가치가 있다고 보지만, 그 논쟁을 불식시키지는 못한다. 그 전망은 다양한 정신 현상 자체를 설명함으로써만 해결될 수 있다. 신경과학의 환원적 열망을 갖게 만들어주는 어느 연구가 있는가?

분명히 어느 정도 연구 성과가 있다. 적절한 여러 사례들이 앞의 여러 장에서 소개되었다. 2장에서, 우리는 몇 가지 감각 양식에 대한 벡터 코딩 이론을 살펴보았고, 신경 활성화 용어로 (가능한) 맛 공간을 재구성하는 방법을 살펴봤다. 색상, 냄새, 얼굴 등에 대해서도 동일한 작업을 수행했다. 예를 들어, 색의 경우 활성화 공간 설명은 이전에 알려진 색상 간의 유사성 관계, 다양한 '색상 대비' 관계, 색상 구별 능력의 한계, 세 가지 주요 형태의 부분 색맹(세 가지 유형의 망막 원추세포 중 어느 것이 정상적으로 발달하지 못하는지에 따라 다른 색맹)의 존재를 성공적으로 재구성했다.

감각 말단에서부터 위로 올라가면서, 우리는 피드포워드 그물망이 벡터 완성, 노이즈 및 그물망 손상에 대한 내성, 반복 경험을 통해 잘 정의된 계층구조를 가진 개념 체계의 출현 등등 정교한 패턴 재인과 관련된 다양한 현상을 어떻게 재구성할 수 있는지 확인했다. 단순한 패턴 재인을 넘어, 우리는 우주의 3차원 공간에 대한 지각 능력, 즉 입체적 능력을 신경학 용어로 재구성하는 방법을 발견했다.

단순한 지각을 넘어, 감각-운동 조절을 재구성할 수 있는 자원이 간략히 설명되었다. 신체 행동의 일관된 시간적 순서를 생성하는 재귀적 그물망의 능력과, 시간적으로 확장된 인과적 과정을 지각 재인하는 능력이 주목받았다. 재귀적 그물망의 강력한 속성에 다시 한 번 주목한 결과, 우리는 동일한 사물을 다양한 방식으로 지각, 이해, 해석 등을 할 수 있는 (우리가 잘 아는) 능력을 재구성할 수 있었다. 이런 기계를 사용하여, 우리는 과학사의 주요 개념적 진보에 관한 가능한 설명의 윤곽을 그려볼 수도 있었다. 사회적 영역으로 넘어가서, 우리는 두 개의 모델 그물망이 각각 인간의 감정과 문법적 순서의 구별을 재구성하는 것을 지켜보았다. 마지막으로, 우리는 인간의 이러한 인지 능력들 중 많은 부분이 관련 뉴런과 시냅스 오동작으로 인해 부분적으로 손상되거나 완전히 파괴되는 것을 관찰했다.

이러한 연구들은 인지신경과학이 이미 성취한 재구성 단계이며, 이미 진행 중인 많은 추가 설명적 재구성의 두드러진 사례일 뿐이다. 이 책의 1부는 이미 진행 중인 대규모의 야심찬 과학 기획의 피상적이고 선별적인 탐색에 불과하다. 그 첫 결과는 매우 고무적이어서, 누군가는 정신 현상이 뇌의 현상일 뿐이라고 결론 내릴지도 모른다.

그러나 모든 사람이 그렇게 생각하지는 않는다. 신경생리학적 환원의 전망에 대한 회의론은 여전히 널리 퍼져 있으며, 앞의 목록에서 언급되지 않은 현상인 의식에 초점을 맞춘다. 의식은 성채이자 은신처이며, 진정한 정신성의 핵심적 본질이라고 많은 사람이 주장한다. 그리고 지금까지 신경계산 용어로 그럴듯한 어떤 재구성도 할 수 없었다. 두 문단 전에 제시된 다양한 인지 현상들은 모두 순수한 물리적 또는 전자 그물망에서 성공적으로 실현될 수 있다. 그러나 그러한 그물망이 매우 정교한 능력에도 불구하고, 분명히 의식을 가진다고 단정하기엔 아직 이르다. 주의해야 할 점은, 우리가 인지신경과학의 많은 재구성 성공에 너무 감탄해서는 안 되며, 그 성공이 의식 자체를 재구성하기 전까지는 그렇지 않다는 것이다. 그러한 다른 성공들은, 우리가 미스터리의 가장 중심인 의식을 순수한 물리적인 용어로 재구성할 수 없다면, 아무런 의미가 없다고 사람들은 말한다.

의식이 그토록 중심적이고 특권적이어야 하는지에 대해서 여전히 논란의 여지가 있지만, 나는 이 글에서 지금의 논점을 중단하지 않겠다. 의식은 적어도 실제적이고 중요한 정신 현상이며, 신경과학이 설명하려는 기획에서 가장 중요한 목표로 인정해야 하는 것이기도 하다. 우리는 그 어려운 과제를 회피하는 방법을 찾으려 하기보다, 진지하게 맞서야 한다. 조만간 이 문제를 해결해야 할 것이므로, 지금 당장 그 전망을 탐색해보자.

만약 의식이 우리가 설명하려는 목표라면, 의식의 몇 가지 명확한 특징을 확인해보자. 신경과학이 재구성하려는 것이 무엇인지부터 명확히 할 필요가 있다. 그렇다고 의식에 대해 권위적 정의를 구하려는 것은 아니다. 지금 단계에서 그것을 찾는 것은 잘못이다. 정의란, 우리가 정의하려는 것이 무엇인지를 충분히 이해한 후에서야 가장 잘 정립될 수 있다. 그리고 그것은 우리가 의식에 대한 충분한 과학적 이론을 가지기 전까지는 얻을 수 없는 것이다. 그렇지만 지금 당장으로선 좀 더 분명하고 중요한 특징 몇 가지를 나열함으로써, 우리가 가늠하는 목표 현상에 대한 대략적 구도를 잡아볼 수는 있다. 그렇다면 인간 의식의 다음과 같은 명확한 [특징] 차원을 고려해보자.

1. 의식은 단기 기억을 포함한다.

의식은 전형적으로, 확장된 세계를 구성하는 일련의 (전개되는) 사건들 속에서, 자신의 현재 경험과 신체적 위치가 시간 속에 어떻게 나타나는지에 대한 감각을 펼쳐낸다. 이러한 감각을 할 수 있으려면, 우리가 최소한 현재 순간 바로 이전의 사건을 인지할 수 있어야 하며, 이를 위해서 어느 정도 기억할 수 있어야 한다. 최소한 단기 기억 정도는 있어야 한다.

2. **의식은 감각 입력과 무관하다.**

눈을 감고 귀를 막는 등 다양한 형태의 감각 입력을 최소화 내지 차단할 수 있지만, 그렇다고 의식이 소멸되지는 않는다. 감각의 입력이 전혀 없더라도, 우리는 미래를 상상하거나, 자신의 기억을 더듬거나, 상상 속에서 복잡한 문제를 해결하고 추구할 수도 있다. 장기간의 감각 박탈은, 의심할 여지없이, 의식의 질과 일관성에 해로운 영향을 미친다는 것이 실험을 통해 밝혀졌다. 그러나 적어도 짧은 기간 동안이라도, 의식이 존재하는 것 자체는 어떤 감각 입력도 의존하지 않는 것처럼 보인다.

3. **의식은 조정 가능한 주의집중을 보여준다.**

의식은, 세상에 대한 외부 감각적 관점이 일정하게 유지되더라도, 저것보다는 이 주제에, 저것보다는 이것에, 한 감각 경로보다는 다른 감각 경로로, 향하거나 집중할 수 있는 무엇이다.

4. **의식은 복잡하거나 모호한 데이터에 대해 다르게 해석할 수 있는 능력을 가진다.**

예를 들어, 특정 시각 장면에 주의집중을 하는 경우, 의식 있는 사람은, 그 장면이 어떤 식으로든 혼란스럽거나 문제가 있는 경우에도, 그 장면의 내용이나 본성에 대해 상반된 해석을 생성하고 탐색할 수 있다.

5. **의식은 깊은 수면 중 사라진다.**

깊은 잠에 빠지는 것은 의식을 잃는 가장 흔한 방법이다. 우리는 왜

의식을 잃는지, 그리고 의식을 잃으면 어떤 일이 일어나는지 알고 싶다.

6. 의식은 꿈속에서, 적어도 무음으로 또는 분리된 형태로 다시 나타난다.

꿈에서 느끼는 의식의 종류는 분명 비표준적이지만, 그것은 같은 현상의 다른 사례를 구성하는 것처럼 보인다. 우리는 그것이 어떻게 다른지, 그리고 왜 그것이 존재해야 하는지 등을 알고 싶다.

7. 의식은 하나의 통합된 경험 안에 여러 기본 감각 양식의 내용을 담는다.

의식 있는 개인은, 각각의 외부 감각에 대한 의식들, 구분되는 여러 의식들을 따로 갖지 않는 것으로 보이며, 각각의 외부 감각이 완전히 통합된 단일 의식을 가지는 것처럼 보인다. 이러한 부분들이 어떻게, 그리고 어떤 의미에서 조합되는지는 우리가 이해하고 싶은 부분이다.

이 목록의 핵심은, 다시 강조하건대, 우리가 적어도 의식의 어떤 구조와 실체에 대해 임시의 설명 목표를 제시하도록 해준다. 이제부터 우리의 목표는, 계산적 신경과학(computational neuroscience)의 자원을 사용하여, 위의 일곱 가지 현상들을 모두 통합적이고 명확한 방식으로 재구성하는 것이다. 뜻밖에, 이론적 모델링과 경험적 뇌 연구의 최근 융합(convergence)은 그 목표를 달성할 방법을 제시해준다. 적절하게 구성된 재귀적 그물망은, 이러한 일곱 가지 친숙한 의식 차원 모두에 대한 체계적인 기능적 유사 사례인 여러 인지적 행동을 구현한다.

의식을 신경계산 용어로 재구성하기

여기서 다루는 모델링은 재귀적 그물망의 특별한 속성에 관한 것이

다. 이런 경험적 연구는, 대뇌피질의 거의 모든 영역과 피질하 영역
(subcortical areas)을, 섬유판속그물핵(intralaminar nucleus)이라는 뇌
시상(thalamus)의 중심 영역으로 연결하는, 중요한 신경 경로 시스템의
다양한 행동에 관한 것이다. 시상과 그 내부 영역은 문-유전학적으로
(phylo-genetically) 매우 오래되었다. 그 영역은 (대뇌반구가 추가되는)
기능적 가능성을 탐색하는 진화 과정이 시작되기 훨씬 전에 발달했다.
현재 인간과 다른 많은 동물의 피질하 시상 구조 중 하나인 섬유판속
그물핵은 대뇌반구의 모든 영역의 바깥쪽으로 방사하는 긴 축삭돌기를
뻗는다. 중요한 것은, 그 핵은 그 피질의 같은 영역에서 되돌아오는 체
계적인 축삭돌기 투사도 받는다는 점인데, 되돌아오는 경로는 피질의
하부 뉴런층에서 시작된다(그림 8.5). (단면 그림에서 얇고 주름진 피
질 표면의 층판(laminar) 특성을 떠올려보라.) 대뇌피질 뉴런과 그 수

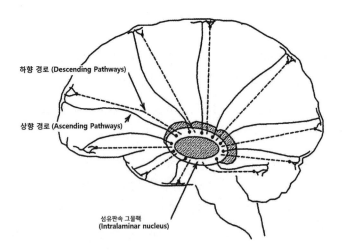

그림 8.5 대뇌피질의 모든 영역과 시상 섬유판속그물핵(intralaminar nucleus)을
연결하는 퍼져 나가고 들어오는 축삭 투사(axonal projections). 돌아오는 경로는
점선으로 표시되어 있다. (Rodolfo Llinás의 그림을 수정)

많은 그런 층간 연결은 거대한 정보 순환고리(informational loops)를 완결한다. 따라서 이러한 신경 경로의 전체 배열은 대뇌피질 전체를 포괄하는 대규모 재귀적 그물망을 구성하며, 이 그물망은 섬유판속그물핵에서 병목 현상을 만든다. (관련 영역이 세분화를 암시하기 때문에, 아마도 복수로 '섬유판속그물핵들(intralaminar nuclei)'이라고 말해야 할 것 같다. 그러나 용어의 단순화를 위해 단수로 표현하겠다.)

우리는 이미 재귀적 그물망이 할 수 있는 것들 중 일부를 살펴보았지만, 몇 가지 중요한 특징을 상기하기 위해 잠시 가장 단순한 사례로 돌아가 살펴보자. 그런 다음 잠시 후 다시 뇌로 돌아오겠다. 그림 8.6의 기초 재귀적 그물망을 생각해보자. 가장 먼저 주목해야 할 것은, 이 재귀적 경로가 동일 층(layer)의 이전 상태에 대한 처리된 정보를 둘째 층으로 다시 돌려보내며, 이 과정을 지속적으로 수행한다는 점이다. 따

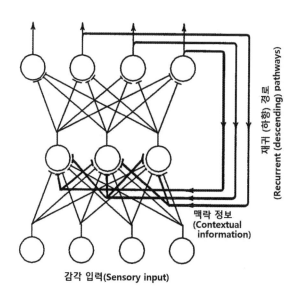

그림 8.6 단순한 재귀적 그물망

라서 이 시스템은 단기 기억의 기초 형태를 포함한다. 그리고 과거에 대한 인지적 이해는 그 그물망의 단일 사이클(single cycle)로 제한되지 않는다. 둘째 층의 활성 벡터에 두세 사이클 전 존재했던 정보 중 일부는, 재귀적 경로를 통해 현재 그곳에 도착하는 자극 벡터에 여전히 암시적으로 남아 있을 수 있다. 이러한 정보는 한 사이클 후 사라지는 것이 아니라, 여러 사이클에 걸쳐 감소한다. 얼마나 빨리 또는 얼마나 느리게 감소하는지는, 감각 입력과 둘째 층의 반복 입력의 비율, 그물망의 시냅스 가중치 구성의 특성 등, 각 그물망의 고유한 세부 사항에 따라 달라질 것이다. 그 정도는 일정하지 않아서, 일부 정보는 빠르게 소멸되는 반면, 다른 종류의 정보는 여러 사이클을 거쳐 강력하게 보존된다. 이러한 선택적 정보 유지 특징은, 6장에서 엘만(Elman)의 언어처리 그물망에서 문법 정보를 성공적으로 코딩하는 데 결정적인 역할을 했다는 점을 기억해보라. 이러한 능력은 모든 재귀적 그물망의 자동적이고 필연적인 특징이다. 다단계 재귀적 순환고리(recurrent loop)와 실수 값 코딩을 사용하는, 점점 더 큰 그물망은 (과거로 점차 더 멀리 거슬러 올라가는) 단기 기억을 구현한다.

요약하자면, 주제에 민감하고 정보 소멸 시간이 가변적인, 훈련 가능한 단기 기억 형태는 재귀적 그물망의 구조와 동역학에서 벗어날 수 없다. 이것은 그러한 시스템의 자연스러운 특징이다. 그러한 과정이 정말로 우리 단기 기억의 근간이 되는지는 아직 미지의 문제이지만, 유효한 설명 후보이기는 하다. 이제 의식의 둘째 명확한 특징으로 넘어가보자.

5장에서 재귀적 그물망이 어떻게 지속적인 운동 동작을 생성할 수 있는지 살펴보면서, 우리는 이러한 그물망이 적어도 지속적인 활동에 관한 한 감각 입력이 필수적으로 필요하지 않다는 것에 주목했다. 재귀적 경로를 통해 둘째 층에 도달하는 코딩 벡터는 그물망 전체에서 지속적인 활동을 유지하기에 충분할 수 있으며, 그 전형적인 결과는 그물망의 활성화 공간을 통해 잘 정의된 궤적, 즉 둘째 층에서 계속 펼쳐지는 활성 벡터의 시퀀스이다. 앞선 논의에서 다루었던 벡터는 신체 근육 시스템의 긴장 구성을 표상하며(나타내며), 일관된 신체 움직임을 표상하며 펼쳐지는 시퀀스이다.

그러나 운동 벡터는 재귀적 신경 활동으로 주로 또는 유일하게 생성되는 고유한 것은 아니다. 감각적 또는 서술적 벡터를 포함하여, 모든 종류의 활성 벡터가 이러한 방식으로 생성될 수 있다. 말초 감각 입력이 일시적으로 없을 때, 솔직하게 말하자면, 이러한 내부적으로 생성되는 벡터 궤적이나 인지적 여행을 백일몽, 환상 또는 수동적인 숙고로 설명해야 하지만, 반성해보면 그것은 전적으로 적절한 표현이다. 우리가 여기서 가까이 다가서려는 것은 바로 의식이다. 재귀적 그물망에서 지속적인 인지 활동이, 외부 감각 입력의 끊이지 않는 흐름에 달려 있지 않다는 점에 유의하자. 인지 활동은 스스로 생성될 수 있다. 이제 의식의 셋째 명확한 특징을 살펴보자.

주의집중(attention)은 본질적으로 선택적이기 때문에, 어떤 가능성은 다른 가능성을 희생시켜야 한다. 3루수는 타자의 스윙에 집중하여, 공이 내야에 어떻게 그리고 어디로 다시 날아갈지 즉각적이고 정확하게 인식한다. 그럴 경우 다른 정보는 억제된다. 불안한 어머니는 옆방에서 불편해하는 아기의 어느 소리에도 귀 기울여, 어떤 걱정도 즉시 알아차리려 한다. 그 경우 다른 종류의 소리들, 즉 트럭 소리, 멀리서 들려오는 기차 기적 소리 등등은 거의 들리지 않는다. 두 경우 모두에, 감각 입력의 흐름에 대해 일정하게 유지되는 마음의 틀(frame of mind)이 채용되며, 그 마음의 틀은 다른 종류의 것들에 대한 재인을 희생시키고, 특정 종류의 것들에만 잠재적 재인을 강화하는 경향을 갖는다. 그 대가는 아주 실제적이어서, 어느 상황의 한 측면에만 주의를 집중하면, 평소 재인할 수 있었을, 알아챘을 사건이나 특징을 놓칠 수 있다. 그러나 그 반대도 똑같이 실제적이라서, 조심스러운 주의집중은 적어도 집중하고 있는 주제에 대한 인지적 수행을 국소적으로 향상시킨다.

신경그물망 내에, 특정 재인이 이루어질 기회를 높이는 것은, 적절한 원형 벡터가 감각 입력에 의해 활성화할 확률을 높이는 것이다. 재귀적 경로는, 어떤 원형 벡터(예를 들어, 3루수에게 번트, 불안한 엄마에게 아기의 기침 소리 등)의 특정 방향에 대해 관련 뉴런 층을 약간 사전 활성화시킴으로써, 이러한 활성화 확률에 영향을 미칠 수 있고, 실제로 그렇다. 따라서 이러한 방식으로 일시적으로 선호되는 특정 원형 벡터는, 적어도 앞 단락에서 설명한 기능적 의미에서, 그물망의 현재 초점 또는 관심의 대상이 된다. 그리고 이러한 주의집중은 그물망 자체의 인지 활동에 의해 조정할 수도 있는데, 관련 층의 서로 다른 재귀적 조작이 다른 일부 사전 활성화를 일으킬 수 있기 때문이다. 다시 말해서, 명확한 기능적 유사 사례가, 이번에는 조정 가능한 주의집중에 대한, 신경계산 모델이다.

이제, 의식이 있을 때, 특히 그 상황이 어떤 식으로든 당혹스럽거나 문제가 될 때, 구체적이고 변하지 않는 지각 상황에 대한 다양한 인지적 해석을 탐색하고 숙고하는, 우리의 능력을 살펴보자. 5장 후반부에서 우리는, 이런 현상을 일상적 지각의 수준(그림 5.5와 5.7에서 애매한 지각 장면들을 떠올려보라)과 난해한 과학적 이론화의 수준(불확실한 하늘에 관한, 그림 5.8에서 5.11까지를 떠올려보라)에서 자세히 살펴봤으므로, 여기서는 간략히 설명하겠다. 재귀적 그물망은 자신의 인지 처리를 재귀적으로 조작함으로써, 하나의 동일한 지각 상황에 대해 서로 다른 인지적 해석을 내릴 능력을 가진다.

그런데 이런 능력은 우리의 주의집중을 조절할 능력을 보완한다. 이런 다른 능력을 통해서, 우리는 특히 중요한 특징이 발생되거나 지나갈 때, 그것을 포착하려는 희망에서, 끊임없이 변화하는 상황에 대해 (특정하고 좁게 초점된) '마음의 틀'을 적용한다. 반면에, 우리의 다중 해석 능력은 끊임없이 변화하는 문제 상황에 대해 끊임없이 변화하는 '마음의 틀'에서 나온다. 그러나 두 가지 인지 현상은 모두 재귀적 그 물망에서 자연스럽게 발생된다.

다음 목록은 의식의 상실이다. 깊은 잠이나 꿈을 꾸지 않는 수면 중 우리가 의식을 잃는 이유는 무엇인가? 그리고 꿈을 꾸거나 소위 'REM 수면'(빠른 안구운동 수면) 중 의식이 다시 나타나는 이유는 무엇인가? 여기서는 뉴욕 대학교 의과대학 신경생리학 및 생물물리학과의 책임자 인 로돌포 이나스(Rodolfo Llinás)가 발견한 몇 가지 흥미로운 경험적 결과를 살펴볼 필요가 있다. 이 데이터는 인간 두뇌의 행동에 관한 것 으로, 그림 8.5에 표시된 방사/수렴하는 재귀적 그물망에 관한 이야기 이다.

여기에 표시된 총체적인 해부학적 구조 또는 배선도는 인간과 다른 포유류의 뇌에 대한 사후 연구에서 파생되었다. 이나스의 연구를 통해 밝혀진 기능적 이야기는 참신하다. 이나스는 대뇌피질 전체에 걸쳐 있 는 수십억 개의 뉴런 집단 활동을 '청취'하기 위해서 다른 새롭고 매우 민감한 비침습적 기술인 자기뇌파검사(magnetoencephalography, MEG) 를 도입했다. 단일 세포의 활동은 이 기술의 연구 표적이 아니다. 두개 골의 한 영역을 통해 바로 아래에 있는 뉴런 활동의 합창을 듣는 것은 축구 경기 중 H-20 구역에서 관중들의 웅성거리는 소리와 함성을 듣 는 것과 유사하다. 일반적인 소란 속에서 개별 목소리를 구분할 수는 없지만, 물결치는 소음 수준은 꽤 잘 들린다.

이와 관련된 첫째 발견은, 피질의 모든 영역의 신경 활동 수준에서 작지만 꾸준한 진동, 즉 초당 약 40사이클 진동의 발견이다. 이나스는 대뇌피질의 모든 영역에서 동일 주파수로 이러한 완만한 진동을 발견했다. 더구나, 서로 다른 영역의 진동은 모두 일정한 위상 관계에 있었는데, 마치 그 진동들은 오케스트라의 공통 지휘자에 맞춰 일시에 두드리는 것과 같았다. 이러한 위상 고정 활동은 어떤 식으로든, 이들 진동이 모두 공통 인과적 시스템의 일부임에 틀림없음을 나타낸다. 이러한 공통 연결 시스템의 유력한 후보는 그림 8.5에 표시된 재귀적 투사 구조물인데, 특히 섬유판속그물핵의 뉴런이 모두 활동할 때, 필요한 40Hz에서 활동 폭발을 방출하는 고유한 경향이 있다는 것이 이미 독립적인 연구를 통해 밝혀졌기 때문이다.

지금까지 이야기는 어렵지 않게 이해된다. 다음은 아주 흥미로운 부분이다. 첫째, 정상적으로 깨어 있는 의식 상태에서는 일정한 기본 40Hz 진동이 뉴런 활동 수준의 큰 비주기적 변동(nonperiodic variations)에 따라 크게 증폭된다(그림 8.7a). 이것은 시간에 따른 뇌의 활발한 코딩 활동을 반영하며, 40Hz 배경 진동과 달리, 국소 유동(local flux)의 특성은 각 국소 영역마다 고유하다. 물론 이러한 집단적 외침의 실제 내용이나 표현적 의미는 MEG 기술로 해독할 수 없다. 우리는 동시에 많은 수의 세포 [활성화 소리]를 듣고 있는 것이다. 그러나 축구 경기장의 관중 소리를 듣는 비유에서와 같이, 우리는 적어도 중요한 일이 언제 일어났는지는 탐지할 수 있다. 실제로 정상적인 깨어 있는 의식 상태에서 MEG가 포착하는 활동의 폭발은 불이 켜지거나 꺼지고, 소리가 들리는 등 피험자의 지각 환경의 변화와 밀접한 관련이 있다. 피질에서 감지된 인지 활동은 피험자의 지각 환경이 적어도 부분적으로나마 펼쳐지는 것을 표상한 것이 분명하다.

둘째, MEG 기술은 비침습적이기 때문에, 수면 중인 정상인에게도 사용할 수 있다. 우리는 피험자가 의식이 없는 동안에도 동일한 인지 시스템을 들을 수 있다. 이나스가 여기서 발견한 것은 그림 8.7b에 나와 있다. 깊은 수면(deep sleep) 또는 소위 델타 수면(delta sleep) 중에

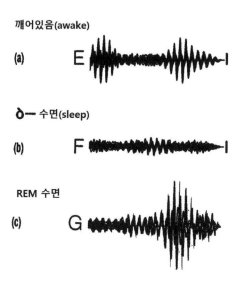

깨어있음(awake)

(a)

ð— 수면(sleep)

(b)

REM 수면

(c)

그림 8.7 (a) 깨어 있는 상태에서의 피질 활동. (b) 깊은 수면 중 피질 활동. (c) REM 수면 중 피질 활동 (Rodolfo Linás에 감사)

는 진폭이 미미하지만 피질 전체에 걸쳐 40Hz 진동이 여전히 존재한다. 그러나 코딩 활동으로 추정되는 압도적인 증폭 활동은 이제 사라졌다. 의식 중 뇌 전체의 재귀적 시스템에서 나타나는 활발한 표상 활동은 완전히 사라졌다. 이 거대한 뇌의 하위 시스템은 더 이상 아무것도 표상하지 않는 것처럼 보인다. 일시적으로 표상 업무에서 벗어난 것이다. 중요한 것은, 깊은 수면 중에는 섬유판속그물핵의 뉴런이 비활성 상태라는 점이다.

셋째, 수면 중인 피험자가 가끔 REM 수면을 취하는 동안, 즉 꿈꾸는 동안 격렬한 표상 활동이 다시 나타난다. 40Hz의 배경 웅성거리는 소리는 집단 뉴런 활동 수준의 비주기적 진동(nonperiodic oscillations)에 의해 다시 한 번 크게 증폭된다. MEG 화면만 보고 판단하면, 피험자가 다시 의식을 되찾았다고 생각할 수 있다(그림 8.7c). 그러나 REM

수면 상태에서는 뇌의 표상 활동이 더 이상 피험자의 환경 변화와 상관관계가 없다는 점에서 분명한 차이가 있다. 조명이 켜지거나 꺼질 수 있고 소리가 들릴 수 있지만, 이러한 변화는 깨어 있을 때와 마찬가지로 꿈꾸는 사람의 신경 활동 흐름에 등록되지 않는다. 꿈꾸는 사람의 뇌 속에서 어떤 표상적인 이야기가 전달되든, 그것은 외부 지각이 아니라 내부 요인에 의해 생성되는 것이다. 그러나 이러한 활동의 위치와 일반적인 특성은 깨어 있는 상태에서 MEG가 탐지한 것과 거의 동일하다.

의식의 첫 네 가지 두드러진 특징에 대한 우리의 논의는 이미 전형적인 의식 현상을 생성하는 재귀적 그물망을 암시하는 중요한 근거를 제공했다. 이나스 연구 결과는 섬유판속그물핵에서 발산하고 수렴되는 뇌 전체의 재귀적 그물망에 우리의 관심을 집중시켰으며, 깨어 있는 의식, 깊은 수면, 꿈꾸는 의식 등의 차이점과 유사점에 대한 암시적인 설명을 제공한다.

또한 실험적 동물과 사람의 경우, 섬유판속그물핵의 한쪽만 손상될 경우, 감각과 운동 모두에서, 그 동물의 신체와 연결된 쪽과 관련된 모든 것이 편측무시(hemineglect)된다는 점도 언급할 필요가 있다. 이것은 앞 장에서 설명한 것과 같은 종류의 전면적인 마비(apraxia)와 수반되는 실어증(agnosia)을 유발한다. 더 심각한 것은 양측 손상(bilateral damage), 즉 섬유판속그물핵의 반구 양쪽이 모두 손상되면 심하고 돌이킬 수 없는 혼수상태(coma)에 빠진다. 의식이 완전히 사라진다. 재귀적으로 연결된 피질 활동 훨씬 아래쪽에 위치하지만, 섬유판속그물핵은 분명히 의식적인 인지 활동의 발생에 필수적인 역할을 하는 것처럼 보인다. 이제 그 이유를 알아볼 수 있게 되었다. 만약 그 시스템의 병목 부분이 차단되면, 전체 재귀적 시스템이 복잡한 재귀적 활동에 참여할 수 없게 된다.

꿈 활동의 본성에 대해 여기 대략적인 설명은, 꿈속의 활동과 일화(episodes)가 정기적으로 매우 평범하고 원형적 성격을 띠는 이유를 말해줄 수도 있다. 감각 입력에 의해 재귀적 시스템에 가해지는 일상의 통제가 없는 경우, 활성 공간 내에서 시스템이 종잡을 수 없는 궤적을 결정하는 주요 요인은 이미 시간적으로 적절히 구조화된 원형의 선행적 풍경(antecedent landscape)이 될 것이다. 의심의 여지없이, 하버드 정신과 의사 앨런 홉슨(Allan Hobson)이 그의 유익하고 상징적인 저서, 『수면과 꿈(Sleep and Dreaming)』에서 제안했듯이, 수면 직전의 꿈꾸는 자의 인지 및 감정 상태와 모든 뉴런 시스템에 내재된 낮은 수준의 활성화 노이즈(noise)는 또 다른 결정 요인이 될 수 있다. 결국, 수면과 꿈은 적절한 재귀적 그물망의 동역학적 속성에서 자연스럽게 빠져나온다.

마지막으로, 일곱째 요점은 이렇다. 감각은 여러 가지로 있는데, 통합된 의식만은 왜 오직 하나뿐인가? 그림 8.5는 한 가지 가능한 해답을 제시해준다. 섬유판속그물핵에 정보 병목 현상이 발생하는 하나의 광범위한 재귀적 시스템이 있다. 모든 감각피질 영역에서 오는 정보는 재귀적 시스템으로 공급되며, 이 정보는 섬유판속그물핵의 코딩 벡터로, 그리고 거기에서 바깥쪽으로 방사되는 축삭 활동으로, 연합적이며 집단적으로(collectively) 표상된다. 따라서 이러한 재귀적 시스템의 표상은 다중 양식(polymodal)의 성격이어야 한다. 이러한 배열은, 산소 결핍이나 마취제를 통해 시각 의식을 잃을 수 있음에도, 청각 및 체성-감각 의식을 잠시 유지할 수 있다는 익숙한 사실과도 일치한다. 그런 상태에서는 그림 8.5의 재귀적 시스템이 여전히 기능하고 있지만, 시각 피질을 포함하는 순환고리가 다른 순환고리보다 약간 앞서 기능을 상실했다고, 우리는 추정할 수 있다.

간단히 요약하자면, 우리는 (1) 주제에 민감하고, 가변적인 소멸 시간, 단기 기억, (2) 조절 가능한 인지 주의집중, (3) 가변적인 인지 해석, (4) 감각 입력에 독립적인 인지 활동, (5) 깊은 수면, (6) 꿈, (7) 통합된 다중 양식 인지 활동 등등을 수행할 수 있는 특별한 재귀적 그물망을 확인했다. 우리는 신경계산 용어로 이러한 각각의 특징들이 어떻게 성취될 수 있는지 이해하고 있으며, 아마도 그런 특징들은 당신 자신 뇌 안의 실제 물리적 구조에서 성취될 수 있는지를 이해한다. 여기서 고려해야 할 제안은 이렇다. 만약 인지 표상이, 그림 8.5에서 식별된 광범위한 재귀적 시스템 내의, 활성 벡터 또는 벡터 시퀀스인, 표상일 경우에만(필요조건으로), 당신의 현재 의식의 한 요소라는 것이다. 물론 당신의 뇌는 다른 많은 표상을 갖지만, 방금 설명한 이야기는, 그런 표상들은 당신의 활성 의식에 해당하지는 않는다는 것이다.

이 이론은 시험 가능한데, 그 이론이 우리가 의식에 관해 아직 알지 못하는, 그리고 거짓일 수도 있는 무엇을 함의(entail)하기[필연적으로 도출하기] 때문이다. 무언가가 섬유판속그물핵에서 대뇌피질로 향하는 방사 경로를 차단하거나 돌아오는 수렴 경로를 차단한다면, 그 영향을 받은 생명체에서 의식이 상실된다. 일차감각피질(primary sensory cortex)의 한 영역 또는 다른 영역에 대한 이러한 연결이 부분적으로 손실되면 해당 차원의 감각 의식이 상실된다.

나는 앞의 설명이 의식에 대한 올바른 설명이라고 믿지 않으며, 당신도 그렇게 믿어서는 안 된다. 아마도 옳은 설명일 가능성은 희박하다. 그보다, 그것은 참인 설명의 작고 여전히 엉켜 있는 부분일 뿐이다. 그리고 무엇보다도, 그것은 의식의 중심 신경기능 요소를 완전히 잘못 식별할 가능성이 있다. 그러나 그 모든 가능성은 내가 이러한 막대그래프 식으로 설명하는 진정한 목적을 벗어난다. 내 목적의 핵심은 방금 말한 이야기가 의식 현상에 대한 논리적으로 가능한 신경계산학 설명이라는 점이다. 그 설명은 어느 적절한 설명적 환원이 성취해야 하는 표적 현상에 대해 통일되고 체계적인 재구성의 일반적인 유형을 보여주는 실제 사례이다. 그것이 사실인지 여부는 부차적인 문제이다. 그러나 그 설명은 참일 수 있는 후보이며, 그것에 대한 수용 또는 거부는, 정보가 부족한 상식이나, 근거 없는 선험적 주장도, 무지에서 비롯된 얇게 위장한 주장도 아닌, 경험적 연구가 어떻게 계속 전개되는지에 따라 달라질 문제이다. 의식의 다양한 차원을 설명하는 일은 분명 힘겨운 과제이지만, 우리가 이미 추구할 수 있는 과학적 과제이다.

　방금 개괄한 이론적 윤곽은 그 직접적 영역에 대한 유일한 사색적 윤곽이 아니다. 그 이론적 윤곽이 경험적 데이터를 통합하는 데 도움이 되지 않는다면, 실패하지 않을 다른 이론도 있다. 크릭과 코흐(Francis Crick and Christof Koch)는 의식과 관련된 한 설명을 내놓았다. 그들의 연구는 주로 시각적 앎이라는 좁은 현상에 초점을 맞추고 있으며, 시각적 의식의 필수 요건은 일차시각피질의 5층과 6층에서 40Hz의 주파수로 조절되는(coordinated) 신경 활동이라고 제안한다. 공교롭게도, 이 두 피질 층은, 섬유판속그물핵 시스템의 재귀적 순환고리와 상호작용하는 시각피질의 바로 그 층으로, 이 사실을 두 연구자들은 중요하게 여긴다.

　또한 안토니오 다마지오(Antonio Damasio)는 대뇌피질의 우측 두정엽(right parietal lobe)에 초점을 맞춘 관련 견해를 가지고 있는데, 뇌손상 연구에 따르면 이 영역은 (시간 속에서 살아가는) 체험적 생명체로서 자신에 대한 개념을 지속적으로 업데이트하는 데 필수적이라고 밝혀졌다. 이 넓은 영역은 시상과 다른 피질하 구조와도 재귀적으로 연결되어 있다.

　끝으로, 이나스의 견해는, 내가 올바로 이해했다면, 내가 몇 문단 앞에 설명한 견해와 본질적으로 같지만, 내 생각에 그의 의도는 이렇다. 그는 의식의 내용을 (내가 추측했듯이) 그것들 모두 섬유판속그물핵과 연결하는 거대한 재귀적 순환고리라는 훨씬 드문 경로 내에 위치시키기보다, 상호 연결된 일차감각피질 자체의 층 내에 위치시킨다.

사실, 내 제안의 문제는, 피질에서 섬유판속그물핵으로 이어지는 대규모 재귀적 순환고리 경로가 너무 드물어서, 의식이 요구하는 풍부한 정보 부하를 감당하지 못할 수 있다는 점이다. 그런 경로의 기능은 단순한 시간 기록자의 기능일 수 있다. 그 대신 나는, 오래되고 중앙에 위치한 시상과 그 둘레를 감싸는 피질을 통합하는, (축삭의 수가 더 풍부한) 다른 거대한 순환고리를 살펴봐야 할지도 모른다. 그러나 앞에서 설명한 의식에 대한 설명의 중요한 특징은 **재귀적 그물망의 동역학적** 속성이다. 대부분의 의식 설명 작업을 수행하는 것은 바로 그러한 속성들이다. 그러한 의식 유지 그물망이 뇌에서 정확히 어디에 위치할지는 아직 추측에 불과하다.

나는 의식에 관한 이러한 여러 신경과학 가설들에 대해 더 이상 평가하지 않겠다. 철학적으로 중요한 점은, 그러한 가설들이 모두 있으며, 그중 어느 것이라도 사실일 수 있다는 것이다.

물리적 현상의 본질적 객관성과 정신적 현상의 본질적 주관성에 대한 오래된 논점으로 다시 한 번 돌아가보자. 우리가 이제 알 수 있듯이, 그런 것들에 관해 객관적으로 배타적일 것은 전혀 없다. 왜냐하면 그런 현상들 역시 때때로 주관적인 수단, 특히 자기-연결의 인식 경로 활동을 통해서도 알 수 있기 때문이다. 뇌의 물리적 상태는 (본질적으로 배타적으로 죽은) 신체의 물리적 문제보다 더 배타적으로 객관적이지 않다. 두 경우 모두 조직화된 물리적 시스템이 어떻게 작동하는지에 달려 있다.

자신의 정신 상태에 대해 전적으로 주관적인 것은 없다. 비록 그 정신 상태가 전형적으로 자기-연결된 경로를 통해 알 수 있지만, 다른 정보 경로를 통해서도 알 수 있다. 실제로 자신의 정신 상태는 현재의 상식적인 기준으로 이미 너무 잘 알려져 있다. 다른 사람들은 나의 말, 얼굴 표정, 그리고 내가 하는 신체 행동을 통해 나의 현재 정신 상태를 추론한다. 여기서 핵심은, 객관적인 것과 주관적인 것 사이에 어떤 충돌도 없다는 점이다. 하나의 동일 상태가 두 가지 모두일 수 있다.

천문학자 톨레미와 철학자 콩트의 아이러니한 확신을 떠올리며, 나는 이 장을 마무리하겠다. 그들의 경우에 아이러니한 점은, 그들이 직면한 위대한 신비의 '접근 불가한' 열쇠가 일상 경험(사실 톨레미의 경우 중력, 콩트의 경우 햇빛)의 가운데에 친숙한 요소였다는 점이다. 그러나 그런 경험이 아무리 친숙하더라도, 그 현상을 인식하지 못하고 그 가치를 알아보지 못한 것은, 그런 현상들을 충분히 이해할 개념적 또는 이론적 자원이 없었기 때문이다.

나는, 의식과 다른 정신 현상이 관련된 한에서, 우리 모두는 자신의 아이러니한 이야기 속 주인공이라 생각한다. 의식 현상의 '접근 불가한 본성'은, 자신의 뇌와 신경계 내부에서 일어나는 뉴런 활동의 알파벳으로 명확히 기록되어 있다. 더구나, 우리는 뇌의 자기-연결 경로를 통해 그리고 뇌의 자기-표상 능력 덕분에, 지금 여기에서 그 활동의 많은 부분에 지속적으로 접근한다. 그러나 우리는, 절묘한 신경계산 춤인, 지속적인 퍼포먼스를 재인하지 못한다. 왜냐하면 바로 코앞에 있는 것을 충분히 인식할 개념과 이론적 자원이 없기 때문이다. 아니, 이마 뒤쪽에서 벌어지는 일을 알아볼 개념과 이론이 없기 때문이다.

이러한 실패의 결과는, 기껏해야 신비한 이원론적 가설로 가득 차 있고, 최악의 경우 의식을 전혀 이해할 수 없다는 절망으로 가득 찬, 대중적 환경이다. 그러나 우리의 상황이 톨레미나 콩트의 상황과 비슷할 수는 있지만, 이에 대한 우리의 태도가 꼭 그럴 필요는 없다. 우리는 스스로 놓치는 개념적 자원을 개발하려 열망할 수 있다. 우리는 자신의 성찰 앞에 지금도 놓여 있는 실재에 대한 무딘 이해를 날카롭게 집중할 수 있기를 바랄 수 있다. 그 관련 방법론은, 이전과 마찬가지로, 이론적 과학의 방법론이다. 그리고 현재의 실험적 증거와 설명적 퍼포 먼스에 의해 판단할 수 있는, 관련 이론적 수단은 이미 우리 손에 들려 있다. 바로 대규모 재귀적 신경그물망에서 벡터 코딩과 병렬분산처리 (parallel distributed processing)의 개념 체계이다.

9. 전자기계가 의식을 가질 수 있을까?

튜링 테스트와 재미난 이야기

1993년 12월, 제너럴 다이내믹스 주식회사(General Dynamics Corporation)의 전자 사업부에서 주최하는 연례 튜링 테스트(Turing Test) 대회가 샌디에이고에서 개최되었다. 이 대회는 1951년 영국 수학자이며 컴퓨터 과학자인 앨런 튜링(Alan Turing)이 제안한, 기계지능 테스트를 구현하기 위해 고안된 유명한 대회이다. 튜링은 전자기계가 추상적 수학을 계산할 수 있는 만큼, 진정한 의식을 가진 전자기계가 실제로 만들어질 수 있다고 믿었다. 그는 영국의 철학 전문 학술지 『마인드(Mind)』에서, 일반 청중을 설득할 목적에서 그런 생각을 찾아보았고, 만약 우리가 그러한 기계 제작에 성공할 경우, 그것이 의식을 가졌다고 우리가 어떻게 말할 수 있을지 의문에 장황하게 대답하였다.12)

---

12) [역주] 튜링은 1936년 철학 전문 학술지 『마인드(Mind)』에 논문, 「계산 가능한 수에 대하여, 결정문제에 적용하여(On Computable Numbers, with an Application to the Entscheidungsproblem)」를 발표하였다. 그 논문에서 그는

튜링의 대답은, "오리처럼 걷고, 오리처럼 꽥꽥거리면, 오리이다"라는 옛 속담과 같은 맥락의, 지극히 상식적인 대답이었다. 그러나 오리와 달리, 전자기계가 보여줘야 하는 행동은 전형적으로 지적인 (intelligent) 행동이다. 전자기계의 작은 목소리, 디스크 드라이브의 윙윙거리는 소리와 딸각거리는 소리, 신체의 비정상적인 형태, 지역 전기 본선에서 1,500와트 전력을 끌어오는 것 등은 모두 '의식이 있는지' 질문과 엄밀히 무관하다. 모든 이런 것들과 방해 요소들을 제거하기 위해, 튜링은 우리가 다음과 같은 방식으로 모든 후보 기계를 테스트해 볼 것을 제안했다.

후보 기계와 실제 사람(실험 대조군)을, 심사원이 보거나 들을 수 없는, 각기 다른 방에 배정한다. 각각의 두 방과 심사원 사이에 쌍방향 텔레타이프(teletype) 장치를 설치하여, 심사원이 숨겨진 기계와 숨겨진 사람 모두와 자유롭게 소통할 수 있도록 한다. 숨겨진 후보 기계와 숨겨진 인간 모두에게 각각 설치된, 좁은 정보 통로는 심사원이 두 후보로부터 정보를 얻을 수 있는 유일한 수단이다. 따라서 목소리의 음색, 찡그리는 눈썹, 몸짓 신호 등등 어떤 단서도 사용할 수 없다. 심사원은 숨겨진 두 대화자(기계와 사람) 각각과 텔레타이프로 나누는 긴 질의 응답 대화를 통해, 어느 쪽이 기계이고, 어느 쪽이 사람인지를 판단해야 한다.

심사원의 질문은, 기계가 인간의 인지 능력에 미치지 못하는 부분을

긴 테이프에 숫자를 적었다 지우는 방식만으로 기계가 수학적 산술 계산을 수행할 수 있다고 주장했다. 그리고 그 논문에서 가장 간단한 지적 기능으로서 산술 계산 가능성을 말하지만, 그 계산기는 원리적으로 인간 사고를 모방할 수 있다고 주장했다. 그리고 1950년 역시 같은 학술지에 논문, 「계산기와 지능(Computing Machine and Intelligence)」을 발표하였다. 그 논문에서 그는 기계가 지적일 수 있다고 주장하며, 그 기준으로 튜링 테스트, 즉 사람을 속일 수 있다면 지적이라고 말할 수 있다는 기준을 제안하였다.

찾아내기 위한 목적에서, 감정적 측면, 사회적 기술, 정치적 견해 등등 은 물론, 광범위한 주제에 대한 후보자의 지식을 조사해볼 수 있다. 튜 링의 주장에 따르면, 만약 정상적인 인간 심사원이 이러한 방법으로 기계와 인간을 구별할 수 없다는 것이 증명된다면, 우리는 기계도 같 은 미덕을 가질 수 있다는 것을 부정하고 인간에게만 진정한 의식과 지능을 부여해야 할 어떤 합리적 이유도 없다. 요약하자면, 이러한 방 식의 튜링 테스트를 통과하면, 그 기계는 의식을 지닌다.

우리는 의식적 지능(conscious intelligence)에 대한 튜링의 행동 테 스트가 완전한지 여부에 대해서는 잠시 뒤로 미루자. 그리고 우선 제 너럴 다이내믹스 실험실과, 실제 그러한 테스트 실험에 관한 이야기를 해보자. 매사추세츠의 케임브리지 행동연구센터(Cambridge Center for Behavioral Studies)는 매년 새로운 장소에서 튜링 테스트의 다른 버전 인 로브너 인공지능 경연대회(Loebner Prize Competition in Artificial Intelligence)를 개최하고 있다. 적절한 프로그램의 컴퓨터를 가진 사람 이면 누구나 참가할 수 있으며, 심사원들에게 자신의 기계가 인간임을 확신시키려는 희망을 가지고, 다른 출전 기계들과 경쟁할 수 있다. 튜 링이 규정했듯이, 심사원과의 텔레타이프 링크 반대편에 배정된 여러 명의 실제 인간도 있다. 이들의 임무는 가능한 한 진짜 인간과 같은 방 식으로 심사원들과 소통하는 것이다. 예를 들어, 규칙에 따라서, 인간 이 고의로, 잘못 프로그램되거나 오작동하는 기계가 흔히 보여주는, 텔 레타이프 메시지를 보내는 것은 금지된다. 그것이 심사원들에게 혼란 을 줄 수 있기 때문이다. 우리는 그 대회에 참가한 인공 기계에 대해 가능한 어려운 실험을 만들려 한다. 우리는, 심사원이 높은 수준의 지 능적 행동을 기계 참가자들이 따라하도록 제시하기를 원한다. 그래야 만 그 참가자들의 성공도 의미 있을 것이다.

그 로브너 경연대회는 두 가지 중요한 측면에서 원래의 튜링 테스트와 다르다는 점을 지적할 필요가 있다. 첫째, 각각의 텔레타이프 대화는 야구, 요리, 정치 등 대회가 열리기 훨씬 전에 정해진 단일 주제로 제한된다. 이러한 제한은 기계를 그럴듯하게 구현하려는 프로그래머에게 훨씬 쉬운 작업을 할 수 있게 해준다. 그래서 프로그래머는 세계에 대한 일반 인간의 지식 전체에 해당하는 데이터베이스를 기계에 입력할 필요는 없다. 그들이 자신들의 기계를 인간과 동일한 방식으로 제한된 정보를 처리하도록 프로그램할 수 있는 한, 그들은 오직 제한된 부분의 데이터베이스만을 활용하면 된다.

그에 상응하는 제한이 심사원들에게도 적용된다. 심사원들은 전화선 반대편의 후보들에게 '지정된 특정 주제를 증명하는' 질문만 하도록 제한된다. 그리고 상응하는 제한이 숨겨진 인간에 대해서도 주어진다. 그들은 자신에게 배정된 주제에 대한 대화만 하도록 제한된다. 그들은 지정된 좁은 주제 이외의 어느 다른 지식을 보여줌으로써, 기계 참가자와 자신을 차별하도록 허락되지 않는다.

튜링의 형식과 다른 두 번째 차이점은, 경연대회 우승자를 가리기 위해 사용되는, 기준에 관한 부분이다. 올해 대회에는 기계 4대와 인간 4명 등 총 8명의 후보자가 참여하기로 했지만, 마지막 순간 기계 한 대가 기권하여, 벤치에서 대기하던 인간이 그 숨겨진 텔레타이프 단말기 자리로 즉시 교체되었다. 그 결과 기계 3대와 인간 5명, 이렇게 총 8명의 후보자들이 참여하였다. 전체 장치는 다음과 같이 설치되었다. 숨겨진 방마다 단말기 8대가 있고, 각 단말기는 심사원들 방에 있는 다른 단말기, 즉 8대 단말기 중 하나와 연결되며, 각자에게 배정된 고유한 주제가 화면에 나타난다. (물론 그 단말기들은 모두 구식 텔레타이프 기계가 아닌, 모뎀 CRT 디스플레이[브라운관 화면]이다.)

총 8명의 심사원들은 각각 분리된 채 독립적으로 심사했다. 각 심사원들은 텔레타이프 링크의 다른 쪽 끝에 있는 8명 후보자에게 각각 15

분 동안만 대화하도록 엄격한 시간이 허용된다. 매 라운드가 끝날 때마다, 심사원들은 모두 (새로운 참여자와 주제를 마주 대하는) 새로운 단말기로 자리를 이동한 후, 다음 질문을 진행하는 과정을 반복했다. 심사원들은 8명 후보자들 중 몇 명이 컴퓨터인지, 또 몇 명이 사람인지 알지 못했다. 그것은 그들이 알아내야 할 부분이었다. 8라운드가 끝나고 약 2시간 30분 후, 심사원들은 링크의 다른 쪽 끝에서 대화를 나누었던, 알지 못하는 상대에 대해 '명백한 인간성'이 낮은 순서로 8개의 단말기 순위를 매기도록 되어 있다. '최고의 기계'는 모인 심사원들로부터 가장 높은 종합 순위를 받은 기계로 선정된다.

이 경연대회에서 기계가 우승하려면, 심사원들 중 누구도 기계가 사람이라고 믿게 만들 필요는 없었다. 인간을 능가할 필요가 없고 단지 다른 기계들만 능가하면 되었다. 그러니까 상금을 획득하려면, 승자 컴퓨터의 유일한 경쟁자는 다른 프로그램 컴퓨터뿐이다. 그럼에도 불구하고, 흥미 유발을 위해서, 심사원들은 어느 시점에서 후보자들 순위에 따라 선을 그어, 그 위에 (예상되는) 인간을, 그 밑에 (예상되는) 기계를 표시하도록 요청되었다. 그리고 과거 경연대회에서, 참가 컴퓨터 중 일부는, 여러 심사원이 대화 링크의 반대편에 사람이 있다고 믿도록 속이는 데 성공하기도 했다.

올해 경연대회 주최 측은, '인공지능' 기계가 넘어야 할 경사를 더 가파르게 만들기 위해, 더 까다로운 심사원을 찾았다. 따라서 전국의 여러 잡지사, 신문사 및 방송사 등에서 과학 전문 기자 8명이 심사원으로 선정되었다. 이들은 인터뷰 전문가이자 숙련된 검증자로서, 상대가 기계인지 아닌지를 실제 시험할 노련함을 충분히 갖추었다. 그리고 누군가가 그들을 면밀히 살펴보지 않는 한, 그들은 앞서 설명한 규칙을 어기거나 왜곡하는 것에서도 충분히 노련하였다. 겸손함과 함께 매의 눈도 갖춘 심사원들이었다. 주최 측은, 심사원들이 정직하게 질문하고, 인간들이 정직하게 답변하는지 등을 확인하기 위해, AI 및 관련 분야에서 일하는 학자 및 기술자 몇 명을 그 경연대회 심판관으로 초대했다. 규칙에 따라 후보자에게 지정된 대화 주제를 벗어난 질문이나 답변은 금지되었다.

대회가 시작되기 전 회의에서 터프츠 대학교(Tufts University)의 철학자이자 현재 상금위원회 위원장인 대니얼 데닛(Daniel Dennett)은 심사원과 심판관이 따라야 할 절차에 대해 설명했다. (데닛은 수년 동안 이 대회의 적절한 진행을 도왔으며, 이 대회의 성공에 큰 기여를 한 인물이기도 하다.) 우리 심판관들은 각자 배치될 위치를 제비뽑기로 결정했다. 전문가 시스템(Expert Systems) 소프트웨어 엔지니어인 조지 로우(George Lowe)와 나도 숨겨진 방을 뽑았다. 우리는 인간을 감독하는 일을 맡았다. 다른 심판관들은 카펫이 깔린 넓고 안락한 심판관실에 배정되었다. 조지와 나는 처음에 우리 방에 대해 실망했는데, 경기장에서의 실제 상황을 완전히 보지 못할 것이라고 생각했기 때문이었다. 그렇지만 사실 우리는 운이 좋았다. 진짜 재미난 사건은 숨겨진 방에서 일어났기 때문이다.

배정된 방에 들어서는 순간, 우리는 경악을 금치 못했다. 화려하고 넓은 심사원실과는 달리, 우리 심판관들은 보일러실, 작업장, 비좁은 뒷방 등에 배정되었고, 그곳에는 화상 단말기 8대를 외벽에 나란히 붙일 공간과 운영자를 앉힐 의자만 놓여 있을 뿐이었다. 그렇지만 대회를 위해서라면 기꺼이! 19세에서 37세 사이의 반짝이는 5명의 제너럴 다이내믹스 전자(GDE) 시스템 직원들이 자원했는데, 그들 모두 각기 다른 개성을 지녔으며, 그들은 순진한 미디어 전문가(즉 인공지능)들이 자신을 '사람이라고' 확신시키려는, 컴퓨터 단말기 앞에서 2시간 30분 동안 [그들 역시 우리와 같은] 그 무례함을 견뎌야 했다.

그리고 잊지 말아야 할 것으로, 3대의 무인 컴퓨터 단말기, 즉 모뎀에 의해 실제 참가자들의 노예가 된 단말기, 즉 로브너 상(Loebner Prize)에 도전하는 3명의 지원자들이 교묘하게 프로그램한 기계도 참여했다. 이 3대의 컴퓨터 화면은 다른 5대와 함께 벽에 나란히 걸려 있었지만, 그 앞에는 빈자리였다. 조지와 나는 고개를 조금만 돌리면 8대 화면을 한 번에 모두 볼 수 있었다. 처음에 우려했던 것처럼, 멀리 떨어져 있는 심사원들이 8명의 대화자를 확인하려는 모습도 잘 볼 수 있었다. 심사원실에 있는 8개 단말기 각각에서 오가는 대화가 우리의 비좁은 밀실의 상대방 화면을 통해 천천히 흘러나왔다. 조지와 나는 건물 전체에서 8명 심사원들을 한 번에 모두 살펴볼 수 있는 유일한 사람이었다.

경연대회가 시작되고, 대화가 시작되자, 우리의 숨겨진 방은 활기가 넘쳤다. 나는 마치 방 크기의 인공두뇌 안에 놓인 '라이프니츠의 작은 진드기'가 된 것처럼, 8개의 춤추는 화면 위로 '들어오는 감각'과 '나가는 의지'가 번갈아 나타나는 것을 지켜보는 것 같았다. 각각의 인간들은 곧 당면 과제에 몰두했고, 3대의 기계 화면은, 화면으로 제시된 '들어오는 질문'에 대한 자체 답변을 생성하면서, 묵묵히 움직였다. 수많은 키보드를 클릭하는 소리로 조용할 틈이 없었고, 몇 분마다 심사원들 중 한 명이 가장 최근 질문에 재미있어 하거나, 놀라서 중얼거리기도 했다. 점심으로 샌드위치가 도착했고, 타이핑 대화가 이어지는 동안 혼란스럽게 분배되었다. 다이어트 콜라도 꾸준히 제공되었다. 그런 동안에 심사원들의 질문은 8개의 화면 전체에서 천천히 아래로 내려갔고, 심사원들은 빛나는 5명의 얼굴과 분주하게 돌아가는 3개의 프로그램을 구별해내려고 고군분투했다.

얼마 후, 몇몇 심사원들이 각 라운드가 끝날 때마다 터미널을 이리저리 옮겨 다녀서, 조지와 나는 멀리 떨어져 있는 몇몇 심사원들의 질문 스타일을 알아차리기 시작했다. 또한 우리는 경쟁하는 3대의 프로그램 기계의 인지 스타일이나 변증법적 전략이 현저하게 다르다는 것을 알아채기 시작했다. 그중 한 대는 '나쁜 결혼'이란 주제로 대화하고 있었는데, 미리 주어진 질문에 대해 실질적 답변을 해야 할 의무를 회피하려는 듯, 현재 심사원에게 쓸데없는 질문을 계속 던지는 등, 마치 심리치료사처럼 무료하게 질문하는 모습을 보였다.

이 전략은 참가 프로그래머들이 이 경연대회에서 자주 사용하는 전략이다. 심사원이 기계의 질문에 답하느라 바쁠수록, 심사원이 기계에게 어색하고 난감한 질문을 던질 시간이 줄어들기 때문이다. 두 번째 기계 참가자는 '자유주의 대 보수주의' 주제를 가지고, 마주하는 심사원을 자극하기 위해 정치적 자극을 사용하는, 다소 공격적인 버전의 '판 돌리기' 전략(turn-the-table strategy)[난감한 질문에 대답하기보다, 난감한 질문으로 응수하는 전략]을 사용했다. 세 번째 기계 참가자는, '반려동물'을 주제로 다루면서, 특별히 방대한 데이터베이스를 보유하는 것처럼 보였지만, 관련 댓글을 그럴듯하게 앞뒤로 이어가는 기술이 매우 부족했다. 사실, 참가자들 중 최소한 인공적 지능의 사례로서 가치가 있는 참가자는 전혀 없었다. 조지와 나는 내부 정보를 가진 전문가의 자만심으로, 여러 기계 참가자들이 실행하는 프로그램의 투명성과 어설픔에 이맛살을 찡그렸다.

인간들 역시 상당히 서로 다른 인지 양태를 자연스럽게 드러냈다. 한 젊은 친구는 '낙태'를 주제로 다루면서, 말이 없는 편이었지만, 단어를 잘 선택했고, 신중하고 논리적이었으며 정확했다. 그 옆에 있던 사람은 '맞춤형 자동차'라는 주제를 다루었는데, 이 친구는 심사원의 질문에 장황한 답변으로, 난해한 기술적 세부 사항 이야기를 산더미처럼 쏟아놓았고, 바로 왼쪽에서 타이핑되는 '낙태' 주제 답변의 10배나 되는 분량이었다. 어느 순간, 수다스러운 이웃을 부러운 듯 바라보던 '낙태' 주제를 말하던 참가자는 나를 향해 "심사원이 저를 컴퓨터라고 생각할까 봐 염려되요"라고 작은 목소리로 말했다. 나는 "걱정 마세요"라고 하면서 이렇게 속삭였다. "당신의 주제에 대답하려면, 심사원의 논증과 반론을 실제로 이해해야 하고, 변증법적으로 적절한 답변을 생성할 진정한 능력을 갖추어야 합니다. 당신의 답변은 여기에서 가장 인간적입니다." 약간 안심한 그는 다시 타이핑 대화를 이어 나갔다. 잠시 후 이 사람의 이야기를 다시 하겠다.

다른 나머지 3명의 인간은 각각 '요리', '무술', '야구'라는 주제를 배정받았다. 우리는 그 인간들의 정직성에 관해 걱정할 필요는 없었다. 즉, 그들은 모든 대화에서 매우 정직했다. 그들은 자신에게 주어진 주제에 충실했고, 미디어 심사원들의 잦은 규정 위반 행위에 대한 표준 응답으로 "주제로 돌아가세요"라는 짧은 멘트에 금방 순응했다.

반면에 8명의 심사원들은 시종일관 경계선을 넘어서는 깡패들이었다. 남자와 여자를 가리지 않고, 반복적으로 정해진 주제의 한계선을 넘어섰다. 심사원실의 심판관들이 파악하기 어려운, 그 선을 넘어서는 질문에 대해서, 조지와 나, 그리고 인간들이 숨겨진 방에서 파악해내야 했다. 꽤 공정한 게임이었다. 그 한계선을 아주 잘 규정하는 것은 소용 없었는데, 심사원들이 프로들이어서, 어떤 이점이든 이용하려 들 수 있기 때문이다. 결국 전반적으로, 타이핑으로 나누는 대화는 공정하게 진행되었다.

그 결과는 어떻게 되었는가? '자유주의 대 보수주의' 주제를 다룬 프로그램 기계가 다른 두 기계 참가자들을 큰 차이로 앞섰다. 그러나 동점인 경우가 아니라면, 규칙에 따라 어느 한 기계의 승리는 보장되어 있었다. 더 흥미로운 점은 8명의 심사원들 중 단 한 명도 3대의 기계 참가자를 사람이라고 생각한 멍청이는 없었다. 이런 측면에서 심사원들은 1.000의 타율을 기록했고, 프로그램 기계는 0.000의 타율을 기록했다. 대화 주제를 한 가지로 제한했음에도 불구하고, 모든 기계 참가자는 마지막 심사원까지 모두 튜링-비슷한 테스트를 통과하지 못했다.

당신은 어쩌면 심사원들이 훌륭했다고 생각할지 모른다. 그러나 지금까지의 이야기만으로 전체 이야기를 이해하기에는 부족하다. 비록 어느 심사원도 기계를 사람으로 착각하지 않았지만, 5명 인간 중 1명을 기계로 잘못 식별하기도 했다! 실제로 가장 엄격한 심사원 2명은 열심히 노력한 5명 인간 중 1명이 아니라 2명이나 단순한 기계라고 배제하였다. '낙태' 주제에 관해 정성껏 대화했던 그 청년은, 그가 우려했던 대로, 대다수의 심사원들로부터 기계로 낙인찍혔다. 설상가상으로, 한 심사원은 그를 기계 참가자 중 하나보다 더 낮은 순위로 채점하기도 했다. 그러나 이러한 결과는 그 청년보다는 심사원들에 관해 더 많은 것을 말해준다. 그의 개인적인 스타일, 즉 간결한 문장, 명료한 논리는, 컴퓨터가 작동하는 방식이라고 짐작되는, 대중의 고정관념 또는 전형적 이미지에 부합하였다. 그리고 그러한 피상적 이미지는 심사원 대다수의 마음을 사로잡은 것이 분명했다. 다만 모두는 아니었다. 예를 들어, 2명의 여성 심사원 중 1명은 그 청년을 모든 대화 참가자 중 가장 명백하게 인간적인 사람으로 평가했다. 그리고 심리학을 전공한 미디어 심사원 1명은 그를 2위로 선정했다.

다른 한 인간이 기계라고 불공평하게 평가되었는데, 그는 '무술'을 주제로 토론에 참여했다. 내 생각에, 그는 '심사원들 중 누구도 그 주제에 관해 전혀 알지 못한다'는 사실의 희생자였다. 그래서 심사원들은 심도 있는 질문을 할 수 없었으며, 낯선 어휘로 가득 찬 그의 답변에 주눅 들었기 때문이다. 그러나 이것은 단지 나의 추측일 뿐이다.

나는 이런 이야기로부터 두 가지 교훈을 제시하고자 한다. 첫째, 비록 고전적인 프로그램 작성 AI 산업이 번성하여, 놀랍고 환영할 만한 여러 기능 시스템들을 많이 만들어내고 있긴 하지만, 그것들 중 실제

인간 지능과 근소하게라도 비슷한 것은 아직 없다. 또는 하여튼 이번 경연대회에 참가한 참가자 중에는 없다. 이러한 측면에서, 이 대회에 참가한 3대 컴퓨터 프로그램은 모두, 인간 지능을 진정으로 재현하려는 목적보다는, '로브너 상을 받을 만큼만 지능적으로 보이려는' 목표에서 만들어졌다.

둘째 교훈은, 똑똑한 사람일지라도, 우리가 실제 인간 지능을 기계 시뮬레이션과 구별할 수 있다고 기대하는 것만큼, 우리가 그의 판단을 신뢰하기 어렵다. 적어도 그들의 검사가 텔레타이프 링크에 국한된 경우에 그렇지 못하다. 그리고 그들은 심지어 기계 시뮬레이션이 매우 형편없는 경우조차 잘 분별하지 못한다. 이것은 앨런 튜링이 그 테스트의 완결성에 대해 앞서 제기한 질문을 다시 제기하도록 만든다. 튜링 테스트가 어떤 실제적 의미가 있는가? 나는 그렇지 않다고 주장하며, 그 진정한 의미가 다른 곳에 있음을 보여주겠다.

튜링 테스트의 결함, 그리고 실제 이론의 필요성

튜링의 협소한 행동 테스트는 두 자원에서 호소력을 얻는다. 첫째, 그것은 경험적으로 접근 가능한 데이터, 즉 후보 시스템의 텔레타이프 출력에만 배타적으로 초점을 맞춘다. 따라서 접근하기 어려운 형이상학적, 계산적, 신경학적 문제는 의도적으로 배제되었다. 둘째, 그것은 이러한 경험적 데이터를 지능의 전형적 사례인 인간 행동과 비교하여 평가한다. 지적이라고 판정받으려면, 후보 시스템의 텔레타이프 행동은 동일 상황에서 인간의 텔레타이프 행동과 구별될 수 없어야 한다.

튜링 테스트에 대한 비판은 아주 많다. 그 비판 대부분은 튜링 테스트가 어떤 식으로든 너무 관대하며, 전혀 지적이지 않은 생명체도 지적인 생명체로 인정할 수 있다는 불만이다. 그 우려의 배경은 이렇다. 텔레타이프 링크를 통해 전해지는 설득력 있는 언어적 행동이 다양한 원인에서 만들어질 수 있으며, 그런 어느 행동도 본질적으로 실제 '의식적 지능'이 아닐 수 있다. 따라서 어떤 식으로든 튜링 테스트를 확대하라는 압력이 있다. 아마도 더 넓은 범위의 행동 유형을 포함하고, 그래서 지적이라고 인정될 조건을 강화하라는 것이다. 안타깝게도, 정확히 얼마나 확대해야 할지를 명확히 말하기 어려운데, 그것은 어떤 유형의 행동이 의식적 지능에 적절한지를 명확히 밝히기 어렵기 때문이다.

다른 불만은, 튜링 테스트가 너무 배타적이라는 점을 지적한다. 왜냐하면 언어 능력이 없는 지적 생명체는 언어 중심 테스트에서 실패할 수밖에 없기 때문이다. 그런 지적 생명체에는 언어 학습 전 어린이, 국소적 실어증(localized aphasia)을 가진 의식적 성인,13) 지구상의 대부분 고등동물들, 그리고 인간 언어로 의사소통하지 않는 모든 지적 외계인 등이 포함된다. 어쩌면 우리는 처음부터 튜링 테스트를 의식적 지능의 필요조건으로 해석하지 말았어야 했는지도 모른다. 그러나 만약 튜링 테스트가 지능의 필요조건이 아니고, 충분조건도 아니라면, 굳이 우리는 그것을 왜 논의해야 하는가?

튜링 테스트가 '지능의 기준'으로서 어떤 장점과 단점을 가지든, 우리가, 전형적인 사례에 관한 충분한 이론, 즉 무엇이 지능이며, 그것이 물리적 시스템에서 어떻게 실현되는지 등에 대한 적절한 이론을 갖지 못하는 지금으로선, '전형적 사례에 대한 행동 유사성'에 의존할 수밖에 없다는 것은 분명하다. 만약 우리가 그러한 이론을 가지고 있다면, 튜링 테스트의 엄격한 행동 제한이 필요 없을 것이며, 그 타당성을 놓고 갑론을박할 필요도 없을 것이다. 충분한 지능 이론은 그 자체로 진정한 지능의 특징인 관련 특징, 행동, 기술(techniques), 또는 장치 등을

---

13) [역주] 예를 들어, 브로카 영역의 국소적 손상으로 언어를 말하지 못하는 환자는 상대의 언어를 이해할 수 있다. 그 환자는 충분히 지적이라고 보아야 한다.

명확히 규정해줄 수 있다.

그런 다음에서야, 우리는 후보 시스템 내부를 살펴보고 무슨 일이 일어나고 있는지 확인하거나, 텔레타이프 대화보다 훨씬 더 풍부하고 까다로운 상황에서 그 시스템의 행동을 조사함으로써, 그러한 특징들을 시험해볼 수 있다. 튜링 테스트는, 지능이 무엇인지에 대한 충분한 이론이 전혀 없는, 또는 우리의 과학-이전의 통속 개념(prescientific folk concepts)이란 소박한 개념 체계를 넘어서는 어느 이론조차 없는, 사람들을 위한 정확한 시험이다. 물론 앨런 튜링도 그런 상황에 처해 있었으며, 그래서 그가 임시방편의 기준에 만족할 수밖에 없었다는 것은 놀랄 일이 아니다. 그러나 우리는 이제 그의 상황을 넘어설 수 있다. 우리가 해야 할 일은 단지, 우리 앞에 놓인 현상에 진정으로 적합한 인지 활동과 의식적 지능에 대한 이론을 개발하는 것이다.

'전형적 사례(paradigm case)'의 인간 또는 고등동물이 무엇인지는, 1950년대처럼 더 이상 수수께끼가 아니며, 그 내부 구조와 활동은 더 이상 실험적 관찰이 불가능한 영역도 아니다. 앞 장에서 살펴보았듯이, 현재 인지에 초점을 맞추고 연구되는 여러 과학 분야들은 인간과 동물의 인지에 대한 올바른 이론에 잠재적으로 충분한 개념적 및 실험적 자원을 제공하고 있다. 이러한 이론은 일관된 텔레타이프 대화를 위한 능력보다 훨씬 더 많은 것을 설명해야 할 의무를 지닌다. (그렇다고 후자가 사소하다는 의미는 아니다.) 그리고 그런 이론에 대한 경험적 제약도 그만큼 더 커질 수 있다. 우선, 그런 이론은 실제 동물이 보여주는 훨씬 더 광범위한 입출력 행동을 충족시켜야 한다. 더 중요한 것으로, 그런 이론은 해당 행동을 만드는 시스템의 내부 계산적 실재를 충족시켜야 한다. 그런 이론은 생물학적 뇌의 운동학적 및 동역학적 특징과 적절히 일치해야 한다. 또한 그런 이론은 학습, 지각적 재인, 개념적 변화 등과 같은 인지의 기초적 특징들을 설명할 수 있어야 한다.

다시 말해서, 만약 우리가 이러한 것들을 관통하는 이론을 가진다면, 자연적이든 인공적이든 어떤 후보 시스템이 진정으로 지적인지 여부에 대한 질문에 어느 정도 권위를 가지고 접근할 수 있을 것이다. 이러한 접근 방식은 다음과 같은 점에서 튜링의 접근 방식과 극명한 대조를 이룬다. 그리고 단지 관찰 가능한 행동이 아니라, 지능적 행동의 복잡한 원인을 주요 관심사로 다룬다. 그리고 '접근 불가한 형이상학적, 계산적, 신경학적 문제들'을 의도적으로 회피하기보다, 새롭게 접근 가능한 문제를 정확히 이해하려 노력한다. 그리고 이러한 새로운 이해를 적용하여, 우리 앞에 놓인 질문, "전자기계가 생각할 수 있는가?"에 대답해줄 것이다.

인공 뇌 만들기

예비적 논의를 위해, 우리가 아직 알지 못하는 무언가를 가정해보자. 인간의 의식적 지능이, 앞의 여러 장에서 살펴본, 여러 종류의 벡터-부호화 및 벡터-처리 그물망 내에서 성취된다고 가정해보자. 여기에는 재귀적 그물망과 그런 그물망들의 시스템이 포함된다. 또한 다양한 형태의 인지 능력이 시냅스 가중치 조정 과정을 통해 획득되는데, 그런 조정이 우리의 다양한 뉴런 활성화 공간을 여러 계층의 원형 범주(prototype categories)와 원형 시퀀스(prototype sequences)로 분할한다고, 즉 개념 체계를 분할함으로써, 우리가 지각 입력에 반응하고, 의도적으로 탐색할 수 있으며, 행동 출력을 지시하도록 만들어준다고 가정해보자.

만약 이것이 우리 인간이 지능을 얻는 방법이라면, 전자기계도 같은 방식으로 지능을 얻는 일이 가능하지 않을까? 겉으로 보기에, 적어도 원리적으로 그 대답은 '그렇다'이다. 왜냐하면 우리 몸에서 생물학적으

332

로, 즉 신경화학적으로 구현되는 그물망을 전자적으로 구현하는 것이 분명 가능하기 때문이다. 사실상 이런 연구 방향의 첫 단계는 이미 성취되었다.

잘 알려진 사례로, 패서디나(Pasadena)의 캘리포니아 공과대학교(Cal Tech) 카버 미드(Carver Mead)와 그의 박사과정 학생인 미샤 마호왈드(Misha Mahowald)가 개발한 실리콘 망막을 들 수 있다. 1960년대에 미드는 집적회로(integrated circuits)의 선구적 개발자 중 한 명이었다. 집적회로란, 작은 실리콘 칩에 기존의 디지털 컴퓨터용 전기회로를 미세하게 식각하는 기술이다. 그런 기술이 현대 세상을 바꿔놓았다는 것은 우리가 모두 동의하는 사실이다. 그러나 그 기술이 만들어낸 혁명은 아직 추진되지 않았거나, 심지어 진지하게 착수되지 않았다고 말할 수도 있다. 미드 교수와 그의 연구원들은 이제 동일 기술을 활용하여, 작은 실리콘 칩에 **생물학적 신경망**(biological neural network)의 전자 유사물을 식각하기 시작했다. 인간 망막의 실리콘 유사물은 그들의 초기 성공 사례 중 하나이다(그림 9.1).

누군가는 이러한 단계가 이미 수십 년 전 텔레비전 카메라의 발명과 함께 이루어졌다고 생각할 수도 있다. 결국, 이 친숙한 기술은 감광성 표면을 전자 스캔으로 이미지 벡터 시퀀스를 생성하는 것이라고 누군가 말할 수 있다. 매우 그렇다. 그러나 사실 눈의 망막은 그보다 훨씬 더 많은 일을 한다. 망막은 단순한 광센서가 아니다. 그것은 다층 데이터 처리 컴퓨터이기도 하다. 입체 시각에 관한 단원 끝에서 간략히 언급했듯이, 광센서로 들어온 처음 광학 정보가 신경절 세포에 도달한 다음 LGN으로 전송될 때까지, 이미 여러 단계의 정교한 계산처리가 이루어진다. 따라서 망막의 출력은 TV 카메라의 출력과 아주 다르다. 미드 교수의 업적은 이러한 내부 계산 활동을 반도체로 재현한 것에 있다.

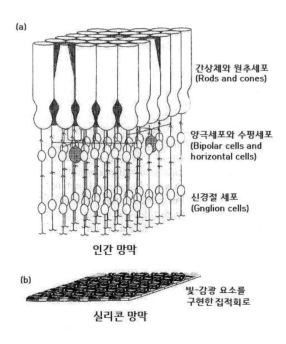

(a)

간상체와 원추세포
(Rods and cones)

양극세포와 수평세포
(Bipolar cells and
horizontal cells)

신경절 세포
(Gnglion cells)

인간 망막

(b)

빛-감광 요소를
구현한 집적회로

실리콘 망막

그림 9.1　(a) 사람 눈의 망막을 구성하는 다층 신경망. (b) 망막 신경망의 전자
적 재현. 이것을 다층 실리콘 칩으로 구현. 50 × 50 원추세포 (Carver Mead의 그
림을 수정)

　그런 계산 활동이 무엇인가? 그 계산 활동에서 어떤 기능이 수행되
는가? 가장 먼저 언급해야 할 것은, 초기 감광 요소, 즉 원추세포(cone)
유사물이 주변 조도의 광범위한 변화에 맞춰 지속적으로 그 민감도
(sensitivity)를 조정하는, 재귀적 회로라는 점이다. 따라서 실리콘 망막
은, 실제 눈과 마찬가지로, 어두운 달빛과 밝은 햇빛 모든 곳에서 효과
적으로 작동한다.

　더구나 감광성 원추세포 바로 아래층의 양극성 세포 유사물은 빛의
절대 양에 크게 관여하지 않는다. 그보다 그것들은 (1) 바로 위의 원추
세포에 도달한 빛의 밝기 수준과 (2) (수평세포 유사물인 확장 시스템

에서 계산되고 보고되는) 주변 영역의 다른 모든 원추세포들에 도달한 빛의 평균 수준 사이의 차이에 반응한다. 요약하자면, 실제 망막과 실리콘 망막 모두에서, 양극성 세포는 망막 표면의 델타-밝기(delta-brightness, 미세한 밝기 차이)를 계산하여, 그 정보를 내보낸다. 그 양극성 세포들은 집단적으로 망막 이미지 내의 구조, 즉 무언가 중요한 것을 알려줄 경계 또는 윤곽을 활동적으로 찾는다.

또한 그 그물망은 양극성 세포가 특정 원추세포에 도달하는 밝기 수준의 변화와, 양극성 세포가 이미 발견한 구조의 밝기 수준의 변화, 모두에 대한 (시간에 따른) 구조에 민감하도록 조성된다. 따라서 양극성 세포는 이미 파악한 잠재적으로 중요한 모서리와 윤곽선의 **움직임**에 특별히 민감하게 반응한다.

몇 년 전, 그 개발이 있은 직후 나는 그 실리콘 그물망을 몇 분 동안 사용해볼 기회가 있었다(그림 9.2). 미드 교수는 그 실리콘 그물망을 지역의 학제적 연구 모임에 가져왔다. 그는 우표 크기의 망막을 렌즈 뒤에 장착하여 인공 눈을 만들고, 망막의 벡터 출력을 옆의 비디오 화면에 연결하여, 고도로 계산처리된 출력을 직접 볼 수 있게 해주었다. 내가 눈앞에서 내 손을 움직이자, 그 비디오 화면에 밝은 내 손 이미지가 움직이며 시야에 들어왔다. 그런데 내 손을 움직이지 않고 가만히 있었더니, 그 비디오 이미지가 서서히 희미해지면서, 화면이 균일한 회색으로 변하였다. 이것은 델타-밝기 감광기가 변하지 않는 장면에 점진적으로 적응한 결과이다. 만약 사람의 안구가 정지 장면에서 인위적으로 움직이지 않을 경우에도, 비슷하게 흐려지는(fadeout) 일이 발생한다. 물론 실제 눈에서는 이렇게 흐려지는 경향을 보기 어려운데, 그 이유는 원추세포 또는 '픽셀'이 약 1마이크론(1백만 분의 1미터)으로 매우 작아서, 아주 미세한 움직임으로도 느린 적응을 상쇄할 수 있기 때문이다. 이와 대비하자면, 미드의 실리콘 망막에 있는 원추세포 유사물은

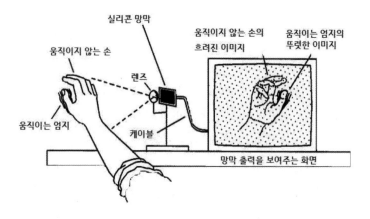

그림 9.2 주변 물체의 구조와 움직임을 감지하는, 카버 미드(Carver Mead)의 실리콘 망막

작지만 실제 원뿔보다 4천 배나 더 크다. 그 망막 유사물에 맺히는 이미지가 크게 움직이지 않는 한, 그 이미지는 천천히 희미해진다.

그 이미지는, 델타-밝기 감광기가 이제 광수용체에 고정된 매우 특정한 이미지에 적응하기 때문에 흐려진다. 그 망막 유사물의 반응이 일시적으로 감소하는데, 그것은 매우 구조적이나 움직이지 않는 이미지를 마치 완전히 빈 이미지처럼 간주하기 때문이다. 따라서 비디오 화면이 회색으로 균일하게 나타난다. 그러나 만약 그런 망막 유사물에 진정으로 균일한 입력 이미지를 제시한다면, 우리는 그러한 이미지-특이적 적응(image-specific adaptation)을 즉시 볼 수 있다.

인공 눈과 움직이지 않는 내 손 사이에 빈 종이가 갑자기 끼어들자, 내 손의 풍부한 네거티브 이미지가 즉시 화면에 나타났고, 그 이미지 자체가 희미해지기 시작했다. 이것은 우리가 인간의 눈에서 '잔상(afterimage)'이라 부르는 것과 유사하다. 실리콘 망막의 경우, 화면에 그런 네거티브 잔상을 생성하는 데 중요한 것은 삽입된 종이가 완전히 균일해야 한다는 점이다. 그 종이는, 표면의 밝기 수준이 일정하기만 하다면, 검은색이든 흰색이든 회색이든 아무 상관없다. 오직 그러한 일정함에 대해서만, 실리콘 망막의 국소적 적응이 효과적으로 나타날 수 있다.

나는 당신에게 미드의 망막을 가져다줄 수는 없지만, 당신은 자신의 망막에서 동일 현상을 관찰할 수 있다. 우리 모두는 고대비 장면에 30초 동안 집중한 다음, 우리 눈을 감아 주변의 검은색에 대한 네거티브 잔상을 보는 방법을 알고 있다. 그러나 눈을 감는 것은 매우 불필요하며, 검은 배경이 필수적이지도 않다. 다음에 당신이 이 실험을 할 때, 30초가 경과할 때까지 눈을 감지 마라. 그 대신 매끄럽고 균일한 색상의 표면으로, 어떤 색이든, 어느 밝기든, 균일하기만 하다면, 시선을 빠르게 옮겨보라. 그러면 당신의 잔상은, 눈꺼풀 뒷면에 대해서도 그러하듯이,[14] 마찬가지로 그 배경에 대해 잔상이 선명하게 나타난다. 움직이지 않는 이미지와 관련된 이러한 논점의 요약은 그림 9.3에서 보여준다.

미드의 비디오 화면에 나타난 내 손의 희미한 이미지로 다시 돌아가 이야기해보자. 그 순간 만약 내가 엄지손가락만 흔들면, 엄지손가락만의 이미지가 즉시 화면에 다시 나타난다. 엄지손가락을 다시 움직이지 않으면, 그 이미지는 희미해지기 시작한다. 만약 내 손 전체를 움직이면, 그 움직이는 이미지 전체가 즉시 다시 나타날 것이다. 평범해 보였던 실리콘 망막은 **움직이는 물체**를 아주 빠르게 선택하는 감광기인 셈이다. 실리콘 망막은 들어오는 광학 이미지 내의 구조를 외부 밝기 수준과 무관하게 추출하며, 시선에 상대적으로 움직이는 상황의 물체만 아주 선택적으로 표상한다. 이 모든 작업은, 그 이미지 정보가 뇌의 하

---

14) [역주] 사물을 바라보다가 갑자기 눈을 감기만 해도, 우리는 그 사물의 잔상을 경험할 수 있다.

그림 9.3 (a) 실리콘 망막이 보고 있던 대상. (b) 실리콘 망막이 링컨의 초상화를 어떻게 표현하는지. (c) 링컨의 이미지가 감각 표면에서 일정하게 유지될 경우, 시간이 지남에 따라 그 표상이 어떻게 희미해지는지. (d) 링컨의 이미지에 대한 망막의 시간 지속 적응이, 망막에 균일한 밝기의 표면을 보여줄 때, 잔상처럼, 갑자기 어떻게 드러나는지 (Carver Mead와 *Scientific American*에 감사)

류 시스템(downstream system)으로 [즉, LGN으로] 보내지기 전, 처음 세 뉴런 층 내에서 수행된다.

생물학적 망막이 움직이는 물체를 파악하는 데 맹렬히 집중한다는 것은 놀라운 일이 아니다. 6억 년 전, 의미심장한 두뇌를 가진 동물들이 진화적으로 출현하기 전에는, 움직임 파악이 눈의 가장 중요한 기능이었을 것이다. 더욱 놀라운 점은, 미드가 망막 내부의 미세 그물망을 세심하게 반도체로 재구성하여, 망막의 주요 기능적 특징들 중 일부를 아주 충실하게 재현했다는 것이다. 이러한 충실도는 여기서 끝나

338

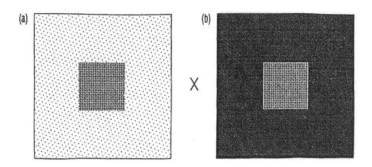

그림 9.4 친숙한 밝기 착시 현상. (a)의 안쪽 사각형은, 그 절대 밝기 수준이 정확히 동일함에도 불구하고 (b)의 안쪽 사각형보다 더 어둡게 보인다. 이런 효과는 X에 시선을 고정하면 가장 잘 보인다.

지 않는다. 실리콘 망막은 인간의 시각과 동일한 착시 현상을 겪는데, 그 실리콘 모델이 실제로 생물학적 망막의 기능적 전술을 붙들었기에, 우리는 그것을 예상했어야 한다. 망막에 대한 모든 특징을 조사하는 것은 우리의 목적을 벗어나지만, 그중 하나를 그림 9.4에서 직접 확인할 수 있다.

이야기했듯이, 양극성 세포는, 이미지의 어느 지점에 대한 절대 밝기 수준을 정확히 표상하기보다, 이미지 전체에 걸친 밝기 수준의 변화를 표상하는 일에 관여한다. 이런 사실 때문에, 망막이 동일 사물을 서로 다른 두 배경에서 평가해야 할 때, 약간의 문제를 일으킨다. 그림 9.4b에서 보듯이, 검은색 배경에서 회색 사각형은 '매우 밝은' 것으로 표상된다. 그러나 그림 9.4a에서 보듯이, 동일 회색 사각형은 밝은 배경에서 '매우 어두운' 것으로 표상된다. 양극성 세포가 안구의 내적 구조를 조작하여 이렇게 약간의 환영(illusions)을 일으키기는 하지만, 우리는 그 덕분에 희미한 달빛, 밝은 햇빛, 또는 그 사이의 어느 수준의 밝기 아래서도 사물을 더 잘 구별하는 대단한 보상을 얻는다. 이런 거래는 아주 유익하다.

나는 미드의 실리콘 그물망을 이야기하는 데에 적지 않은 지면을 할애하였다. 그 이유는 그 그물망이 매우 접근 가능하며, 우리가 기대하는 그물망 수준의 원형을 깔끔하게 구현하기 때문이다. 우리가 살펴볼 다른 실리콘 그물망도 있다. 예를 들어, 미드는 기능적 실리콘 달팽이관(functioning silicon cochlea)도 만들었다. 그렇지만 우리는 실리콘 망막만으로 충분한 적정 사례(adequate exemplar)를 알아볼 수 있다. 이제 우리가 설명해야 하는 것은, 그와 관련된 신경해부학(물리적 구조)과 신경생리학(물리적 활동) 등에 대한 전자적 재구성이, 뇌와 신경계의 다른 부분, 심지어 뇌 전체에 대해서도 가능할지 여부이다.

미드 자신도 기탄없이 긍정적으로 이렇게 대답했다. "1980년대 중반까지 신경과학자들은 뉴런과 시냅스의 작동에 관해 충분히 연구하였고, 이제 그런 것들에 관해 어떤 수수께끼도 없음을 알게 되었다. 뉴런 요소에 의해 작동하는 어느 기능이라도, 시스템 설계자의 관점에서, 전자 장치로 구현할 수 없는 것은 단 한 가지도 없다." 미드 교수의 입장은 다소 과장된 측면이 있기는 하다. 뉴런 활동의 생화학적 차원은, 7장에서 논의했듯이, 매우 복잡하다. 그 모든 것들을 전자적으로 구현하기란 오랜 시간이 필요한 복잡한 과정이다.

그렇지만 그렇게 하는 과정의 시간적 문제나 복잡성 문제는 여기 논의의 쟁점이 아니다. 우리의 의문은 전체 인간 신경계의 인지 관련 기능을 전자적으로 구현할 수 있을 순수한 가능성을 말할 수 있는가이다. 미드의 망막과 달팽이관 등의 성공 사례는 감각 말단에 대해서도 그런 성공이 가능하다는 것을 보여준다. 우리는 지금까지 앞에서, 얼굴, 감정, 입체 시각, 문법 등등을 위한 그물망에 대해 성공적인 탐구를 알아보았다. 그렇다면 뇌의 상위 중추의 많은 기능들에 대해서도 그러한 그물망이 적용될 수 있을 것이다.

앞서 살펴본 인공그물망이 모두 실리콘 칩으로 구현될 수 있다는 것은 의심의 여지가 없다. 사실상, 우리가 [인공신경망의 구현을] 고전적인 불연속 상태의 시리얼 컴퓨터로 구현하는 단순한 시뮬레이션인, 어설픈 프로그램에서 벗어나, 그러한 성공적 그물망을 (미드의 실리콘 망막과 같은 방식으로) 실제 하드웨어 그물망으로 직접 구현하는 일은 매우 중요하다. 그것이 중요한 이유는, 병렬분산처리의 핵심적 장점인 빠른 속도와 우수한 오류 관용성이 '프로그램'의 시뮬레이션으로 결코 얻을 수 없는 장점이기 때문이다. 그런 시뮬레이션은 쉽게 구현시켜볼 수 있고, 그래서 매우 유익하기는 하지만, 당밀처럼 속도가 느리고, 그 신뢰성은 시뮬레이션을 실행하는 '디지털 머신'보다 나을 것이 없다.

[하드웨어 그물망의] 진정한 병렬 구현이 중요한 이유는, 그렇게 해야만 그물망의 모든 변수 값들(뉴런의 흥분성 수준과 축삭 돌기, 각 시냅스 가중치 값 등등)이 실현될 수 있으며, 그 그물망이 그 수학적 연속체의 모든 지점에 대해 열려 있어야만 하기 때문이다. 소위 '디지털' 또는 **불연속** 상태 계산기는 본질적으로, 피타고라스가 말했듯이, 유리수 범위의 수학 함수를 표현하고 계산하는 데 한계가 있다. 다시 말해서, 고전적 컴퓨터는 입력과 출력을 정수의 비율(ratios of whole numbers)로 표현되는 수학 함수를 계산하는 것에 한정된다.

이것은 디지털 기계의 능력에 잠재적으로 심각한 제약일 수 있는데, 왜냐하면 유리수는 실수(real numbers)라는 연속체 내에 아주 작고 특이한 부분집합에 불과하기 때문이다. 따라서 실수 이상의 함수는 디지털 기계 내에서 엄밀히 계산되거나 표현될 수 없다. 단지 근사치만 계산될 뿐이다. 어느 기계의 내장된 근사치 수준(예를 들어, 소수점 이하 10자리 정확도 또는 20자리 정확도) 이하의 모든 함수관계는 그 기계의 이해를 넘어서는 함수이다. 반면에, 실제 뉴런 그물망은 이러한 제한이 없다. 비고전적 계산은, 유리수뿐만 아니라, 모든 범위의 실수를 다룰 수 있다.

결국, 우리의 모델 신경망을 실제 하드웨어로 그리고 진정한 병렬 형태로 구현하는 것은, 문제가 되기보다 해결책이 된다. 실제 신경망은 계산 속도, 기능 지속성, 실제 수학적 연속체에 대한 계산 등등을 제공한다. 또한 그런 신경망은 주목할 만한 또 다른 장점도 갖는다. 예를 들어, 실리콘 망막은 실제 빛에 '실시간으로' 반응하는 계산 시스템이다. 그것은 키보드나 플로피 디스크를 통해 미약하고 가끔씩 연결(접속)되는 것이 아니라, 실제 세계에 이미 인과적으로 내장된 시스템이다.

그렇지만 로봇 몸체에 장착된 인공 실리콘 뇌가 진정한 의식을 가질까? 이런 질문에 대한 우리의 대답은 분명히, 문제의 실리콘 뇌(silicon brain)의 세부 사항과 향후 10-20년 내에 정립될 것으로 기대되는 의식 이론(theory of consciousness)의 세부 사항에 따라 달라질 것이다. 현재 내놓을 수 있는 것은 기껏해야 조건부 대답일 뿐이지만, 그것은 분명하다. 만약 앞 장에서 개괄한 의식 이론이 옳다면, 그리고 만약 미드가 제시한 '전자매체의 기능적 다양성'을 확신할 충분한 근거를 가진다면, 당신이나 나처럼 진정한 의식을 갖는 전자기계를 만드는 일이 가능해질 것이다. 지금까지 살펴보았듯이, 그럴 수 있을 극적인 가능성은 활짝 열려 있다.

그러나 그 가능성을 바라보는 모든 시각들이 그렇지는 않다. 몇몇 저명한 사상가들은 이러한 전망을 근본적으로 의심한다. 그들의 의심이 무엇인지 살펴보자.

기계 지능에 대한 몇 가지 원리적 반대

최근 몇 년 동안 기계 지능의 전망에 대한 회의론은 세 가지 주요 주제에 맞춰졌다. 첫째는, 생각, 믿음, 욕구 등과 같은 인간 정신 상태의 '의미' 또는 '의미론적 내용'에 관한 문제이다. 둘째는, 컴퓨터가 인간의 수학적으로 생각하는 능력을 재현할 수 있을지에 관한 문제이다. 셋째는, 우리의 오랜 문제, 즉 의식적 경험의 질적 특성에 관한 문제이다. 이 세 가지 주제를 차례로 살펴보자.

존 설(John Searle)은 '의미의 본성' 또는 '의미론적 내용' 등에 관해 많이 논란이 되었던 견해를 주장한다. 그의 주장에 따르면, 진정한 의미는 인간의 의식 상태에 내재적이며(intrinsic),[15] 전자 컴퓨터의 상태에는 그것이 빠져 있다. 컴퓨터의 상태는 기껏해야 이차적 또는 의미처럼 보이는 것을 가질 뿐이다. 그런 종류의 의미는, 처음에 오직 우리 인간이 그 상태를 '이런 숫자, 그런 상황, 또는 저런 명제 등을 표상한다'고 해석하는 것이 유용하거나 편리하다고 여겨지기 때문에 나온 것이다. 설의 주장에 따르면, 마치 이런저런 주판알 조합이 내재적 의미(intrinsic meaning)를 갖지 못하는 것처럼, 컴퓨터 상태 역시 내재적 의미를 갖지 않는다. 더구나 주판알을 어떤 행태로 조작하더라도, 그 조합이 내재적 의미를 부여해주지 않는다. 마찬가지로, 컴퓨터의 상태를 어떤 형태로 조작하더라도, 그런 상태가 내재적 의미를 제공하지는 못한다. 그의 결론에 따르면, 물리적 사물에 대한 프로그램 조작은 진정한 의미 또는 내재적 의미를 갖도록 만들어줄 수 없다.

의미의 본성에 관한 설의 견해가 옳다고 생각될 수도 있지만, 그의 의미론은 단지 많은 이론들 중 하나일 뿐이며, 가장 설득력 있는 이론도 아니다. 비록 그의 의미론이 참이라 할지라도, 대규모 병렬연결 실

---

15) [역주] 이해하기 어려워 보이는 '내재적(intrinsic)'이란 말은 이렇게 이해된다. 인간 정신만이 오직 '진정한 의미'를 가진다. 그런 점에서 의미는 인간 정신이 원래 가지는, 즉 의식에 본래적인 것이다. 이렇게 주장하는 철학자는 그 이유를 "인간만이 이해를 가질 수 있기 때문이다"라고 말할 것이다. 그런데 이런 추론은 사실 순환 논증의 오류를 범한다. 인간만이 의미를 이해하는 이유를 설명하지 못하고, 단지 그것의 표현을 바꿔 다시 가정하기 때문이다.

리콘 뇌가, 마치 주판처럼, 반드시 그러할지는 불분명하다. 만약 고차원 활성화 벡터가 인간 뉴런 구조 내에 내재적 의미를 가질 수 있다면, 그 구조를 실리콘으로 재구현한 유사 벡터는 내재적 의미를 왜 가질 수 없는가?

설은 이런 질문에 어떤 설득력 있는 대답도 가지고 있지 않다. 사실, 실리콘 두뇌가 인간 두뇌와 충분히 유사하다면, 그 실리콘 유사물이 내재적 의미를 가질 수 있을 가능성을 그가 기꺼이 고려할 것이라고 나는 믿는다. 컴퓨터의 내재적 의미에 대한 그의 주요 논증은 고전적인 프로그램 가능한 기계에 관한 의견이다. 그런 논증은, 내가 여기서 방어하는 입장에 반대하는 것이 아닌데, 내가 여기서 문제 삼는 것은 대규모 병렬컴퓨터이기 때문이다. 그런 컴퓨터는 단순히 저장된 규칙에 따라 기호 조작하는 일을 수행하지 않는다.

설의 의미론은 어느 쪽이든 의심스럽다. 나는, 어느 상태가 다른 상태 및 외부 세계와 (관련되든, 관련되지 못하든) 완전히 독립적인 관계를 가진다는 의미로서, '내재적 의미'와 같은 것이 과연 존재하는지 의심스럽다. 따라서 만약 의미가 단절되고 내재적일 수 있다면, 물리적 시스템이 정확히 단 하나의 내적 상태, 즉 내재적 의미 상태, 예를 들어, "보스니아에서 정의(justice)가 제대로 실현되지 않는다"와 같은 상태를 지닐 수 있다. 그러나 그 물리적 시스템은 결코 다른 어떤 의미의 상태도 갖지 않는다. 비록 가능하더라도, 그것은 아마도 매우 그럴듯하지 않을 것이다. 그것은 마치, 어떤 사람에 대해 그의 다른 선출직, 합법 단체, 행정 기관, 정당, 선거 절차, 등록 유권자, 태평양 해변의 좋은 부동산 등등에 관한 방대한 정보를 갖지 못하면서도, "캘리포니아 출신 하급 상원의원"이라고 정확히 묘사할 수 있다고 주장하는 것과 같다.

더 유망하면서 덜 신비로운 의미 이론의 접근법은, 어느 인지 상태가 개인의 다른 모든 상태와 외부 세계의 국면에 대해 가지는 특별한 인과적 및 추론적 관계의 집합 내에서, 의미를 부여한다.16) 이러한 관계 접근법(relational approach)은 매우 다양한 의미론들을 포괄한다. 그런 의미론들은 '어느 관계'를 의미론적 본질이라고 간주하는지에 따라서 다양하게 달라질 수 있다. 그러나 그 모든 이론들은 적어도, 인공 신경망의 물리적 상태가 진정한 의미를 가질 수 있다는 생각과 양립 가능하다. 그 이유는, 그 이론들 모두 '의미론적 본질이라고 간주되는' 관계를 물리적 상태가 가질 가능성을 열어놓기 때문이다.

병렬 그물망의 맥락과 그 특별한 인지 활동 양식은 의미의 본성에 대한 우리의 이해를 넓히는 데 도움이 된다. 병렬 그물망의 원형적 의미에서, 의미란 단어, 문장, 그리고 어쩌면 여러 생각과 믿음의 특징일 수 있다. 그러나 이러한 의미 사례들은 빙산의 일각에 불과할 수 있으며, (친숙한 언어 수준보다 훨씬 낮은) 계산적 상태에서 나타나는 더욱 일반적인 현상의 상위 사례에 불과할 수도 있다.17) 이 책의 첫 장에서 우리는, 많은 사례에 대한 [병렬 신경망의] 훈련이 가장 기초적인 활성 공간 내에 개념 혹은 범주라는 조직 구조를 어떻게 만들어낼 수 있는

---

16) [역주] 이 문장의 이해를 돕기 위해 저자의 다른 이야기를 살펴보자. 폴 처칠랜드는 다른 책, *Scientific Realism and the Plasticity of Mind*(1979)에서, 이렇게 말한다. "의미에 관한 물음은 말하는 사람(speakers)이 (동일하거나 매우 유사한) 언어적 배경을 이미 공유하는 상황에서 나온다. … 어떤 용어의 의미론적 동일성(semantic identity)은, 전체 언어의 의미론적 중요 문장들을 내재화하는 그물망(embedding network) 내의 특정한 위치에서 나온다." (p.61) 그의 입장은 근본적으로 하버드 철학자 콰인(W. V. O Quine)의 인식론을 바탕에 깔고 있다. 콰인의 그물망 의미론에 따르면, 말하는 사람의 용어가 무슨 말인지 의미를 이해하려면, 그와 동일한 혹은 유사한 배경 믿음 (background beliefs)을 가져야 한다. 만약 배경 믿음이 다르다면, 그 사람의 언어 의미는 공유될 수 없다.

17) [역주] 이 문단에 대한 이해가 어렵다면, 이 책의 2장으로 돌아가서 다시 읽어본 후 다시 이곳으로 돌아올 필요가 있다.

지 살펴보았으며, 이러한 학습-민감한(leaning-sensitive, 학습으로 수정되는) 범주들이 복잡한 분별 행동(discriminatory behavior)에서 어떻게 적극적 역할에 기여하는지를 살펴보았다. 거기에서, 우리는 가장 최초의 그리고 가장 단순한 형태의 의미론적 의의(semantical significance) 또는 의미(meaning)를 살펴보았다는 느낌을 지우기 어렵다. 의미 현상이, 인지에 대한 신경계산적 설명과 상충한다기보다, 오히려 인지적으로 가장 잘 설명될 수 있다. 그런 것들 중 기계 지능을 반대하는 설득력 있는 사례는 전혀 없었다.

케임브리지의 수학자 로저 펜로즈(Roger Penrose)는 최근 저서 『황제의 새 마음(The Emperor's New Mind)』(1996)에서 세 주제 중 두 번째 의문을 제기한다. 표준 컴퓨터 프로그램이 실행하는 알고리즘 절차가 인간의 수학에 대한 지식과 능력의 모든 범위를 설명할 수 있는가? 펜로즈는 "아니요"라고 대답했고, 나도 같은 이유는 아니지만, 그의 의견에 동의하는 편이다. 다른 많은 사람들과 마찬가지로, 펜로즈는 괴델(Gödel)의 정리, 즉 산술의 공리화에 대한 불완전성 정리를 인용한다. 그 유명한 정리는, 알고리즘 절차의 어떤 유한 집합도 모든 산술적 진리를 생성할 수 없음을 확립한다. 항상 몇 가지 산술적 진리, 즉 문제의 특정 알고리즘 시스템 외부의 것으로 순탄하게 증명할 수 있는 진리, 그 시스템 내부에서는 증명할 수 없는 진리가 틀림없이 존재한다. 따라서 해당 알고리즘 시스템을 구현한 기계는 인간이 할 수 있는 모든 산술적 진리를 결코 확립할 수 없다. 다른 많은 학자들과 마찬가지로, 펜로즈는 수학적 진리에 대한 인간의 지식이 알고리즘 절차의 사용으로 완전히 설명될 수 없음을 보여주는 것으로 받아들였다.

그렇지만 펜로즈의 해석은 괴델 연구 결과에 대한 소수 의견이다. 표준적이고 널리 받아들여지는 대답은 다음과 같다. 만약 괴델이 옳다면, 인간 역시 그에 상응하는 한계를 분명히 가진다. 알고리즘 절차라는 우리의 독특한 무기를 넘어서는 산술적 진리, 즉 더 큰 무기를 지닌 어떤 초월적 존재는 우리가 증명할 수 없는 것을 증명할지도 모르는, 그런 진리가 분명히 존재한다. 그렇다면 우리가, 펜로즈의 고전적 공리와 몇 가지 규칙으로 제한된 무기를 지닌, 기계보다 더 많은 것을 증명할 수 있다는 것이 놀랄 일은 아니다. 괴델의 연구 결과는, 수학적 지식에 관한 한, 인간이 단지 한 집합의 알고리즘 절차에 제한되지 않음을 보여준다. 그러나 그렇다는 것이, 우리의 모든 산만한 수학적 지식의 근간에 어떤 이런저런 종류의 알고리즘 절차가 존재한다는 가정과 여전히 일관성을 갖는다.

나는 이런 표준적 대답이 옳다고 생각한다. 괴델의 정리가 우리에게 그렇다는 모든 것들을 보여줌에도 불구하고, 수학적 진리에 대한 인간의 지식은 여전히 알고리즘적일 수 있다. 따라서 정통적 등위는 자신들의 자리에 다시 안주한다. 그러나 이러한 정통 알고리즘 가정은 단지 우리의 수학적 지식을 설명할 수 있는 하나의 가능성일 뿐이며, 어쨌든 그런 가정의 빈약함이 드러나기 시작했다. 만약 괴델의 증명이 확립되지 않았더라도, 그것을 재검토할 가치는 있었다. 펜로즈는, 인간이 수학적 진리를 인식하는 비-알고리즘 능력(non-algorithmic capacity), 즉 불연속 상태 절차(discrete-state procedure)에 따른 규칙 지배적(rule-governed) 물리적 기호 조작에 의존하지 않는 일종의 '통찰력(insight)'을 지닌다는 경쟁 가설을 옹호하려 했다. 이 점에서 나는, 펜로즈의 주장이 옳았다고 아주 명확히 인정한다. 나는 이런 주장을 저지해보려 한다.

첫째, 나는 '비-알고리즘 능력이 어디에 있는지'에 대한 펜로즈의 긍정적 이론과는 분명히 거리를 두고 있다. 그는 그것을 양자역학(quantum mechanics)의 영역, 실제로는 아직 추측에 불과한 양자 중력 효과(quantum gravitational effects)의 영역에 위치시킨다. (이 모든 효과는 우리 머릿속에서 일어난다.) 이런 생각은 양자이론에서 설명하는 파동중첩(wave superposition)과 파동붕괴(subsequent collapse)라는 특이한 속성을 활용한다. 파동중첩과 그에 따른 고전적 상태로의 붕괴 등의 과정이 비-알고리즘 과정이라는 것은 누구나 동의할 것이다. 펜로즈의 제안에 따르면, 이러한 과정이 비고전적 계산, 즉 인간의 수학적 지식 영역 내에서 '통찰력'을 설명하기 위해 필요한 바로 그 계산을 구현할 수 있다.

나는 이런 생각이 터무니없다고 본다. 비록 이러한 양자 과정(quantum processes)이 비-알고리즘의 것이긴 하지만, 재인 가능한 계산을 수행한다고 추천할 만한 특별한 것은 전혀 없을 것 같다. 어떤 거시 수학 문제에 관한 **정보**, 예를 들어 내 눈앞의 복잡한 이차방정식에 대한 정보가, (파동붕괴라는 계산적 병목을 통해) 중첩된 양자 상태 수준까지 효과적으로 내려갔다가, 눈앞의 지저분한 방정식을 익숙한 이차방정식의 또 다른 친숙한 이차방정식 형태로 재인하도록, 다시 나를 고전적 수준으로 되돌려놓는 어떤 재인 가능한 경로도 없다. 셋째로, 우리가 정보처리를 하면서 실험적으로 개입할 수 있는 뇌의 이러한 과정은, 모두 양자 수준을 훨씬 뛰어넘는 질량-에너지 교환의 **규모(scale)** 에서 일어나며, 고전적 영역 내에 속한다.

따라서 나는 비-알고리즘 과정에 대한 펜로즈의 긍정적 설명을 거부한다. 그러나 네 번째인 마지막 이유가 있다. **비-알고리즘 과정의 풍부한 영역을 찾아보기 위해 양자 영역까지 멀리 살펴볼 필요는 없다.** 하드웨어 신경망 내에서 일어나는 과정은 일반적으로 비-알고리즘의 과정이며, 우리 머릿속에서 일어나는 대부분의 계산 활동을 구성한다. 이러한 과정은, 저장된 기호-조작 규칙 집합의 명령에 따라 순차적으로 통과하는 일련의 불연속 물리적 상태로 구성되지 않는다는 점에서, 비-알고리즘의 것이라고 할 수 있다. 또한 모든 그 과정이 물리적으로 실제 알고리즘 장치에 의해 유용하거나 적절하게 유사 가능해야만 할 필요는 없다. 그보다, 그런 과정은 아날로그 과정이며, 그 요소와 활동은 실제 값(real-valued)을 가지며, 병렬로 전개되고, 저장된 규칙의 명령에 따르기보다 자연법칙에 따라 전개된다. 펜로즈가 인간의 수학적 인지를 설명하기 위해 필수적이라고 추정한 것은, 생물학적으로든 반도체로든 신경망의 특징적 요소로 이미 설명되고 있다.

얼핏 보기에, 비-알고리즘 과정에서 발생하는 불특정 형태의 '통찰력'이 우리의 수학적 지식의 일부가 될 수 있다는 제안은, 거의 모든 사람에게 회의적인 반응을 불러일으킬 수 있다. 그러나 통찰력의 형태가 불특정할 필요는 없으며, 그런 비고전적 과정은 쉽게 확인될 수 있다. 그런 제안의 두 가지 측면을 모두 이해시켜주기 위해 한 가지 예를 들어보자.

나는 수년 동안 형식논리학 수업을 정기적으로 가르쳤으며, 그래서 다음과 같은 형식화(formula, 공식)가 아래와 같다는 것을 한눈에 알아볼 수 있다.

$$(A \ \& \ B) \rightarrow ((C \ v \ \sim D) \rightarrow (A \ \& \ B))$$

이 형식은 토톨로지(tautology, 동어반복)이며,[18] 논리적 참이고, 명제계산의 정리(theorem)이다. 오늘날 어느 주어진 형식이 토톨로지인지 아닌지를 결정하는 알고리즘 절차가 있으며, 잠시만 계산해보면, 그런 절차를 통해, 제시된 형식화가 토톨로지라는 것을 증명할 수 있다.

---

18) [역주] 논리적으로 토톨로지란, 표현만 바꿔서 다시 말하는 것, 즉 동어반복과 같다. 그러므로 전제가 참이라면, 결론도 참일 수밖에 없다. 그런 측면에서 논리적 참이다. 이런 추론에서는 새로운 유의미한 내용을 얻을 수 없다는 측면에서, 토톨로지라 불린다.

그러나 내가 이 형식을 토톨로지라고 재인하는 방법은 다르다. 나는 척 보고 [그렇다는 것을] 재인할 수 있다. 왜냐하면 나는 그것이 아래와 같은 일반적 패턴의 한 사례임을 바로 알아보기 때문이다.

$$P \rightarrow (Q \rightarrow P)$$

이것은 명제 계산의 세 가지 기본 정리 중 하나이다. 당신도 그렇다는 것을 이렇게 알아볼 수 있다. $(A \& B)$는 P에 해당되고, $(C \vee \sim D)$는 Q에 해당된다. 바로 그렇다. 나와 수천 명의 다른 논리학 선생들에게, 굵은 글씨로 표시된 형식은 친숙한 원형으로, 많은 다양한 모습으로 변형될 수 있을 사례들의 중심 패턴이다. 이 형식은, 내가 메모지 위에 그리고 칠판 앞에서 무수히 연습해왔던 관련 유사성의 특정 차원을 따라 내 [신경망의] 활성 공간 내에서 확산되는 패턴이다.

이러한 패턴을 재인하는 능력은 문제를 잘 풀어야 하는 논리학 교사 또는 논리학 학생들에게 매우 중요하다. 만약 그런 문제를 풀어야 할 때, 칠판에 적힌 어떤 형식이 토톨로지인지 알아보기 위해 내가 힘든 알고리즘을 실행해야만 했다면, 내 학생들은 오래전부터 나에게 불평했을 것이다. 다행스럽게도, 이런 논리적 구조에 대한 소박한 통찰력, 즉 관련 원형 벡터를 활성화하는 능력 덕분에, 나는 일정 수준의 복잡성 이하의 대부분 논리 문제에서 알고리즘으로 계산할 필요가 거의 없다. 다시 말해서, 우리는 당면 문제의 복잡성으로 인해 패턴 재인 기술이 떨어질 때에만, 알고리즘의 효과적 절차에 의존한다. 알고리즘 규칙으로 물러나서 의존하는 일이, 적어도 나에게 자주 일어나기는 하지만, 우리의 논리적 이해가 알고리즘 절차로 시작해서 알고리즘 절차로 끝나지 않는다는 것만은 분명하다. [즉, 오직 알고리즘에만 의존하여 계산적 추론을 하지는 않는다.]

이것은 논리학의 이웃인 수학에서도 마찬가지다. 다양한 수식을 적분하거나 미분하려는 경우, 다항식이나 미분방정식의 해를 구하려는 경우, 우리는 비슷한 인지적 과제를 마주하고 동종의 인지적 자원을 전개한다. 칠판 앞에서 계산하는 교사 역시 주로 규칙에 의지하기는 하나, 비-알고리즘 패턴 재인을 많이 활용한다. 이러한 추가적인 재능은 매우 중요하다. 원형 활성화는 수학적 탐구, 즉 낯선 영역에 대한 연구에서도 마찬가지로 확실히 중요하다. 연구자들의 목표는, 이미 알고 있는 수학적 원형의 새로운 전개(적용)를 우연히 발견하거나, 새로운 문제에 반복적으로 부딪히면서 새로운 원형을 개발하는 것, 혹은 두 가지 모두에 맞춰진다. 수학에서 개념적 진보를 이루기 위해, 이미 존재하는 알고리즘을 단순히 연마하는 것이 유일한 방법은 아니며, 가장 유망한 방법도 아니다.

꼭 해야 할, 지나가는 말로라도 해야 할 말이 있다. 인간은 전형적으로 수학을 그리 잘하지 못하며, 특히 우리는 계산이나 알고리즘 측면에서 매우 서툴다. 우리에게 임의의 4자리 숫자를, 그것도 30줄이나 되는 숫자 열을 덧셈하라고 하면, 10분 후 적어도 절반 이상은 오답을 제시할 것이다. 반면에 고전적인 컴퓨터는 10밀리초 이내에 언제나 정답을 내놓을 것이다.

그렇지만 새로운 수학적 개념을 개발하거나 근본적인 수학적 통찰을 성취하는 문제의 기술(skill)이라면, 이야기는 달라진다. 이런 문제에서라면 더 심층적인 능력을 가진 것처럼 보이는 것은 인간이며, 진흙탕에 빠진 것처럼 보이는 것은 고전적인 컴퓨터이다. 우리가 이렇게 확실히 기대할 수 있는 것은, 인간이 대규모 병렬 원형 활성자인 반면, 고전적인 컴퓨터는 고속 순차 알고리즘 실행자이기 때문이다. 우리의 조합된 기술은 중첩되지만, 우리의 계산적 힘은 아주 다르다. 인간의 능력은 수학적 공간에서 서로 다르면서도 상호 보완적인 측면을 탐구

하도록 조성되어 있다.[19]

　나는 수학에 관한 상황을 실제보다 더 단순하게 보이도록 했으며, 이런 나의 왜곡이 중요하게 부각되지 않기를 바란다. 그렇지만 내 목표는 수학에 대한 새로운 인식론을 주장하려는 것에 있지는 않다. (물론 그런 인식론을 분명히 희망하고 있기는 하다.) 내 목표는 수학 지식의 미심쩍은 사례에 대한 그물망 방식 기계 지능의 전망을 빠르게 평가하는 것에 있다. 특히, 여기에서 주요 반대 의견은 모두 고전적인 계산기에 맞춰진 것이며, 신경망을 향한 것은 아니다. 더구나, 신경망의 독특한 인지 능력은, 인간 수학적 지식의 고전적 또는 알고리즘 모델이 직면한 일부 문제에 대해, 펜로즈의 양자 중력 가설보다 더 현실적인 해결책을 개발하는 데 도움이 될 것이다. 다시 말하지만, 기계 지능에 반대하는 설득력 있는 어떤 사례도 없다.

　기계가 진정한 지능을 가질 가능성에 대한 원칙적인 반대 중 셋째 주제는 감각질(sensory qualia, 감각적 특질)에 관한 것이다. 이 문제는 순수한 물리주의 체계 내에서 [감각질에 대한] 그럴듯한 근거를 찾아낸다. 우리는 이미 네이글과 잭슨의 부정적인 주장을 무너뜨렸으며, 따라서 여기서 그것을 다시 다룰 필요는 없다. 그러나 다루어야 할 논의가 하나 더 남아 있다.

　여기서 언급된 부정적인 논증은 약 15년 전 MIT 철학자 네드 블록(Ned Block)이 쓴 저작이다. 블록은 이 논증에 어떤 이원론적 도끼도 들이대지는 않았다. 그는 단지 당시 지배적이던 유물론의 형태, 즉 기능주의(functionalism)로 불리는 입장의 명백한 문제를 염려했을 뿐이다. 기능주의자들의 주장에 따르면, 의식적 지능의 본질은 추상적 컴퓨

---

19) [역주] 이런 의미로 이해된다. 병렬연결 신경망은 여러 방면의 기능에 활용되지만, 그 병렬계산적 힘은 대단한 능력을 발휘한다. 이런 신경망은 동일한 계산적 방식, 즉 벡터 변환 방식으로 다양한 능력을 개발할 수 있다.

터 프로그램, 일련의 알고리즘 절차, 즉 (정상 인간이 생물학적 '하드웨어' 내에서 구현하는) '소프트웨어' 내에 있다. 이러한 입장은 당시 철학자와 AI 연구자들 모두에게 거의 보편적인 추정이었다. 그들에게 기계 내에서 진정한 지능을 구현하기 위한 중요 부분은, 단순히 정상 인간이 구현하는 프로그램 또는 그와 동등한 수준의 입출력 프로그램을 작성하는 일이었다. 그러한 프로그램을 실행하는 기계는 거의 중요하지 않았다. 당신이 곧 알아보겠지만, 이것이 바로 이 책이 반대하는 고전적 접근법이다.

블록의 염려는 단순했다. 우리는 '인간 프로그램'이라는 다소 특이한 구현을 만들거나 상상해볼 수 있다. (잠시 그런 어떤 프로그램이 존재한다고 가정해보자.) 특히, 우리는, 중국 전체 인구가 그들이 가지는 특별한 카드, 그들이 따르는 규칙, 서로 상호작용하는 방식 등등에 의해, 그리고 집단적 무선 제어가 가능한 하나의 로봇 몸체를 통해서 그런 프로그램을 실행하도록 조직화한다고 상상해볼 수 있다. 블록의 생각에 따르면, 그 관련 프로그램의 구현은 매우 느리지만, 엄밀히 말해서, 인간 내에서 구현되는 동일한 방대한 입출력 기능을 구현할 수 있다. 그럼에도 불구하고, 블록은 이렇게 주장한다. 하나의 개별적인 것으로 간주되는 이 거대한 사회 시스템이, 우리가 가지는 동일 종류의 내적인 질적 특성의 감각을 가질 것이라는 가정은 전혀 그럴듯하지 않다. 비록 그런 알고리즘 요건이 모두 충족되더라도, 그 시스템에는 여전히 감각질이 존재하지 않을 것이다. 따라서 기능주의는 의식적 지능의 본성에 대해 틀림없이 중요한 것을 놓친다.

그것은 다음과 같다. 기능주의는 인간과 같은 인지적 생명체 내부에 일어나는 작용에 대해 충분히 설명하지 못한다. 기능주의는 우리 내부에서 정확히 어떤 과정이 일어나는지에 관해 거의 신경 쓰지 않으며, 단지 그 과정이 올바른 입출력 기능을 구현하기만 하면 된다. 심지어 이러한 과정의 본성에 대한 가정조차 잘못되었는데, 기능주의는 그런 과정의 핵심을 알고리즘이라고 묘사한다.

다행스럽게도, 유물론은 고전적 기능주의에 대해 더 이상 부담스러워할 필요가 없다. 우리는 우리 내부에서 어떤 물리적 과정이 일어나는지를 중요하게 관심 가지며, 그 물리적 과정이 단순히 프로그램을 실행하기만 하는 것이 아님을 알게 되었다. 인간과 동물 인지의 주요 특징 대부분은 우리가 실행하는 프로그램에 의해 발생하지 않는다. 그런 특징은, 신경계의 독특한 물리적 조직, 정보가 물리적으로 코딩되는 독특한 방식, 그리고 정보가 변환되는 물리적으로 분산된 수단 때문에 발생한다.

다시 말하건대, 그리고 이 단원에서 세 번째로, 유물론에 반대하는 주요 주장은 기껏해야 매우 특정한 버전의 유물론, 즉 인지 활동을 불연속적인 물리적 기호의 규칙 지배 조작으로 묘사하는 버전에 대한 논박임이 밝혀졌다.

그리고 다시 말하건대, 나의 신경계산적 대안은, 옛 관점이 문제만 제공했던 곳에 몇 가지 해결책을 제공할 것을 전망해준다. 우리가 이미 살펴보았듯이, 감각 벡터 코딩의 특성과 임의 감각 벡터 공간 내의 구조는, 우리에게 그 문제를 파악하도록 해주며, 남은 다른 문제들을 설명해줄 중요 자원이기도 하다.

미드의 실리콘 망막은 생물학적 망막의 감각 코딩과 감각 처리에 관한 현재 이론이 거의 정확하다는 것을 확인해준다. 그의 전자 버전은 질적으로 뚜렷한 표상적 행동의 복잡한 춤을 보여주며, 그 춤은 동일 상황에서 우리 자신의 현상학적 경험을 충실히 반영한다.

물론 누구도 실리콘 망막이 의식을 가진다고 주장하지 않는다. 실리콘 망막의 표상은, 아마도 대뇌피질과 시상의 섬유판속그물핵을 통합하는, 일종의 재귀적 시스템으로 그것이 전달되기 전까지, 즉 더 큰 인지 시스템에 포함될 때까지, 의식의 대상이거나 의식의 일부가 될 수는 없을 것이다. 그러나 생물학적 망막 역시 마찬가지다. 망막은 그 자체로 의식을 갖지 못한다. 그리고 뇌가 의식을 갖기 전에는, 망막의 그 질적 춤은 의식의 일부가 될 수 없다.

전자기계가 의식을 가질 수 있을까? 상당히 그럴 수 있어 보인다. 곧 그것이 실현될 수 있을까? 아마도 그렇지 못하겠지만, 작은 발걸음은 계속 이어질 것이다. 그 기술(technology)이 적어도 장기적으로는 상황을 크게 변화시킬까? 거의 확실히 그럴 것이지만, 이 물음은 마지막 장에서 다룰 주제이다.

10. 언어, 과학, 정치, 그리고 예술

지능의 차이: 개인들 사이에, 그리고 종들 사이에

이 책의 1부에서 다뤘던 주제들 중 하나는 수많은 그리고 매우 다양한 수준에서의 인지 능력이었으며, 그것이 함께 직조되어 실제 인간 지성을 구성한다. 이런 내용을, 우리는, 여러 인간 인지의 이런저런 작은 측면을 모방하기 위해 구축된 다양한 인공그물망을 통해 살펴보았다. 예를 들어, 인공그물망은 얼굴을 재인하는, 인쇄된 문자를 읽어내는, 3차원을 지각하는, 운동을 일으키는, 소리를 분간해내는, 감정을 분별하는, 어느 문장이 문법적으로 옳은지를 구분해내는 등등의 능력을 모방한다. 그리고 이것을, 우리는 다시 한 번, 매우 다양한 수준으로 혹독하면서도 분절된 인지적 결핍에서 살펴보았다. 그런 인지적 결핍은 전형적으로, 살아 있는 뇌의 국소적 또는 여러 부분에서의 손상에서 비롯된 결과였다.

이러한 능력의 다양성은 지능이 단순히 일차원적이지 않다는, 즉 더 많이 혹은 더 적게 달라지는 무엇이 아님을 보여준다. 그보다 어느 인간의 지능은 매우 다양한 차원을 가지며, 정상적인 인구 집단 내에 (그러한 각각의 차원에서) 서로 무수히 다른 인지 능력들이 드넓게 퍼져 있다. 이제 친숙해진 용어로 말하자면, 지능은 일종의 벡터이다. 누군가의 지능은, 그 많은 모든 요소 측면들에 대한 그 사람만의 독특한 능력의 패턴을 특정하지 않고 정의될 수 없다. 이것은 다음을 의미한다. 지능이란, 마치 맛, 색깔, 냄새 등과 같이, 매우 다양한 풍미로 나타나며, (그것이 발휘하는) 특별하고 대단한 천재성에 대해서뿐만 아니라, 독특한 매력적, 지역적, 유별난, 창의적, 과제-적절한, 사랑스러운 등의 형태에 대해서도 흥미롭고 소중할 수 있다.

이러한 구성적 차원 내에서 서로 다른 개인들의 다양성을 만드는 것은 무엇인가? 예를 들어, 어떤 사람이 다른 사람들보다 얼굴에 드러난 감정 혹은 기하학적 관계 등에 대해 더 잘 재인하는(알아보는) 것은 왜인가? 그들의 인지적 수행을 설명해주는, 그들의 감정 재인 혹은 공간적 관계 그물망들 사이에 어떤 차이가 있는가?

적어도 인공그물망에 대해, 우리는 그 관련 일부 주요 요소들을 잘 이해한다. 만약 어느 그물망이 자체의 여러 층들 중 어느 층의 뉴런이 너무 적어서 과제 관련 정보를 코드화하지 못한다면, 그 수행은 매우 어려울 것이다. 또한 만약 어느 그물망의 집단적 시냅스 연결이 너무 미약해서 벡터-대-벡터 변환(vector-to-vector transformation)을 제대로 수행하지 못한다면, 그 그물망은 풍부한 연결을 이루는 다른 그물망보다 훨씬 뒤처질 것이다. 그리고 만약 어느 그물망이 비효율적 혹은 불충분한 학습 과정으로 훈련되었다면, 그것이 아무리 자체 세포의 분산과 연결성을 충분히 가지더라도, 그 수행은 다른 그물망들보다 뒤처질 것이다.

극단적인 사례로, 실제 세계는 우리에게 앞 문단의 첫 두 가지 결핍의 명확한 유사 사례를 보여준다. 예를 들어, 알츠하이머 질병은 노화의 산물이며, 느린 진행의 퇴행기 이후 종국엔 거의 모든 인지적 기능들, 이를테면 지각, 정서, 숙고 등의 기능들을 잃게 만든다. 알츠하이머 환자의 뇌를 사후 검사해보면, 환자의 신경 조직의 그물망 전체에 각종 침전물(plaques)과 엉킴을 보여준다. 그것은 곧 광범위한 신경 사멸과 시냅스 연결의 체계적인 붕괴를 보여준다. 코르사코프 증후군(Korsakoff's syndrome)은 만성적 알코올 중독의 결과로, 이것 역시 광범위한 인지 기능의 퇴화, 특히 그중에서도 기억에 관한 퇴화를 보여준다. 만성 알코올 중독 환자의 뇌를 사후 검사해보면, 시상의 어떤 국소적 신경 손상, 그리고 그 외의 뉴런들 사이의 시냅스 연결 수가 줄어든 것을 보여준다. 물론 이런 것들 모두 병리적인 경우들이지만, 이것들은 다음을 보여준다. 뉴런 개체 수, 그리고 뉴런들 사이의 연결성 등의 상대적 결핍은 낮은 수준의 인지적 수행이란 대가를 요구한다.

학습 절차의 효율성에 관해서는 이러한 점에서 아직 유의미한 얘기를 하기는 어려운데, 왜냐하면 우리가 여전히 학습 절차에 대해 충분히 이해하지 못하기 때문이다. 조금이나마 이해하는 바에 따르면, 시냅스 수정의 과정은, 다른 여러 인지적 기술(cognitive skills) 습득을 위해, 또는 아마도 하나의 뇌 전체 내의 독특한 그물망들을 훈련시키기 위해 적절한 여러 다른 형태들로 이루어진다.

마지막으로, 자궁 속의 그리고 아동기 초기의 순수한 발달 단계에서, 그리고 성인이 되고 난 이후 겪는 모든 학습 과정에서도, 정상적인 뇌 내부에서는 가혹한 내적 경쟁이 일어난다. 태아의 뉴런들이 형성되고 분화하면서, 그 뉴런들이 자신들의 적절한 해부학적 위치로 옮겨갈 때, 그것들이 성장 중인 축삭을 먼 표적으로 뻗어 투사할 때, 그리고 그러한 축삭의 도달 지점에서 수천 개의 시냅스 연결이 형성되거나 재형성될 때, 뉴런들은 영양소, 공간, 연결성, 정보 등을 차지하기 위해 언제나 서로 복잡한 경쟁 속에 놓인다. 가용한 자원이 유한하므로, 어느 집단의 뉴런이 평균 이상의 성공을 거두면, 전형적으로 그것이 다른 집단의 뉴런들을 손쉽게 대체해버린다. 만약 세상에 존재하는 모든 뇌가 뉴런의 총 개수와 그것들 간의 풍부한 연결성이라는 측면에서 완벽하게 발달한다고 하더라도, 신경 경쟁의 자연스러운 흐름은 결과적으로 사람들 사이에 인지 능력 양태의 상당한 변이를 일으킨다. 그 어떤 뇌도 다른 사람의 뇌와 정확히 같아질 수 없다.

인간과 다양한 비인간 동물들 사이에 분명한 지능의 차이에 대해 관심을 가져보면, 우리는 지능이 일차원 규모가 아니라 고차원 벡터라는 근본적인 지점을 늘 염두에 두어야만 한다. 어떤 인지 영역에서, 다른 생명체들이 인간보다 훨씬 나은 지능을 가진다는 점을 상기해봤을 때, 이 점이 분명히 드러난다. 예를 들어, 박쥐는 우리보다 청각 정보를 통해 3차원 공간에 흩어져 있는 물건이나 장애물을 재구성하는 데 뛰어나다. (하나 덧붙이자면, 일반적인 생각과는 달리, 우리도 희미하게나마 이러한 능력을 갖추고 있다. 눈을 가린 채 바닥에 대리석이 깔린 널찍한 미술관을 걷고 있다고 상상해보자. 걸을 때 들려오는 날카로운 발자국 반향음의 특성, 타이밍, 들려오는 방향 등은 그 사람으로 하여금 [보이지 않는] 벽을 향해 부드럽게 걸음을 옮길 수 있도록 해준다.)

박쥐의 이러한 능력은 인지적인 것이 아니라 단순히 지각적인 것으로 치부될 수 있다. 그러나 면밀히 들여다보면 이 주장은 금세 지지받기 어렵다는 것이 드러난다. 박쥐가 가진 크나큰 이점은 이것이 단지 지각의 문제이기에, 그만큼 지능과 관련된 이야기이기도 하다. 왜냐하면 인간의 귀와 박쥐의 귀는 물리적 구조 측면에서 크게 다르지 않기 때문이다. 인간과 박쥐 모두 오랫동안 이어져 내려온 훌륭한 포유류 귀를 갖고 있다. 박쥐의 주요 인지적 이점은 다른 곳에 있으며, 정보처리 계층구조에서 멀리 떨어진 그리고 반복적인 벡터 변환의 영역에 있다. 박쥐의 뇌는 청각 정보에 대한 지능이다. 그리고 그런 말초(청각)

정보에 대한 공간 인지적 이용에서 박쥐는 우리를 능가한다.

박쥐는 또한 비행 복잡성에서도 인간을 능가하는 주요한 인지적 이점을 갖는다. 마찬가지로 이를 단순한 운동 조절의 측면으로 치부하는 것은 옳지 않다. 비행술은 적어도 이족 보행이나 손동작 제어만큼 복잡한 기술이다. 그러한 모든 기술들이 학습되면, 그것들은 초단위로 이루어지는 실천적 추론에서 완전히 통합된다. 이곳 캘리포니아 라호야(La Jolla)에서 나는 초봄부터 늦가을까지 매일 많은 젊은이들이 절벽 위에서 해안을 향해 무모하게 돌진하며 날아오르는 것을 바라본다. 기나긴 연습을 통해, 이런 행글라이더 조종사들은 박쥐가 가진 경이로운 기술을 닮은, 그렇지만 그것에는 한참 미치지 못하는 비행을 성취한다. 박쥐의 기술을 이러한 방식으로 습득하는 것은 분명 즐거운 일이겠으나, 인간은 그런 기술을 완벽히 수행하기에 선천적으로 부족하다. 공중 운항 또한 지능의 일종이며, 이 점에서도 박쥐가 우리보다 월등하다.

끝으로, 다시 본론으로 돌아와서, 정교한 청각 정보와 정교한 공기동역학적 운동 출력을 조절하는 일은, 설령 가장 둔한 박쥐라도 능히 해내는 일이지만, 엄연히 고차원적 인지 기술이다. 행글라이더 조종사들이 칠흑 같은 어둠 속 대리석이 깔린 널찍한 미술관에서, 전체적으로 찍찍 우는 소리를 내며, 비행을 거듭해온 게 아니라면, 그 어떤 인간도 이것을 제대로 수행해낼 수 없을 것이다. 이것은 명백한 인지적 기술로, 어느 새들보다도 박쥐가 훨씬 탁월하게 수행하는, 전형적 인간은 완전히 갖지 못한 기술이다.

박쥐의 경우와 비슷하게, 다른 비인간 동물에 대해서도 그것에 특화된 인지 기술에 대해 말해볼 수 있다. 2장에서 개의 후각 코딩에 관해 논의하며, 개가 가진 이러한 능력이 인간을 훨씬 능가한다고 말했던 것을 상기해보자. 개와 더불어 다른 많은 동물들은 후각적 공간 내에, 시간적 및 인과적 특징들을 포함하는, 풍부한 현상들에 대해 비범한 접근 능력을 지닌다. 그리고 그러한 대부분의 특징들은 인간의 이해 범위를 뛰어넘는 것들이다. 어떤 상어들은 전기에 반응하는 주둥이를 갖고 있으므로 '전기적 공간(electric space)'에 접근할 수 있다. 그것들은 바다 표면 아래 깊이 숨겨진, 전기적으로 반응하는 먹이를 얻기 위해 모래를 파헤친다. 그것들은 인간에게는 너무도 낯선 그들만의 체계적 지능을 활용하여 탐색한다.

나는 여기서 더 나은 동물들의 감각 사례들을 다루었는데, 왜냐하면 그 동물들의 이질적 본성이 분명히 드러나고, 그러한 능력에 대한 인간의 결핍 또한 논란의 여지가 없기 때문이다. 그러나 이러한 뚜렷한 경우들 외에, 우리는 반드시 비인간 동물의 뇌에 자리한 계산처리 계층구조(processing hierarchy)의 모든 수준에서 일어나는 여러 잡다한 인지적 전문화(cognitive specializations)를 고려해야 한다. 이러한 전문화는 우리가 완전히 결여하는 것이거나, 가진다고 하더라도 비교적 약한 형태로 남아 있다. 둘 중 어느 쪽이든, 우리는 동물의 인지 능력이 인간의 것을 뛰어넘는, 때로는 큰 차이를 보여주기까지 하는 지능의 차원에 대해 살펴볼 것이다. 그러므로 인간의 지능과 비인간 동물종의 지능을 비교할 때 우리가 해야 할 일은 인간과 비인간 종 각각의 인지 능력의 특성에 관한 두 가지 벡터를 서로 비교해보는 것이다. 우리는 그 둘의 복잡한 패턴이나, 비록 완전히는 아니더라도, 어느 정도 겹치는 두 양태를 비교해볼 필요가 있다. 그리고 우리는 그 둘을 비교함에 있어 약간의 겸손함으로 많은 비인간 동물들이 성취한 것을 대면할 필요가 있다.

언어는 인간만의 고유한 특징인가?

우리 인간은 자신만의 여러 인지적 전문화를 가지며, 그중 가장 분명한 것이 바로 언어이다. 이것에서만큼은 우리가 겸손할 필요는 없다.

언어 능력과 관련하여, 우리는 지구상에서 가장 성공적인 종(species)이다. 사실, 우리가 언어 능력을 갖춘 유일한 종이라는 주장은 심리학자들과 언어학자들 사이에 정설로 받아들여지고 있다.

위의 주장은 두 가지 중요한 측면에서 의심의 여지가 있다. 첫째, 인간 외에 많은 다른 종들도 자기 종에 특화된 체계적 의사소통 수단을 보여준다. 몸집이 큰 포유류 중, 돌고래, 고래, 그리고 버빗원숭이 등이 그 대표적 사례이다. 그 두 해양 포유류는, 소리를 생성하는 것과 소리를 감지하는 메커니즘 모두에서, 인간의 시스템과는 매우 다른 청각 시스템을 사용한다. 예를 들어, 그들의 흥미로운 둥근 이마는 들어오는 청각 에너지를 모으고 집중하는 청각 '렌즈'의 역할을 한다. 비록 그러한 의사소통의 특징이 여전히 밝혀진 것은 아니지만, 돌고래가 그것을 통해 다른 돌고래와 소통한다는 것은 분명하다. 돌고래는, 비단 소통에서 뿐만이 아니라, 자신들의 청각적 재능을 반향 위치 측정(echolocation)과 반향-'탐지'(echo-'palpation')에도 사용한다. 그리고 그 녀석들은 인간이 들을 수 없는 미묘한 위상 전환(phase shifts)과, 다른 시간적 현상(temporal phenomena)에도 민감하게 반응한다. 해저에서 발생하는 소리는 공기 중에서 발생하는 소리와 많은 측면에서 다르다. 우선, 해저에서 발생하는 소리는 훨씬 빠르고 파장도 더 길다. 돌고래의 듣기 능력은, 자신들의 발성 기관과 마찬가지로, 이러한 차이점을 이용하도록 진화되었다. 그런 능력은 의미론적 및 문법적으로 자신들의 '언어발화(speech)'에 적절한 구조적 특징을 만들었으며, 우리가 그런 능력을 가질 수는 없다.

반면에, 버빗원숭이의 경우라면 우리의 감각으로 훨씬 더 쉽게 접근해볼 수 있다. 실제로 현지 조사를 통해, 버빗원숭이들이 대략 열두 가지로 구분되는 소리들로 이루어진 독자적 어휘를 가진다는 것이 밝혀졌다. 그 어휘들은 모두 다양한 사회적 맥락에서 안정적으로 사용되는 의미론적 내용을 지닌다. 그러나 그 원숭이들은 열대우림의 높은 나무 위에서 서식하므로, 우리가 버빗원숭이들의 본성적인 인지적 설정에 친숙해지기란 여간 어려운 일이 아니다. 위의 세 가지 종들 모두 명확히 사회적 동물이지만, 우리 인간이 그들의 사회적 관습을 받아들이거나, 그들의 복잡한 사회를 잘 알 수 있을 조건을 갖지 못했다. 이러한 낯선 시스템의 본성과 복잡성이 우리에게 불투명한 한에서, 그들의 언어가 인간의 언어에 비해, 정도 차이가 아닌, 질적 차이를 가진다고 확신하기란 어렵다.

둘째 우려는, 진화 계통상 우리와 가장 가까운 이웃, 다른 탁월한 유인원이 진짜 인간 언어의 어떤 형태 혹은 일부를 배우는 능력과 관련하여 나온다. 유감스럽게도, 침팬지, 오랑우탄, 고릴라 등은 인간 언어의 소리를 또렷하게 발음하기 위해 필수적인 발성 기관을 갖지 못한다. 그들의 인지적 역량이 어떠하든, 그 유인원들은 음성언어를 제대로 구사할 해부학적 능력을 갖지 못한다. 그래서 초기 연구자들은 인간의 수화, 즉 손의 모습과 움직임에 의한 언어를 침팬지에게 가르치는 것을 목표로 삼았다. 수화는 음성언어만큼 복잡하므로, 그것은 동등한 가치를 지닌 목표라 할 수 있다. 모든 유인원들은 손을 다루는 역량이 고도로 발달했기 때문에, 여기서 학습의 실패는 단순히 해부학적 결함이라기보다 인지적 결함을 의미할 것이다.

초기 결과는 긍정적으로 보였다. 와슈(Washoe)라는 젊은 암컷 침팬지는 의도적으로 조성한 자연 거주 환경에서, 심리학자 앨런과 트릭시 가드너 부부(Alan and Trixie Gardner)와 함께 살았다. 그 침팬지는 100개가 넘는 수화 어휘를 배웠고, 가끔은 2-3개의 단어를 순서대로 조합해서 사용하기도 했는데, 그중 일부는 새로운 것이기도 했다. 그러나 회의론자들에게는 그 침팬지가 사용하는 수화 기호들이 진정으로 의미론적 숙고를 통한 것인지, 아니면 훈련 과정에서 습득한 단순한 자극 반응 연결에 불과한 것인지 불확실했다. 더구나 그들은 그 침팬지의 문법에 대해서 실망했다. 와슈가 구사하는 문법 구조나 적절한 단어 조합을 이용하는 역량은 초보 수준에 머물렀다. 그 침팬지는 결코 인간 아이처럼 유창하게 언어를 사용하는 데에 다가서지 못했다.

젊은 수컷인 두 번째 침팬지는, MIT의 언어학자 노암 촘스키(Noam Chomsky)를 기리기 위해 익살스러운 이름으로 '님 침스키(Nim Chimpsky)'라 불렸으며, 그 또한 수화를 배웠다. 이 침팬지는 심리학자 허브 테라스(Herb Terrace)와 함께, 더욱 조심스럽게 통제된 실험 조건을 갖춘 연구실에서 훈련받았다. 님 역시 상당 양의 어휘를 배웠으며, 와슈가 설정해놓은 기준에 어느 정도 부응하기도 했다. 그러나 결국 그 침팬지도 회의감을 더욱 높여주고 말았는데, 와슈와 같은 한계를 보여주었기 때문이다. 테라스는 님에게서, 문법 구조와 실제 의미를 갖는 인간 명령의 기초라고 가정되는, 진정한 [언어] 생성 역량(generative capacities)이 훨씬 부족하기 때문이 아니라는 어느 행동도 유도해낼 수 없었다. [즉, 그 실험에서 연구자는, 침팬지가 인간과 같은 진정한 언어 능력 자체를 갖지 못해서가 아니라 단지 그들의 언어 역량이 부족하기 때문이라는 것을 보여주는 데 실패했다.] 이러한 이유들로 인해, 비인간 유인원의 언어 역량에 관한 초기의 주장은 평판이 나빠지기 시작했다.

그러나 그러한 주장은, 애틀랜타의 여키스 국립연구소(Yerkes National Laboratory)에서 새로운 세대의 언어학 연구가 이미 해당 논쟁을 새롭게 재구성하고 있음에도 불구하고, 여전히 남아 있었다. 이 연구는 다소 사랑스러운 피그미침팬지(pygmy chimps)나 보노보(Bonobo)에 초점을 맞추었으며, 문제의 언어 시스템은 시각적으로 독특하면서도 쉽게 조작할 수 있는 물리적 기호로 구성된 인공 시스템이었다. 일종의 휴대용 전자 슬레이트 보드(electronic slate board)에 놓인 커다란 격자 위에 약 200개의 다양한 모양과 색상을 지닌 작은 기호를 영구적으로 배치하였다. 그 동물들은 이것들을 단순히 누름으로써 주어진 기호들을 활성화시킬 수 있다. 이런 시스템은 모호하거나 제스처가 불분명한 수신호에서 흔히 발생하는 애매함을 줄여주며, 그 동물들이 어떤 조합을 만들었는지, 그리고 만들지 않았는지 등을 훨씬 더 객관적으로 파악할 수 있게 해준다. 이전 연구들처럼, 그 동물들은 일상적인 생활에서 이러한 자원들을 사용하도록 훈련받는다. 슬레이트 보드는 그 동물들이 가는 곳 어디에서든 제공되었다.

이 프로젝트의 연구진은 수 새비지 럼보(Sue Savage Rumbaugh)와 듀안 럼보(Duane Rumbaugh) 및 연구원들이다. 10년간의 연구 끝에, 연구진은 기능적 어휘와 문법적 정교함 모두에서 와슈와 님이 보여준 수준을 훨씬 뛰어넘는 피그미침팬지의 언어-비슷한 행동을 보고했다. 가장 뛰어난 동물 중 하나인 '칸지(Kanzi)'라는 이름의 나이든 수컷은 인공적 기호 시스템에 대한 상당한 실력은 물론이고, 이를 뛰어넘어 구두 영어(spoken English)에 대한 의외의 이해력까지 보여주었다. 침팬지 귀에 아무런 문제가 없었으므로, 평생 영어를 사용하는 환경(Anglophone environment) 속에 놓여 있던 칸지는 복잡한 영어 언어 지시를 체계적으로 따라갈 수 있는 능력이 있음을 명백히 보여줬다. 그러한 지시들 중 일부는 칸지에게 완전히 새로운 것들이었다. 그러한 지시들은 칸지가 단 한 번도 들어본 적이 없는 것들이었는데, 이를테면 "칸지야, 가서 문밖에 있는 공을 마가렛에게 건네주렴(Kanzi, go and get the ball that is outdoors and bring it to Margaret)."과 같은 것들이었고, 칸지는 방 안에 있던 다른 공을 지나쳐가며 정확히 이를 수행해냈다. 수 새비지 럼보는 이 에피소드를 비롯해 다른 많은 것들을 비디오로 녹화해두었다. 칸지의 반응들은 매우 인상적이었다.

칸지의 구두 영어 이해 능력에 대해 더 논의하는 것은 즐거운 일이겠지만, 일단은 이것과는 다르게 더 쉬운 통제가 가능한 침팬지의 인공적 기호 시스템 구사에 대한 연구에 집중해보자. 이런 연구 결과는 여러 동물들에 걸쳐 강력하게 나타났는데, 이것이 갖는 의의는 여전히 애매한 채로 남아 있다. 침팬지들도 인간 언어의 기초가 되는 것과 동일한 종류의 체계적 능력을 갖추고 있을까? 아니면 진정으로 체계적인 인간 능력의 처음 몇 가지 층을 모방하면서, 단지 비언어적 인지 능력을 그 한계까지 확장하고 있을 뿐인가? 잘 모르겠다. 내 생각엔 다른 이들도 잘 모를 것이다.

그런데 어째서 이 문제가 중요한가? 침팬지가, 미약하게라도, 생성언어(generative language) 기술을 배울 수 있는지 여부와 관계된 것은 무엇인가? 적어도 두 가지가 있다. 첫째는 현재 우리 인간이 언어를 어떻게 구사하는지에 관한 지배적 이론의 향후 운명이다. 이것은 노암 촘스키의 유명한 견해인데, 오직 인간 뇌만이 신경 하부 시스템으로서의 특별한 '언어 기관(language organ)'을 가진다는 주장이다. 이러한 기관은 유전적으로 타고난 것이며, 인간 언어의 특징인 재귀적 문법 규칙들을 조작하는 독특한 능력을 갖추고 있다고 여겨진다. 이러한 견해에 따르면, 다른 동물들은 우리가 배우는 언어적 기술과 같은 것들을 배울 수 없다는 결론이 도출된다. 그러나 유인원 언어 연구에서 보고된 거의 모든 긍정적인 연구 결과는 이러한 견해에 직접적 위협이 될 것이다.

둘째로 밀접하게 관련된 문제는, 언어-비슷한 계산 능력이 의식의 생성에 미치는 역할에 관한 것이다. 일부 이론가들, 특히 대니얼 데닛에 따르면, 추론적 언어 활동에서 나타나는 종류의 순차처리 인지적 과정(serial cognitive processes)은 오직 인간만이 가지는 매우 특별한 의식 형태의 구성물이다. 데닛은 인간과 동물의 의식 사이에 고정된 큰 간극이 존재하며, 언어-비슷한 인지 처리가 그 차이를 만든다고 말한다.

언어 능력이 인간에게만 있다는 촘스키의 말이 맞고, 언어-비슷한 처리가 인간 의식의 본질이라는 데닛의 말이 옳다면, 인간의 의식과 비언어적 동물의 의식은 정도에서뿐 아니라 근본적인 종류에서도 달라야 한다.

나는 이런 논증의 두 전제 모두에 의문을 표하고 싶다. 촘스키부터 시작해보자. 오직 인간 뇌만이 추상적 문법 규칙을 적용하고 조작하는 데 계산적으로 공헌하는 '언어 기관'을 가진다는 그의 주장에 주목해보자. 많은 경험적 사실들이 이 주장에서 어긋난다.

누군가는, 뇌 병변 및 기타 국소화 연구가 이러한 특수한 뇌 영역을 밝혀낼 것이라 기대할 수 있으며, 실제로 브로카 영역에 대한 발견의 중요성에 대한 첫째 해석은 그 기대와 깊은 관련이 있었다(7장을 다시 보라). 그 영역은 마치 '문법 상자'라고 가정했던 바로 그것처럼 보였다. 그러나 추가적인 연구는 다른 그림을 보여주었다. 다마지오 부부와 그 연구원들이 보여주었듯이, 우리의 언어 능력은 뇌 전체에 걸쳐 더 광범위하게 분포되어 있다. 문법적 산출과 다르게, 문법적 이해를 위해서는 베르니케 영역이 브로카 영역만큼이나 중요하며, 두 영역은 2-3인치 정도 떨어져, 주요 영역 경계로 구분된다. 또한 측두엽의 전체 길이를 따라, 즉 후두엽 경계에서부터 그리고 이 경계를 넘어, 전두엽으로 이어지는 영역에서의 뚜렷한 병변은, 그림 7.4에서 보여주었듯이, 언어발화에서 독특한 문법적 부분을 제거시킨다. 브로카 영역은 일반적으로 문법보다는 특히 동사를 지시하는 능력에 주로 관여하는 것으로 나타났다. 따라서 만약 고유한 언어 기관이 있다면, 그것은 우리 뇌 표면의 많은 부분에 흩어져 있으며, 이러한 영역들은 많은 비인간 동물들도 해부학적으로 가지는 동일 영역에 있어야 할 것이다. 따라서 만약 우리가 그러한 기관을 가지는 반면, 다른 동물은 갖지 않는다면, 그러한 차이는 우리의 뇌 해부학의 측면에서 아직 드러나지 않는다.

조금 다른 얘기를 해보자. 인간 사이에 이중언어와 다중언어를 사용하는 사람들이 존재한다는 것은 언어 기관 가설에 대해 원초적 질문을 제기한다. 즉, 그런 사람들은 둘, 셋, 혹은 그 이상의 언어 기관을 발달시키는가? 사실 이런 질문 자체만 놓고 보면, 진지하게 반론할 필요조차 없다. 결국, 하나의 동일 기관이 여러 언어를 구사할 수도 있기 때문이다. 즉, 우리는 다중언어 사용자가 여러 가지로 뚜렷하게 구분되는 말하기 스타일(영어 스타일, 프랑스어 스타일 등등)을 포함하는 하나의 복잡한 언어를 가진다고 생각해볼 수도 있다.

그러나 '가역적 뇌 병변(reversible brain lesion)'이 이중언어 피험자에게 자신의 두 언어 중 하나에서만 완전한 실어증을 일으키면서도, 자신의 다른 언어는 영향을 받지 않을 수 있다는 경험적 사실을 생각해보면, 다중 및 독특한 언어 기관이 있다는 주장의 문제가 다시 불거진다. 정말로 이러한 경우들이 있다. 예를 들어, 외과적 탐색에서, 이중언어 사용자인 그리스 출신 미국인에게 좌뇌의 특정 영역을 인위적으로 억제하였더니, 그는 모국어인 그리스어를 구사하지 못하였지만, 자신이 학습한 영어는 영향을 받지 않았다. 그리고 근처 뇌 영역을 인위적으로 억제하였더니, 정확히 반대 효과가 나타났다. 만약 언어 기관이 실제로 존재한다면, 이러한 임상 사례가 제시하는바, 이중언어 사용자가 공간적으로 구별되고 개별적으로 기능하는 언어 기관 중 적어도 두 개를 가지고 있어야 하며, 두 기관 모두 뇌의 같은 쪽에 있어야 한다.

한 가지 사실을 더 고려해보면 혼란은 가중된다. 정상적인 인간 유아가 뇌 손상을 입어, 이를테면 좌뇌 구조가 언어 능력을 정상적으로 지배하지 못하게 되면, 일반적으로 해당 영역에 대응하는 우뇌의 다른 영역이 작업을 대신한다. 정상적인 언어 능력이 발달할 때, 그 능력이 단지 좌뇌가 아닌 우뇌에 실현되었을 뿐이다. 즉, 뇌의 오른편에도 (적어도 잠재적인) 언어 기관이 있는 것으로 보이며, 그 기관은 그래야만

하는 상황이 오지 않는 한, 문법적인 일과는 상관없는 자격을 맡았을 뿐이다.

그렇다면 우리는 뇌의 양쪽에 하나씩, 두 개의 언어 기관을 갖는가? 어떤 의미에서, 우리는 분명히 그러할 것 같다. 그 '언어 기관'이란 원래의 서술(description) 자체에 문제가 있긴 하지만 말이다. 결론적으로, 언어 기관 주장의 핵심은, 그것이 추상적 문법 규칙을 적용하고 조작하는 데 (계산적으로) 기여한다는 것이다. 분명히 그 우뇌 구조는, 대다수의 경우, 이러한 기여를 하지 않기에, 그러한 구조는 언어적 잠재성을 떠맡은 적이 없으며, 그 대신 다른 다양한 인지 기능을 수행한다. 예를 들어, 브로카 영역과 해부학적으로 대응하는 우뇌의 그 영역은 표준적으로는 섬세한 손(manual) 조작 능력과 연관되는 곳이다. 문법적 자격과 하드웨어 연결(hard-wired)을 이룬다고 가정되는 그 우뇌 '언어 기관'은 해부학적으로 흩어져 있는 만큼, 기능적으로 가소성을 지니는 것으로 입증되었다.

뇌의 왼쪽에 있는, 더욱 일반적인 언어적 거울 이미지에 대해서도 동일하게 해당 이론에 반하는 판단을 내려야 한다. 왜냐하면 왼손잡이들은, 뇌 양쪽 모두 어떤 손상도 없음에도, 언어 기술과 손을 다루는 기술에 관련된 피질의 위치가 앞서 언급한 일반적인 배열과 정확히 반대인 경우가 많기 때문이다. 만약 인간의 뇌에 유일하고, 해부학적으로 독특한, 하드웨어 연결을 이루는 언어 기관이 존재한다고 하더라도, 그것을 파악하기란 매우 어려울 것이다.

인간의 '계산적 장치'와 다른 영장류의 그런 장치 사이에 뚜렷한 불연속성이 있다는 촘스키의 주장에 대해 자주 제기되는 표준적 반론이 있다. 나는 그 반론을 밀고 나갈 생각이 없지만, 언급할 가치는 있다고 생각한다. 진화론의 관점에서, 우리가 유전적으로 다른 유인원들과 얼마나 가까운지, 그리고 그들과의 진화 경로에서 갈라진 지 얼마 되지 않았음(5백만 년도 채 되지 않았다)을 고려해보자. 이것을 고려해보면, 그러한 언어 기관을 전혀 갖고 있지 않던 인류가 갑자기 어느 순간 완전히 발달한 언어 기관을 갖게 될 가능성은 매우 희박하다. 반론을 이어가면, 인간은, 모든 고등 영장류가 적어도 어느 정도는 가지는, 계산 역량을 완전히 또는 새롭게 사용하는 법을 어느 순간 터득했을 가능성이 훨씬 높다.

언어가 꽤나 일반적인 인지 능력의 특별한 사용이라는, 이 상반된 생각은 이것과 독립적인 인공신경망 연구로부터 지지받고 있다. 엘만 (Elman)이 성공적으로 만들어낸, 문법적 소임을 맡은 그물망은, 어떤 특별하고 고유한 신경 구조가 없음에도 문법 같은 기술 습득에 지장이 없다는 것을 잘 보여준다. 지극히 평범한 재귀적 그물망일지라도 최소한의 기초 생성 문법(elementary generative grammars)을 다룰 수 있다는 것이 입증된 것이다. 그 성공적 그물망 모델은 사실 그렇게 큰 규모도 아닌, 고작 200개 정도의 뉴런을 갖는다. 그렇지만 그러한 구조물 (architecture)은 학습시킨 특정 문법 이외에도 다른 많은 문법들을 학습할 수 있으며, 그 동일 구조물이 한정된 문법적 용도만이 아니라 전혀 다른 용도로도 무한히 활용될 수 있다. 하드웨어 연결 계산 구조의 특성상 매우 특별한 무언가가 필요하다고 하더라도, 문법적 자격을 유지함에 있어, 그 인공그물망 모델은 확실히 그것을 보여주지 않는다. 그 인공그물망이 보여주는 것은 사실 그것에 역으로 성립하는 것이다. 즉, 아무리 단순한 실제적 뉴런 구조일지라도 생성적 역량을 가질 수 있다.

언어는 오직 인간만이 가지는 생성적 역량이 아니다. 인간은 적절한 훈련을 통해서 음악을 연주할 수 있다. 또한 단순히 악보를 읽는 것뿐 아니라, 즉흥 연주 또는 '애드리브(ad lib)'하는 법을 배우기도 하는데, 이것을 이면에 숨겨진 잘 정의된 화음 테마에 따라서, 유창하고 조화롭게, 그리고 임의의 길이로 즉석 연주할 수 있다. 인간은 기하학을 배울 수 있으며, 더 복잡한 기하학적 사실과 관계에 대한 증명들을 무한히 탐색해나가는 법을 배운다. 인간은 산수를 배울 수 있으며, 임의의 길이의 덧셈, 곱셈, 나눗셈 등을 생성하는 방법을 배운다. 비인간 동물은 언어를 가지고도 이러한 행위들에 참여하지 않는다. 그렇다면 우리는 자신의 내부에 '언어 기관'과 함께 타고난 독점적인 '음악 기관', '기하학 기관', '산술 기관' 등이 있다고 가정해야 하는가?

만약 그렇지 않다면, 우리의 언어 능력 전부를 계산 기관(computational organ)에 귀속시키자는 특별한 주장은 무엇인가? 아마도 이러한 주장은 언어적으로 활발한 사회 환경에서 자란 정상적인 인간 유아(infant)라면 누구나 언어를 배울 수 있다는 사실에서 비롯될 것이다. 그러나 음악, 기하학, 혹은 산수 또한 그러한 활동에 적합한 사회적 환경에서 성장한다면, 정상적인 인간 유아 누구나 배울 수 있는 것들이다. 만약 여기에 무언가 근본적인 차이가 있다고 하더라도, 역시 그것을 파악하기란 쉽지 않을 것이다.

이런 모든 것이 촘스키 가설이 틀렸다는 것을 보여주지는 않는다. 그러나 만약 당신의 확신이 흔들리고 있다면, 나의 확신도 친밀감을 가지고 고려해볼 수 있을 것이다. 특히 수 새비지 럼보의 피그미침팬지들은 인공 기호 보드에서 빠르게 4-5개의 단어 순서를 규칙적으로 놓는 체계적인 조합 능력을 보여준다. 특히 칸지는, "칸지, 냉장고에 열쇠 넣어", "칸지, 내 신발 벗겨줘", "칸지, 개에게 주사를 놔줘" 등과 같은 새로운 구두(verbal) 지시에 적절히 반응하는 능력을 보여주었다. (개는 봉제 인형이었지만 주사기는 진짜였고, 칸지는 이 주사기를 사용하기 전에 주사기의 보호 뚜껑을 벗겼다.) 인간의 언어 능력이 대체로 표준적인 계산적 뇌 구조(computational brain structure)에 존재하며, 비인간 동물의 언어 능력과 정도에서만 다르다는 가설은 매우 생명력을 갖는 가설이다.

데닛의 언어 중심 의식 이론에 대한 비판

이제 우리는 데닛의 이론과 함께, 바로 앞 장에서 살펴본 것과 상당히 다른 인간 의식 이론으로 시선을 돌려보자. 데닛은, 최근의 다른 모든 이론가들처럼, 뇌의 구조 양식이 대규모 병렬계산 시스템(parallel computing system)이라는 것을 잘 알고 있다. 뇌는, 고전적, 분리된 상태, 프로그램되는, 순차처리 등의 계산기 구조 양식을 갖지 않으며, 대부분에서 그와 같은 어떤 양식으로도 작동하지 않는다. 그러나 대규모 병렬적인 인간의 뇌는 여전히 순차처리 기계의 전형적인 작동을 어느 정도 시뮬레이션할 수 있다. 예를 들어, 우리는 언어의 복잡한 기호 문자열을 생성할 수 있고, 이해할 수도 있다. 그러한 문자열에 대해 어느 정도 손쉽게 그리고 신뢰도 있게 연역 연산을 수행할 수도 있다. 더하기, 곱하기, 나누기 등과 같은 재귀적 산술 연산 또한 할 수 있다. 데닛에 따르면, 우리가 이러한 작업들을 수행할 때, 우리의 기본적 병렬 신경 구조물은 '가상(virtual)' 계산기를 실현하는 것이며, 그 활동은 고전적, 분리된 상태, 규칙 지배적, 순차처리이다.

데닛이 여기서 언급하고 있는 것은 당신의 표준적, 순차처리, 데스크톱 컴퓨터가 갖는 일반적 역량이다. 즉, 일반 데스크톱 컴퓨터가 워드 프로세서 프로그램을 통해 그 역량을 불러오면 '워드 프로세싱 기계'가 되고, 비행 시뮬레이터 프로그램을 통해 불러오면 '비행 시뮬레이터 기계'가 되며, 세금 계산 프로그램을 통해 불러오면 '세금 계산기'가 된다는 식이다. 현재 실행 중인 프로그램에 따라 데스크톱 컴퓨터는 워드 프로세서, 비행 시뮬레이터, 세금 계산기, 혹은 당신이 가진 그 어떤 특정한 '가상 기계(virtual machine)'가 된다. 만약 우리가 그것을 적절히 프로그래밍하면, 심지어 대규모 병렬 신경그물망의 작동까지 시뮬레이션할 수 있으며, 이 주제에 관한 대부분의 연구가 이러한 방식으로 이루어지고 있다.

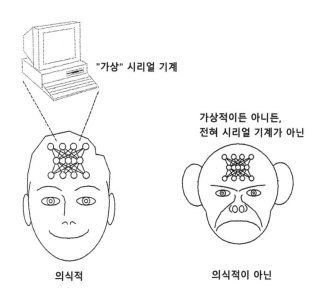

"가상" 시리얼 기계

가상적이든 아니든,
전혀 시리얼 기계가 아닌

의식적

의식적이 아닌

그림 10.1　대니얼 데닛의 인간 의식에 관한 이론이다. 대규모 병렬 인간 뇌는, 분리된 상태, 순차처리 방식의 '가상' 컴퓨터를 구현할 수 있도록, 시냅스 가중치를 조성하고 있다. 그 가상 컴퓨터의 활동, 즉 조이시안 머신(Joycean machine)이 인간의 의식 흐름을 구성한다. 그러나 침팬지나 다른 동물들의 뇌는 이러한 특별한 종류의 가상 기계를 구현할 수 없다. 따라서 그것들은 인간이 갖는 특별한 종류 혹은 특별한 수준의 의식을 결여한다.

이와 비슷하게, 데닛은 실제의 대규모 병렬 하드웨어 신경망에서 수많은 시냅스 가중치를 적절히 설정하면, 분리된 상태 순차처리 기계의 계산 활동을 시뮬레이션할 수 있다고 말한다(그림 10.1). 방금 언급한 일반적인 실행을 뒤집으면, 병렬 기계는 고전적인 순차처리의 가상 기계를 유지할 수 있다. 데닛에 따르면, 이것이 곧 인간의 뇌가 언어를 배울 때 하는 일이다. 인간 뇌는 비인간 동물에게는 없는, 규칙 지배적 표상들의 (시간에 따라 전개되는) 구조화된 시퀀스로 정보를 표상하고 처리하는 능력을 습득한다.

데닛에 따르면, 이런 전개되는 표상들의 시퀀스, 즉 이런 광범위한 언어적 활동의 흐름이 바로, 인간 의식의 흐름을 구성한다. 이런 '가상 (제임스) 조이시안 기계(virtual Joycean machine)'는, 병렬 하드웨어로 실현되고 유지되며, 그것이 바로 우리 인간이 의식이라고 부르는 활동의 흐름을 생성한다. 동물은, 이러한 분리된 상태, 순차처리의 재귀적으로 규칙 지배적인, 광범위한 언어적 활동을 학습하지 않으며, 아마도 학습할 수조차 없다. 따라서 인간이 누리는 특별한 종류의 의식을 갖지 않으며, 아마도 가질 수 없을 것이다.

의식에 관한 데닛의 관점은 그의 최근 저서 『설명된 의식(Con-sciousness Explained)』[20]에서 자세히 설명된다. 내 생각에 그 관점은 심각히 혼란된 것이며, 내 나름의 방식으로 설명을 시도하겠지만, 그것의 핵심적 오류가 쉽게 드러나고, 그 관점은 심각한 아이러니도 포함한다.

언어-비슷한 활동의 원형은, 아리스토텔레스 이래로 인간의 인지를 설명하려는 모든 이론적 시도에 철옹성처럼 굳건히 자리 잡고 있다. 그러나 그것은, 심지어 인간에게서조차, 인지 활동의 거짓(false) 원형이다. 여기 지금 20세기 말에서야 마침내 우리는 매우 다른 원형을 발굴하고, 그 원형의 힘을 탐구하기 시작했다. 그것이 바로 대규모 병렬 재귀적 신경망 내의 분산된 벡터 처리이다. 이제 그것이 모든 생물학적 뇌 내부 계산 활동의 주요 형태라는 것은 의심의 여지가 없다. 그리고 우리는 이런 새로운 원형이 제공하는 놀랍도록 새롭고 풍부한 재원을 통해서, 친숙한 형태의 인지 활동을 설명하는 방법을 알아보기 시작했다.

그러나 우리가 옛것을 새롭고 더 나은 원형으로 교체하는 동안, 데

---

20) [역주] 한국어 번역본 제목은 『의식의 수수께끼를 풀다』이다.

닛은 (1) 실패한 옛 원형을 다시 재조명하려 시도하며, (2) 그것을 인간 의식의 모델로 만들려 하며, (3) 병렬분산처리에 대해, 낡은 언어적 원형의 '가상 사례'를 시뮬레이션할 수 있다고, 엉성하게 등을 토닥여주며, (4) 비언어적 동물이 인간 의식과 비슷한 것을 가진다는 것을 부정함으로써, 그런 동물의 의식을 설명할 수 없는 자신의 이론을 옹호한다.

위의 전체 내용은, 재귀적 PDP 그물망이란 (고무적이며) 새로운 구조적 및 동역학적 인지 원형을 독립적으로 설명해줄 미덕에 대한 몰이해로 인해 나에게 충격을 준다. 누군가는 그 의심스러운 '생기(vital spirit, 활기)'를 마치 생명 현상에 대한 실체적 설명으로 제안할 수 있으며, 그래서 그런 이론을 뒷받침한다고, (DNA 분자들로 결합된) 인과적 속성들의 '가상적 생기'를 시뮬레이션하는 DNA 분자들의 능력을 인용할 수도 있다. [이 문장의 이해를 위해 아래를 계속 읽어보라.]

물론 이러한 추론은 편견 혹은 선결문제를 요구하는 [오류의] 서술 (description)이다. 위에서 언급한 데닛의 네 가지 입장들이 모두 옳을 수도 있다. 그리고 내가 반대 논거로 사용하는 유비가 부적절할 수도 있다. 왜 그렇다는 것인지 살펴보자.

먼저 우리가 병렬처리 신경망을 적절하게 프로그래밍된 순차처리 기계에서 시뮬레이션할 때를 떠올려보자. 순차처리 기계에서 우리가 얻을 수 있는 것은 오직 시뮬레이션되는 그물망의 추상적인 입출력 작동 뿐이다. 순차처리 기계는 진정한 의미의 분산 코딩이나 병렬처리에 결코 관여하지 않는다. 그 내부는 분리된 상태의 끊임없는 순차처리 형태를 그대로 유지한다. (그것이 바로, 그 시뮬레이션이 병렬처리를 시뮬레이션할 때, 실망스러울 정도로 느린 이유이다.)

이런 사례를 통해 얻은 교훈은 일반화될 수 있다. 어떤 고전적 기계 M이 특정한 목적을 가진 가상 기계 V를 유지하기 위해 프로그래밍되었다고 우리가 말할 때, M의 내부 계산 과정에 관해, 그리고 얼마나 그 과정이 (시뮬레이션되는) 표적 기계의 내부 과정에 얼마나 비슷한 지에 관해 암시해주는 것은 전혀 없다. 그 과정이 어떻게든 동일한 입출력 작동을 생성하도록 통제한다는 것을 제외하고는 말이다.

우리가 시뮬레이션을 반대 방향으로 말할 때, 즉 병렬처리 기계가 가상 순차처리 기계를 실현할 능력을 말할 때에도, 분명히 동일한 평가가 내려진다. 성공적인 시뮬레이션은 관련된 입출력 작동이 달성되었다는 것을 암시해줄 뿐이다. 그리고 그런 성공은 시뮬레이션을 수행하는 병렬 기계의 내부 계산 활동에 대해 아무것도 암시해주지 않는다. 특히, 그 성공이 병렬처리 기계가 그 어떠한 분리된 상태, 규칙 지배적, 순차처리 과정에 개입한다는 것을 암시해주지 않는다.

그렇지만 데닛의 의식에 관한 설명은 진정한 무언가를 요구하는 것처럼 보이며, 단지 의식의 피상적 입출력 시뮬레이션을 요구하는 것처럼 보이지는 않는다. 뇌의 병렬처리 시스템은 진정한 순차처리 계산 활동을 실현해야 하며, 그렇지 않을 경우 (필수적으로 요구되는) 의식의 조이시안 흐름이 완전히 사라질 것이다. 그러므로 데닛의 '가상 기계' 그리고 '시뮬레이션'에 관한 논의는 결국 부차적인 문제에 불과하다. 결국 데닛은 자신의 이론에서 핵심적인 것을 얻어내기 위해, 생물학적 뇌 내부에서 실제의 순차처리 과정을 찾아낼 필요가 있다.

내가 추측해보건대, 의식에 관한 데닛의 접근 방식 뒤에 숨겨진 동기 중 하나는, 인간의 의식이 전형적으로 시간 경과에 따라 인지 구조가 잘 작동하는 전개를 포함한다는 그의 인식에서 비롯된 것처럼 보인다. 물론 여기에 대해 나는 동의한다. 그러나 데닛은 여전히, 고전적, 언어-비슷한 계산 과정이 시간적 전개(temporal unfolding)를 설명해줄 최선의 희망이라는 확신에 갇혀 있는 듯하다. 그래서 그는 고전적 순차처리 토끼를 대규모 병렬처리 인간 모자에서 꺼내려는 부자연스러운

시도를 한다. [즉, 억지스러운 마술에 기대고 싶은 것처럼 보인다.]

사실, 잘 작동하는 의식의 시간적 전개를 설명하는 다른 방식, 즉 훨씬 자연스럽고 효과적인 방식이 존재하며, 그 방식은 순차처리 컴퓨터나 언어-비슷한 처리로 설명되어야 할 어떤 본질적 이유도 없다. 그 대안적 설명은, 연속적으로 전개되는 시간적 차원의 복잡한 표상을 생성하는 대단한 능력을 지닌, (가상이 아닌) 실제 재귀적 그물망의 동역학적인 작동에 달려 있다. 우리는 당면한 문제를 설명하기 위해 고전적 순차처리 절차를 도입할 필요가 없다. 재귀적 병렬 그물망의 동역학적 절차는 그 어떤 경우에서든 훨씬 광범위한 자원을 제공해준다. 엘만의 문법 그물망이 보여주었듯이, 그러한 자원은 (어느 동물이 어쩌다 보여주는) 협소한 언어 처리를 설명할 수 있다. 그러나 언어-비슷한 기술 (skills)을 가진다는 것이, 인간을 포함하여, 동물에게 그러한 자원의 주요 기능은 아니다. 그리고 그러한 자원은 또한 아주 다른 여러 인지 능력의 넓은 우주를 설명해줄 수 있다. 즉, 어느 모든 종류의 운동 조절을 포함하여, 그리고 모든 방식의 인과적 과정을 재인하거나 상상하는 능력 등을 설명해줄 수 있다.

데닛의 책은 재귀적 그물망과 그 특별한 속성에 관한 어떤 논의도 포함하지 않으며, 그 책의 색인은 그런 용어에 대한 어떤 항목도 포함하지 않는다. (각주에서 언급한 제럴드 에델만(Gerald Edelman)과 재입력 경로(reentrant pathways)가 그나마 가장 가까운 축에 속한다.) 아마도 당시 데닛은 재귀적 그물망의 해부학적 중요성과, 특히 시간적 구조에 관한, 그 그물망의 계산적 (특별한) 솜씨에 대해 그다지 알지 못하는 것 같다.

어떤 경우라도, 인간 의식의 구조화된 시간적 차원은 그 설명을 위해 고전적 순차처리 원형을 필요로 하는 무엇이 아니다. 시간적으로 구조화된 활동은, 그것이 학습된 것이든 아니든 간에, 어느 재귀적 그물망에서도 자연스러운 특징이며, 어느 언어적 기술(skills)과도 독립적이다. 더구나, 시간적 구조를 엮어내는 그런 능력은, 어쩌다 언어를 사용하게 되었든 사용하지 않게 되었든, 모든 고등동물의 의식에 대한 단일 설명을 약속해준다. 예를 들어, 9장에서 개괄한 의식에 대한 여러 신경계산적 설명은, 다른 고등동물이 적어도 깨어 있을 때는 인간과 마찬가지로 의식을 가지고 있다는 것을 당연하게 말해준다. 대부분 그러한 동물은 인간과 마찬가지로, 다층 피질, 내밀히 연결된 두정 표상(viscerally-connected parietal representations), 그리고 시상과 피질 사이의 광범위한 재귀적 연결을 가진다(그림 10.2).

의식에 대한 데닛의 설명은 동물에게 불공평할 뿐만 아니라, 인간에게 나타나는 의식 현상을 다루는 데에도 부적합하다. 9장에서 우리는 (모든 설명의 추정적인 표적이 될 수 있는) 인간 의식에 관한 일곱 가지 두드러진 측면 또는 차원을 나열해보았다. "의식은 가상의 순차처리 기계"라는 데닛의 이론은 일곱 가지 모두에 대한 단일 설명은 말할

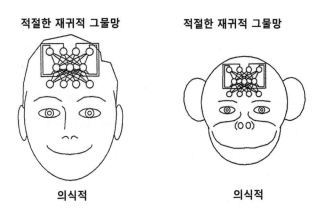

그림 10.2 인간의 의식과 다른 고등동물의 의식 사이에 대략적인 동등성이 재확립되었다.

것도 없고, 그중 하나에 대한 어떤 설명도 제공하지 못한다. 앞의 단락에서 말했듯이, 이것은 부적합한 혹은 부적절한 동기로부터 출발한 것만의 문제가 아니다. 그것은 또한 후속의 설명력에서도 부족하다.

끝으로, 데닛의 의식에 대한 설명은 의식 내용의 극히 일부, 즉 대부분의 언어-비슷한 활동에만 유리하도록 왜곡되어 있다. 그렇지만 인간 의식은 시각적 시퀀스, 음악적 시퀀스, 촉각적 시퀀스, 운동적 시퀀스, 감정적 시퀀스, 사회적 시퀀스 등등도 포함한다. 가상 순차처리 기계는 이러한 것들에 대해 특별히 유망한 설명 자원을 전혀 갖지 못한다. 반면에 재귀적 그물망은 그것을 가지고 있다.

사고와 의식에서 언어의 역할

의식은, 방금 내가 논했던 대로, 사회적 현상이라기보다, 일차적으로 생물학적 현상이다. 언어의 사회적 제도(institution)는 의식의 발생과 아무 관련이 없다.

반면에 의식의 내용은, 어떤 의식이 그 안에서 성숙해지는 동안, 사회적 환경으로부터 큰 영향을 받는다. 그리고 인간의 사회 환경 중 가장 두드러지는 요소는, 우리가 현재 사용 중인 언어이다. 이러한 문명에서 자라는 모든 어린이는, 다른 사람들에겐 이미 익숙해진, 지각적, 인과적, 사회적 범주들을 자유자재로 다루는 법을 배워야 한다. 이러한 범주들은 해당 문명의 언어에 체계적으로 반영되고, 각 어린이는 언어를 배우는 정상적인 과정에서 그런 범주들을 내면화한다.

그 결과 어린이가 무장하는 원형들은 전체 문명의 축적된 경험, 즉 과거 수천 년에 이르는 경험을 어느 정도 반영한다. 그러한 문명에서 태어난 어린이는 수많은 선조들이 겪어온 긴 지식의 여정을 처음부터 다시 시작해야만 할 필요가 없다. 선조들이 세계에 대해 배운 많은 것들, 즉 그들이 발견한 중요한 범주들과 관계들, 그리고 동역학적 과정들은, 그들의 죽음 이후에도 오래도록 살아남은 언어의 어휘 속에 적어도 대략적인 윤곽으로 반영된다. 물론 어린이는 여전히 그 관련 개념들이나 원형들을 배워야만 하며, 당연히 그것은 단순히 어휘를 암기하는 문제가 아니다. 그것은 세계와의 반복적인 상호작용의 문제이다. 그러나 그 어휘는 국소적인 인지적 상업에 이미 존재하고 작동하고 있어서, 학습 중 검색 공간을 좁혀줌으로써 어린이 두뇌의 발달을 형성하는 추상적인 주형틀을 형성한다.

따라서 언어는 일종의 체외 기억, 즉 (개인의 뇌 외부에 존재하며, 개인의 죽음 이후에도 살아남는) 정보 저장 매체를 구성한다. 언어의 등장 덕분에, 세계에 대해 배우는 과정은 더 이상 한 명의 인간이 일생 동안 습득하는 양에 제약되지 않는다. 어렵게 얻은 정보는 세대에서 세대로 효과적으로 전달되어, 각 세대마다 적절한 수정을 더해가는 동안, 스스로 집단적 의식(collective consciousness)을 전개하는 데 기여한다. 그리고 문자 언어의 도입과 함께, 그것을 영구적으로 기록하는 것이 가능해졌고, 그 과정은 더욱 확대되었다. 왜냐하면 우리는 조상의 실제 문장과 대화에 접근할 수 있을 뿐만 아니라, 그러한 대화가 처음 구성되었던 추상적인 틀에 접근할 수 있기 때문이다.

이런 마지막 이야기는, 언어가 인간 인지의 내용과 질에 현격한 차이를 만드는, 두 번째 방식을 보여준다. 역사적 기간은 논외로 두더라도, 언어는 언제든 인간의 인지 능력이 집단적이 되는 것을 가능하게 해준다. 언어는, 혼자서 해결할 수 없는 인지적 문제를 여러 사람이 함께 모여 해결하도록 해준다. 이제 해결책을 찾는 과정은 한 사람의 기억, 한 사람의 상상력, 한 사람의 지능, 혹은 한 사람의 관점에 제한받지 않는다. 언어는, 우리가 개인의 인지적 약점을 초월하고, 개인들의 힘을 모을 수 있도록 해준다. 비유적으로 말하자면, 언어 공유 및 활발한 대화는 n명의 사람들을 일시적으로 2n개의 반구를 지닌 하나의 뇌로 만들어준다. 이런 일시적인 집합체는, 적어도 특정 과제에서, 한 사람이 지닌 상호 연결된 한 쌍의 반구보다 훨씬 더 강력한 인지적 시스템이 될 수 있다.

언어의 두 가지 동역학적 결과, 즉 인지 활동의 집단화, 그리고 일생을 뛰어넘는 확장을 종합하면, 우리는 언어를 사용하지 않는 모든 종들보다 비범한 유리함을 얻는다. 내재적인 인지적 힘에서 상대적으로 작은 유리함은, 이러한 언어 사용의 동역학적 결과에 의해 두 배의 효과를 내며, 그것의 50-100세기에 걸친 누적의 효과는 지구를 지배하는 문명이 되었다.

우리의 의식 또한 분명히 이것에 영향을 받아왔다. 인간은 어느 다른 짐승도 알 수 없는 것들을 알게 되었다. 우리는 다른 동물들이 결코 전망할 수 없는 방식으로 생각한다. 인간 의식의 내용은 다른 동물들의 상상을 초월하며, 이것은 경시할 것이 아니라, 축하해야 할 사실이다.

그러나 의식 그 자체는 동물의 것과 인간의 것이 달라야 할 이유가 없다. 앞 장에서 살펴본 일곱 가지 인지적 특징들, 즉 단기 기억, 입력 독립성(input independence), 조정 가능한 주의집중(steerable attention), 가변적인 해석(plastic interpretation), 수면 중 소멸(disappearance in sleep), 꿈속에서 재등장(reappearance in dreaming), 그리고 감각 통합 (unity across the sensory)의 양상들을 나타내는 독특하고 다소 특별한 형태의 인지 활동 측면에서, 인간과 동물은 크게 다르지 않다. 언어는 인간 의식의 내용을 현격히 바꾸었으며, 앞으로 살펴보겠지만, 그 변화의 과정은 아직 끝나지 않았다. 그러나 의식이라는 현상 자체는 우리가 다른 많은 동물들과 공유하는 산물이다. 지금 이 시점에 밝혀진 최신 증거와 이론에 따르면, 고등동물도 인간만큼 의식적이다.

이론과학, 창의성, 그리고 외형적 모습 너머

다른 동물계와의 연속성을 강조한 이상, 인간을 차별화하는 성취와 기술(techniques)에 대한 탐구를 다시 시작하는 것은 적절하다. 이러한 탐구 중 하나는 바로 이론 및 실험 과학의 제도이다. 예를 들어, 현대 물리학의 개념적 및 실천적 (거대한) 체계를 생각해보자. 또는 현대 화학, 현대 생물학을 생각해보자. 오랜 연구와 실천을 통해 내재화된 이러한 체계를 통해, 인간은 원자핵을 조종하고, 멀리 떨어진 항성의 내부를 재구성하고, 자연에 없는 새로운 물질을 제조해내고, 질병을 통제할 수 있다. 우리는 어떻게 이러한 사례들의 힘과 규모에 걸맞은 개념적 구조를 만들어내는가? 인간은 어떻게 '겉모습 너머에 도달'하여, 그 뒤에 숨겨진 실재를 파악하는가? 그런 깊은 이해는 어떻게 만들어지는가?

그것을 설명하려는 많은 신화들이 있으며, 어느 해설자라도 그러한 신화에 설명을 추가하는 위험을 안고 있다. 그런 만큼, 비록 그 신화가 소중하더라도, 나는 아마도 [지금부터 이야기하려는 나의 새로운 설명의 시도에 어떤 오류가 있더라도] 용서받을 것이다.

내 이야기를 소개하기 위해, 나는 우선, 학계에 토머스 쿤(Thomas Kuhn)의 『과학 혁명의 구조(The Structure of Scientific Revolutions)』가 출판된, 1962년으로 거슬러 올라간다. 쿤은 물리학을 전공했고, 과학사학자로서의 열정을 지녔으며, 과학철학자로서 중대한 영향력을 발휘했다. 역사적 사례들로 가득 찬 그의 자그마한 책이 세간의 관심을 끌기까지 몇 년이 걸렸지만, 이윽고 철학계를 발칵 뒤집어놓았다. 무엇보다도 그 책은 [당시] 나의 논리적 경험주의(Logical Empiricist) 가정들을 뒤흔들어놓았다.

그 책은 두 가지 이유에서 큰 영향을 주었다. 첫째는, 생생한 역사적 기록에서 나온 그의 주장이다. 그 주장에 따르면, 과거의 과학 혁명은,

잘 정의된 방법론에 따라 합리적으로 수행된, 완전히 논리적이고 실험적인 요소들에 관한 명확한 표현이 아니다. 그보다 사회학적, 심리학적, 형이상학적, 기술적, 미학적, 그리고 개인적인 다양한 비논리적 요소들(nonlogical factors)의 표현이다. 쿤에 따르면, '논리'는 그러한 혁명적 갈등의 결과를 해결하는 데 필수적이고 중요한 역할을 담당했다. 그러나 논리의 그 역할은 상대적으로 작았고, 이후 과학사에서 그것이 과장되었다. (물론 그러한 영웅적이고 깔끔한 논리적 역사는 언제나 해당 분쟁의 **승자들** 혹은 그들의 지적 후계자들에 의해 기록되기 마련이다.) 쿤의 주장에 따르면, 혁명의 결과를 결정하는 진정한 요인은 '귀납(induction)', '확증(confirmations)', '반박(refutations)', 그리고 그 외의 순전히 논리적 개념에 의한 사후 재구성으로는 적절히 포착될 수 없다.21)

그 논란의 둘째 이유는, 과학적 이해의 단위가 문장 혹은 문장들 집합이 아니라, 소위 '패러다임(paradigm)' 또는 패러다임들(전형들)의 집합이라는, 역사적으로 잘 기록된, 그의 주장 때문이다. 패러다임이란, 쿤이 이 용어를 사용하는 방식처럼, '무엇을-어떻게-이해하는지'의 구체적 보기(example)이다. 이것은 해당 분야의 다른 모든 설명 방식들과 연관된 본보기(exemplary) 혹은 원형적 설명(prototypical explanatory)의 성취이며, 그 [원형적 설명의] 변형들은 기초 주제(basic theme)와 관련된다. 어느 과학 이론을 배우는 학생은 우선적으로, 중심 사례의 원형적 특징을 배우고, 그 다음에 그 이해를 적절히 수정하여, 이미 습득한 중심 사례에서 파생된 다른 사례로 자신의 이해를 확장시킨다.

---

21) [역주] 과학혁명에 대해서, 논리실증주의자(logical positivism)는 (카르납(Rudolf Carnap)을 중심으로) '귀납적 추론' 및 검증에 의한 '확증'으로 설명하였고, 반증주의자는 (칼 포퍼(Karl Popper)를 중심으로) 논리적 '반박'으로 설명하였다. 반면에 쿤은 '패러다임 전환(paradigm shift)'으로 설명하였다.

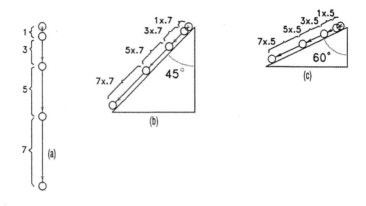

그림 10.3 (a) 자유낙하 물체: 순수한 수직 낙하의 경우. (b) 45도 경사로를 따라 낙하하는 물체. (c) 60도 경사로를 따라 낙하하는 물체

그림 10.3의 일련의 사례를 보면 쿤이 염두에 두었던 것이 무엇인지를 알아볼 수 있다.

이런 사례들은 고등학생이 물리 수업 시간에 배우는 기초 역학이다. 그림 10.3a는 자유낙하하는 물체를 보여준다. 그 공은 속도가 증가하면서 수직으로 하강한다. 구체적으로 말하자면, 공이 떨어지면서 동일한 시간 간격마다 연속적으로 낙하하는 거리는 연속된 기수(odd) 비율로 증가한다. (이것이 바로 오래전 갈릴레이의 발견이다.)

반면에, 그림 10.3b는 완전히 자유롭지 않게 낙하하는 물체를 보여준다. 이 물체의 경로는 특정한 직선으로 제약되는데, 그 공은 경사면을 따라 굴러 내려간다. 여기에서 연속적 수직 낙하 거리는 여전히 연속적인 기수의 공통 비율(mutual ratio)이지만, 각각의 거리는 10.3a에 대응하는 연속적 거리보다 짧은데, 그 거리는 경사각 45도 코사인(cosine), 즉 0.7이라는 균일 계수(uniform factor)만큼 짧다. 마지막 그림 10.3c의 경우는 더 많이 제한된 낙하를 보여준다. 여기에서 경사각

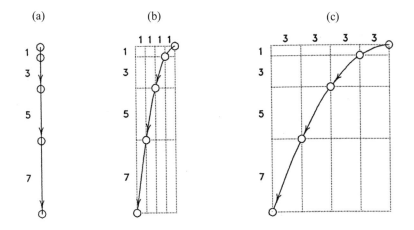

그림 10.4 (a) 자유낙하 물체: 순수하게 수직 낙하하는 경우. (b) 균일한 수평 운동을 약하게 가지고 자유낙하하는 물체. (c) 균일한 수평 운동을 강하게 가지고 자유낙하하는 물체

은 60도이며, 그 연속적 수직 거리는 10.3a에 대응하는 거리에 비해 0.5에 불과하다. (왜냐하면 60도의 코사인이 0.5이기 때문이다.) 이제 그림 10.3a는 다른 나머지 두 그림과, (존재하지 않는) 경사로 각도가 0도라는 것 외에, 비슷하게 보인다.

이제 이 기본 주제에 대한 두 번째 차원의 변형을 관찰해보자. 그림 10.4a는 그 주제를 다시 보여준다. 그림 10.4b는 본질적으로 동일 상황을 보여주지만, 이번에는 자유낙하 물체가 출발부터 동시에 균일한 수평 운동을 한다는 것만 다르다. 수평으로 균일하게 운동하며, 수직으로 낙하하는, 두 움직임의 조합은 우아한 포물선 경로를 만든다. 이 경로의 폭이 얼마나 넓은지는 낙하 물체가 초기의 일정한 수평 운동이 얼마나 큰지에 달려 있는데, 그것을 그림 10.4c에서 잘 볼 수 있다. 이제 첫째 그림은, 수평 속력이 0이라는 점을 제외하면, 그 다음 두 그림과 비슷하게 보일 수 있다.

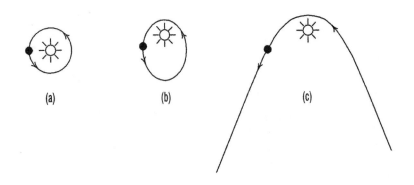

그림 10.5 일정하지 않은 중력장에서의 자유낙하 물체. (a) 원 운동의 경우: 태양 방향의 가속도는 일정하다. (b) 타원 운동: 태양 방향의 가속도가 일정하지 않지만, 주기적이다. (c) 쌍곡선 운동: 태양 방향의 가속도가 일정하지 않으며, 주기적이지도 않다.

이후로 학생들은 일정한 감속 상태에서 위쪽으로 향하는 운동을 배우게 된다. 모든 화살표가 아래쪽이 아닌 위쪽 방향을 가리킨다는 것을 제외하면, 그림 10.3 및 10.4와 마찬가지인 일련의 도식적 그림들을 상상해보라. 이것으로부터 그 상상 가능성의 폭은, 마치 태양 주위를 도는 여러 행성(그림 10.5)에서 볼 수 있듯이, 일정하지 않은(nonuni-form) 중력하에서 자유낙하 운동을 포함하도록 확장될 수 있을 것이다 (그림 10.5).

당신은 그 관련 패턴이 떠오르는 것을 볼 수 있다. 한 이론을 학습한다는 것은, 일련의 문장들을 기억하는 문제라기보다, 그 이론에서 확인되는 패러다임들(전형적 사례들) 또는 원형적 인과 과정들의 집단에 친숙해지는 문제이다. 나는 방금 설명한 여섯 가지 사례 각각에 대해 명시적인 수학 방정식을 작성할 수 있었고, 학생들도 실제로 그 방정식들을 배운다. 그러나 나는 이것들을 여기서 의도적으로 생략했다. 내 생각에 쿤의 요점은, 이러한 도식적 사례들과 그것들을 둘러싼 비슷한 도식적 그림(similar diagrams)의 가계도를 습득하는 것이, 학생의 성공적인 이해를 위해 더욱 근본적이며, 방정식들의 목록[을 암기하는 것]이 아니라는 점이다.

쿤의 말이 옳다는 것은 매우 분명하다. 우리는 시험 전날 밤, 교과서의 '가장 중요한 5개 방정식'을 필사적으로 외우거나, 손목에 적어놓기까지 하는 무책임한 학생들에 대해 잘 알고 있다. 그런 식으로 시험을 준비하는 학생들은 보통 그런 방정식들을 다양하게 응용해야 하는 전형적인 시험에서 형편없는 성적을 거두는데, 이러한 응용은 전형적으로 당면 문제에 맞게 방정식을 수정하는 것을 포함한다. 그런 학생들의 성적이 아주 나쁜 것은 당연하다. 차라리 학생들은 그 도식적 그림들과 그 도식적 그림에 따라 달라지는 차원들을 암기하는 편이 훨씬 더 바람직하다. 왜냐하면 도식적 그림들은 새로운 문제 상황에 훨씬 더 쉽게 '들어맞을' 수 있으며, 그 어떤 경우에도 그 적절한 도식적 그림으로부터 적절한 방정식(들)을 재구성할 수 있기 때문이다.

이런 경우, 즉 기초 역학 습득에서의 교훈은, 그런 이론에 능숙한 사람의 이해가 근본적으로, 일련의 명시적인 문장들 및 방정식들로부터 나오지 않는다는 것이다. 그보다 그런 사람의 이해는, 일련의 특정 범례적(paradigmatic) 상황들과 과정들, 그리고 그러한 기초 주제들에 대한 가능한 변형들에 대한 파악에서 나온다. 쿤은 이런 교훈을 모든 과학 이론, 즉 과학적 이해 전반으로 일반화하고 싶어 했다. 다른 이론들, 즉 다른 분야에서의 다른 이론들은 다른 범례들(paradigms)을 사용할 것이다. 그러나 그러한 다른 범례들은, 그러한 이론 영역 내의 현상들을 이해하는 방식의 기본 사례로서, 동일한 기능을 수행한다. 방정식과 다른 형태의 명시적인 명제적 표상은 종종 매우 중요하긴 하지만, 그것들을 활용하는 능력은 단지 여러 기술들(skills), 즉 지각적, 개념적, 해석적, 유비적, 변환적, 그리고 조작적 기술[을 포함하는] 더 넓은 체계의 한 측면에 불과하며, 그러한 체계야말로 진정한 이해의 매개물이다. 그리고 쿤에 따르면, 이러한 체계는 항상 범례적(모범적) 사례들(paradigmatic examples)의 중심 집단에 초점을 맞춘다.

과학적 이해는 일련의 문장들을 그저 받아들이는 것보다, 범례를 습득하고 개발하는 능력에서 나온다는 쿤의 견해를 고려해보면, 그가 과학 이론을 평가하는 방식에 대해서도 비정통적인 관점을 가졌던 것은 너무도 당연한 일이다. 이것이 바로 그를 곤경에 빠트렸다.

과학철학자들 사이의 정통적 관점에 따르면, 이론은 관찰 문장과의 논리적 일관성(logical consistency), 또는 그것으로부터의 귀납(induction), 또는 그것에 의한 확증(confirmation) 등등에 의해 평가되어야 한다. 즉, 전적으로 문장들의 논리적 문제이다. 이러한 관점에 반대하여, 쿤은 이론 평가의 '수행(performance)' 개념, 즉 논리적 개념이 아닌 실용적(pragmatic) 개념을 주장했다. 이론이란 하나의 매개 수단(vehicle)이며, 그 매개 수단의 미덕은 (그 이론이 실현시켜주는 다양한 기술(technologies)에 의한) 실제 세계에 대한 설명, 예측, 통합, 조작 등 다양한 쓰임에서 나온다.

이론의 이러한 실용적 개념을 고려할 때, 특정 과학자가 어느 이론을 평가하는 방법은, 적어도 부분적으로, 방금 열거한 모든 차원들 내에서, 과학자가 가진 **목표**가 무엇인지, 과학자가 이미 시급한 문제로 간주하는 것이 무엇인지, 그리고 그가 이미 가치 있거나 유용하거나 혹은 그럴듯하다고 생각하는 포괄적 종류의 해결책이 무엇인지 등에 달려 있다는 것은 분명하다. 불가피하게, 사람들은 이러한 차원들에서 견해 차이를 보이며, 따라서 과학 공동체에 의해서 어느 이론을 평가하는 것은 거의 항상 복잡한 사회적 및 지적 협의에 달려 있는 문제이다. 혹시라도 순수한 논리적 문제인 경우는 거의 없다.

쿤의 이러한 입장은, 과학을 배반했다고, 야만적인 행태라고, 상대주의를 끌어들인다고, 그리고 과학적 표준의 붕괴를 부추긴다는 등으로 널리 전파되었다. 이것이 사실이든 아니든, 그것은 전혀 쿤의 의도가 아니었다. 사실 쿤은 방법론적인 충동에서 단연 보수적이다. 만약 과학이 정치라면, 그는 무엇이든 할 수 있는 급진주의자가 아니라, 확고한 보수당원이다.

사실, 쿤은 과학적 표준을 공격하지 않았다. 그보다는, 과학적 표준의 본성에 대한 거짓되고 혼란스러운 이론, 즉 그러한 모든 표준을 협소한 논리적 용어들로 포착하려 시도했던 논리적 경험주의(Logical Empiricism)라는, 훌륭하고 사소하지 않은 철학적 이론을 공격하고 있었다. 대부분의 철학자들이 그랬던 것처럼, 만약 누군가 정통적이지만 혼란스러운 그 철학적 이론을 수용한다면, 그는 그런 이론에 대한 공격을 일반적으로 과학적 표준에 대한 공격으로 간주할 수밖에 없다.

그러나 꼭 그렇게 간주할 필요는 없었다. 과학 이론이 문장들 집합 이상이라는 것을 우리가 일단 알아보기만 한다면, 과학 이론에 대한 평가는 단순히 문장들 사이의 논리적 관계 이상을 포함해야 한다는 것을 알아볼 수 있다. 우리가 일단 정통 철학적 접근법의 지배에서 벗어나기만 한다면, 그 이론 평가의 문제를 새로운 시각에서 탐색해볼 수 있다. 예를 들어, 신경망이 개념 체계를 어떻게 진화시키는지, 신경망이 적대적 경험의 압력에 따라 스스로를 어떻게 변화시키는지, 그리고 신경망이 새로운 기회가 주어질 때 스스로를 어떻게 재전개하는지 등에 대한 우리의 이해가 높아질 것이다. 그 결과, 우리는 자신들의 과학적 기준을 높이는 결과를 희망해볼 수 있다. 그 결과는, 과학 이론이 무엇인지, 그리고 과학 이론이 무엇을 하는지 등에 대한 더 나은 이해에서 나온다.

다시 신경망으로 돌아와서, 과학철학에 대한 나의 이야기의 핵심으로 돌아가보자. 쿤에게 패러다임이란, 우리가 원형 벡터라 부르던 것에 대한 객관적 대응물 또는 객관화된 번안이다. 그리고 쿤에게 있어, 일련의 패러다임들 습득을 통한 [우리의] 문제 해결 능력의 범위는, 신경망을 그 내적 원형 벡터의 대응 계층구조로 훈련시켜서 나오는 능력의 범위와 정확히 일치한다.22) 결국, 과학자가 어느 이론을 이해한다는 것은 일련의 문장들 집합을 받아들이고 조작하는 것에서 나오지 않는다. 그보다 오히려 과학자 뇌의 시냅스 조성에 내재하는 일련의 능력에서 나온다. 그 능력은 과학자 뇌의 신경 활성 공간 내의 원형들 및 원형적 시퀀스의 계층구조로 부호화된 일련의 능력에서 나온다.

명백하게도, 그리고 놀랍게도, 신경망 연구에 기초한 인지에 대한 독립적인 설명은, 지난 50년 동안 가장 논란이 많았던 과학적 인지에 대한 설명과 매끄럽게 수렴한다. 1994년 현재 우리의 전망에서 보면, 쿤은 1962년에 대략 그런 생각을 가졌다. 5장에서 있었던, 아리스토텔레스, 데카르트, 뉴턴, 아인슈타인 등으로 이어지는 우주론에 대한 논의는, 쿤 자신이라면 원형 벡터를 더하거나 빼고 이야기했을 수 있다. 그러나 우리의 현재 전망은, 쿤이 할 수 있었던 것보다 훨씬 더 멀리까지 이런 주제를 탐구할 수 있게 해준다. 왜냐하면 우리의 현재 전망은 신경해부학(neuroanatomy), 신경생리학(neurophysiology), 인지신경생물학(cognitive neurobiology), 계산신경과학(computational neuroscience)

---

22) [역주] 쿤이 말하는, 패러다임을 배운다는 것을, 처칠랜드의 입장에서 보면, 뇌의 신경망이 여러 패러다임들, 즉 대표적 사례들 혹은 범례들을 학습하는 것과 같다. 그것을 학습한 뇌의 신경망 활성 패턴은 특정한 원형 벡터로 활성화될 수 있다. 그런 신경망 활성 패턴을 통해 우리는 새로운 문제를 해결하고, 그것과 관련되는 특정한 현상을 설명할 수도 있다. 그리고 뇌의 신경망은 자체의 계층구조에 다양하고 복잡한 개념 체계를 담아내므로, 그런 신경망의 계층구조가 어느 문제를 해결할 수 있는지 또는 어떤 현상을 설명할 수 있는지는 정확히 그 원형 벡터를 담아내는 계층구조의 훈련에 따라서 나오는 능력의 범위에 달려 있다. 이렇게 쿤의 패러다임 이론은 처칠랜드의 신경망 표상이론에 의해 이해되고 설명된다.

등에 대한 종합적 자원을 구체화하기 때문이다.

예를 들어, 우리는 과학적 인지가 우리의 평범한 상식적 인지와 다르지 않다고 분명히 말할 수 있다.[23] 다만 과학적 인지는, 그것의 상당한 참신성, 그것의 야망, 그것이 정직하게 유지하도록 작동하는 제도적 절차, 그리고 그것의 탁월한 실용적 힘 등에 의해서만 오직 구별된다. 이런 결말이 흥미로운 것은, 과학이 상식과 완전히 연속적이라는, 즉 그것이 가져다주는 철학적 이해의 통합에서만이 아니다. 이런 결말은 또한, 사회 전체에 대한 중요한 인지적 성장을 전망하도록 해주는 다른 이유에서 흥미롭다. 그것을 지금부터 설명해보자.

만약 우리 모두가, 우리의 변변찮은 상식적 개념을 훨씬 강력한 과학적 개념으로, 심지어 일상생활에서, 그리고 심지어 꿈속에서조차, 체계적으로 대체할 수 있다면, 우리 각자는 현재의 미약한 이해를 훨씬 뛰어넘는 세계에 대한 인지적 파악과 지속적 통제력을 가질 것이다. 적어도 원리적으로, 우리 모두는 과학적 '달인'이 될 수 있다. 적절한 사회화를 통해 우리 모두는, 열 경사(thermal gradient), 전압 강하(voltage drop), 스펙트럼 방사(spectral emission), 결합 발진기(coupled oscillator), 위상 전이(phase transitions), 반도체, 젖산 축적(lactic-acid buildup), 수소이온 과잉(hydrogen-ion excess), 세로토닌 결핍, 과도활동 편도체(hyperactive amygdalas) 등에 대해서도, 이미 익숙한 다른

---

23) [역주] 하버드 대학의 프래그머티즘(pragmatism) 철학자인 콰인에 따르면, 과학적 믿음(지식)은 상식적 믿음(지식)과 연장선에 있다. 다만 세계를 더욱 광범위하게 설명해주고, 예측할 수 있게 해준다는 점에서 더욱 유용하고 (pragmatical) 강력한 믿음이다. 더구나 콰인은 철학을 과학적으로 연구하자는 자연주의(naturalism) 철학을 주장했고, 특히 뇌과학에 근거한 인식론을 연구하자고 주장했다. 처칠랜드는 그런 주장을 계승하여, 전통 철학의 문제를 뇌과학에 근거해서 대답하려는 신경철학(neurophilosophy)의 문을 열었다.

용어들처럼, 친숙해질 수 있다. 우리가 알든 모르든, 이 모든 것들은 이미 우리의 일상적 삶에 깊숙이 들어와 있다. 우리는 사실 그런 것들이 무엇인지 이미 잘 알고 있을 수도 있다. 또한 그런 지식이 제공해줄 것들을 실용적으로 활용하고 있는지도 모른다. 따라서 어느 한 시대에는 과학 엘리트들만의 전유물이던 것이, 다른 시대에서는 얼마든지 모든 이들의 소유물이 될 수 있다. 오늘날의 난해한 이론 체계가 내일에는 누구나 아는 상식이 될 수 있다. 그리고 오늘날의 상식이 내일에는 잊힌 미신이 될 수도 있다. 따라서 과학적 기획은 단지 일부 호기심 많은 사람들만의 특권이 아니다. 그것은 오히려 전 인류가 다 함께 오르고 있는 사다리의 앞단이다.

그물망에서 바라보는 전망이 우리에게 인지적 과정에 더 깊이 통찰하도록 해주는 두 번째 측면은 과학적 창의성이다. 창의성이란, 지능과 마찬가지로, 아마도 단 하나의 요소 또는 차원이 아닐 것이다. 그러나 두드러지는 요소 중 하나가 중요한 과학적 발견의 경우에서 명확히 드러난다. 그것은 바로 문제적 현상을, 자신의 개념적 목록 안에 이미 존재하는, 원형적 패턴의 예기치 못한 또는 특이한 사례로 보거나 해석할 줄 아는 능력이다. 예를 들어, 아리스토텔레스는 하늘을 회전하는 구체로 보았고, 데카르트는 태양계를 투명한 물질의 소용돌이로 보았으며, 뉴턴은 달과 행성을 접선을 따라 관성 운동하는 자유낙하 물체로 보았으며, 아인슈타인은 행성의 궤도를 4차원 직선을 따라 움직이는 순수 관성 운동으로 보았다. 이런 경우들은 모두 마치, 만지작거리던 오리 모양이 갑자기 토끼 모양으로 표상되는 [즉, 바뀌어 보이는] 것과 같은, 또는 조각 맞추기 놀이를 하던 것들이 갑자기 말을 탄 사람으로 합쳐지는 경우와 같다.

위의 네 명의 사상가들 모두 재귀적 경로를 사용하여, 서로 다른 활성화 가능성을 탐색했다. 그러한 가능성들, 즉 수많은 후보 원형들은 그 이론가들의 여러 분할된 계층구조 내에 이미 존재하고 있었다. 그러나 원형이라는 점에서, 그것들은 또한, 바로 그 중심 원형으로부터 많은 차원으로 방사하는, 많은 비표준적 가능성들을 포함하는, 유사성 공간(similarity space) 내에 내재하고 있었다. 그런 뉴런 집단에 도달하는 재귀적 활동은, 지속적으로 문제가 되는 입력 정보(밤하늘, 행성의 움직임 등등)에 대한 인지적 반응을 기울일 수 있으며, 이제 이런 식으로, 또는 저런 식으로, 친숙한 원형에 가까운 무언가를 오직 활성화하기 위해, 그 원형은 직면한 문제 현상에서 친숙한 종류의 질서를 찾아낸다.

어느 평범한 사람도 이것을 수행할 수 있다. 우리 모두는 상상력을 가지고 있다. 우리 모두는 지속적인 입력에 대한 우리의 인지적 반응을 재귀적으로 조작할 수 있다. 우리 중 비범하게 창의적인 사람은, 그러한 재귀적 조작을 특별히 잘하며, 강한 기쁨 또는 즐거움으로 그러한 일에 이끌리며, 많은 학습량으로 강력한 원형들(애초에 그 원형들의 재전개(redeployment)를 통해 탐색할 가치가 있는)의 거대한 목록을 지녔고(이 점에서 성숙하고 약간 나이 든 뇌가 유리할 것이다), 그리고 그 사람은 충분한 비판적 사고를 통해, 한편으로 단순히 이끌리는 은유와, 다른 편으로 진정 체계적이며 유력한 통찰을 구별할 수 있다. 반면에, 덜 창의적인 사람들은 이러한 측면들 중 하나 이상에서 특출하지 못한데, 특히 자신의 인지 활동을 재귀적으로 조작하는 데에 능숙하지 못하다. 요약하자면, 내 제안은 다음과 같다. 과학적 창의성이란, 새롭거나 문제가 있는 현상들을 마주했을 때, 자기 자신의 신경세포 집단들의 벡터 완성과 재귀적 조작을 통해, 가지고 있는 활성 원형들을 새롭게 전개하고 확장하는 능력이다.[24]

---

24) [역주] 여기에서 저자는 창의성의 한 가지에만 초점을 맞추고 있다. 어느 과학자가 이미 가지는 다른 분야의 신경망 활성의 원형들을 문제의 영역에 새

과학적 발견과 이론적 혁신의 본성에 대한 이러한 접근법은, 우리가 이 절을 시작하며 던진 근본적인 의문에 대답하게 해준다. 인간의 인지는 현상 뒤[실재]에 어떻게 도달하는가? 예를 들어, 인간의 인지는, 빛이 초미세 파동으로 이루어졌다는 것을 어떻게 발견해내었는가? 기체가 무수한 초미세 충돌 입자들이라는 것은 어떻게 발견하였는가? X-선이 특별한(보이지 않는) 빛이라는 것을 어떻게 발견하였는가? 이 모든 것들은, 실험 도구의 도움을 받는다고 하더라도, 인간의 지각을 훨씬 넘어선다. 그렇다면 한 인간 과학자로서의 신경망은, 즉 **관찰 가능**한 현상들에 대해서만 다루도록 훈련받도록 되어 있던 그 그물망은,

---

롭게 재전개함으로써, 다른 분야의 개념을 새로운 영역에 적용하는 창의성, 즉 유비추론을 통한 창의성을 말한다. 예를 들어, 진화론을 개척한 다윈은, 시골 농부들이 동물의 품종 개량을 위해 선택적으로 번식시키는 것을 보고, 자연에도 그런 선택적 번식이 존재하지 않을지 적용해보았다. 그것을 자연이 선택한다고 가정하였다. 역자가 말하고 싶은 다른 종류의 창의성은 이렇다. 과학자가 어느 문제에 직면해서, 그 문제에 대한 철학적 질문으로 궁극적 질문을 던진다. 또는 아주 당연시 여기던 기초 개념에 대해 혹시 그것이 아닐지 모른다는 회의적 생각을 가져본다. 그러면 신경망은 스스로를 흔들어, 자체적으로 새로운 학습을 탐색하고, 그 결과 아주 낯선 새로운 개념을 원형으로 조성해낼 수 있다. 그 순간은 바로 이전에 없었던 새로운 원형의 탄생이다. 이전에 누구도 보지 못했던 것을 새롭게 바라볼, 그래서 처음에는 다른 과학자가 전혀 이해하지 못할, 그런 개념의 제안이다. 이런 창의성은 기초 개념을 바꾼다는 측면에서 아주 커다란 과학혁명, 말 그대로 패러다임 전환을 일으킬 것이다. 뉴턴은 시간 및 공간에 대한 궁극적 질문을 통해 상식적 관점의 '절대 시공간'을 보았고, 그 기초 개념에 대해 칸트는 논리적 검토를 통해 '개념적 시공간'을 주장했으며, 아인슈타인은 논리적 검토와 함께 기초 개념에 대한 회의(의심)인 궁극적 질문을 통해 '상대적 시공간'을 주장할 수 있었다. 그 결과 아인슈타인은 패러다임의 전환을 일으켰다. 아인슈타인의 상대성이론이 학계에 받아들여지기까지 적지 않은 세월이 필요했다. 그러므로 쿤이 『과학혁명의 구조』에서 말했듯이, 과학자가 창의적 성과를 내려면 철학적으로 사고할 수 있어야 한다. 그리고 이것이 대단한 성과를 냈던 서양 과학자들이 철학을 공부했던 이유이다. 더 자세한 내용은 역자의 저서, 『철학하는 과학, 과학하는 철학』(전4권)을 참조.

도대체 어떻게 관찰 불가능한 현상의 개념이나 원형을 형성하거나, 또는 지각 범위를 벗어난 사물에 그러한 개념을 성공적으로 적용할 수 있는가?

그 대답은, 추정컨대, 우리는 모든 원형을 관찰 가능한 사물의 영역 내에서만 학습한다는 것이다. 그런 개념 형성 과정은, 시냅스 가중치들의 전체 [활성] 패턴이 지속적인 감각 경험에 반응하면서 점진적으로 변경되는 만큼, 비교적 느리게 진행된다. 그러나 그러한 원형들이 일단 자리를 잡고 나면, 인간은, 지각적으로 접근할 수 없는 영역들에서도 그러한 원형들을 새롭고 놀라운 방식으로 응용할 수 있는 입장에 놓인다. 그것은 벡터 완성 또는 그 간격을 메우는 우리의 내장된 능력 덕분이다.

3장의 내용을 다시 떠올려보자. (거기에서 우리는 '피드포워드 그물망'이 어떻게 낮은 수준의 입력에 반응하는지를 논의했다.) 특정 원형 벡터 출력을 생성하도록 훈련받은 그물망은 그러한 벡터(또는 그것과 비슷한 벡터)를 계속 생성할 것이며, 심지어 그 활동을 유발하는 입력 벡터가 많은 양의 전형적인 정보를 상실하는 경우에도 생성할 것이다. 일단 훈련이 완료되기만 하면, 그 그물망은, 그 입력 벡터가 심지어 미약하게라도 구별되는 특징을 충분히 보유하는 한, 부분적 또는 낮은 수준의 입력 벡터를 완성할 수 있다.

누락된 정보를 추정하여 채우는 이런 역량은, 우리가 살펴보았듯이, 가장 단순한 피드포워드 그물망들에서도 이미 증명된 역량이다. (코트렐의 얼굴 인식 그물망이, 큰 가림막대로 제인의 눈을 가렸음에도, 제인의 얼굴을 재구성했던 것을 떠올려보라.) 그러나 그 재귀적 그물망의 경우 그 역량은 더욱 확대되는데, 왜냐하면 재귀적 경로가 추정되는 배경 정보를, 즉 낮은 수준의 감각 입력에 남아 있는 것 이상의 정보를, 관련된 뉴런 층으로 가져오기 때문이다. 물론, 두 번의 잠정적인

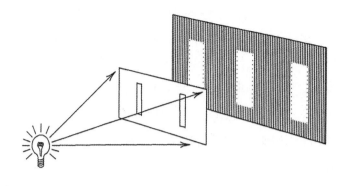

그림 10.6　이중-슬릿 광학 실험과 실제 결과

벡터 출력을 생성하는 동안, 이러한 그물망은 '추측'을 하는 것이지만, 완전히 모르고 하는 것은 아니다. 그 그물망은 때때로 올바르게 추측해내며, 바로 그럴 경우, 그 그물망은 실제로 관찰되지 않는 것들의 인과적 결과를 예측할 수도 있다.

　우리는, 벡터 완성이 관측 불가능한 대상들에 대한 정보를 산출해내는 과정을, 빛의 경우를 예로 들어 설명해볼 수 있다. 그림 10.6은 그 유명한 이중-슬릿 실험(Two-Slit experiment)의 사례를 보여준다. 한 지점에서의 광원이 차단벽의 한 쌍의 좁은 슬릿 사이로 빛을 보낸다. 그러면 그 빛은 차단벽 너머 먼 곳에 있는 스크린에 부딪힌다. 만약 빛이 작은 입자들의 흐름 또는 직선적 광선들이라고 누군가 생각한다면, 그는 스크린에 정확히 두 개의 밝은 이미지만 만들어질 것이라고, 즉 빛이 두 슬릿을 통해 진입할 때 직선적으로 투사된다고 기대할 것이다.

　놀랍게도, 차단벽의 슬릿들이 매우 가늘지만, 그런 일은 발생하지 않는다. 두 개의 밝은 선 대신에, 스크린은 여러 선들을 보여주는데, 그 중심 근처가 밝고 양쪽 끝으로 갈수록 희미하게 나타난다. 그리고 그 선들 중 어느 것도 원래의 두 슬릿 중 하나를 직선으로 투영하도록 올바로 전개되지 않는다. 종합해보면, 스크린에 표시되는 빛의 패턴은 극히 혼란스럽다. 도대체 무엇이 이런 패턴을 만들어낼 수 있는가?

많은 것들, 무한히 많은 것들이 거론될 수 있다. 그 모든 것들을 일일이 검토해볼 수는 없다. 그렇지만 그림 10.6의 예기치 않은 경험적 결과를 살펴보다 보면, 그리고 만약 누군가 자신이 물결 파동의 다양한 방식의 움직임에 매우 친숙하다면, 자신의 머릿속에서 갑자기 특별한 가능성이 떠오를지도 모른다. 매우 평범한 그림 10.7의 상황을 고려해보자. 평행으로 진행하는 파도가 두 개의 틈이 있는 방파제에 접근한다. 그 틈새를 통과한 후, 각 파고(wave crest)는 두 독특한 팽창하는 원호를 그리며 각각 퍼져 나간다. 그리고 그 두 원호를 그리는 파동은 서로 교차하며 간섭 패턴을 형성한다. 한 파동의 고점이 다른 고점을 만나면, 그 파고는 증폭된다. 한 파동의 고점이 다른 파동의 저점과 만나면, 그 두 파동은 서로를 상쇄시킨다. 그 결과, 두 번째 방파제에서는, 무수히 많은 안정적인 곳에서, 높은 증폭 진동파 활동이 나타나고,

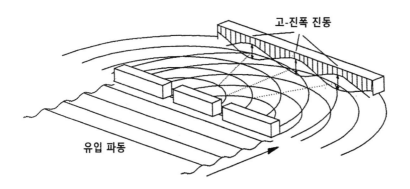

그림 10.7 분리되지 않은 바다에서 방파제를 통해 원호를 그리며 들어오는 두 물결의 상호 간섭으로 발생하는 파도 활동 패턴. 물이 심하게 진동하는 세 곳과 전혀 진동하지 않는 곳을 구분하여 표시하였다.

그것들 사이에 지속적으로 고요한 곳이 구분된다. 만약 당신이 방파제가 있는 항구 도시에 살지 않는다면, 직사각형 모양의 판 위에 두 개의 판자를 적절히 전개하여, 그림 10.7의 축소 모형을 만들어보라. 매우 비슷한 현상을 확인할 수 있다.

물에 파도가 일어날 때, 그 물결은 온전히 보인다. 마지막 방파제에서 그 물결이 어떻게 하는지 볼 수 있을 뿐만 아니라, 그 물결이 어떻게 서로 상호작용하여 그러한 패턴을 만들어내는지도 볼 수 있다. 이러한 간섭파들의 원형적 사례는 인과적으로 관련된 모든 요소가 훤히 드러난다. 아무것도 숨겨지지 않는다. 따라서 그것을 학습하는 데에 아무런 문제도 없다.

그러나 일단 그런 원형이 어떤 과학자의 뇌에 확고하게 자리 잡게 되면, 그림 10.6의 광학 실험에서 관찰된 현상들에 반응하는 활성을 [촉발하는] 후보자가 된다. 여기에서는 그런 현상들이 전혀 '보이지 않는'다. 빛의 본성이나 구성은 우리의 지각으로 나타나지 않는다. 우리가 볼 수 있는 것은, 그 실험 상황, 그리고 최종 스크린에 나타나는 (결과적인) 조명 무늬 패턴뿐이다.

그렇지만, 그런 실험 상황은, 그 규모가 훨씬 작다는 점을 제외하면, 원래의 방파제 상황과 시각적으로 거의 동일하다. 그리고 규모의 차이를 떠나서, 그 최종 스크린의 시각적 결과물도 거의 비슷하다. 많은 안정적인 곳에서는 높은 진폭의 무늬가 나타나고, 그것들 사이에 낮은 진폭의 무늬가 구분되어 나타난다.

이러한 유사성이 이렇게 명확히 드러나면, 그림 10.6에서 관찰된 수수께끼의 광학 패턴이, 빛 또한 파동으로 구성되어 있다는 근본적인 사실을 반영할 것이라는 생각을 우리가 하지 못하려면 정말 우둔해야 한다! 두 슬릿의 먼 쪽에서 상호 간섭하는 파동들은, 물결보다도 훨씬 작아서 매우 좁고, 아직 알려지지 않은 매질 사이에 놓여 있지만, 그럼에도 파동이다.

일단 그 물결 원형이 (우연한 기회에 상당히) 활성화되기만 하면, 그것은 스스로의 인지적 쓰임새를 뿜낼 기회를 가진다. 그 원형을 활용하는 사람은, 그 실제 세계의 사례들이 변화되는 차원들을 이미 잘 알고 있다. 특히, 첫째 방파제의 두 틈새 사이의 거리를 변경하면, 최종 방파제에서 높은 진폭 영역들 사이의 간격과 위치가 변경된다는 것을 완전히 예측할 수 있다. 그 두 방파제 사이의 거리를 변경하는 것 또한 비슷한 효과를 낼 것이며, 이것 또한 예측 가능하다. 이런 것들은 모두 이미 알려져 있다. 그것들은 [우리의] 배경 지식의 일부이다.

그렇다면, 만약 그 물결 원형이 광학 실험에 진정으로 적합하다면, 즉 빛이 실제로 파동으로 이루어졌다면, 광학 실험에서 두 작은 슬릿 사이의 거리를 변경하거나 혹은 판막이와 스크린 사이의 거리를 변경하는 것은, 물결 예시에서 나타난, 그러한 특징과 비슷한 효과가 스크린의 빛 투사 패턴에도 영향을 미칠 것이다.

놀랍게도 정확히 이러한 패턴이 나타난다. 광학 현상들에 대한 그 원형의 새로운 적용은, 이런 원형을 유도하는 실험적 증명을 통해 체계적으로 입증되었다. 빛의 밝고 어두운 대역의 분포는 진폭이 크고 작은 물결 부위의 변화와 마찬가지로 정확하게 변화했다. 유추를 통한 영감으로 시작된 추측이 이윽고 확고한 이론으로 자격을 얻었다. 만약 본래 원형의 특징이었던 조작적 힘들이 새로운 영역의 전개에서도 성공적으로 이어진다면, 거친 야생마 [같은 우리의 생각은] 빛이 반드시 파동이어야 한다는 우리의 확신에 머무르지도 않을 것이다.

재전개(redeployment)의 두 번째 역사적 사례는 훨씬 더 이해하기 쉽고, 우주의 숨겨진 본질에 대해 더 많은 것을 드러낸다. 특히, 그 사례는 모든 기체가 초미세 물리 입자들의 집합체라는 사실을 밝혀냈다. 즉, 고대 그리스의 원자론자였던 데모크리토스(Democritus)가 옳았다는 사실이 밝혀진 것이다. 또한 그 사례는, 기체의 열이 단지 기체를 구성하는 작은 입자들의 끊임없는 운동이라는 동역학적 사실도 밝혀냈다. 그것들의 움직임이 빠를수록, 기체의 온도 또한 높아진다. 당신은 브라운 운동(Brownian Motion)이라고 불리는 유명한 현상에서 사실상 이 두 가지 현상들을 찾아볼 수 있다.

그 현상 자체는 처음에 수수께끼였다. 분명히 그것은 로버트 브라운 (Robert Brown)에게도 수수께끼였다. 그는 19세기 영국의 자연과학자로, 그 현상을 최초로 발견하였다. 만약 우리가 투명한 병에 연기를 불어넣고 밀봉한 다음, 고해상도 현미경을 통해 작은 연기 입자를 관찰하면, 그것을 가장 쉽게 확인할 수 있다(그림 10.8). 그 병을 잠시 동안 움직이지 않고 고정시켜서 모든 것들이 안정되고 나면, 그 부유하는 가장 작은 연기 입자들이, 마치 보이지 않는 완강한 적들과 이리저리 부딪치고 있기라도 하듯이, 끊임없이 흔들리는 운동을 하는 것이 드러난다.

사실, 그것은 정확히 지금 일어나고 있는 실제이다. 간단한 유비를 통해 무엇이 일어나고 있는지 명확히 알 수 있다. 당신이 비행선을 타고 300미터 상공에서 축구장을 똑바로 내려다보고 있다고 가정해보자. 경기장 한가운데 거대한 당구대가 있고, 수많은 당구공들이 당구대 표면을 이리저리 움직이고 있다. 초록색 당구대 표면은 비행선에서도 잘 보이지만, 당구공들은 너무 작아서 해당 높이에서 제대로 구별해내기 어렵다. 아무리 눈을 가늘게 뜨고 보더라도 보이지 않는 것이다(그림 10.9).

그런데 배구공 하나가 당구대 위에 함께 놓여 있다. 그 비행선에서 내려다보면, 그 흰색 물체는 초록색 배경과 대비해서 당신의 눈으로 겨우겨우 포착해낼 수 있다. 이 배구공은 여기저기 바삐 움직이는 수많은 당구공들 사이에 있으므로, 당구대의 이쪽저쪽에 부딪힐 것이다.

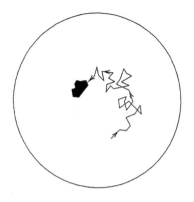

그림 10.8 브라운 운동(Brownian Motion). 고해상도 현미경으로 보면, 마치 기체 내에서 부유하는 연기 입자들이 (기체를 구성하는) 날아다니는 분자들과 사방에서 부딪치고 있는 것처럼, 끊임없이 흔들리는 것을 볼 수 있다.

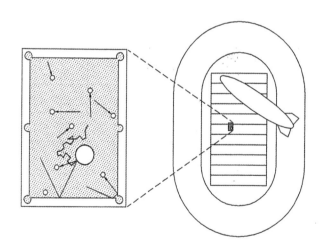

그림 10.9 브라운 운동에 대한 거시적 유비. 흔들리는 당구공들로 가득한 당구대 위에 놓인 하얀 배구공의 이리저리 흔들리는(jittering) 움직임은 1,000피트(약 300미터) 상공의 비행선에서 보이지만, 그보다 작은 당구공들이 만들어내는 움직임은 여전히 보이지 않는 채로 남아 있다.

작은 공들이 빈번하게 이 배구공과 충돌할 것이기 때문이다. 작은 당구공들의 움직임은 여전히 보이지 않지만, 끊임없이 무작위로 이리저리 흔들리는 흰색 배구공의 움직임은 비행선의 적당한 위치에서는 잘 보일 것이다.

기체 속에서 떠 있는 (눈에 보일 듯 말 듯한) 연기 입자는 마치 당구대에 놓인 배구공과 같다. 기체를 구성하는 (날아다니는) 분자들 무리는 현미경으로도 영원히 보이지 않는다. 각 분자는 가시광선의 파장보다 훨씬 작으므로, 그 빛을 반사할 수 없다. 그렇지만 그 연기 입자는 우리의 관점에서 완벽한 매질과 충돌한다. 그 입자는 현미경으로 볼 수 있을 만큼 크지만, 날아다니는 수많은 분자들과 충돌하고 튕겨져, 눈에 띄게 이리저리 돌아다닐 정도로 작다.

기체 안에서 춤추는 연기 입자를 (육안으로 볼 수 없는) 당구대 위 배구공의 미시적 사례로 보는 것은, 친숙한 원형을 예상치 못한 영역에 창의적으로 재전개하는, 원형 벡터를 완성하는 또 다른 경우이다. 이중-슬릿 실험의 경우에서와 마찬가지로, 이런 미시적 드라마의 주연 배우인 분자 입자들 자체는 보이지 않는 채로 남아 있다. 그러나 그것들이 보여주는 효과는, (빠르게 움직이는 입자들의 바다에 표류하는) 큰 사물이 그 입자들에 의해 끊임없이 튕겨지고 있다는 생각을 갖기에 충분한 특징을 보여준다.

앞서 논의한 간섭파의 원형처럼, 그 충격 받는 입자(bombarded-particle) 원형은 몇 가지 표준적 기대를 포함한다. 만약 그 연기 입자가 실제로 작은 충돌 입자 집단 속에 떠 있다면, 그러한 분자 입자들의 평균 속도를 증가시키는 것은 (즉, 그 기체의 온도를 올리는 것은) 그 연기 입자의 섭동을 분명히 증가시킨다. 그렇게 더 빠르게 움직이는 분자들은, 병의 안쪽 벽에서 이리저리 튕겨 나가며(마치 당구공들이 당구대 안쪽 벽에서 이리저리 튕겨 나가는 것처럼), 그 유리벽 바깥쪽으로 가해지는 압력을 증가시킨다. 다시 놀랍게도, 그 기체를 가열하면, 우리가 딱 예상하는 만큼, 이런 두 가지 효과들을 산출한다. 그 기체를 냉각시키면 정확히 그 반대 효과를 산출한다. 다시 한 번, 유추를 통해 영감을 받아 추측에서 시작된 것이, 확신에서 나온 이론의 자격을 빠르게 얻는다. 만약 본래 원형을 특징짓는 조작적 힘들이 새로운 전개 영역에서도 성공적으로 이어간다면, 아무것도 "기체는 충돌 입자들의 집단이 분명하다"는 우리의 확신을 유예시키지 않을 것이다.[25]

앞에서 들었던 사례들을 통해, 우리는, 최초 '명확하게' 학습된, 동역학적 원형이 어떻게 (우리의 선천적 감각 시스템으로 직접 파악하기에 너무 작고 접근할 수 없는) 현상들을 이해하고 조작하기 위한 매개 수단으로 재전개될 수 있는지를 알아볼 수 있다. 인간은 정말로, 어느 정도 신뢰성을 가지고, 현상 너머에 도달할 수 있다. 이러한 성취의 매개 수단은, 재귀적 조작, 벡터 완성, 그리고 후속 실험적 증명 등을 통한, 기존 원형들의 창의적인 재전개와 확장이다. 우리는 빛이 무엇인지, 기체가 무엇인지, 온도가 무엇인지, 그리고 다른 많은 비밀들이 무엇인지 등을 알 수 있다. 그 비결은, 재전개할 잠재적 가치가 있는 일부 원형들을 처음 확보하고, 새로운 영역들에 잠재적으로 적용할 가능성을 끊임없이 탐색하는 것에 달려 있다. 벡터 완성과 후속 실험적 증명이 그 나머지를 해결해줄 것이다.

도덕과 정치 영역에서의 인지적 발전

도덕 및 정치 영역은 과학 영역과 완전히 동떨어져 있다는 암묵적 믿음이 일반적으로 존재한다. 그 믿음에 따르면, 과학적 원리는 객관적

---

25) [역주] 이 문장은 이렇게 이해된다. 원래의 원형을 통해서 이해되었던 실험적 결과가 새로운 영역에서도 성공적인 실험으로 이어진다면, 기체란 충돌하는 입자들의 집단이라는 우리의 확신은 견고해질 것이다.

사실을 말하는 데 반해, 도덕적 및 정치적 원리들은 그렇지 않다. 도덕적 및 정치적 원리들이 말해주는 것은, 주관적인 느낌, 낭만적 기대, 자의적 역할, 또는 이번 주간지에 실린 독재자의 탄압, 자비 또는 기타 내용 등이다.

6장 말미에서 나는 도덕적 실재론(Moral Realism), 즉 도덕 지식이 정말로 참된 지식의 한 형태이며, 복잡하지만 객관적인 실재에 관한 인식을 내재한다는 견해에 반대한다는 것을 표현했다. 여기서 나는 그러한 앞선 이야기를 확장해보려고 한다. 특히, 나는 한편으로는 우리의 과학적 인지와, 다른 편으로는 도덕적 및 정치적 인지를 나누기보다, 통합하는 유사점(parallels)을 탐색하려 한다.

나중에 거론하겠지만, 과학은 극적인 과정의 역사를 지닌 기획(enterprise)이다. 거짓 이론들은 정규적으로, 참인 이론에 의해 또는 적어도 (그것을 대체하는) 더 나은 이론에 의해, [거짓임이] 드러나서, 참인 이론들로 대체된다. 왜냐하면 우리는 대자연 자체에 대한 궁극적 권위를 가져서, 실험이란 매개물을 통해 검토함으로써, 이론들에 대한 선택을 조절한다. 또한 우리는 수백 년의 역사를 자랑하는 (정직한 평가의 전통을 고수하는) 과학 제도를 가진다. 예를 들어, 여러 학회, 공개적 발표와 비판적 토론이 이루어지는 여러 연례 모임, 심사되는 학술지, 여러 실험 결과에 대한 독립적 재검증, 여러 독립적 실험실 사이의 경쟁과 협력, 최첨단의 현장에서 유동적으로 유지되는 표준적 초기 학습 교육과정, 그리고 학위, 학술 순위, 학술 공직, (그에 따른) 독특한 힘과 책임 등을 결정하는 일련의 엄격한 평가 및 인증 등이 있다. 과학이란, 국제적 제도로서, 그것을 창출하는 개인들보다 선행하며, 오래 지속된 실체이다. 그리고 과학은, 세계에 대해 전반적으로 더 깊게 이해하도록, 그리고 동시에 인간이 자신의 행동을 더 효과적으로 조절할 수 있도록 체계적으로 맞물려 있다.

도덕 및 사회 영역에서 소위 '옳고' '그름'에 대한 우리의 지식은, 과학의 엄격한 객관적 절차에 의한 결과에 비하면, 어설프고 자의적이며 주관적인 것처럼 보인다. 도덕적 및 정치적 신념은 조직적인 의견 충돌과 끝없는 다툼에 초점이 맞춰져 있다. 이런 것들은 정규적으로, 무지, 편견, 이기심, 계급적 이해관계, 억제되지 않은 감정, 종교적 열광 등에 의해 휘둘린다. 겉으로 보기에, 도덕 '지식'은 과학과 같은 방식으로 어느 객관적인 실재와도 연결되지 못한다.

그러나 이러한 대조는 피상적이며 불완전하게 그려졌다. 도덕적 및 사회적 문제에 대한 일반인의 혼란스럽고 편협하며 자의적인 신념을 위한 그러한 적당한 대조가, 제도적인 과학을 신중하게 증류하여 나온 지혜는 아니다. 그런 대조는 광범위한 과학적 문제에 대한 일반인의 혼란스럽고 편협하며 자의적인 신념이다. 사실 대부분의 사람들은 도덕적 및 사회적 지식에 비해, 과학 지식에 대해서 결코 더 잘 알지 못한다. 예를 들어, 생명의 기원, 마음의 본성, 인류의 역사, 태아의 상태, 우주의 기원, 죽음 이후의 삶의 전망 등등에 대한 일반인의 확신 또는 완전한 무지를 생각해보라. 물론 여기에 대해서도 광범위한 의견 불일치와 끝없는 말다툼이 있다. 그리고 여기서도 역시, 일반인의 의식은 무지, 자의적인 훈육, 억제되지 않은 감정, 종교적 열광 등으로 형성된다. 오히려 일반인은 과학적 인지보다 도덕적 인지의 수준이 약간 더 높은 것을 보여준다. 그러므로 만약 우리가 도덕적 인지를 지식의 한 형태로 인정하고 싶지 않다면, 우리는 그것을 인정하지 않을 다른 대안을 찾아야만 한다.

만약 도덕적 인지가 평범한 사람들에게서도 빈약하지 않다는 것이 명백하다면, 오래도록 유지된 우리의 사회 제도 수준에서도 그것이 빈약하지 않다고 봐야 한다. 미국이나 영국과 같은 국가들은 3-4세기에 걸쳐 입헌 정부를 지속해온 역사가 있다. 몇몇 다른 나라들에서는 자체의 헌정사에 단절이 있었지만, 그 헌정사의 패턴은 같다. 그 관련 입법 기관들은, 변화하는 환경과 이미 시행 중인 정책의 사회적 효과에 대한 지속적인 대응으로, 특정 유형의 행동을 금지하고, 다른 많은 행동을 규제하며, 그와 상반되는 행동을 적극적으로 장려하는 등, 다양한 종류의 사회 정책을 지속적으로 수립하고 재구성해오고 있다.

이러한 사회 정책의 지속적인 조정은, 연방정부에서부터 지방자치단체의 가장 일상적인 관심사에 이르기까지, 다양한 수준에서 이루어진다. 그러나 거의 모든 조정은 과거 사회적 경험에 비추어 이루어진다. 정책이 채택되고, 법률이 제정되면, 대중은 결국 이러한 정책과 법률에 의해 형성된 집단적 삶을 살게 된다. 그들의 집단생활은 이러한 제약들로 인해 훨씬 더 개선될 수도 있고, 또는 의도하지 않은 잔인함, 예상치 못한 비용, 이미 확립된 다른 정책과의 예기치 못한 충돌, 또는 많은 추가적인 비효용성 등이 나타날 수도 있다. 더구나, 경제, 기술, 교육 등이 발전하는 특정 단계에서 잘 작동하던 정책이 이후 단계에서는 전혀 작동하지 않을 수도 있다. 어떤 실제적 환경에서 적절하고 유용하던 것이 다른 환경에서는 눈에 띄게 잔인하거나 어리석은 것일 수 있다. 우리의 영구적 정치 제도는, 그렇게 발견된 불행과 새롭게 떠오른 불의에 대응하도록, 즉 수정된 또는 완전히 새로운 사회 정책과 법안으로 대응하도록 정확히 설정되어 있다.

수십 년, 수백 년이 흐르면서, 그러한 입법 기관은 단연코 '무엇이 정확히 학습 과정인지'에 초점을 맞춘다. 즉, 현재 시행 중인 축적된 법률은 오랜 경험과 많은 조정이 반영된 결과이다. 더 나아가, 그 법률 자체는, 지속적인 실용적 평가를 받는, 사회적 및 행정적 관행을 유지한다. 확실히 이러한 학습 절차는 전혀 오류 불가능한 것이 아니며, 제도화된 과학에서의 유사한 학습 절차(parallel learning procedure)에서도 전혀 오류 불가능한 것이 아니다. 그 두 경우 모두(첫 번째 경우는 사회적, 두 번째 경우는 자연적), 인간의 인지적 노력은 실제적이고 객관적인 세계와 반복적으로 충돌하면서 그것에 맞춰 조정된다. 그리고 그 결과, 두 경우 모두에서, 언제나 불완전하더라도, 세계가 어떻게 작동하는지, 그리고 그 속에서 우리가 나아가야 할 최선의 길은 무엇인지 등에 대해 더 깊은 이해를 제공한다.

물론 이것은 그 상황을 지나치게 단순화한 설명이다. 때때로, 현명한 왕이 살해당하고, 헌법이 전복되고, 부패로 인해 계몽된 관행이 썩어가고, 야만인이 도시를 습격하고, 사회 전체가 더 가난하고 어두운 삶의 형태로 퇴보하는 등의 일이 벌어진다. 도덕적 진보에 좌절이 없을 수 없다. 과학적 진보에서도 역시 마찬가지다. 유럽의 길었던 암흑시대가 그 증거이다.

이러한 유사점들은, 과거에 공표된 사회 정책과 성문법, 그리고 그것들을 집행하는 제도들, 특히 모든 수준의 정부 기관의 사법부까지 살펴보면 더욱 잘 드러난다. 만약 사회 영역에서의 지속적인 입법 활동을 과학 영역에서의 지속적인 이론 활동에 대응시킨다면, 사회적 영역에서의 사법부는 과학에서의 공학자와 아주 대략적으로 대응한다. 그것들 모두는 현재 추상적 지혜를 실제 세계의 경우마다 실제로 **적용하**는 일을 담당하는데, 전자의 경우 사회적 세계에, 후자의 경우 자연적 세계에 적용하는 일을 맡는다.

공학에서 우리의 제도와 마찬가지로, 우리의 사법부도 지혜와 노하우(know-how)에 관한 추가적인 층(layer), 즉 표준 과학 교과서나 성문법에 나타나는 것 이상의 층을 내재화한다. 현재 추상적 지혜를 어떻게 최선으로 해석할 수 있는지는, 마치 끝없이 다양한 새로운 사례들에 그것을 적용하려고 시도할 때처럼, 과학적 영역에서든 사회적 영역에서든, 일련의 성문법으로 완벽히 말로 설명하지 못한다. 후자의 영역에서는 이러한 지속적인 해석의 부담이 사법부에 부여되며, 이 지점에서 그들의 관행은 옛 친구, 즉 원형 또는 패러다임을 보여준다.

그것들은 법조계에서는 '판례(precedents)'라 불리지만, 이것들은 과학에서의 패러다임 또는 원형적 사례가 하는 것에 필적하는 역할을 담당한다. 판례란, 특정한 법적 분쟁에 대한 이전 사법부의 결정으로, 재판장에 의해 신중하게 작성되고, 사법부 법률 기록물로 출판되어, 수세기에 걸친 수십만 건의 사건을 포괄하는 기록물이다.

로 대 웨이드(Roe v. Wade) 판례는 아마도 현재 법률 환경에서 가장 유명한 판례일 것이다. 이 판결은 여성의 낙태 권리를 확립한 최초의 법원 판결로, 이후 대법원에서도 지지되었다. 브라운 대 교육위원회 판례(Brown v. the Board of Education)는, 공립학교 시스템에서 인종차별의 관행을 깨뜨린 또 다른 유명한 판례이다. 이것들을 비롯한 다른 결정들은 '정당한 법 적용'을 보여준다. 그런 판례들과 적절히 비슷하다고 판단되는 법적 분쟁들은 이후에도 비슷한 방식으로 결정된다.

그러한 기록의 요점은 다양하지만, 두 가지 요소가 우리의 관심사와 관련하여 눈에 띈다. 첫째, 그러한 기록은, 개인들과 시간에 따른 법 적용에서의 일관성을 장려하고, 그것을 가능하도록 도움을 준다. 특별한 상황들을 제외하면, 현재 재판에 계류 중인 어느 사건이라도 비슷한 경우들에 대한 과거 사법부의 결정과 일관된 방식으로 판결되어야 한다. 여기에서 우리는 다시 한 번, 인지적 생명체(이 경우에 변호사와 판사)가, 광범위한 다양한 실제 세계 사례들을 어떤 선행적 원형의 사례로 파악하려고 시도하는, 즉 많은 다양한 차원들에 걸친 원형과 비슷한 경우와 다른 경우로 구분하려고 시도하는 것을 볼 수 있다. 그런 구분에 따라서 그 사건들은 처리된다.

우리는 또한 과학에서 볼 수 있는 그 밖의 것을 볼 수 있다. 즉, 가끔 일어나는 기존의 원형에 대한 도전과, 그에 따른 수정, 또는 새로운 원형으로의 교체 등이다. 어쩌면 현재 법원에 계류 중인 사건의 특수한 세부 사항이 사람들에게 예상치 못한 조명을 받게 됨에 따라서, 만약 판사가 기존 판례에 어떤 종류의 결함을 파악하게 되면, 그 판사는 그 판례에 도전할 것이다. 그 판사는 성문법에 대한 평소 해석을 변경하거나 확장하는 방식으로 현 사건을 판결할 수도 있다. 그런 다음 그 판사는 이 새로운 판례를 사법 기록에 입력할 수 있으며, 그 판례에 따라서 다른 판사는 자신이 맡은 사건과 최선의 판단에 따라 인용하거나 무시할 것이다.

장기적으로 볼 때, 이렇게 축적된 일련의 법률 판례들과 그에 따른 주요한 판례들은 명확한 입법 수준에서 또 다른 학습 과정에 해당한다. 그 학습 과정은, 짧은 시기 동안 법관직을 맡는 어느 개인적 판사보다 훨씬 더 오래되고 훨씬 더 광범위한 사건들에 대한 경험을 지닌, 제도화된 사법부의 축적되고 자체 수정되는(self-modifying) 지혜를 내재화한다. 그리고 다시 말하지만, 그 사법부가 이런 과정을 통해 학습하는 것은, 문제적 세계, 특별한 경우에, 사회적으로 용납되지 않는 인간 행위의 세계를 가장 잘 이해하고 대처하는 방식이다.

이러한 사례들, 즉 법률 및 판례들은, 여전히 개인의 재량에 많은 부분을 기대는 사회 통치 체계를 제공한다. 사회적으로 강제되는 법의 영역은, 무엇이 적절하고 부적절한 행동인지에 대한 우리의 집단적 신념 중 가장 심각한 것만 규정한다. 그 영역 아래에는 공유된 이해와 닮은 것, 즉 우리와 같은 시민들에게 부여되는 사회적 재인 및 사회적 행위의 기술들(skills)과 닮은 체계가 있다. 나아가서 모든 사람의 행동을 정규적으로 판단하게 해주는 표준적 긍정 및 부정의 원형과 비슷한 호소가 있다. 즉, 다른 사람이 인정할 수 있는 사람이 되기, 갈등을 중재하기, 개인적 손해에도 다른 사람의 불공정에 저항하기, 다른 사람의 만성적 또는 일시적 허약함을 악용하지 않기, 다른 사람의 합법적 열망을 인정해주기, 공동의 이익을 위해 다른 사람과 협력하기 등등이다.

이런 신념 체계는 일반인의 공공 도덕의 영역이다. 여기서도 역시 시간 경과에 따른 진화가 일어난다. 비록 그 신념 체계의 발달과 적용이 법에서 나타나는 세심하고 신중한 특성을 거의 갖지 못함에도, 우리는 도덕적 진보를 이뤄낸다. 이따금 그러한 것은, 공공 도덕성이, 훨씬 더 광범위하고 더 세분화된 경험에 대한 반응으로, 법보다 앞서 가며, 법이 그것을 따라가기 위해 고군분투해야 하기 때문이다.

이런 점에 대해 누군가는 이렇게 반문할 것이다. "인류의 위대한 종교는 어떠한가? 종교도 역시 가치 있는 행동과 가치 없는 행동의 모델을 제시하고, 그에 따라 우리의 삶을 형성해주는, 역사적 제도가 아닌가?" 당연히 그러하며, 심지어 매우 강력하기까지 하다. 더구나 그러한 제도는, 도덕적 지식이 진정한 지식이라는 나의 주장을 의심할 여지없이 지지할 것이다. 그렇지만 이런 주장을 지지해주는 기반은 나의 주장과 매우 다를 것이다. 지난 몇 페이지에 걸쳐, 나는 **실수로부터 배우는 과정**을 강조함으로써, 이러한 주장을 뒷받침하려고 노력했다. 넓은 의미에서 도덕적 지식은, 실제 세계에 대한 우리의 경험에 비추어 우리의 신념과 관습을 지속적으로 재조정함으로써 얻은 결과이므로, 진정한 지식이며, 이러한 재조정은 더 훌륭한 집단적 조화와 개인의 번영을 이끈다. 만약 누가 이런 방식으로 도덕적 지식의 대략적인 객관성을 주장한다면, 세계의 위대한 여러 종교들은, 적어도 서양 종교만 놓고 보면, 이러한 주장에 도움이 되지 못하는 빈약한 사례이다.

그 이유는 단순하지만 어느 정도 아이러니를 갖고 있다. 각각의 교리에 대한 설득력 있는 권위를 얻기 위해, 기독교, 이슬람교, 유대교 등은 교리에 담긴 도덕적 지혜를 위한 근거로 하나의 신성한 기원을 주장한다. 각각의 도덕 법칙은 우리에게 계시된 진리 또는 거부할 수 없는 신의 명령으로 받아들여진다. 신을 직접 대변한다는 사람들의 멋진 추측은 제쳐두고서라도, 신적 권위를 내세워 얻은 전략적 이득은 결국 관련 법률을 바꿀 수 없다는 중대한 **책임**으로 귀결된다. 권위에 대한 각자의 모호한 주장이 이번에는 이러한 [법률적] 제도들을 반대로 괴롭힌다. 그 주장은 어설픔 또는 완전한 무능력으로 돌아와, 인류의 후속적인 도덕적 및 사회적 경험으로부터 아무것도 학습하지 못하게 만든다. 왜냐하면, 만약 그러한 종교들이 신 자체로부터 직접 신의 최종 전언을 받았다면, 그 종교들이 어떻게 그 말씀에 잘못이 있다고 나중에 주장할 수 있겠는가?

내 생각에 이런 상황은 단순한 아이러니보다 훨씬 심각하다. 이것은 계속되는 비극이다. 인류가 10-20세기 전에 이미 성취했듯이, 그러한 도덕적 지혜를 보존하고 가르치기 위한, 지구상에서 가장 강력한 제도 중 일부는, 이제 인류가 더 높은 수준의 도덕적 이해로 올라갈 전적으로 자연스러운 그 과정을 가로막는 주요 장벽이 되었다.

종교에 대한 이러한 언급은 아마도 중요하겠지만, 나의 주된 목적과 멀어졌을 수 있다. 나의 목적은, 도덕적 지식에 대한 더 겸손한 권위, 즉 불완전하지만, 우리의 집단적 및 사회적 경험의 매우 실제적인 권위에 대해 설명하려는 것에 있다. 따라서 그 주제로 돌아가서 이 단원을 마무리해보자. 이제부턴 한 개인에게 초점을 맞춰보자. 그 개인은 (이미 확립된) 사회적 관습과 (옳다고 가정되는) 도덕적 지혜가 확립된 환경 내에서, 어느 정도 일반적인 인간 본성을 지닌 생명체들과 어울리며 성장했다. 그 어린이가 원활한 집단적 관습 안에 진입하려면 다소 시간이 필요하다. 즉, 거대하고 다양한 원형적 사회 상황을 재인하도록 학습할 시간, 그러한 상황에 대처하도록 학습할 시간, 상충하는 지각과 충돌하는 요구를 균형 있게 조정하거나 중재하도록 학습할 시간, 그리고 모든 활동 영역에서 성숙한 기술을 특징짓는 인내와 자제를 학습할 시간이 필요하다. 결국, 나중의 더 많은 보상을 선호하여 즉각적인 만족을 뒤로 미루는 것을 학습하는 것이 본질적으로 도덕적인 것은 전혀 아니다.

그 어린이의 뇌와 관련하여, 그러한 학습, 그리고 신경 표상, 그리고 그러한 원형 자원의 그러한 전개 모두는 일반적으로 기술(skills)을 습득하는 대응물과 전혀 구별되지 않는다. 누군가의 도덕적 기술이 만들어내는 장기적인 삶의 질에는 실제적 성공, 실제적 실패, 실제적 혼란, 그리고 실제적 보상 등이 따른다. 인간의 과학 지식을 내면화하는 경우에서처럼, 인간의 도덕 지식을 내면화하는 사람은 그로 인해서 더 강력하고 효과적인 생명체이다. 여기서 도출된 유사점을 끌어들이는 이유는, 과학적 지식과 광범위한 규범적 지식 모두의 관습적 또는 실용적 본성을 강조하기 위함이다. 그 둘 모두 서로 다른 형태의 노하우, 즉 전자의 경우에서는 어떻게 자연 세계를 살아가는지, 그리고 후자의 경우에서는 어떻게 사회적 세계를 살아가는지를 내재화한다는 사실을 강조하기 위함이다.

도덕적 인간을 특정한 인지 및 행동 기술을 습득한 사람으로 묘사하는 이러한 접근법은, 도덕적 인간을 특정한 규칙(예를 들어, "언제나 너의 약속을 지켜라" 등)을 따르기로 동의한 사람으로 묘사하거나, 또는 특정한 최우선 욕구(예를 들어, "일반적인 행복을 극대화하라" 등)를 지닌 사람으로 묘사하는, 전통적인 설명과 뚜렷한 대조를 이룬다. 이러한 두 가지 전통적 설명은 모두 정곡을 때리지 못한다.

우선, 명시적인 명령문이나 규칙 안에, 성숙한 도덕적 개인이 가지는 관습적 지혜의 극히 일부 이상을 포획하는 것은 분명히 불가능하다. 그것은 어느 다른 형태의 전문적 분야, 즉 과학, 운동, 기술(technological), 예술, 정치 등의 분야에서보다도 훨씬 불가능하다. 인간 뇌 크기의 잘 훈련된 그물망에 저장된 방대한 양의 정보, 그리고 거기에 저장되는 거대하게 분산되고 절묘하게 내용 민감한 방식들은, 몇 개의 문장이나, 심지어 큰 책 한 권으로, 완벽하게 표현될 수 없다. 말로 할 수 있는 규칙들은 누군가의 도덕적 특징의 기반이 아니다. 그것들은 비교적 무력한 언어 수준에서 단지 미약하고 부분적인 반영일 뿐이다.

만약 규칙이 그 기반이 될 수 없다면, 적절한 욕망도 누군가의 도덕적 특징의 진정한 기반이 될 수 없다. 확실히 그런 것들은 충분치 않다. 어떤 사람은 인간의 행복을 극대화하기 위해 모든 것을 바치는 욕망을 가졌는지도 모른다. 그러나 만약 그런 사람이, 진정으로 지속적인 인간의 행복에 도움이 되는 것이 무엇인지를 전혀 이해하지 못한다면, 다른 사람의 감정, 열망, 현재 목적 등을 재인할 능력이 전혀 없다면, 원만하게 협력할 수 있는 능력이 전혀 없다면, 온 마음을 빼앗기는 욕망을 추구할 어떤 기술도 없다면, 그런 사람은 도덕적 성인이 아니다. 그는 한심한 바보, 희망 없이 분주한, 제어가 안 되는, 자신의 사회에 심각한 위협이다.

규범적 욕망(canonical desires)이 반드시 필요한 것도 아니다. [예를 들어] 어떤 사람은, 인생에서 자신의 가장 기본적이고 최우선적인 욕망으로, 자기 자녀의 성장과 번영을 바라는 욕망을 가질 수 있다. 가정컨대, 그에게 다른 모든 것은 부차적이다. 그럼에도 불구하고, 그 사람이, 다른 사람들이 자신의 목표를 추구하는 것처럼, 다른 사람들의 열망에 대해 양심적으로 공정하고 모든 사람의 열망에 차별 없이 봉사하는 관습을 언제나 유지하는 방식으로, 자신의 개인적인 목표를 추구하는 한, 그러한 사람은 여전히 자신이 속한 공동체에서 가장 도덕적인 사람 중 한 명으로 꼽힐 수 있다.

도덕적 특징의 기초로 (수락하는) 규칙이나 규범적인 욕망을 묘사하려는 시도는, 회의론자의 적대적 질문을 불러일으키는 추가적인 단점도 가진다. 첫째로는 "왜 내가 그런 규칙을 따라야만 하는가?", 그리고 둘째로는 "만약 내가 그렇게 하고 싶은 욕망이 없다면?" 등과 같은 질문이다. 그렇지만 만약 우리가 '강한 도덕적 특징'을 사회적 영역에서의 광범위한 지각적, 계산적, 행동적 기술의 소유로 다시 이해한다면, 그 회의론자의 질문은 "왜 내가 그런 기술을 습득해야 하는가?"로 바꾸어야 한다. 그것에 대한 솔직한 대답은 이렇다. "그런 기술들이 당신이 배우게 될 가장 중요하고 용이한 기술들이기 때문이다."

신경 표상과 다양한 예술 형태

예술가의 인지와 창의적 기술은, 자연과학자의 '차갑고, 딱딱한' 인지와 흔히 대조되는, 또 다른 영역을 형성한다. 이미 살펴본 바와 같이, 이러한 관점은 성공적인 과학자의 흥분과 창의적 통찰을 간과한다. 그것은 또한 뛰어난 예술가의 예리한 인지와 고도로 조직화된 기술들을 간과한다. 뇌 기능의 관점에서, 이러한 두 가지 성공적 인간 기획은 일반적인 믿음과 달리 서로 아주 다르지 않다. 우리가 이러한 오랜 편견을 재고해야 하는 이유를 간략히 살펴보자.

음악가 또는 작곡가, 화가 또는 그래픽 예술가, 소설가 또는 극작가, 무용수 또는 안무가 등은 모두 엄청난 양의 학습과 연습을 요구하는 수고로움을 감당해야만 한다. 그리고 그들 모두가 학습하는 것은 원형적 공연(prototypical performances) 또는 작품(productions)의 여러 유형 및 시스템이며, 이러한 원형들은 그들이 작업하는 거의 모든 예술 작품들을 위한 기초가 된다. 그러한 원형들은, 거의 모든 후속 작업에서 그것들의 가능한 조합과 변형을 탐색하게 해줄 풍성한 주제의 구성 요소가 된다.

이런 점은 음악에서, 특히 가장 평범한 사례 중 하나로, '유명한' 기타 곡을 배우는 희망찬 10대에게서 찾아볼 수 있다. 그 악명 높은 세 가지 코드(보통 C, F, G7) 모두는 빈번하게 초심자의 기본 레퍼토리를 모두 차지하곤 한다. 그렇지만 그런 코드들은 다양하고 유용한 시퀀스(sequence)로 연주될 수 있으며, 어쩌면 가장 일반적인 것은 소위 '12

마디 블루스(12-bar blues)'(예를 들면, C,F,C,C7; F,F,C,C; G7,F,C,G7)라 불리는 시퀀스일 것이다. 그런 12마디 코드 시퀀스는 일부 음성 멜로디 또는 다른 멜로디들을 위한 배경음으로 계속해서 반복되며, 그 멜로디가 그 작곡(composition)을 규정한다. 어느 특정한 블루스는 일부 12마디 음표 시퀀스로 구성되며, 한 시퀀스는 항상 배경음에서 변화하는 코드와 조화를 이룬다.

이런 블루스의 단순성에도 불구하고, 이러한 원형적 음악 공간 내에 수만 가지의 독특한 작곡들이 존재한다. 문제의 12마디 패턴은, 빌 헤일리(Bill Haley)의 "Rock Around the Clock", "Shake, Rattle, and Roll"과 같은 정통 고전 록 음악이나, 수천 개의 다른 모방 록 음악의 기반이 된다. 그 패턴은 또한, 전통 재즈와 현대 재즈 모두에 걸쳐, 수천 곡의 도전적인 클래식, 예를 들어 "Billie's Bounce"(Chalie Parker), "Swingin' Shepherd Blues"(Moe Koffman), "Blues and The Abstract Truth"(Oliver Nelson) 등의 기반이기도 하다. 그렇지만 재즈에서 그 12마디 코드 시퀀스는 더욱 전형적으로 장조보다 단조 코드를 자주 포함한다. 즉, 그러한 마이너 코드의 3분의 1을 상습적으로 평평하게 만드는 것이 블루스 특징을 부여하는 요소 중 하나이다. 무한한 주옥같은 곡들이 모두 이런 두 맥락을 따른다.

초보 기타리스트는 또한, 이러한 추상적인 패턴이 모든 음계에서 연주될 수 있다는 것을 배우며, 따라서 그는 F조 블루스, Bb조 블루스, G조 블루스 등의 코드 시퀀스도 숙지해야 한다. (그러므로 더욱 일반적인 원형은 1,4,1,1; 4,4,1,1; 5,4,1,5이며, 여기서 숫자는 해당 키 범위 내의 코드 위치를 나타낸다.) 동일한 패턴을, 초보 피아니스트, 키보드 연주자, 그리고 단성 악기 연주자 등도, 재즈 즉흥 연주를 위한 순간적인 작곡을 위해 학습한다. 후자의 경우, 성공적인 음악가는 12마디마다 그 원형의 새로운 사례를 생성하면서, 즉흥적으로 작곡하고 악보 없이 상황에 맞춰 연주한다.

그 외에도 다양한 코드 시퀀스가 있으며, 각 코드 시퀀스는 많은 다양한 곡의 기초가 된다. 이러한 코드 시퀀스 중 일부는 여러 세기 동안 꾸준히 사용되었다. 예를 들어, 부드러운 중세 발라드 "Greensleeves"와 최근 크리스마스 캐럴 "What Child Is This?"의 코드 시퀀스는 놀랍게도 다이어 스트레이트(Dire Strait)의 히트곡인 "Sultans of Swing"의 기초가 되었다.

코드 시퀀스와 키는 음악적 공간의 두 가지 중요 차원을 형성하지만, 비슷하게 중요한 많은 다른 차원들도 있다. 리듬은 세 번째 차원으로, 다양하고 친숙한 원형을 포함한다. 현대 음악으로만 한정하자면, 행진곡, 폭스트롯(foxtrot), 왈츠, 폴카(polka), 스윙, 삼바, 룸바, 보사노바, 레게 등 그 종류가 점점 더 많아지고 있다.

악절(Phrase) 구조는 네 번째 차원이다. 모든 노래가 12마디 단위로 구성되는 것은 아니다. 16마디 단위로 만들어진 노래들도 많은데, 이를테면 거슈윈(Gershwin)의 "Summertime"은 4마디 단위로 3번 이어지는 것이 아니라, 4번 이어진다. 또한 미국 전설적인 가요계(Tin Pan Alley) 작곡가들이 가장 즐겨 사용했던 32마디 곡도 있다. 이렇게 더 길어진 형식(format)은 일반적으로 4개의 8마디 멜로디 단위로 구성되며, 반복하는 주요 테마에 8마디의 여유를 제공하는 세 번째 브리징(bridging)을 제외하고는 모두 동일하다(해럴드 알렌(Harold Arlen)의 "Stormy Weather"를 떠올려보라). 1930년대와 1940년대 뮤지컬 히트곡의 절반 가까이가 이와 동일한 4개의 8마디 패턴을 가졌다. 그 시대에 성공한 작곡가가 되려면, 그런 형식을 거의 완벽히 통달해야 했다. 이것은 토머스 쿤이 다른 영역에서 지배적 '패러다임'이라 불렀던 것의 음악적 사례이다. 이것이 바로 사람들의 대중가요에서 기대했던 것을 규정했으며, 이것의 전개(deployment)가 음악적 성공을 보장했다.

이런 짧은 목록의 특징들만으로 현대 음악적 공간의 구조를 모두 설명하기는 어렵겠지만, 종합적으로 이런 네 가지 차원은 다양하고 많은 친숙한 음악적 조합을 만들어내며, 더 많은 조합을 위한 공간을 제공한다. 또한 일부 작곡은 영리하게 체계적인 방식으로 전형적인 패턴을 절묘하게 거스름으로써 특별히 돋보이기도 한다. 예를 들어, 폴 매카트니(Paul McCartney)의 "Yesterday"는 옛 8/8/8/8 가요계(Tin Pan Alley) 형식을, 기묘하게 효과적인 7/7/8/7마디 형식으로 변형시켰다. 그리고 폴 데스몬드(Paul Desmond)의 리드미컬한 랜드마크인 "Take Five"(데이브 브루벡(Dave Brubeck)과 함께 녹음)는 최면을 거는 듯한, 각 셋잇단음표(triplet)에 2박자(kicker)를 덧붙인 왈츠의 일종인, 5박자로 흘러나온다.

분명히 다른 시대와 다른 음악 문화권에서도 그들만의 음악적 원형을 보여준다. 인용된 사례들은 역사적으로나 스타일에서 지엽적이다. 그렇지만 그런 사례들은 제시된 배경 주장을 충분히 설명해준다. 첫째, 음악에서의 연주와 작곡 능력은, 과학 이론을 적용하는 능력과 마찬가지로, 원형과의 동화(assimilation)를 필요로 한다. 추정적으로 그런 원형은 잘 훈련된 음악적 두뇌에서, 신경 활성 공간 내의 적절한 영역 또는 구획에 의해, 또는 더 정확하게, 그 공간 내의 적절한 궤적에 의해 재표현된다(represented). 음악은 말하기에서처럼 시간적 차원을 가지며, 이것은 재귀적 그물망이 엔진으로 작동해야만 한다는 것을 의미한다.

중요한 것으로, 마치 우리가 친숙하지만 부분적으로 가려진 얼굴을 재인할 수 있듯이, 인간은 친숙한 멜로디 몇 마디만 주어지더라도, 그 친숙한 멜로디의 벡터 시퀀스를 모두 완성할 수 있다. 분명히 음악적 작품에서든 음악적 지각에서든, 누군가 음악적 능력을 발휘하려면, 내적 원형을 적절히 활성화해야 한다. 나아가서, 누군가의 음악적 능력의 범위는 자신이 통달한 특정 원형들에 의해 제약된다. 그런 능력은 사소하지 않다. 과학에서와 마찬가지로, 음악에서도 훈련된 사람은, 훈련되지 않은 손과 귀를 가진 사람들에게 닫혀 있는 것들을 실행할 수 있고, 지각할 수 있다. 그리고 과학에서와 마찬가지로, 음악에서도 창의적인 사람은 오래된 원형에서 새롭고 효과적인 사례를 발견하거나, 완전히 새로운 원형을 생성하는 사람이다.

분명히 음악의 목표가 과학의 목표일 필요는 없다. 어쩌면 두 목표는 대부분 서로 어긋날 것이다. 예를 들어, 우리는, 음악의 주된 목적이 정서적 목적을 위한 청각 환경을 솜씨 있게 다루는 것이라고 볼 수 있다. 그리고 우리는, 과학의 주된 목적이 실용적 목적을 위해 물리적 환경을 솜씨 있게 다루는 것이라고 볼 수 있다. 그렇지만 두 경우 모두, 필요한 신경 재원, 차용된 코딩 전략, 그리고 나타나는 변환 활동 (transformational activities)은 동일하다.

더구나 음악과 과학 사이의 이러한 유사점은 개인의 뇌를 넘어서, 사회적 영역으로까지 확장된다. 새로운 활동 형식들의 번성, 소수의 성공적인 패턴을 중심으로 그것들의 응축, 그것들의 광범위한 수용과 축하, 그것들의 갑작스런 퇴조, 산발적인 혁명적인 대안의 출현, 그리고 그런 주기는 다시 시작한다.26) 우리는 그러한 유행의 주기를 거치면서 '지적 진보'에 관해 의심할 수 있다. 음악이 과학처럼 정말 **진보**하는

---

26) [역주] 쿤이 말한 패러다임 전환의 5단계, 즉 전-과학, 패러다임 등장, 정상과학, 위기(반례의 등장), 새로운 패러다임 출현, 그런 주기의 반복 등에 비유해서 이렇게 말한 것으로 보인다. 한마디로, 예술의 변환 과정도 과학의 패러다임의 전환 과정과 비슷하다. 쿤 자신은 이런 과정을 통해 과학이 진보하는 것이 아니라, 단지 패러다임이 바뀌는 것이라고 주장했다. 그러나 과연 과학이 진보하지 않는지 의문에 대해 과학철학계의 논란은 지금도 이어지고 있다. 처칠랜드는 과학의 진보를 신뢰하는 입장에 서 있다. 이전보다 유용한 지혜를 제공해주기 때문이다.

가? 나는 이 질문에 대한 추구를 멈추지 않겠지만, 여기에서도 과학의 경우만큼 설득력이 있지는 않더라도, 음악에 대한 강력한 주장이 제기될 수 있다.

이 단원은 예술적 인지와 과학적 인지에 관한 대비를 우려하며 시작되었다. 지금까지 논의의 결론은 이렇다. 신경인지적 관점에서 볼 때, 그 차이는 피상적이다. 내 생각에, 이러한 인상은, 만약 우리가 음악을 넘어 다른 주요 형태의 예술적 노력으로 눈을 돌리면, 더욱 확고해진다.

그래픽 예술은 자신들만의 형식인, 연필 스케치, 목탄 드로잉, 수채화, 유화, 아크릴 등을 가진다. 그리고 자신들만의 원형적 주제인, 풍경, 초상화, 정물화, 도시 풍경화 등을 가진다. 그리고 또한 이미지를 구성하는 자신들만의 표준적이면서 가변적인 기법인, 선, 면, 명암, 색채, 작은 점, 초점이 맞지 않는 얼룩 등등을 가진다.27) 다시 한 번 우리는 광범위하게 흩어진 원형적 핫스팟(prototypical hot-spots)과, (탐험을 기다리는) 거의 끝없이 펼쳐진 볼륨 등을 가진 고차원 공간을 볼 수 있다. 또한 다시 한 번 우리는 이러한 기법(techniques)을 적용하고, 이러한 원형을 창의적으로 전개하고, 재전개하는 데에서 고도로 발달된 기술(skills)을 보고 있다. 다시 한 번 우리는, 벡터 완성이, 특히 현대 미술에서, 중요한 역할을 하는 것을 볼 수 있다. 예를 들어, 피카소가 그린 다양한 바이올린과 기타를 생각해보라. 여기에는 f 자 형 구멍, 저기에는 평행한 현의 힌트, 조율 못, 그리고 완성! 다시 한 번, 우리는

---

27) [역주] 여기서 말하는 '패러다임'은, 앞에서 말한 '원형' 또는 '본보기'인 '패러다임'과 다른 의미로 사용된다. 쿤은 이 용어를 두 가지 의미로 사용한다고 스스로 밝혔다. 둘째 의미의 패러다임을 쿤은, 어느 과학의 실험을 주도하는 장치(도구), 기술 및 방법 등을 포괄한다고 말한다. 이런 측면에서 그림을 그리는 도구, 방식, 주제 등을 포괄하는 그래픽 예술의 유행은 다른 의미의 패러다임이라고 말할 수 있다.

수 세기에 걸친 진보의 사례를 목격하고 있다. 광범위한 정서적 목적을 위해 시각 세계를 조작하는 것은, 선사 시대 동굴 벽화와 이집트 프리즈(frieze, 벽화 및 벽 조각) 이후로도 먼 길을 걸어왔다.

동일한 교훈이, 우리가 여러 내러티브 예술인 문학, 연극, 영화 등을 살펴보더라도 드러난다. 파우스트가 악마와 거래하는 것과 같은 보편적인 주제는, 구약성경에 나오는 야곱의 팥죽부터, 단테의 『인페르노(Inferno)』, 브로드웨이의 「댐 양키스(Damn Yankees)」에 이르기까지 다양한 사례에서 나타난다. '자신의 영혼을 판다'는 주제는 많은 주제의 동반자인, 비극적 결함, 권력 남용, 가난한 부랑자의 신분 상승 등을 담고 있지만, 나는 더 이상의 목록 나열을 생략하겠다. 그런 이야기는 음악이나 그래픽 예술의 이야기와 유사하다. [이런 분야에 대해서] 더 많은 주변 사람들이 나보다 더 자세한 이야기를 들려줄 것이다. 나는 여기서, 일반적인 진실(truths)을 보여주는 것이 예술의 자기-의식적 목표라는 점만 지적하겠다. 진정으로 성공적인 소설이나 연극은, 인간의 보편적인 주제나 교훈을, 눈에 띄고 기억에 남을 만한 인간 행동의 사례에 담아낸 작품이며, 그리고 그런 작품은 우리가 그것을 접하고서 훨씬 더 현명하도록 만든다. 그 표현의 기법은 다소 다를 수 있지만, 여기서 예술의 목표와 과학의 목표는 하나로 합쳐진다.

이런 짧은 탐색의 요점은, 광범위한 인간의 예술적 노력을, 인간 인지에 대한 신경계산적 설명의 틀 안으로 끌어들이는 것이었다. 앞서 살펴본 인간의 도덕적 지식의 주제와 마찬가지로, 나의 바람은, 이러한 새로운 설명적 관점이 이런 여러 예술적 수고를 조명해주고, 그것의 다양한 목표를 발전시키도록 도와주는 것이다. 만약 그런 관점이 우리에게 '어떻게 인간이 지각하고, 해석하고, 창조하는지'에 대해 더 깊이 이해할 수 있게 해준다면, 분명히 인간 예술의 대의(the cause)를 전진하게 해줄 것이다.

11. 신경기술과 인간의 삶

책을 마무리하는 이 장의 목표는, 뇌에 관한 상세한 이론을 살펴보고, 그 이론으로부터 영감을 받은 새로운 기술들(technologies)이 인간 삶의 본질에 미칠 영향을 탐구하는 것이다. 개인의 실질적인 생활에 어떤 충격을 줄 것인가? 우리 사회의 정책에 어떤 영향을 줄 것인가? 그리고 개인적 삶과 영적인 삶에 어떤 영향을 미칠까? 그리고 인류의 장기적인 발전에는 어떤 영향을 미칠 것인가?

의료 쟁점: 정신과 및 신경과 치료

우리가 그 효과를 가장 먼저 느끼게 될 곳은 뇌 손상 또는 뇌기능장애를 다루는 정신과와 신경과 치료의 분야일 것이다. 7장에서 살펴본 것처럼, 이러한 분야에서 이미 어느 정도 효과가 나타나고 있다. 그것은 우리가 보유한 이론적 지식, 그리고 뇌를 관찰하고 (선의로) 뇌 활동에 개입할 수 있는 기술 덕분이다. 이러한 기술의 발달은 앞으로도 이러한 치료의 발전을 가속화할 것이다.

기능적 자기공명영상(functional magnetic resonance imaging, FMRI)이라는 새로운 뇌 스캔 기술은 뇌 연구와 의료 행위 모두에 실질적인 큰 도움을 줄 것이다. 이 기술을 이용하여, 기존의 MRI 기술은 뇌의 구조뿐만 아니라, 뇌 안의 국소적 생리 활동이나 뇌 기능을 탐지하기 위해 재조명되고 있다. 따라서 FMRI는 PET 스캔이 하는 모든 작업을 수행할 수 있다. 이 기술은 살아 있고, 깨어 있으며, 인지적 활동 중인 인간 뇌의 다양한 영역의 신경 활동 수준을 비침습적으로 볼 수 있게 해준다.

그러나 FMRI는 PET보다 두 가지 주요 장점을 추가적으로 갖는다. 첫째, 이것은 피험자의 혈류에 (짧은 수명의) 방사능 추적 물질(tracer)을 주입할 필요가 없다. 더욱 중요한 것으로, 이것은 PET 스캔을 실행하기 직전 즉시 추적 물질을 생성하기 위해 수백만 달러에 달하는 현장 사이클로트론(cyclotron, 아원자 입자 가속기)을 필요치 않는다는 점이다. 오히려 FMRI는, 혈류 속 산소화된 헤모글로빈(oxygenated hemoglobin) 분자와, 신경 활동의 국소적 증가를 유지하기 위해 탈산소화된(de-oxygenated) 헤모글로빈 분자 사이의 자연적인 차이에 맞춰 조정된다. 따라서 PET와 마찬가지로, FMRI는 대사 전구체(metabolic precursors)와 부산물을 추적함으로써, 신경 활동을 간접적으로 추적한다. 그러나 이것은 PET처럼 정교한 준비가 필요하지 않고, 빠르게 사라지는 방사능 추적 물질로 인한 PET에 허용되는 성가실 정도의 짧은 지속 시간에 영향 받지도 않는다.

FMRI의 두 번째 주요 장점은 향상된 시간적 해상도이다. PET 스캔은 신경세포 활동의 국소적 상승이 30초 미만으로 지속되는 경우, 그것을 탐지할 수 없다. 현재 FMRI는 그러한 상승이 0.5초만 지속되더라도 그것을 탐지할 수 있으며, 이 기술은 아직 시간적 해상도의 이론적 한계에 도달하지조차 않았다. FMRI는 이미 PET에 비해 100배 향상된 성능을 제공하고 있으며, 1,000배 향상된 성능을 제공할 수도 있다. 재귀적 신경망의 인지 활동은 대부분 밀리초 범위에서 일어나기 때문에, 그 범위까지 도달하는 영상 기술(imaging technique)은 우리가, 의식을 가진 피험자가 지각, 인지, 숙고, 운동 등의 활동을 할 때 관여하는 실시간(real-time)의 신경 활동을 관찰할 수 있게 해줄 것이다. 정신 상태와 뇌 상태를 연관시키는 일은, 새로운 수준의 시공간적 세부 내용을 알 수 있어야 한다.

FMRI에 이어 두 번째 주요 기술인 자기뇌파검사(magnetoencephalography, MEG, 자기 뇌영상)가 등장하고 있다. 로이드 카우프만 (Lloyd Kaufmann)이 주된 창시자이다. 이 기술은, 로돌포 이나스 (Rodolfo Llinás)가 (앞서 의식 문제와 관련하여 논의한) 각성, 꿈, 델타 수면 등에 대한 연구에서 사용한 기술이다. MEG는 다음과 같이 작동한다. 신경 활동이 활발한 곳에서는 많은 수의 전하를 띤 화학 이온이 진동 운동을 하며, 이런 이온들은 전기화학적 파동을 만들어낸다. 그 파동이 축삭돌기를 따라 이동하여, 다음 뉴런 집단에 정보를 전달한다. 이때 전하들이 움직이면서, 언제나 뚜렷한 자기장을 발생시킨다. 이런 자기장을 MEG 기계가 탐지한다.

FMRI와 마찬가지로, MEG는 물리적 및 화학적으로 비침습적이다. 약한 자기장 정도만 뇌에 침투된다. 그러나 MEG는, 불가피하게 지연되는 대사 신호 대신에, 즉각적인 신경 활동의 자기장 신호를 탐지하므로, 시간적 해상도가 훨씬 뛰어나다. 실제로 이 기술은 이미 1밀리초 범위에 도달했다. 이런 이유에서, 이나스는, 피질의 여러 지점에서 40Hz의 진동을 재인할 수 있었고, 진동이 위상을 고정시킴에도, 위상이 1-2밀리초 정도로 짧은 순간에 바뀌는 것을 알아챌 수 있었다.

하나의 관찰 기술로서 MEG는 훌륭하다. 그렇지만 이 기술의 진정한 희망은 다른 측면에 있을 수도 있다. 그 기술은, 뇌 안에서 영향을 미칠 수 있는 곳, 그리고 국소적 신경 활동에 동반하는 자기장이 '탐지'되는 곳 어디에서든, 거꾸로 사용될 수도 있다. 그 장치가 뇌 안에 영향을 미쳐서, 적절한 강도와 진동을 지닌 국소적 자기장을 일으킬 수 있으므로, 수백만 개의 화학 이온들을 가속시켜서, 뇌의 선택적 부위에 신경 활동을 만들어낼 수도 있다. 즉, 신경 활동을 기록하는 것뿐만 아니라, 신경 활동을 일으키기 위해 사용될 수도 있다.

우리는 물리적 미세 전극을 뇌에 삽입하는 훨씬 오래된 기술로 동일한 효과를 얻어낼 수 있지만, 단지 한 번에 하나의 세포만, 그리고 단지 두개골을 먼저 열어야만 가능하다. 그 비용은 높고, 보상은 낮았다. MEG를 사용하면 그 비율은 반전된다. 물론, MEG 자극으로 생성되는 활성 벡터는 당신의 팔뚝 전체로 피아노 건반을 누르는 것처럼 매우 어설프다. MEG로 우리는 신경세포 집단 내의 매우 특정한 벡터를 발생시키지는 못하지만, 이전에는 결코 해보지 못했던 의식적 신경 활동을 다룰 수 있게 되었다.

이 기술은 인지 연구에 새로운 활동 영역을 열어줄 것이다. 원리적으로, MEG를 사용하여 우리는 뇌의 어떤 부분이든, 즉 지각 영역, 감정 영역, 언어 영역, 전문화된 인지 영역, 숙고 영역 등을 자극할 수 있으며, 그런 다음 그 완벽히 의식적인 피험자에게 '어떤 형태의 정신 활동이 자신의 내부에서 일어나고 있는지'를 말하도록 요청할 수도 있다. 인간 뇌의 기능적 조직을 매핑하는(mapping, 대응을 알아보는) 기술로서, 이 기술은 너무나도 훌륭하다. 그 MEG 기록 및 자극 기법에 의한 초기 탐색은 이미 이나스의 뉴욕 대학교 실험실에서 진행 중이다.

신경 활동을 추적 관찰하고 조작하는 이러한 새로운 방법이, 특별히 신경 활동이 일어나는 생화학적 물질들의 약리학적(pharmacological) 조절과 함께 사용되는 경우, 마침내 정신과 의사와 외과 의사에게 정상적인 뇌 기능의 차원과 메커니즘에 대해 훨씬 더 잘 이해할 수 있게 해줄 것이다. 이런 연구는 필연적으로, 정상 기능의 **장애**를 탐지하고 수정하는, 더 훌륭하고 안전한 기술을 안내해줄 것이다. 그리고 어쩌면 문제가 발생하기도 전에 미리 예방할 수도 있게 해줄 것이다.

그렇다면 이 모든 것들에 어두운 면이 있을까? 당연히 있다. 무지한 정신과 의사는 때때로 위험한 약물을 처방할 것이다. 서투른 외과 의사는 간혹 중요한 신경 하부 시스템을 손상시킬 것이다. 혼란스러운 이론은 일부 부적절하고 퇴행적인 의료 행위를 합리화할 것이다. 관료적 정책은 이따금, 사회적으로만 해결할 수 있는 것을 화학적으로 해결하려 시도할 것이다. 일부 환영받는 치료법이 장기적으로 재앙의 부작용을 일으킬 것이다. 신경 활성 약물과 의료기기의 암시장이 번성할 수도 있다. 아무리 [그 규모가] 작더라도, [그런 치료를] 남용하는 하위문화(subculture)가 생겨날 것이다. 이런 모든 일들은 결국 일어날 것이다. 다만 얼마나 자주 일어날지 불확실할 뿐이다.

이러한 피할 수 없는 좌절감에 직면하게 되면, 우리는 그 전체 프로젝트, 연구 및 기술 모두를 중단하고 싶은 유혹에 빠질 수 있다. 물론 그러한 결정은 자체의 특정한 결과를 초래할 것이다. 현명한 정신과 의사들은 기능장애가 있는 뇌를 회복시킬 약물 사용을 거부당할 것이다. 숙련된 외과 의사들은 정확한 의료 개입에 필요한 정보를 얻지 못하게 될 것이다. 정확한 이론은 더 계몽된 의료 조치를 결코 지지해주지 못할 것이다. 관료적 정책은 오직 화학적으로만 고칠 수 있는 문제를 사회적으로 해결하려다 좌절할 것이다. 어떤 환영할 만한 정신과적 치료법도, 그것이 장기적인 부작용이 있든 없든, 사라질 것이다. 그리고 마지막으로, 우리는 은밀한 자기 파괴적 약물이 거래되는 악의적 암시장에 이미 귀를 기울이게 될 것이다. 신경 연구와 개선된 의료 서비스 없이, 우리는 이러한 약물을 더 순한 약물로 대체하거나, 중독을 막을 수 있는 치료법을 찾지 못하게 될 것이다.

이런 문제는, 불을 발견한 이래로 우리가 여러 번 직면했던 문제이다. 어느 새로운 기술이든 부주의한 사고와 고의적인 오용 가능성이 있다. 사회가 그 새로운 기술을 거의 이해하지 못하는 그 초기 단계에서 불안과 노골적인 공포는 자연스러운 반응이다. 그러나 이후 대중의 이해가 쌓이면 두려움은 편안함으로 (정규적으로) 교체되며, 이후에 그 시술에 대한 정부의 규제가 신뢰를 가져다주면, 그리고 계속하여 대중의 혜택이 넘쳐나면, 결국 그 새로운 기술에 대한 강한 확신을 가져다준다. 우리는, 다른 기술에서 그러했듯이, 신경기술(neurotechnology)에서도 책임감 있게 사용하는 법을 배워야 한다.

의료 쟁점: 진단 및 치료를 위한 신경망

지금까지 우리는 뇌 자체의 의학적 문제들에 초점을 맞추었지만, 일반적으로 그런 문제들은 무수히 많은 질병들 중 일부일 뿐이다. 머지않아 신경기술은, 적어도 그것이 신경학에 미치는 영향만큼이나, 일반 의학에 큰 영향을 미칠 것이다. 그 이유는 진단(diagnosis)과 치료(treatment)라는 두 단어로 요약된다. 진단과 치료는 의료의 본질이며, 인공신경망은 곧 우리에게, 최고의 인간 진단의보다 훨씬 더 안정적이고 신속하며 일관되게 진단하도록 해줄 것이다. 그리고 인공신경망은 더 빠른 속도와 통찰력으로 정교하게 조정된 치료법을 추천해줄 것이다. 그 이유는 다음과 같다.

대부분의 의사는 적어도 자신의 의료 전공 분야에 숙련된 진단 전문가이다. 그렇지만 진단은 매우 복잡한 기술이다. 모든 의사들이 속도, 신뢰성, 또는 전문 지식의 범위 등에서 동일한 수준의 기술에 도달하는 것은 아니다. 아무리 뛰어난 의사라도 완벽에 훨씬 미치지 못하는 수준에서 정점을 찍는다. 각각의 질병은 그 발병 단계, 환자의 나이, 성별, 병력, 유전적 배경, 동반 질병, 전반적인 건강 및 정서 상태 등에서 매우 다양한 형태로 나타난다. 그러므로 질병을 식별하는 데 필요한, 어느 증상의 필요충분조건에 대한 표준적인 목록이 결코 존재하지 않는다. 대부분의 질병들은, 증상만 놓고 볼 때, 적어도 그 각각의 발병 단계에서 다른 많은 질병들과 매우 비슷하다. 전체적으로 1,000개 혹은 그 이상의 가능성들 사이에서 특정 진단을 내리기 위해, 10개, 50개, 200개에 달하는 다양한 증상의 집합들을 살펴보려면, 매우 고차원적인 패턴 재인의 훈련이 요구된다.

이것은 그저 비유적인 표현이 아니다. 체온, 혈압, 백혈구 수, 피부 상태, 근육 긴장 상태, 동공 확대, 맥박 수, 맥박 강도, 혈당 수치 등등과 같은 긴 특징들 목록은 고차원 입력 벡터를 구성한다. 그리고 이러한 정보 패턴으로부터 특정 질병을 재인하는 것은, 의사가 이미 훈련받은 많은 것 중 하나인, 진단 원형 벡터(diagnostic prototype vector)를 활성화하는("이것은 척추 수막염(spinal meningitis)이다") 문제이다. 이것은 문제의 증상 패턴에 대한 '최선의 설명으로의 추론'이다. 이것은 이제 우리에게 매우 친숙한 인지과정의 또 다른 사례로, 부분적인 또는 낮은 품질의 입력에 대해 [마치] 벡터 완성을 하는 것과 같다. 의사는 (본질적으로) 흩어져 있는 얼룩을 보면서, (그 안에 내재한) 산책하는 개, 수염 난 얼굴, 기마병 등을 알아보아야 한다. 그래야만 의사는 자신이 직면하고 있는 것이 무엇인지 알게 될 것이며, 그래야만 그것에서 무엇을 기대할지, 그리고 어떻게 대처해야 하는지 등을 알게 될 것이다.

인공신경망을 생각해보자. 부분적이거나 낮은 품질의 입력에도 불구하고, 정교한 패턴 재인을 수행하는 것은 신경망의 본래적 강점이다. 우리는 이미 인공신경망이 인간을 큰 격차로 능가하는 사례를 보았다. 수중 음파 탐지 중 암석 신호와 기뢰 신호를 구별하기 위한 세즈노스키와 고먼(Sejnowski and Gorman)의 신경망 말이다. 의료 진단은 인공신경망이 인간보다 더 잘할 수 있는 또 다른 영역이다.

그 이유는 간단하다. 어느 질병 내에서 나타나는 증상의 범위와 다양성, 그리고 여러 서로 다른 질병들에 걸쳐 나타나는 증상의 광범위하고 가변적인 중첩은 매우 커서, 한 명의 인간 의사가 그 방대하고 난해한 통계적 프로파일을 완전히 파악할 수 없을 뿐만 아니라, 파악하더라도 그것들 중 작은 일부만 실제 환자에게 적용할 수 있다. 실시간 인간 기술(skill)은 항상, 심지어 통계적인 지혜가 기존 교과서, 의학 저널, 연구 자료실 등에 이미 명시되어 있더라도(암시적인 것들은 고려하지 않더라도), 이상적인 수준에 훨씬 못 미칠 수밖에 없다. 우리가 파악해야 할 것이 너무 많기 때문이다.

그렇지만 대규모 인공신경망은 그러한 축적된 통계의 마지막 소수점까지, 마지막 조건부 확률까지, 마지막 난해한 증상 프로파일까지 내재화하도록 훈련될 수 있다. 대략적으로, 우리는 그 그물망을, 기존 의료 기록의 매우 큰 '훈련 세트(training set)'에 대하여, 입력으로 임의 환자의 초기 증상에 대하여 그리고 출력으로 그 동일 환자의 최종 진단에 대하여 훈련시킨다. 많은 수의 의료 기록이 주어지면, 이러한 그물망은 의사 수천 명이 개별적으로 축적한 경험을 내재화할 수 있다.

더 중요하게, 그 훈련된 그물망에게 그 환자의 증상을 제공하자마자, 그 그물망은 이러한 모든 지혜를 거의 즉각적으로 실제 환자에게 적용할 수 있다. 우리는 미래의 의료 시설에서 각각의 새로운 환자마다 약 50개의 생물학적, 개인적, 병력 등의 변수들로 구성된 표준적 세트를 자동적으로 탐색하게 될 것이라고 가정해볼 수 있다. 이것은 의사에게, 그 훈련된 그물망에 보여줄 50개의 요소 벡터를 제공해줄 것이다. 그 그물망은 출력으로, 환자의 상태에 대한 요약과, (만약 있다면) 기저 질환에 대한 진단을 신뢰도 측정값과 함께 제공해줄 것이다. 우리는 그 그물망에게 보조 출력으로, 진단 신뢰도가 낮은 경우에 의사가 수행해야 할 추가 검사 목록, 즉 그 신경망이 지금까지 확실한 진단을 내리는 데 방해가 되었던 애매한 부분을 가려내는 데 중요하다고 발견한 특정 검사를 제공하도록 훈련시킬 수도 있다.

시간 경과에 따른 환자의 증상 양태의 변화는, 한 질병을 다른 질병과 구별하거나, 또는 임박한 위기를 예측하는 데에도 중요하다. 만약 우리의 진단 그물망이 재귀적 구조를 가진다면, 그것은 이러한 시간적 정보도 마찬가지로 잘 처리할 수 있으며, 그리고 그에 따라 차후의 진단을 개선하는 것도 학습할 수 있다. 결국, 질병은 동역학적이며,[28] 이상적 진단의는 시간 경과에 따른 증상 양태를 분 단위로 추적할 것이다. 병원의 레지던트 의사가 그 건물 내의 수천 명의 환자 모두에게 그렇게 세심한 주의를 기울일 수는 없다. 그러나 병원 중앙의 수천 개의 탐지 장치에 연결된 지칠 줄 모르는 신경망은 그것을 쉽게 수행할 수 있다. 그 신경망은 구조적으로 재귀적이므로, 또한 전개되는 인과 과정도 재인할 수 있다. 따라서 그 신경망은 지속적으로 진단을 업데이트하고, 때때로 알람도 울릴 수 있다.

진단의 궁극적인 목적은 적절한 치료법을 추천하는 데에 있으며, 이것 역시 잘 훈련된 그물망에 의해 수행될 수 있다. 질병과 증상 사이에 일대일 상관관계가 성립하지 않는 것처럼, 질병과 치료법 사이에도 일대일 상관관계는 결코 성립하지 않는다. 그런 만큼, 여기에는 수많은 맥락적 요인들이 관여된다. 다시 말하지만, 과거 환자의 병력에 대한 기록은 미래의 환자를 위해 활용될 수 있다. 만약 신뢰할 수 있는 병력 정보를 그 그물망에 학습 기간 동안 제공할 수 있다면, 그리고 만약 그

---

28) [역주] 질병이 어떻게 복잡계(complex system)의 동역학적 시스템인지를 알아보기 위하여 구글(Google)에서 'dynamic disease'를 검색해보라.
https://www.sciencedirect.com/topics/mathematics/disease
그리고 복잡계가 무엇인지에 관해서는 이재우, 『복잡계 과학 이야기』 (2023)를 참조하라.

물망이 신뢰할 수 있는 그 맥락 정보를 실제 환자에게 최종 서비스를 제공할 때 결국 활용할 수 있다면, 그 그물망은 (진단 분야에서 빛을 발했듯이) 치료법 제안 분야에서도 빛을 발할 수 있다.

그러한 그물망이 의사를 불필요하게 만들까? 물론 아니다. 오히려 그 그물망은 의료계의 무기고에 또 하나의 도구로 자리 잡을 것이다. 그 그물망이 어떻게 활용될지, 즉 그것을 얼마나 신뢰해야 할지, 그리고 인간 진단과 그물망 진단 사이의 충돌을 어떻게 조정해야 할지 등에 대한 최종적이고 적절한 판단은 반드시 의료계 스스로 내려야 한다. 처음에는, 의심할 여지없이, 그 그물망이 서투르겠지만, 조만간 개선될 것이다. 장기적으로 그 그물망은 필수 불가결한 존재가 될 것이다. 그 것의 도입 및 사용의 적절한 속도는 의료계가 결정할 문제이다.

이러한 기술은 오늘을 기준으로 전혀 비쌀 필요는 없다. 하나의 마이크로칩에 새겨진 대규모 병렬 그물망이 병원 전체에 서비스를 제공할 수 있다. 그 칩에 연결된 다양한 센서들이 그 중심 칩보다 훨씬 더 비쌀 것이다. 또한 우리는 그러한 그물망 모두를 훈련시킬 필요도 없다. 우리가 일단 첫째 칩을 학습시키기만 하면, 우리는 시냅스 가중치의 조성 상태를 판독하여, 그것을 이후의 모든 칩에 직접 적용할 수 있다. 그러한 현대 의료 진료의 추가 설비로서, 진단 그물망(Diagnostic Networks)은 그것의 저렴한 비용만큼이나 환영받을 것이다.

법률적 쟁점: 자아의 탄생과 죽음

인간 자아의 본성과 근거에 대한 더 나은 개념은 분명히 법과 (그것이 적용되는) 방식에 영향을 미친다. 이미 그러해왔다. 대부분의 미국 주에서는 한동안 '뇌사(brain death)', 즉 간단한 뇌파 검사를 통한 '모든 뇌 활동의 중단'을 법적으로 신체적 사망과 동등하다고 간주해왔다. 특히 신체를 유지하기 위한 더 이상의 노력이 필요하지 않게 된다. [그러므로 신체의] 소멸이 허용될 수 있다.

이것은 적어도 그런 환자들에게 인도적인 정책임은 분명하다. 환자의 뇌가 사망하면, 그에 따라서 뇌가 유지시키던 소중한 자아(self)는 이제 완전히 그리고 회복할 수 없을 정도로 상실된다. 그러나 이런 경우에 우리에게 '보내드리는(Letting Go)' 정책을 매우 옳다고 채택하도록 명령하는 원칙은 곧 비슷한 종류의 사례로 확장될 수 있다. 뇌가 여전히 측정 가능한 전기 활동을 보이는 경우, 그렇지만 그 환자는 혼수상태(coma)에 빠져 있는, 즉 어떤 자극에도 각성(arousal)을 일으키지 않는 깊은 무의식 상태의 경우를 생각해보자. 이러한 경우는 일반적으로 자아가 회복할 수 없을 정도로 상실된 경우는 아니며, 따라서 우리는 그 환자가 혼수상태에서 깨어나기를 충실히 기다리면서, 그 사람을 정성껏 간호한다.

그러나 이러한 경우들 중 일부는, 새로운 영상 기술을 통해, 우리는 혼수상태의 원인이 (뇌가 살아 있고, 일부 뇌 활동이 유지되고 있음에도 불구하고) 결코 깨어날 수 없는 그런 상태라는 것을 도덕적으로 확신하게 될 수도 있다. 예를 들어, 만약 우리가 직면한 문제가 환자 뇌의 중심에 있는 시상에서의 대규모 파괴, 그리고 특히 그 섬유판속그물핵(intralaminar nucleus)에서의 대규모 세포 파괴라면, 우리는 소중한 자아가 전적으로 그리고 회복할 수 없을 정도로 상실된 경우를 다시 보고 있는 것이다. 8장의 내용을 떠올려보면, 기능적인 섬유판속그물핵은 모든 고등동물의 의식에 필수적인 것으로 알려져 있다.

의학적으로나 도덕적으로, 이러한 경우는 뇌사 상태와 동일하다. 우리가 아끼는 자아는 회복할 수 없을 정도로 사라진 것이다. 그러나 현행법은, 그러한 경우를 죽음이 허용되는 사례들과 동등하게 취급하는 것을 어색하거나 불가능하게 만든다. 비록 실제적인 또는 잠재적인 의식과 아무런 관련이 없다고 하더라도, EEG는 여전히 약간의 신경 활동을 보여주기 때문이다. 여기에 법을 개정할 필요가 있는 가능한 사례가 있다.

오늘날 더욱 널리 퍼진 또 다른 사례는 진행성 알츠하이머병의 경우인데, 여기에서 우리는 심각한 연속성 문제에 직면한다. 노인성 치매의 가장 흔한 형태인 알츠하이머병은 70세 이상 인구의 20퍼센트가 앓고 있는 점진적인 퇴행성 질환이다. 중증 단계에 들어서면, 알츠하이머병은 결국 자아를 모두 빼앗아버린다. 그 병은 그 환자의 모든 지식, 기억, 기술, 즉 그 사람의 재인, 숙고, 행동 등의 모든 능력을 내재화하는, 복잡한 뇌 전체의 시냅스 연결 조성을 점진적으로 그리고 돌이킬 수 없을 정도로 파괴한다. 잘 조정된 자아의 그물망이 미세한 노폐물과 뒤엉킴으로 의한 기능장애 덩어리로 서서히 붕괴된다. 중증 환자는 모든 자서전적(biographical) 기억을 잃고, 말을 완전히 멈추고, 자신의 주변에서 일어나는 일에 대해 아무런 재인이나 감정으로 반응하지 못하고, 그 어떤 행동도 촉발하지 못하며, 심지어 스스로 먹거나 기본적인 대소변을 처리하는 것도 못하게 된다. 결국 그는 조각상이 되어, 허공만 응시하며, 아무것도 이해하지 못하고, 아무것도 신경 쓰지 않게 된다.

다시 말하지만, 그 환자의 소중한 자아는 돌이킬 수 없이 상실된다. 신체는 남아 있고, 뇌는 여전히 살아 있지만, 광대한 시냅스 조성 공간은 (비유적으로) 성냥갑처럼 으스러진다. 그 뇌의 원형적 범주의 계층 구조도 사라진다. 비록 일부 활성 뉴런이 살아 있더라도, 그 전체 시스템은 더 이상 일관된 변환 활동을 할 수 없다. 한때 자신을 지탱하던 자아는 이제 더는 존재하지 않는다.

비가역적 혼수상태에서처럼, 뇌사와의 유사성은 분명하다. 그리고 그러한 환자가 사망할 수 있도록 허용하는 유사한 정책을 시행하는 것은 순리에 맞을 것처럼 보인다. 이 경우에도 다른 두 경우와 마찬가지로, 그 살아 있는 환자의 재정적, 심리적 부담은 끔찍하며, 이러한 인간의 빈껍데기는 다른 곳에서 더욱 인도적으로 사용될 의료 자원을 소비한다.

그러나 이런 경우에 우리는, 뇌사 및 영구적 혼수상태의 경우에서와 달리, 도덕적 및 절차적으로 어색한 상황에 직면하게 된다. 알츠하이머 환자의 느린 쇠퇴 과정의 어느 시점이 최종의 법률적 자아 상실이라고 인정될 것인가? 뇌사 또는 영구 혼수상태를 일으킨 사건은 전형적으로 갑작스럽게 발생한다. 불과 어제까지만 해도 건강했던 자아가 우리의 기억에 선명하게 남아 있어서, 그 기억과 지금 우리 앞에 놓인 빈껍데기는 극명한 대조를 이룬다. 알츠하이머병은 전혀 그렇지 않다. 알츠하이머병에 걸린 환자는 그 전날과 구분되기 힘든 정도로만 달라진다. 그 환자를 사랑하는 가족은 그들의 기대치를 매우 조금씩 조정한다. 결코 명확하지 않을뿐더러, 어떤 자비조차 없는 이 사건은, 그들에게 환자를 놓아줄 때를 전혀 알려주지 않는다. 그리고 대부분은 결코 그런 결단을 내리지 못한다.

나는 이 문제에 대한 어떤 묘책도 가지고 있지 않다. 필요한 것은, 알츠하이머 환자의 인지 기능이 언제 말기 혼수상태나 뇌사와 같은 낮은 수준으로 떨어졌는지, 객관적이고 신뢰할 수준으로 측정하는 방법이다. EEG만으로는 충분하지 않은데, 그것이 알츠하이머 환자의 인지 능력에 대해 지나치게 낙관적으로 측정하기 때문이다. 신경 활동이 탐지된다고 하더라도, 그것이 (오직 잘 조율된 신경망만이 제공할 수 있는) 일관된 형태를 결여한다면, 생각하는 자아로 간주되지 않는다. 아마도 최신 영상 기술인 FMRI나 MEG가 그것을 더 잘 파악하도록 도와줄 것이다. 다시 말하지만, 법 개정이 필요한 것은 거의 확실하지만, 정확히 어떻게 개정해야 하는지는 아직 불분명하다. 우리는 더 나은 이론과 더 나은 기술(technology)이 모두 필요하다.

다른 경우에, 현행법을 개정하는 것이 아니라, 그것에 대한 보호와 재확인이 필요하다. 나는 연속성이 법에 심각한 문제를 일으키는 두 번째 경우를 말하려는 것인데, 그것은 합법적 태아 낙태에 대한 시간 제약이다. 정상적인 신생아, 만삭의 인간 아기를 죽이도록 허용하는 것은 거의 모든 사람에게 용납될 수 없는 일이다. 그 발달 스펙트럼의 다른 쪽 끝에 있는, 원치 않는 정자나 난자를 고의로 파괴하는 일은 거의 모든 사람에게 허용되는 것으로 간주된다. 이러한 두 양극단 사이에서 허용과 비허용의 기준이 어디서 시작되는지에 관한 많은 의견 차이가 있다.

법률 자체는 대략적인 타협안을 제시하고 있다. 즉, 임신 후 첫 6개월 동안의 낙태는 사생활에 대한 여성의 헌법적 권리의 일부이다. 이런 결정에 대해서 상당수의 기독교인, 특히 난자가 수정되는 순간을 낙태 금지 시점으로 삼으려는 로마가톨릭 신자들이 가장 격렬하게 이의를 제기하고 있다. 나는 이 논쟁의 역사적 복잡성을 이야기하지 않겠다. 그 논쟁의 일반적인 형태는 6장에서 대략 살펴보았다. 나는, 각 당사자들이 이제 어떤 관련성을 부여하고 제시하기로 결정하든, 순전히 사실적인 전제에 주목하려 한다.

관찰 가능한 사실은 이렇다. 뇌와 중추신경계는 임신 1기(3개월) 태아는 물론 2기(6개월) 태아에서도 아직 제대로 형성되지 않는다. 물론 많은 전구세포들(precursors)이 그 안에 존재하지만, 아직 작고, 미성숙하며, 전혀 기능하지 않는다. 이러한 뉴런 전구세포들의 대부분은, 조직화된 뇌 안에서 세포외기질(cellular matrix)을 통해 긴 이동을 거쳐서 만나는, 최종 물리적 위치에 아직 도착하지도 못했으며, 그 세포들이 다른 뉴런들과 체계적으로 시냅스를 연결할 긴 축삭돌기를 성장시키기까지는 아직 몇 달이 더 남은 상태이다. 더구나 그것들의 잠재적 시냅스 연결은, 학습을 통해 어떤 형태의 인지 능력을 가질 [시냅스]

조성 [상태]로 조정되기까지 몇 달이 더 필요하다. 임신 1기 또는 2기 태아에게 어떤 그물망 활동도 아직 일어나지 않는데, 그것은 아직 어떤 그물망도 존재하지 않기 때문이다.

이것에 대해 잠재적 관련성은 다음과 같다. 만약 어느 태아를 낙태로부터 보호해야 한다고 느끼는 필요성이, 현재 존재하는 [태아의] 자아를 보호하고 보존하려는 염려에 근거를 둔 것이라면, 그런 염려는 사실 잘못된 것처럼 보인다. 만약 현재 연구에서 밝혀진, 인지, 의식, 자아 등에 대한 신경생물학적 설명이 어느 정도 정확하다면, 그 태아가 기능적인 신경계를 발달시키고, 무수히 많은 시냅스 가중치를 조성하여, 인지 활동의 진행을 유지할 때까지, 어떤 자아도, 심지어 무의식적 자아조차 존재할 수 없다. 신경망이 없는 상태에서, 어떤 자아도, 어떤 감정적 자아도, 어떤 지각하는 자아도, 어떤 숙고하는 자아도, 그 밖의 어떤 종류의 자아도 존재할 수 없다. 임신 1기 또는 2기 태아는 확실히 많은 것으로 구성되어 있지만, 그것이 확립된 자아는 결코 아니다. 따라서 만약 우리가 '로 대 웨이드' 판결을 뒤집으려면, 자아를 보존하려 한다는 표준적 추정 외의 어떤 논증이 필요하다. 이런 쟁점의 경우, 어떤 자아도 존재하지 않는다.

법률적 쟁점: 사회병리학과 교정 정책

삶의 시작과 끝에 관한 올바르고 인도적인 정책에 대한 질문은, 더 나은 신경과학적 이해에 비추어 제기될 때, 더 밝은 답을 찾을 수 있을 것이다. 그렇지만 그 이해에서 나오는 가장 큰 영향력은 그 두 지점 사이에 있는 인간 삶에 대해서일 것이다. 특히 우리는, 사회가 광범위한 병리적 사회 행동(pathological social behavior)의 스펙트럼을 다루는 방식에서 혁명을 보게 될 것 같다. 현재의 관행이 무능하고 무력한 반면, 신경 정보에 기반하고 기술적으로 정교한 사회는 신뢰할 수 있는 판단을 내리고, 효과적으로 일처리를 할 수 있게 해줄 것이다. 전자의 사례는 아주 가까이 있다.

어느 법정에서든 직면하는 의문은, 범죄 혐의 당시의 배경 인지, 감정 및 숙고 능력, 실제의 인지적, 감정적, 목적적 상태이다. 법은 대강이긴 해도 매우 중대한 몇 가지 구분을 내린다. 예를 들어, 그 행위의 질을 인식했는지 아니면 인식하지 못했는지, 당시에 제정신이었는지 아니면 제정신이 아니었는지, 계획된 행위였는지 아니면 즉흥적인 행위였는지, 다양한 동기들, 즉 기본적 동기, 무고한 동기, 칭찬할 만한 동기 등을 구분한다.

이러한 구분이 중요한 이유는, 법 앞에서 엄격한 유죄 판결이 내려지며, 유죄 판결을 받은 당사자에게 부과되는 처벌, 수감, 또는 기타 교정 정책의 성격과 규모가, 법원이 그 당사자를 심리적 가능성의 매트릭스 안의 어디에 위치시키느냐에 따라서 크게 달라지기 때문이다. 동일한 물리적 행위라도, 인지 및 기타 심리적 요인들에 따라서, 어떤 사람은 징역 10년, 어떤 사람은 정신과 치료 2년, 어떤 사람은 160시간의 사회봉사를 선고받을 수 있다.

정의(justice)와 선의(good sense) 모두, 유죄를 평가하고 적절한 처벌을 결정할 때, 이러한 구분을 고려할 것을 요구한다. 그러나 법원이, 어느 피고인의 인지적, 정서적, 사회적 능력에 대한 많은 차원에 대해서 판단하기에 매우 어렵다는 것을 부인할 사람은 거의 없을 것이다. 그리고 상습 범죄자의 빈도가 높다고 한다면, 우리의 현재 처벌 또는 교정 과정이 큰 효과를 줄 것이라고 여길 사람도 거의 없을 것이다. 현재 미국의 분위기는, 적어도 상습 폭력 범죄에 관한 한, 교정하려는 시도를 잊고, 단순히 범죄자를 가능한 한 오래 사회로부터 격리하는 것이다.

이 책을 쓰고 있던 어제 아침에, 내가 거주하는 캘리포니아 주는 '삼진 아웃' 법안에 서명하였다. 그리고 오늘 아침 신문에 내가 사는 동네의 슈퍼마켓을 습격한 무장 강도 세 명 중 한 명에 대해 이 법안의 최초 기소가 샌디에이고에서 이루어졌다고 발표되었으며, 이 사례는 주지사가 법안에 서명한 지 불과 6시간 만이었다. 그 흉악범들은 불과 한 시간 전 겁에 질린 운전자로부터 '탈취한' 차량을 타고 그 현장을 빠져나갔다. 우연히 내가 다니던 슈퍼마켓에서 도주하는 이들을 목격한 사람들은, 주차장에서 아이스크림을 먹으며 휴식을 취하던 FBI 요원들이었다. 그리고 20분 후 10마일 떨어진 곳에서, 그 세 범인들은 총구에 둘러싸여 포위된 후 연행되었다. 나와 친한 계산대 점원 중 일부는 여전히 떨고 있었다. 이런 현실은 추상적 논의의 문제가 아니다.

이러한 법안은, 내가 그 캘리포니아 법안이 마지막이라고 믿지 않는 [즉, 다른 주도 그런 법안을 거의 분명히 제안할 것으로 예상되는] 그 법안은 [기존 형법 체계] 실패의 표현이다. 즉, 무고한 대중을 보호하기 위한 기존의 법적 및 교정 관행의 실패를 보여준다. 이러한 실패는 명백히 실재적이며, 그러므로 현재의 '강력히 처벌해야 한다'는 식의 대응은 존중되어야 한다. 정말로 그리고 필요하다면 우리가 그것을 적극적으로 지원해야 할 수도 있다. 그러나 그 비용은 끔찍한데, 다른 곳에도 절실히 요구되는 세금이 낭비되고, 경비원과 경비 대상자 모두의 인적 자원도 낭비되기 때문이다. 그러므로 누구라도, 향후 50년 동안 범죄 행위에 대처하는, 더 올바르고 효과적이며 비용이 적게 드는 시스템이 탄생할 수 있을지 궁금해할 수 있다.

여기서 그 가능성은 모호하고 불확실하므로, 당신의 회의적인 태도를 어느 정도 수준으로 유지하는 것이 좋겠다. 반면에, 병리학에 대한 우리의 이해와, 그것에 대처하는 우리의 기술(techniques)은 분명 변해야 하며, 그것도 극적으로 변해야 한다. 우리는 적어도 부분적으로나마 그러한 변화에 대비하는 것이 좋을 것이다. 그러므로 모호함을 인정하고, 그것을 극복하기 위해 최선을 다해야 한다.

범죄 행동은 분명히 뇌 속의 단일 원인이나 장소에 있지 않다. 그것은 다양한 원인으로부터 나온다. 즉, 사회적 지각의 만성적 실패에서, 타인에 대한 공감 능력 결여에서, 왜곡된 정서적 양태로부터, 이상하고 압도적인 욕구에서, 관습적 추론의 만성적 결핍에서, 정상적인 사회화의 결여 또는 타락에서, 극심한 절망에서, 극심한 고집에서, 이 모든 것들의 조합에서, 그리고 우리가 아직 인식하지 못한 수백 가지 다른 가능성들로부터 비롯될 수 있다. 상당한 정도로, 법은 이미 이러한 다양성을 인정하고, 모든 피고인의 인지적, 정서적, 숙고적 능력에 관심을 기울이고 있다.

그러나 앞서 언급했듯이, 법이 위의 문제들에 기초하여 유용한 결정을 내리려면, 그러한 문제들에 대해 신뢰할 수 있는 해결책을 찾는 데 훨씬 더 나은 노력을 기울여야 한다. 다시 말하지만, 신경기술이 우리에게 도움을 줄 수 있다. [이를 위해] 세 가지 기술을 발전시키고, 그것들을 결합시켜야 한다. 첫째, 고도로 국소화된 뇌 활동을 기록하는 비침습적 기술은 높은 수준의 정확성과 편의성을 갖추어야 한다. 현재로서는 기능적 MRI와 MEG가 최선의 선택인 것 같다. 둘째, 인지적, 정서적, 숙고적 활동의 여러 차원에 대한 우리의 이론적 이해가 심화되어야 하며, 어쩌면 완전히 새롭게 재인식되어야 할 수도 있다. 최신 스캐닝 기술이 알려주는 건강한 뇌, 장애가 있거나 손상된 뇌, 그리고 병적인 뇌에 대한 정보를 제대로 얻기 위해서 그러하다. 셋째, 우리는 인공신경망을 정보에 근거한 진단 보조도구로 활용해야 하며, 그것을 단지 신체의 질병뿐만 아니라, 위에서 설명했듯이, 뇌 기능의 장애와 병리에 대한 진단에도 활용해야 한다.

새로운 스캐닝 기술은 우리가, 정상인부터 폭력적인 소시오패스 (sociopaths, 반사회적 인간)에 이르기까지, 뇌 기능의 개별 양태에 관한 방대한 데이터베이스를 축적할 수 있게 해준다. 예를 들어, 어떤 피험자가 TV 화면에 나타나는 다양한 원형의 사회적, 도덕적, 실제적 상황을 시청하는 동안, 그러한 뇌 양태(brain profiles)를 조사하고 기록할 수 있다. 일단 기록된 그러한 신경 양태는 피험자의 전반적인 인지 상태에 대한 독립적인 진단과 짝을 이룰 수 있으며, 가장 중요하게, 그 피험자의 (사회적 및 범죄적) 실제 행동 이력에 대한 양태와도 짝을 이룰 수 있다. 이러한 많은 수의 짝은 일종의 (우리가 원하는) 진단 그물망에 대한 훈련 세트를 구성하며, 그 그물망이 일단 훈련되고 나면, 특정 유형의 뇌기능장애를 정확히 진단하고, 문제가 있는 사회적 행동을 정확히 예측할 것이다. 앞서 설명한 의료 사례에서와 같이, 그러한 심리 진단 그물망은 어느 한 명의 인간보다 훨씬 더 많은 경험을 내재화할 수 있으며, 그 모든 경험을 (그 그물망이 마주하는) 각각의 모든 복잡한 사례들에 대해 일관되게 적용할 수 있다.

그러한 기술이 우리가 금세기 대부분 동안 해오지 않았던 일을 시도할 수 있게 해주지는 않는다. 형사 피고인은, 법원이 당면한 사건의 공정한 진행을 위해 적절하다고 판단되는 경우, 정신과 평가를 위해 정규적으로 송환된다. 그러나 그러한 기술은 우리에게 이 필수적인 업무를, 현재의 통념이 허용하는 것보다, 훨씬 더 정확하고, 훨씬 더 공정하게 수행할 수 있게 해줄 것이다.

정말 문제가 있는 사람과 그렇지 않은 사람, 즉 어쩌다 한 번 실수로 법을 어긴 사람을 신뢰할 수 있을 정도로 구분하는 것은 충분한 이득이 된다. 이러한 법률 시스템은 (억울할 수도 있는) 후자의 사람들을 신속히 사회 주류로 복귀시킬 수 있다. 그러나 이러한 첨단 기술을 통해 정말로 문제가 있는 사람들을 식별함으로써 얻을 수 있는 진정한 이점은, 그들의 신경-사회적 문제의 특정한 본성을 파악할 수 있으며, 따라서 그들이 가능한 구제, 회복, 또는 지속적인 조절을 받을 후보자가 될 수 있다는 점이다.

이런 마지막 제안에, 당신의 피부가 오싹해지기 시작했거나, 또는 아예 무시해버렸을지도 모른다. 현대사회에는 오웰(J. Orwell)의 『1984』와 버지스(A. Burgess)의 『시계태엽 오렌지(*A Clockwork Orange*)』와 같은 소설에서 표현된 두려움, 즉 사악하거나 무책임한 정부가 우리의 생각, 욕망, 기본적인 성격 등을 통제하려 시도할지도 모른다는 표준적 두려움이 존재한다. 나는, 이것이 그 어떤 것보다도 우리가 열렬히 저항해야 할 끔찍한 전망이라는 데 동의한다. 만약 신경기술이 어떤 식으로든 이런 일이 일어날 가능성을 높인다면, 그런 기술은 항상 공공(the public)의 면밀한 감시와 확고한 공공의 통제하에 사용되어야 한다. 이런 취지를 나는 당연한 것으로 받아들이고, 그것을 절대 번복하지 않을 것이다.

그럼에도 [이러한 우려와 균형을 맞출] 다른 관점도 필요하다. 선하고 책임감 있는 정부는, 정직하고 철저한 교육을 통해 그 국가의 어린 이들이 최소한의 기본적 신념을 형성하고, 그들의 기본적 욕구와 인성을 형성하는 데에도 도움을 주는 것을 의무로 오랫동안 인식해왔다. 그 관련 기관이 선의로 기능하는 한, 여기에 본질적으로 불길함은 없다. 더구나 정신의학 및 신경학 분야의 선하고 책임감 있는 사람들은, 질병, 부상, 또는 기타 원인으로 인해 정상적인 인지 및 정서 기능을 상실한 사람들에게 그런 기능을 회복할 수 있도록 노력하는 것을 자신들의 의무로 오랫동안 인식해왔다. 여기에도 불길함은 없다.

환자에게 통제할 수 없는 분노를 유발하는 뇌종양을 제거하는 것은, 극심한 통증을 유발하는 총알을 제거하는 것과 결코 다르지 않다. 심각한 우울증 환자에게 낮은 뇌 세로토닌 수치를 보완하기 위해 세로토닌 강화 약물을 투여하는 것은, 당뇨병 환자에게 천연 인슐린 부족을 보완하기 위해 인슐린을 투여하는 것과 결코 다르지 않다. 강박장애(손을 씻거나 잠긴 문을 확인하는 등의 일상적인 행동을 반복하는)를 억제하기 위해 플루옥세틴(fluoxetine, 항우울제)을 투여하는 것은, 피부에 염증이 생기고 호흡기가 부어오르는 등 때때로 과도하게 나타나는 신체 면역 반응을 억제하기 위해 항히스타민제(antihistamine)를 투여하는 것과 결코 다르지 않다. 뇌가 다른 신체기관과 다르지 않기에, 때때로 다른 신체기관처럼 온순한 의학적 개입이 필요할 것이다.

일반적으로 의학에 적용되는 개인 선택의 원칙(principle)이 있다. 즉, 누구도 자신의 의지에 반하여 의료적 치료를 받도록 강요될 수 없다. 이 원칙은, 오직 환자가 정신적으로 그러한 결정을 내릴 능력이 없다고 충분히 판단되는 드문 경우에만 위반될 수 있다. 또한 이 원칙은, 환자의 질병이 지역사회에 상당한 감염 위험을 초래하는 드문 경우에만 위반될 수 있다. 그러나 이런 경우에도, 보통은 단순한 격리가 우리가 강제할 수 있는 것의 전부이다. 사람들은 대부분 합리적이며, 필요한 의료 조치를 기꺼이 받아들인다. 사회에 위험이 되고 싶어 하는 사람은 거의 없다.

유사한 개인 선택의 원칙이 정신과 및 신경과 치료에서도 분명히 적용되어야 한다. 즉, 누구도 자신의 의지에 반하여 정신신경약물 치료(psychoneural medical treatment)를 받도록 강요받아서는 안 된다. 이 원칙에 대한 위반은, 오직 당사자가 그러한 결정을 내릴 정신적 능력이 없다고 충분히 판단될 경우, 또는 개인이 초래하는 공동체에 대한 위험이 용납할 수 없는 정도인 경우에만 고려되어야 한다. 이런 경우에서도, 아마도 단순 감금이 우리가 강제로 부과할 수 있는 것의 전부이다. 만약 당사자가 이성적 선택을 할 수 있는 사람이라면, 의료적 치료를 받을 것인지 아니면 감금될 것인지에 대한 선택은 당사자에게 맡겨야 한다. 만약 그 사람이 위험한 사회적 병리(sociopathology)를 계속 유지하겠다고 고집한다면, 아마도 그 사람이 자유롭게 그것을 (치료

받지 않은 채, 잠긴 문과 가려진 창문 뒤에서) 심사숙고할 수 있어야 한다.

이것은 우리가 마지막으로 형법의 문제로 돌아가게 만든다. 어떤 종류의 기술이 전망되는지 명확히 알아보자. 첫째, 다양한 표준적인 종류의 사회적 관찰 및 사회적 상호작용 중인 피의자의 신경 활동을 비침습적으로 스캔한다. 둘째, 해당 신경기능 양태에 관한 대규모 데이터베이스를 바탕으로 훈련된, 표준적이고 승인된 신경망에 그런 신경기능 양태를 제시하여, 상세한 사회병리학적 진단, 향후 행동 문제에 대한 추정, 가능한 치료법에 대한 추천 등을 얻어낸다. 일반적으로 의료용 신경망처럼, 신뢰도 측정은 이러한 모든 그물망 출력의 일부이기도 하다. [즉, 그 신경망의 신뢰도 자체 역시 그 신경망이 계산할 수 있다.] 이것이 바로 우리가 깊이 고려하는 [의료] 기술이다.

분명히 말하지만, 새로운 기술이 더 정확한 평가와 더 신뢰할 미래 행동 예측을 가능하게 해주기 때문에, 형사적 피고인에 대한 정신과적 평가가 합법적이지 않은 것은 아니다. 또한 교정 조처에 대한 법원의 결정도, [새로운 기술이] 그러한 더 나은 평가를 설명해주므로, 덜 올바르게 되는 것은 아니다. 다른 조건이 같다면, 그러한 [법원의] 결정은 훨씬 올바르게 될 수 있다.

쟁점에 대한 그 논점을 더 밀고 나가자면, 그러한 첨단 기술의 평가는, 법원이 무고한 대중을 더 효과적으로 보호하는 데 도움이 될 수 있다. 범죄자를 수감하는 것이 유일한 방안이라면, 진정으로 문제가 있는 범죄자를 식별하는 것이 가장 우선시되어야 한다. 그러나 진단 및 치료 기술이 예상한 대로 개선된다면, 우리는 문제-특이적 신경학적 개입을 통해 위험한 기능장애의 인격을, 거의 즉시 사회적 및 정신과적 정상에 가까운 상태로, 더는 무고한 대중에게 위험을 초래하지 않는 상태로, 수감 없이도 스스로 생계를 유지할 수 있는 상태로, 되돌릴 수 있을지 모른다. 순수한 인적 비용의 절감은 엄청날 것이다. 좀 더 이기적으로, 우리가 내는 세금을 생각해보자. 만약 수감자의 절반만이라도 이런 식으로 감옥에서 벗어나, 자발적으로 받은, 값싼 의약품 임플란트로 재활할 수 있다면, 우리는 매년 수십억 달러의 직접 비용을 절약할 수 있다. 현재 한 사람을 감옥에 가두는 데 연간 약 4만 달러의 세금이 소요된다. 연방 정부와 주 정부는, 매년 고등교육을 위한 모든 연방 및 주 정부 기관에 지출하는 비용을 합친 것보다, 더 많은 비용을 교도소 비용에 지출하고 있다. 여기 어딘가에 고쳐야 할 불균형이 있다.

이 모든 것들이 시급한 일은 아니다. 신경학적으로나 법적으로나 수십 년의 탐구가 아직 우리 앞에 놓여 있다. 그러한 변화가 올 것이지만, 점진적으로 다가올 것이다. 신경기술은 진정으로 궁극적인 용도로 사용되어야 하며, 사회는 새로운 발전에 대한 정보를 얻고, 그것에 대한 성숙한 관점을 개발하기 위해 시간이 필요하다. 적절한 시기가 오면, 대중은 이러한 정책 문제를 스스로 결정할 것이지만, 그 출발은 법률, 의료, 교정 등의 전문직에서 나올 것이다. 이 단원의 논지는, 우리가 그러한 정보를 계속 접하는 한, 두려움보다 환영할 일이 훨씬 많다는 것이다.

더 강력해진 과학: 신경망을 연구에 활용하기

나는 여기에서 상당히 빠르게 이야기를 진행할 수 있다. 앞의 두 장에서 앞으로 탐구할 몇 가지 기술들에 대한 사례들을 이미 다루었기 때문이다. 그렇지만 이 장의 내용은 간결하지만 여기서 다루는 주제의 깊이는 결코 얕지 않다. 과학은 세계를 변화시킬 힘을 가진다. 그리고 인공신경망은 우리가 과학을 탐구하는 방식을 변화시킬 힘을 가진다.

신경망을 연구 분야에서 사용한 최초의 가장 단순한 활용은 정교한 패턴 인식기일 것이다. 즉, 여러 감각 장치로서, 다시 말해서, 탐지, 측정, 분류 등을 위한 도구이다. 측정 도구에 대해 생각할 때, 우리는 전형적으로 온도계나 전압계와 같이, 온도나 전압과 같은 1차원 변수를 탐지하고, 이것들에 단순한 수치 값을 할당하는 것을 떠올릴 것 같다. 그러나 이러한 친근한 사례들은 그 스펙트럼의 가장 단순한 끝단에 불과하다. 신경망은 그 반대편 끝단에 있다. 신경망과 가장 가까운 친족은 전압계가 아니라, 완전한 지능을 가진 생물의 감각 양식(sensory modalities)이다. 신경망은 우리에게 매우 높은 차원의 변수에 걸쳐 미묘한 양태를 탐지할 수 있게 해준다. 신경망은 우리에게, 매우 복잡한 상황에서 이론적으로 흥미롭거나 동역학적인 관련 요소(dynamically relevant factors)를, 거의 즉시에, 재인할 수 있게 해준다. 그리고 생명체의 감각 양식으로서의 신경망과는 달리, 인공신경망은, 우리의 국소적인 생물학적 진화가 소중하다고 발견한, 우주적으로 좁은 데이터 양태를 탐지하는 데 제한되지 않는다. 오히려 그 신경망은 대자연(Nature)이 제공하는 탐지 가능하고 지각 가능한 전 범위의 실재에 다가설 수 있다.

이런 종류의 온당한 활용이 이미 이루어지고 있다. 유럽의 주요 입자 가속기인 CERN에서, 그리고 그와 유사한 미국의 '원자핵 파괴 장치(atom smahsers, 입자 가속기)'에서, 신경망은 친숙한 증기 흔적, 즉 원자 충돌로 생성된 아원자 파편이 남긴 흔적의 혼돈을 면밀히 조사하도록 훈련하고서, 매우 특정한 가설적 입자(그 충돌에서 반드시 방출되어야 하는)의 신호인 증기 흔적만을 골라내도록 신경망을 훈련시켰다. 발견하기 어려운 아원자 신호를 찾아야 할 경우, 연구자는 수천 장의 실험 사진을 사람이 일일이 검색하는 번거로움과 신뢰성 저하를 줄일 수 있다. 그 연구자는 훈련된 신경망을 사용할 수 있기 때문이다. 신경망은 피로 없이 모든 사진을 현상하고, 가끔 나타나는 발견하기 어려운 입자의 모습을 골라낸 후, 나머지 모두를 무시한다. 이렇게 하면 이론을 시험하는 일의 속도를 몇 배나 높일 수 있다.

신경망은 또한 우리가, 인간의 신경계로 단순히 [보거나 찾아낼 수 있도록] 조율되지 않는, 패턴을 찾아낼 수 있게 해준다. 4장의 기뢰와 암석 음파 탐지 그물망이 그 한 가지 사례이다. 수백만의 비인간 동물이 지닌 감각 양식은 그만큼 많은 패턴을 알아본다. 개의 후각, 돌고래의 음파 탐지, 뱀장어의 전기 위치 탐지 등, 자연 세계를 바라보는 다른 동물의 창을 인간이 사용할 수 있도록 인공적인 형태로 재가공할 수 있다. 표적 동물과 동일 차원의 외적 민감성을 지닌 인공 감각 변환기를 만들어서, 그 결과 입력 벡터를 적절한 형태의 인공그물망에 제공하여, 그 그물망을 해당 동물의 감각 환경에 맞도록 훈련시키면, 그런 동일한 (인간이 소유하지 못하는) 지각 역량이 나타날 것이다.

그렇지만 기존의 동물 지각을 가끔 재창조하는 것이 이런 연구의 주된 초점은 아니다. 그런 동물 역시 궁극적으로는 편협한 진화의 압력에 의해 형성되었다. 그것들 외에도 지구의 진화로 탐색되지 못한 [즉, 지구와 다른 진화의] 무수한 가능성이 있으며, 그 가능성들 중 일부는 인간의 관심과 관련이 있다고 밝혀질 것이다. [즉, 우리의 관심 여부에 따라 전혀 다른 생명체가 발견될 가능성이 있다.]

다음과 같은 종류의 정보, 즉 캘리포니아 남부에 흩어져 있는 천 개의 관측소에서 기록하고 있는 현재의 지진파, 달과 태양의 조석 작용의 현재의 위치, 지하에 있는 천 개의 교차 단층 쌍 사이의 현재의 전기 저항, 지하 암석 내의 고용체(solid solution) 상태인 희귀 가스의 현재 표면 농축, 태양 흑점의 현재 수, 로스앤젤레스에 거주하는 초능력자들의 현재 횡설수설 등등(나는 글을 쓰면서 일부를 지어냈다)의 정보를 한꺼번에 동시 수집하는 고차원 센서 은행(수집소)을 상상해보라. 이러한 모든 정보를, 캘리포니아 남부에서 발생하는 실제 지진에 관해 천천히 훈련받고 있는 재귀적 그물망에게 지속적으로 제공한다고 가정해보자. 그러한 그물망은, 지진이 발생하기 전에 임박한 지진의 '냄새'를 맡는[낌새를 알아채는] 것을, 매우 다양한 입력에서 어떤 복잡한 양태를 발견함으로써, 학습할 수 있을 것이다. (LA의 초능력자들과 흑점들은, 아마도, 그 그물망의 변환 활동에서 빠르게 걸러질 것이다. 왜냐하면 그것들은 통계적으로 지진 활동과 인과적으로, 내 생각에, 무관하기 때문이다. 아니면 우리가 깜짝 놀랄 수도 있겠다. 어느 경우든 공공의 의지는 상당한 것을 학습할 것이다.)

이런 특별한 생각에 어쩌면 결함이 있을 수 있다. 왜냐하면 지각의 움직임이 매우 혼란스러우며, 따라서 예측 불가능할 수 있지만, 나의 일반적인 생각 자체는 견고하다. 그물망은 이미, 인간의 심장박동에 대한 청각 및 전기생리학적 양태를 처리하고, 심전도 양태가 혈액이 부족한 근육 부위, 판막 결함, 부정맥 가능성 등을 가리키는 사람들을 선별하도록 훈련되었다. 훈련된 의사는 청진기를 통해 이러한 것들 중 일부를 듣고, 그래프 기록을 통해 이러한 것들 중 일부를 볼 수 있다. 그러나 단일 목적의 재귀적 그물망은, 인간으로선 듣고 볼 수 없는, 문제의 일시적 양태에 암묵적인, 동역학적 정보를 이끌어낼 수 있다. 그리고 이러한 정보는 곧바로 개별적 치료법을 제시해줄 수 있을 뿐만 아니라, 심장의 동역학에 관한 새로운 과학 이론을 안내하고 고무할 수도 있다.

이렇게 복잡하고 난해한 양태를 탐지하는 목적은 당연히 우리가 관심 있는 것들을 예측하고, 어쩌면 조절하기 위해서이다. 복잡한 패턴 재인은, 전반적으로 실재의 인과적 전개를 구조화하는, 기능적(함수적) 관계를 학습하는 데 필수적이다. 대부분의 경우 이러한 인과적 관계는 인간 두뇌가 파악할 수 없을 정도로 복잡하지만, 인공신경망의 끊임없는 학습은 그런 관계를 파악하게 해준다.

오늘날 사람들이 많이 이야기하는 사례는 인간 게놈(genome), 즉 우리를 인간으로 규정해주는 전체 유전자 배열(genetic sequence)이다. 그런 긴 배열은 핵산(nucleic acids)이란 언어로 구성되어 있다. 그 배열은 약 20억 개의 '문자'로 이루어져 있으며, 그 모든 문자는 소수의 DNA 분자로 이루어진 나선형 사다리로 연결되어 있다. [그 연결 구조의 한쪽 끝에서 다른 쪽] 끝을 한 줄의 스파게티처럼 손 위에 놓는다면, 그 관련 DNA는 약 6피트 길이의 보이지 않는 끈과 같다. 우리 몸의 모든 핵세포에 이런 끈의 완전한 사본이 핵 안에 안전하게 접혀 있다. 그 줄 내에 부호화된 정보는 그 세포 내의 화학적 활동을 직접 지시하여, 단백질을 만들고, 신진대사를 형성하며, 때때로 스스로를 복제하기도 한다. 더 중요한 것은, 그 긴 유전자 배열이 애초에 당신을 만들어냈다는 점이다. 당신의 난자 내에서 형성된, 머나먼 조상들의 그 복제본은, 세심하게 시간 맞춰서 세포를 두 배로 늘리고, 그 세포를 전문화하여 미세한 난자를 7파운드의 유아로 변화시키는 기나긴 과정의 저자이다. 그리고 보잘것없는 유아가 거대한 성인으로 성장한 것이다.

이런 점이 흥미로운 것은, 바로 그런 발달 시퀀스(sequence)가 당신을 침팬지, 모기, 점액 곰팡이가 아닌 인간으로 만들어주기 때문이다. 그 시퀀스가 당신을 남성 또는 여성으로, 뚱뚱하거나 날씬하게, 갈색 눈을 갖거나 파란 눈을 갖도록 만들어준다. 그 시퀀스는 또한 때때로 사소한 방식으로 오류를 일으키고, 유전적 질병의 유산, 즉 단백질 결핍, 대사 화학물질 결핍, 면역 결핍 등을 낳기도 한다. 이러한 유전적 오류들은, 테이-삭스병(Tay-Sachs disease), 겸상 적혈구성 빈혈(sickle-cell amenia), 헌팅턴병(Huntington's chorea, 무도병), 낭포성 섬유증(cystic fibrosis), 그리고 특정 암에 대한 다양한 취약성을 일으키는 등의 여러 고통의 근원이다.

부분적으로나마 이러한 곤경을 예방하거나 극복하기 위해서 우리가 알고 싶은 것은, 한편으로 개인적 본래의 게놈과, 다른 편으로, 그 게놈이 점차적으로 [성장과 함께] 부여하게 되는, 모든 특이성을 지닌, 최종 생물체 사이의 기능적(함수적) 관계이다.

그렇지만 이러한 관계는 대자연 전체에서 가장 복잡한 것 중 하나일 것이다. 우리는 종종 '갈색 눈 유전자'나 '키 크는 유전자'와 같이, 마치 모든 인간의 형질과 단일 유전자 사이에 일대일 대응이 있는 것처럼 쉽게 이야기한다. 그러나 실제로 그렇지는 않다. 누군가의 게놈에는 신중하게 조율된 과정으로서의 지침을 포함하며, 그 발달 사건들의 시간적 순서와 관련된 모든 요소들은 그 인접 요소들 전체에 의해 제공되는 생물학적 맥락에 의존한다. 누군가의 게놈이란 완성된 당신의 '그림'이라기보다, 당신을 만들기 위한 일련의 '지침'일 뿐이며, 그 과제는 적어도 고층 빌딩을 도면부터 세워나가는 것만큼이나 복잡하다.

이런 유전자 지침서는, 안타깝게도, 우리가 이해할 수 없는 언어, 즉 20억 글자로 이루어진 분자들의 횡설수설(GACT AAGACA TCT AACACGT …)로 작성되어 있다. 우리가 어떻게 그 언어를 이해하고, 읽어낼 수 있을까? 즉, 우리가 어떻게 특정 게놈을 살펴보고, 완성된 개체에서 나타나게 될 모든 특징들(점액 곰팡이, 모기, 침팬지 또는 인간, 덩치 큰 수컷 또는 우아한 암컷)을 예측하는 데 필요한 이해를 얻을 수 있겠는가?

미약하지만 교훈적인 유사 사례를, 4장에서 언급한 인공그물망인 넷토크가 마주했던 과제에서 살펴볼 수 있다. 올바른 음성 출력을 생성하기 위해, 넷토크는 중심 표적 문자의 양쪽에 있는 세 글자의 문맥적 의미를 학습해야 했다. 그 그물망은 그러한 국소적 배경만을 바탕으로, 알맞은 음성 출력을 결정할 수 있었다. 매우 거대한 신경망에 긴 유전자 DNA 배열을 입력으로 제시하면, 출력으로 성숙한 생물학적 특성을 안정적으로 제공하도록 훈련할 수 있을까? 초기 DNA(유전자형(genotype))와 그것의 성숙한 생물학적 형태(표현형(phenotype)) 사이의 기능적(함수적) 관계가 갖는 통계적 복잡성이 너무 커서, 그 문제는 인간이 다루기 어려워 보인다. 그러나 인공신경망, 즉 진토크(GENEtalk)는 본질적으로 이 문제를 잘 해결해줄 것 같다.

이것을 당장 기대하기는 어렵다. 그러한 그물망을 훈련시킬 방대한 양의 정보를 확보하는 것이 첫 단계이다. 인간 게놈 프로젝트는 인간 DNA를 완전히 매핑하는 과제를 안고 있지만, 아직 완료되기까지 몇 년이 더 남았으며, 그 자체가 이 과제에 큰 도움이 되지 않을 것이다. 앞서 제안한 2세대 프로젝트에 착수하기에 앞서, 우리는 많은 종의 게놈을 파악하는 것부터 필요하다. 그럼에도 불구하고, 이런 생각은 매력적이다. 특정 게놈이 특정 생물을 어떻게 생성하는지 이해하면, 생성된 생물의 특징을 어느 정도 제어할 수 있을 것이다. 이것은 뇌 개입 기술과 마찬가지로, 우리가 현재 보유하고 있는 것보다 더 많은 성숙을 우리에게 요구하는 기술이다. 그것을 개발하기 위해 노력해보자.

우리의 자아 개념에 대한 충격

신경기술의 모든 장점, 즉 만약 우리가 첨단 신경과학의 개념 체계(conceptual framework)를 배우기만 하면, 그 새로운 체계가 우리 각자의 삶에 가져다줄, 그 넓어진 이해가, (염려되는바) 실제로 전혀 기술적이지 않은 무언가에 의해서 퇴색될 것이다. 물론 먼저 그 개념 체계부터 구축해야 한다. 왜냐하면 그 체계가 아직 미성숙하기 때문이다. 그러나 이제 당신이 읽은 앞의 열 개의 장은, 그 개념 체계가 어떤 모습일지에 대한 잠정적인 개요, 적어도 우리가 오래된 철학적 질문(마음이 어떻게 스스로에 대한 지식을 가지는가?)을 재검토하기에 충분한 개요를 제공해준다.

데카르트 이래 널리 알려진 전통적인 대답은, 마음이 자신의 일반적 본성과 자체의 현재 상태 모두를 '직접적으로 그리고 명백히' 스스로 안다는 것이었다. 흔히들 마음은 그 자체로 '투명하다'고 말해왔다. 즉, 그 전통에 따르면, 마음이 외부의 물리적 세계에 대한 지식을 얻기 위해 애를 써야 하지만, 자신의 의식 흐름을 구성하는 다양한 정신 상태에 대해서는 즉각적이고 확실한 지식을 가진다.

지난 열 개의 장이 제시하는 관점에 따르면, 이러한 전통적 관점은 심각한 문제가 있다. 정말로 그것이 사실일 수 없기 때문이다. 왜냐하면 그 주장은 신경망이 자신의 인지 활동에 대해 자동적이고 확실한 지식을 가지고 있다고 말하는 것과 같기 때문이다. 이런 주장은 단순히 거짓이다. 신경망은 자신의 인지 활동은 물론이고, 그 어떤 것에 대해서도 직접적이거나 자동적인 지식을 전혀 가질 수 없다. 신경망이 어떻게 작동하는지 다시 한 번 간략히 돌아보자.

지금까지 살펴본 바와 같이, 신경망이 특정 영역에 대한 지식을 가지려면, 그 영역 내에 중요하고 반복적인 특징들을 구별할 전문 지식을 습득해야 하며, 그런 특징들에 대응하는 전문 지식을 체계적인 방식으로 습득해야 한다. 그렇게 하려면, 그 그물망은 자체의 뉴런 활성 공간을 유용한 범주들 집합으로 분할하는, 시냅스 연결 가중치의 적절한 조성을 개발해야 한다(그림 3.8, 4.19, 4.22, 4.23 등을 참조). 일단 그러한 범주가 설정되기만 하면, 그 그물망은 해당 영역에 대한 일반적 또는 배경적 이해를 갖게 된다고 말할 수 있다. 그리고 일단 그 그물망이 적절히 그러한 범주를 활성화하기 시작하면, 그 영역의 전개 (unfolding) 활동에 대한 [즉, 자신의 인지 활동에 대해 설명해줄] 특정한 지식을 가진다고 말할 수 있다.

그렇게 잘될 수만 있다면 좋겠다. 그러나 어떤 영역이든 간에, 그물망이 표적 영역을 파악하는 일은 '자동'으로 이루어지지 않는다. 그것을 성공시키려면 시냅스 연결 가중치의 적절한 조성을 개발해야 한다. 그렇게 하도록 훈련되기만 한다면, 그 그물망이 실제로 자신의 인지 상태와 과정을 일부 표상할 수 있지만, 그러한 성과는 다른 영역에서의 성취와 전혀 다르지 않을 것이다. 그 성과는 다른 영역에서와 마찬가지로, 긴 학습 과정의 결과일 것이다.

전통적인 주장처럼, 그렇게 습득한 인지 역량을 발휘하여 '확실한' 지식을 얻을 수 있는 것도 아니다. 그 어떤 경우에 대해서 활성화된 범주나 원형이, 이것을 활성화시킨 입력 실재(input reality)를 올바로 또는 정확히 표상하는 것도 아니다. 그물망은 항상 오류 가능성을 안고 있다. 실제 그물망의 미로는 항상 잡음으로 가득 차 있다. 훈련된 그물망은 과거의 잡음을 잘 파악하긴 하지만, 결코 완벽하지는 않다. 더구나 실제 그물망은 전형적으로 자체의 동역학적인 행동에서 비선형적이며, 이것이 의미하는 바는, 그 입력 층에서 작은 오류가 경우에 따라서 출력 층에서 큰 오류로 확대될 수 있다는 것이다. 게다가 그물망은, (실제적 본성이 다른) 친숙한 입력 패턴과 얼핏 보기에 유사한 상황에 속아 넘어갈 수 있다. (모든 그물망이 복잡한 세계를 자신이 학습한 범주에 동화시키려는 강한 경향을 가지고 있음을 기억해야 한다.) 더구나 그물망은 경우에 따라서 자신의 재귀적인 경로를 통해 스스로를 기만할 수도 있다. 맥락적인 요인이나 기대 효과로 인해서 발생하는 일시적인 지각 편향(perceptual bias)이, 그물망으로 하여금, 올바르게 판별할 수 있는 경우에도, 잘못 판별을 내리도록 유도할 수 있다.

끝으로, 그리고 가장 중요한 것으로, 그 그물망에 의한 원형이나 범주 시스템은 (그것이 묘사하려는) 실재를 실제로 정확히 표상한다는 보장이 없다. 어느 정도 실용적이고 예측적인 성공이 어느 개념 체계의 진리를 결코 보장해주지 않는다. 14세기 톨레미의 천동설은, 별과 행성의 관측된 움직임을 예측하는 데 어느 정도 도움이 되었지만, 그것에 기초하는 실재에 대한 설명은 완전히 틀렸다. 우리가 어느 그물망의 성공을 (그것이 학습한) 표상이 정확하다고 추정하겠지만, 어떤 그물망도 그런 정확성을 보장해주지 않는다. 어떤 새로운 입력이, 즉 앞서 성취된 원형을 뒤집을 입력이 언제든 관련 영역에서 나타날 수 있다. 그리고 언제든 다른 그물망이, 즉 동일 입력을 학습한 새로운 그물망이 다른 탁월한 원형을 만들어낼 수도 있다.

결론적으로, 즉각적이고 절대적으로 확실한 지식을 신경망에서 기대할 수는 없다. 특정한 상황에서 어느 체계를 국소적으로 적용하는 데 따르는 많은 국소적 위험들은 차치하더라도, 일반적인 체계가 결함이 있거나, 부적절하거나, 또는 처음부터 차선책이라는, 배경적 위험은 언제나 존재한다. 이것은 모든 신경망에 대해서 참이다. 따라서 우리가 스스로를 실제로 정교한 신경망이라고 가정하면서, 자신의 경우에 대해서 그러한 완벽한 지식을 기대하는 것은 어리석은 일이다.

누군가는 자기-표상(self-representation)에 관한 우리의 범주 체계가 생득적(innate)이라고 가정하도록, 일순간, 유혹될 수 있다. 그렇다고 하더라도, 여기에서의 중요 쟁점은 전혀 달라지지 않는다. 그 체계가 생득적이든 아니든, 그 임의 체계가 특정한 상황에 국소적으로 적용될 경우, 위에 열거한 많은 국소적 위험에 노출될 수밖에 없다. 그리고 그 체계가 생득적이라는 것은, 진화가 그것을 국소적으로 유용하다고 선택했음을 보장해줄 뿐, 그 체계가 인지적 실재를 정확히 묘사한다는 것을 보장해주지는 않는다. 한마디로 생득적이라는 가정은 현재 논의에서 유용하지 않다.

그런 가정은 어느 경우라도 믿기 어렵다. 시냅스 가중치의 유전적 지정이 불가능한 것만은 아니다. 즉, 다른 동물과 마찬가지로, 유아 인간도 후각과 촉각으로 엄마 젖꼭지를 찾는 것과 같은 생득적 인지 능력을 갖지만, 게놈이 인간의 전반적인 인지 기술 대부분을 지정하기란 어렵다. 성숙한 뇌는 최소 10^{14}개의 독립적인 시냅스 연결을 가지는 반면, 인간 게놈은 2×10^9개의 염기쌍 또는 '문자'만을 가진다. 확실히,

인간 시냅스 조성 상태의 대부분은 출생 후 실재 세계에 대한 경험으로 형성되는 것이 분명하다. 더구나 유전적으로 지정된 소수의 시냅스는, 복잡한 고차원 인지를 파악하기 위한 정교한 체계보다, 젖을 빠는 것과 같은 매우 기초적인 생물학적 기능에 관여할 것으로 예상된다. 결국, 유아 인간은 출생부터 때 어느 고차원 인지를 갖지 않으며, 이후로도 수개월 동안은 어느 고차원적 인지 능력도 개발하지 못할 것이다.

더 나은 설명은, 우리의 자기 이해와 지속적인 자기 지각을 점진적인 학습 과정으로 보며, 각자의 내용은 자신이 성장한 문화에 따라 달라진다고 본다. 물론, 생각하는 생명체로서 우리의 성숙한 개념을 형성하는 '훈련 세트'는, 이미 성숙한 개념과 공유된 언어를 가진 동료 인간들로부터 전적으로 영향 받는다. 우리는 인지적, 정서적, 숙고적 활동에 대한 우리의 개념을, 다른 사람의 행동을 이해하고 예측하는 과제에 적용함으로써 일차적으로 학습한다. 이런 노력을 통해 얻게 된 풍부한 개념 체계는 자신을 이해하는 일에도 적용될 수 있으며, 그렇게 성취되는 자기 이해의 깊이는 훨씬 더 많은 훈련 세트 사례들을 통해 얻은 더 많은 정보를 바탕으로 더욱 확대된다.

따라서 자기 지식을, 시간과 경험에 따라 더욱 크게 성장하는 무언가로, 즉 새로운 정보에 의해 항상 변화될 수 있는 무언가로 보는 것이 더 알맞다. 언제나 그래왔듯이, 우리는 지금 뇌와 뇌의 활동에 관한 수많은 새로운 정보를 접하고 있으며, 앞으로도 더 많은 정보를 접할 것이라 기대할 수 있다. 이런 새로운 정보가 우리 자신에 관해 생각하는 방식을 변화시킬까? 그리고 그것이 인간의 인지적 및 사회적 상호작용의 성격을 변화시킬까?

물론 그럴 수 있고, 그렇게 될 것이다. 만약 당신이 이런 논점을 파악했다면, 그 과정은 이미 시작되었다. 당신은 이 책을 읽고, 인간 인지의 기초 단위가 생각, 믿음, 지각, 욕구, 선호 등과 같은 상태들이라고 가정하게 되었다. 이러한 가정은, 모든 자연어의 어휘에 내재되어 있는 만큼, 충분히 자연스럽다. 그리고 각각의 그러한 상태는 전형적으로 우리의 자연어에서 특정한 문장을 통해 식별된다. 예를 들어, 누군가 P라는 믿음을 가지거나, Q라는 욕구를 가질 경우, P와 Q라는 문장을 말하게 된다. 따라서 인간 인지는 상식적으로 문장 또는 명제 상태의 춤으로 묘사되며, 그 계산의 기초 단위는 이러한 여러 상태들로부터 어떤 다른 문장 상태로 추론이라고 묘사된다.

이러한 가정은 인간의 인지 활동에 대한 표준 개념의 중심적 요소이며, 일반적으로 세속인들(folks)의 공통 속성으로 인정되는, 흔히 '통속 심리학(folks psychology)'이라 불리는 개념이다. 그런 보편성에도 불구하고, 이러한 기본 가정은 잘못된 것일 수 있다. 인간에게서, 그리고 일반적으로 동물에게, 인지의 기초 단위가 **활성 벡터**라는 것은 어느 정도 명백해졌다. 계산의 기초 단위가 벡터-대-벡터 **변환**(vector-to-vector transformation)이라는 것도 이제 상당히 분명해졌다. 그리고 기억의 기초 단위가 **시냅스 가중치 조성**이라는 것도 이제 분명해졌다. 이 모든 것들은 문장이나 명제, 또는 그것들 사이의 추론 관계와 본질적으로 관련이 없다. 전통적인 언어 중심 인지 개념은 이제, 매우 다른 뇌 중심 개념과 마주하게 되었으며, 그것은 언어에 어떤 근본적 역할도 부여하지 않는다.

이러한 큰 관점의 변화를 전망적으로 받아들이기까지는 어느 정도 시간이 걸릴 것이며, 그 새로운 개념 체계를 일상적 대화와 생활에 사용하기까지는 더 오랜 시간이 걸릴 것이다. 그러나 일부 사람들이 생각하는 것만큼 오래 걸리지는 않을 것이다. 그 이유는 단순하다. 이러한 새로운 가정과, 기능적 신경해부학 및 인지신경약리학에서 나온 더 많은 가정들이 곧, 의학, 정신의학, 아동 발달, 법률, 교정 정책, 과학, 산업 등의 분야에서 활용될 것이기 때문이다. 이러한 분야에 미치는 충격은 결코 적지 않을 것이다. 그리고 그런 가정은 사회적 나침반으로서 우리 삶의 여러 지점에 영향을 미치기 때문에, 우리는 관련 어휘를 배울 기회와, 그 관련 대화에 참여할 동기 모두를 갖게 될 것이다. 그 새로운 개념 체계는, 다른 체계와 마찬가지로, 점차 일반 대중에게 쓰임새를 갖게 될 것이다. 머지않아 그 개념 체계는 일반적으로 세속인들의 공통 자산이 될 것이다. 그 체계는 **새로운 통속 심리학**에 기여하거나, 또는 심지어 형성할 것이며, 이번에는 뇌에 대한 적절한 이론에 확고히 뿌리내릴 것이다.

내 동료들 중 일부는 이 마지막 생각을 믿을 수 없다고 생각한다. 그들은 정교한 과학의 어휘가 일반적인 대중 사이에서 제대로 사용될 수 있다는 것을 의심한다. 내 생각에 그들이 틀렸으며, 나는 최근 우리의 사회 역사에 관한 다음과 같은 사실에 고무되어 있다. 금세기 중반 이후, 프로이트 심리학의 독특한 어휘와 특별한 가정들은 일정 교육받은 대중들에게 들불처럼 퍼져 나갔다. 그 어휘들, 즉 '항문기', '오이디푸스 콤플렉스', '성적 억압', 그리고 그 밖의 수많은 다른 어휘들은 가십과 조롱, 비판과 경멸, 방종과 자기 합리화, 그리고 광범위한 사회적 혼란 등을 위한 풍부한 자원을 제공했다. 이러한 무수히 많은 사회적 기능은 그 치료적 성공 여부와 상관없이, 대중적인 인기를 얻었다.

그 프로이트 개념 체계는 1970년대 초 무렵에 심하게 퇴색되었지만, 곧 '원초적 비명(primal screams)', '내면의 아이(inner children)', '자신의 감정과 접촉하기' 등 외견상 그럴듯해 보이는 새로운 뉴에이지 정신병적 주술(New Age psychobabble)로 대체되었다. 치료법으로서, 그것은 프로이트보다 몇 단계 아래였다. 그러나 다시 한 번 이런 어휘들은, 프로이트 어휘집이 이전에 제공했던 것과 동일한 사회적 차원에서 유용하다는 이유에서, 큰 인기를 얻었다.

분명히 새로운 형태의 정신병적 주술을 일반적으로 사용하는 것이 결코 어렵지 않다. 확실히 대중은 그러한 개념 체계를 열망한다. 즉, 수십 년 동안이나 말도 안 되는 관점을 열망한다. 그렇다면 물어보자. 진정한 무결점을 갖춘 개념 체계가 등장한다면, 어떤 일이 일어날까? 우리의 인지적 및 정서적 활동의 도르래와 지렛대에 실제적 대응이 등장한다면? 그런 활동을 일으키는 인과적 연결에 대한 실제 통찰이 나타난다면? 물론 이것이, 방금 언급한 두 가지 역사적인 경우에서처럼, 동일하게 피상적인 이유에서, 대중적 인기를 끌 수도 있다. 그러나 만약, 공허한 선구자들과 달리, 그 개념 체계가 인지적 실재의 구조에 대한 실질적인 이해를 가져온다면, 그것은 [단순한 유행을 넘어] 고착화될 수 있다. 그리고 그것은 대중의 의식에 처음 진입하게 된 피상적인 목적을 넘어 수많은 실천적 목적을 달성하게 될 수도 있다.

우리의 실천적 목적에 대한 기여만이 결국 최종 인정받을 유일한 정당화이다. 나는, 인류가 단순히 과학적 재미를 위해 인간의 인지적 및 정서적 본성을 재인식하려는 것이 아니라는 것에 매우 동의한다. 어느 그러한 재개념화(reconception)는, 우리 각자가 사회적 및 개인적 상황을 더 깊이 들여다볼 수 있게 해주고, 이상하거나 문제가 되는 상황에 대해 더 넓은 행동적 대응을 할 수 있게 해주며, 인지적 및 정서적 교류의 흐름을 원활하게 해주고, 개인의 잠재력을 실현하도록 도와주며, 인간 상호 간의 사랑을 더 깊고 광범위한 인간의 성취로 만들 수 있게 해주므로, 그 가치를 인정받아야 한다.

아마도 누군가 뇌에 관한 일반 이론의 어휘와 체계를 처음 마주하게 된다면, 낯설고 차갑다[인간적이지 않다]고 볼 것이다. 그러나 그런 체계가 결국 우리 모두를 있는 그대로 묘사한다면, 더 이상 낯설게 다가오지 않을 것이다. 그리고 그 체계가 방금 열거한 모든 인간의 목적에 도움이 된다면, 차갑지 않게 보일 것이다. 따라서 이러한 결론적 제안의 목적은 우리의 인간성을 부정하는 것이 아니라, 그 어느 때보다 더욱 도움이 된다는 것을 보고자 하는 것이다. 어떤 방해가 있더라도, 우리는 우리의 이성을 계속 발휘해야 한다. 그리고 어떤 유혹이 있더라도, 우리는 계속 우리의 영혼을 가꾸어야 한다. 그것이 바로, 뇌를 이해하는 것이 매우 중요한 이유이다. 뇌는 이성의 엔진이다. 뇌는 영혼의 자리이다.

선별된 참고문헌

여기에 제공된 논문 목록은, 결연한 독자에게 이 책에서 보고된 대부분의 독창적인 연구를 추적할 수 있도록 도움이 될 것이다. 그렇지만, 일반 독자들은 나열된 많은 책들, 즉 과거 그 주제에 미친 영향이나 현재 진행 중인 과학적, 철학적 논쟁에 대한 기여로 인해 현재 유명해진 책들에 더 관심을 가질 것이다. 나는 이런 책들이 일반 독자들에게 쉽게 다가갈 수 있다는 점과, 그 밖에도 매우 중요한 미덕을 가지고 있다는 점을 고려하여 선정했다. 내가 이런 책들 모두에 동의하지는 않지만, 각각의 경우 누구의 기준에서 보더라도 중요한 연구 성과를 담고 있다.

인공신경망에 대해

Cottrell, Garrison, "Extracting features from faces using compression networks: Face, identity, emotions and gender recognition using holons," in Touretzky, DElman, J., Sejnowski, T., and Hinton, G., eds., *Connectionist Models: Proceedings of the 1990 Summer School* (Morgan Kaufmann, San Mateo, CA: 1991).

Cottrell, Garrison, and Metcalfe, Janet, "EMPATH: Face, Emotion, and

Gender Recognition Using Holons," in Lippman, R., Moody, J., and Touretzky, Deds., *Advances in Neural Information Processing Systems*, Vol. 3(Morgan Kaufmann, San Mateo, CA: 1991).

Gorman, R. P., and Sejnowski, T. J., "Analysis of Hidden Units in a Layered Network Trained to Classify Sonar Targets," in the journal *Neural Networks*, Vol. 1(1988).

Rosenberg, C. R., and Sejnowski, T .J., "Parallel Networks that Learn to Pronounce English Text," in the journal *Complex Systems*, Vol. 1 (1987).

Churchland, Patricia S., and Sejnowski, Terrence J., *The Computational Brain*(MIT Press, 1992).

시각의 심리학과 생리학에 대해

Gregory, Richard, *Eye and Brain: The Psychology of Seeing*(London: Weidenfeld and Nicolson, 1977).

Hubel, David, *Eye, Brain, and Vision, in the Scientific American Library Series*(W. H. Freeman &: Co., 1988).

Julesz, Bela, *Foundations of Cyclopean Perception*(University of Chicago Press, 1971).

Pettigrew, J. D., "Is there a single, most efficient algorithm for stereopsis?" in Blakemore, C., ed., *Vision: Coding and Efficiency*(Cambridge University Press, 1990).

Mead, Carver, and Mahowald, Misha, "The Silicon Retina," *Scientific American*(May, 1991).

Clark, Austen, *Sensory Qualities*(Oxford University Press, 1993).

언어에 대해

Elman, Jeffrey L., "Grammatical Structure and Distributed Representations," in Davis, S., ed., *Connectionism: Theory and Practice*, Vol. 3 in the series *Vancouver Studies in Cognitive Science*(Oxford University Press, 1992).

Lakoff, George, *Women, Fire, and Dangerous Things: What Categories Reveal About the Human Mind*(University of Chicago Press, 1987).

Pinker, Steven, *The Language Instinct*(G. H. Morrow and Co., 1994). 번역서: 『언어본능: 마음은 어떻게 언어를 만드는가?』(동녘사이언스, 2004).

Savage-Rumbaugh, E. S., Sevcik, R., and Rumbaugh, D. M., Rubert, E., "Symbol acquisition and use by *Pan troglodytes*, *Pan paniscus*, and *Homo sapiens*," in Heltne, P. G., Marquardt, L. A., eds., *Understanding Chimpanzee*(Harvard University Press, 1989).

Savage-Rumbaugh, E. S., and Rubert, E., "Language Comprehension in Ape and Child: Evolutionary Implications," in Christen Y., and Churchland, P. S., eds., *Neurophilosophy and Alzheimer's Disease* (Springer-Verlag, 1992).

도덕적 및 개인적 심리학에 대해

Damasio, Antonio, *Descartes' Error: Emotion, Reason, and the Human Brain*(G. P. Putnam's Sons, 1994). 번역서: 『데카르트의 오류: 감정, 이성, 그리고 인간의 뇌』(중앙문화사, 1999).

Johnson, Mark, *Moral Imagination: Implications of Cognitive Science for Ethics*(University of Chicago Press, 1993). 번역서: 『도덕적 상상력: 체험주의 윤리학의 새로운 도전』(서광사, 2008).

Flanagan, Owen, *The Varieties of Moral Personality*(Harvard University

Press, 1991).

Styron, William, *Darkness Visible: A Memoir of Madness*(Random House, 1990).

LeVay, Simon, *The Sexual Brain*(MIT Press, 1993).

Kramer, Peter D., *Listening to Prozac*(Viking, 1993).

과학철학에 대해

Kuhn, T. S., *The Structure of Scientific Revolutions*(University of Chicago Press, 1962). 번역서: 『과학혁명의 구조』(까치, 2013).

Churchland, P. M., *A Neurocomputational Perspective: The Nature of Mind and the Structure of Science*(MIT Press, 1989): chapter 9, "On the Nature of Theories: A Neurocomputational Perspective," and chapter 10, "On the Nature of Explanation: A PDP Approach".

Giere, R. N., "The Cognitive Structure of Scientific Theories," in the journal *Philosophy of Science*, Vol. 61, No. 2(June, 1994).

의식에 대해

Turing, Alan, "Computing Machinery and Intelligence," in the journal *Mind*, Vol. 59(1950).

Nagel, Thomas, "What Is It Like to Be a Bat?" in the journal *Philosophical Review*, Vol. 83, No. 4(1974).

Jackson, Frank, "Epiphenomenal Qualia," in the journal *Philosophical Quarterly*, Vol. 32(April, 1982).

Block, Ned, "Troubles with Functionalism," in C. W. Savage, ed., *Perception and Cognition: Issues in the Foundations of Psychology*, Vol. 9 of the series, *Minnesota Studies in the Philosophy of Science* (University of Minnesota Press, 1978).

Churchland, Patricia S., *Neurophilosophy: Toward a Unified Science of the Mind-Brain*(MIT Press, 1986). 번역서: 『뇌과학과 철학: 마음-뇌 통합 과학을 향하여』(철학과현실사, 2006).

Churchland, Paul M., *Matter and Consciousness*(MIT Press, revised edition, 1988). 번역서: 『물질과 의식: 현대심리철학입문』(서광사, 1992).

Churchland, Paul M., "Reduction, Qualia, and the Direct Introspection of Brain States," in *Journal of Philosophy*, Vol. 82, No. 1(Jan., 1985). Reprinted in Churchland, P. M., *A Neurocomputational Perspective* (MIT Press, 1989).

Dennett, Daniel, *Consciousness Explained*(Little, Brown, and Co., 1991). 번역서: 『의식의 수수께끼를 풀다』(옥당, 2013).

Penrose, Roger, *The Emperor's New Mind*(Oxford University Press, 1989). 번역서: 『황제의 새 마음』(이화여자대학교 출판부, 2022).

Flanagan, Owen, *Consciousness Reconsidered* (MIT Press, 1992).

Searle, John, *The Rediscovery of the Mind*(MIT Press, 1992).

Llinás, Rodolfo, and Ribary, U., "Coherent 40-Hz oscillation characterizes dream state in humans," in the journal *Proceedings of the National Academy of Sciences*, Vol. 90(1993).

Crick, Francis, *The Astonishing Hypothesis: The Scientific Search for the Soul*(Scribner's and Sons, 1994). 번역서: 『놀라운 가설(궁리하는 과학 7)』(궁리, 2015).

Damasio, Antonio, *Descartes' Error: Emotion, Reason, and the Human Brain*(G. P. Putnam's Sons, 1994). 번역서: 『데카르트의 오류: 감정, 이성, 그리고 인간의 뇌』(중앙문화사, 1999).

찾아보기

입체 뷰어 만드는 간단한 방법

원서 뒤표지 안에 [그림 1]과 같은 플라스틱 입체경을 만들 준비물이 들어 있다. 한국에서 책값과 판매 수량을 고려해볼 때, 이것과 똑같은 것을 제작하여 제공하기는 어렵게 보였다. 나는 그것과 같은 기능을 하는 입체경을 [그림 2]와 같이 A4 복사용지로 간단히 만들어 사용해보았다. 많이 조잡해 보이지만 이것도 원래 것 못지않게 그림의 입체를 확인하기에 충분했다. 그 사용 방법은 [그림 3]과 같이 그림의 왼쪽과 오른쪽을 왼쪽 눈과 오른쪽 눈 각각으로 바라보는 방식이다.

이런 간단한 종이 입체경을 접는 방법은 [그림 4], [그림 5], [그림 6]에서 보여준다. 그림을 보기만 해도 그것을 어떻게 만드는지 더 자세한 설명이 필요치 않을 것 같다. [그림 6]에서 접힌 종이 구석을 조금 가위로 잘라내는 것은 우리의 코가 위치할 곳이다. 그 잘라낸 곳에 코의 돌출부를 대고 사물을 바라본다. 이런 방식으로 책의 그림 4.1, 그림 4.4, 그림 4.6, 그림 4.7, 그림 4.10, 그림 4.11 등을 바라보면, 흥미로운 입체를 경험할 수 있다.

[그림 1]   [그림 2]   [그림 3]

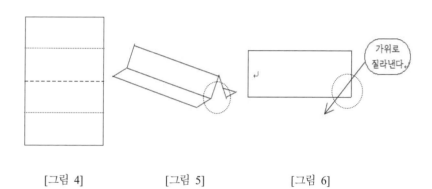

[그림 4]   [그림 5]   [그림 6]

지은이 _ 폴 M. 처칠랜드

UCSD(캘리포니아 대학교 샌디에이고)의 철학과 교수이며, 인지과학, 과학연구 및 신경계산연구소 등 여러 연구 프로그램의 구성원이다. 저서로『과학적 실재론과 마음의 가소성(*Scientific Realism and the Plasticity of Mind*)』,『물질과 의식(*Matter and Consciousness*)』,『신경계산적 전망: 마음의 본성과 과학의 구조 (*A Neurocomputational Perspective: The Nature of Mind and the Structure of Science*)』,『플라톤의 카메라: 물리적 뇌가 추상적 보편자의 풍경을 어떻게 담아내는가(*Plato's Cameras: How the Physical Brain Captures a Landscape of Abstract Universals*)』 등이 있다.

옮긴이 _ 박제윤

인하대학교 공과대학을 졸업하고, 동 대학 철학과 대학원에서 석사 및 박사 학위를 받았다. 인하대, 단국대 등에서 강의하였고, 최근 인천대학교 기초교육원에서 교양교육을 하고 퇴직하였다. 과학철학, 인식론에 관심을 가졌고, 특히 처칠랜드 부부의 '신경철학(Neurophilosophy)'에 집중하였다. 최근 통섭 연구 모임으로 뇌신경철학연구회를 조직하여 '의식'을 공부하고 있다. 번역서로, 신경철학에 관해『뇌과학과 철학』,『뇌처럼 현명하게』,『신경 건드려보기』,『뇌 중심 인식론, 플라톤의 카메라』 등이 있고, 자연주의 철학에 관해 뇌신경철학연구회의 공동 번역으로『생물학이 철학을 어떻게 말하는가』,『현대 자연주의 철학』 등이 있으며, 의식에 관한 통합 정보 이론을 소개하는『생명 그 자체의 감각』(2024)이 있다. 과학철학에 관한 저서로『철학하는 과학, 과학하는 철학』(전4권, 2021)이 있다.

옮긴이 _ 이동훈

성균관대학교 철학과에서 학사와 석사 학위를 취득한 후 박사과정을 수료하였고, 현재 미국 버지니아 공과대학교 방문 연구원으로 있다. 급변하는 기술문명 속에서 인간이 나아가야 할 방향이 무엇인지에 대해 철학자로서 고민하고 있다.

뇌, 이성의 엔진 영혼의 자리

1판 1쇄 인쇄 2024년 3월 15일
1판 1쇄 발행 2024년 3월 20일

지은이 폴 처칠랜드
옮긴이 박제윤·이동훈
펴낸이 전 춘 호
펴낸곳 철학과현실사
출판등록 1987년 12월 15일 제300-1987-36호
주소 경기도 파주시 상지석길 133 나동
전화 031-957-2350
팩스 031-942-2830
이메일 chulhak21@naver.com

ISBN 978-89-7775-868-1 93470
값 28,000원